U0198550

Library of Western Classical Architectural Theory

西方建筑理论经典文库

建筑四要素

[德] 戈特弗里德·森佩尔 著

罗德胤
赵雯雯 译
包志禹

Library of Western Classical Architectural Theory

西方建筑理论经典文库

建筑四要素

[德] 戈特弗里德·森佩尔 著

罗德胤 赵雯雯 包志禹 译

中国建筑工业出版社

著作权合同登记图字：01-2008-3852号

图书在版编目（CIP）数据

建筑四要素/（德）森佩尔著；罗德胤，赵雯雯，包志禹译.—北京：中国建筑工业出版社，2014.6
（西方建筑理论经典文库）
ISBN 978-7-112-16541-4

Ⅰ.①建… Ⅱ.①森…②罗…③赵…④包… Ⅲ.①建筑理论 Ⅳ.①TU-0

中国版本图书馆CIP数据核字（2014）第045059号

Die vier Elemente der Baukunst,Ein Beitrag zur vergleichenden Baukunde,Brunswick,1851/
Gottfried Semper
The Four Elements of Architecture and Other Writings/Gottfried Semper; translated by Harry Francis Mallgrave and Wolfgang Herrmann; introduction by Harry Francis Mallgrave

丛书策划
清华大学建筑学院　吴良镛　王贵祥
中国建筑工业出版社　张惠珍　董苏华

责任编辑：董苏华　责任设计：陈　旭　付金红　责任校对：李欣慰　党　蕾

西方建筑理论经典文库
建筑四要素
［德］戈特弗里德·森佩尔　著
罗德胤　赵雯雯　包志禹　译
*
中国建筑工业出版社出版、发行（北京西郊百万庄）
各地新华书店、建筑书店经销
北京嘉泰利德公司制版
北京顺诚彩色印刷有限公司印刷
*
开本：787×1092毫米　1/16　印张：20½　字数：418千字
2016年5月第一版　2016年5月第一次印刷
定价：76.00元
ISBN 978-7-112-16541-4
（25248）

目录

戈特弗里德·森佩尔

中文版总序

“西方建筑理论经典文库”系列丛书在中国建筑工业出版社的大力支持下，经过诸位译者的努力，终于开始陆续问世了，这应该是建筑界的一件盛事，我由衷地为此感到高兴。

建筑学是一门古老的学问，建筑理论发展的起始时间也是久远的，一般认为，最早的建筑理论著作是公元前 1 世纪古罗马建筑师维特鲁威的《建筑十书》。自维特鲁威始，到今天已经有 2000 多年的历史了。近代、现代与当代中国建筑的发展过程，无论我们承认与否，实际上是一个由最初的“西风东渐”，到逐渐地与主流的西方现代建筑发展趋势相交汇、相合流的过程。这就要求我们在认真地学习、整理、提炼我们中国自己传统建筑的历史与思想的基础之上，也需要去学习与了解西方建筑理论与实践的发展历史，以完善我们的知识体系。从维特鲁威算起，西方建筑走过了 2000 年，西方建筑理论的文本著述也经历了 2000 年。特别是文艺复兴之后的 500 年，既是西方建筑的一个重要的发展时期，也是西方建筑理论著述十分活跃的时期。从 15 世纪至 20 世纪，出现了一系列重要的建筑理论著作，这其中既包括 15 至 16 世纪文艺复兴时期意大利的一些建筑理论的奠基者，如阿尔伯蒂、菲拉雷特、帕拉第奥，也包括 17 世纪启蒙运动以来的一些重要建筑理论家和 18 至 19 世纪工业革命以来的一些在理论上颇有建树的学者，如意大利的塞利奥；法国的洛吉耶、布隆代尔、佩罗、维奥莱－勒－迪克；德国的森佩尔、申克尔；英国的沃顿、普金、拉斯金，以及 20 世纪初的路斯、沙利文、赖特、勒·柯布西耶等。可以说，西方建筑的历史就是伴随着这些建筑理论学者的名字和他们的论著，一步一步地走过来的。

在中国，这些西方著名建筑理论家的著述，虽然在有关西方建筑史的一般性著作中偶有提及，但却多是一些只言片语。在很长一个时期中，中国的建筑师与大学建筑系的教师与学生们，若希望了解那些在建筑史的阅读中时常会遇到的理论学者的著作及其理论，大约只能求助于外文文本。而外文阅读，并不是每一个人都能够轻松胜任的。何况作为一个学科，或一门学问，其理论发展过程中的重要原典性历史文本，是这门学科发展历史上的精髓所在。所以，一些具有较高理论层位的经典学科，对于自己学科发展史上的重要理论著作，不论其原来是什么语种的文本，都是一定要译成中文，以作为中国学界在这一学科领域的背景知识与理论基础的。比如，哲学史、美学史、艺术哲学，或一般哲学社会科学史上西方一些著名学者的著述，几乎都有系统的中文译本。其他一些学科领域，也各有自己学科史上的重要理论文本的引进与译介。相比较起来，建筑学科的经典性历史文本，特别是建筑理论史上一些具有里程碑意义的重要著述，至今还没有完整而系统的中文译本，这对于中国建筑教育界、建筑理论界与建筑创作界，无疑是一件憾事。

在几年前的一篇文章中，我特别谈到了建筑创作要“回归基本原理”（Back to the basic）的概念，这是一位西方当代建筑理论学者的观点。对于这一观点我是持赞成态度的。那么，什么是建筑的基本原理？怎样才能够理解和把握这些基本原理？如何将这些基本原理应用或贯穿于我们当前的建筑思维或建筑创作之中呢？要了解并做到这一点，尽管有这样或那样的可能途径，但其中一个重要的途径，就是要系统地阅读西方建筑史上一些著名建筑理论学者与建筑师的理论原著。从这些奠基性和经典性的理论著述中，结合其所处时代的建筑发展历史背景，去理解建筑的本义，建筑创作的原则，建筑理论争辩的要点等等，从而深化我们自己对于当代建筑的深入思考。正是为了满足中国建筑教育、建筑历史与理论，以及建筑创作领域对西方建筑理论经典文本的这一基本需求，我们才特别精选了这一套书籍，以清华大学建筑学院的教师为主体，进行了系统的翻译研究工作。

当然，这不是一个简单的文字翻译。因为这些重要理论典籍距离我们无论在时间上还是在空间上，都十分遥远，尤其是普通读者，对于这些理论著作中所涉及的许多西方历史与文化上的背景性知识知之不多，这就需要我们的译者，在准确、清晰的文字翻译工作之外，还要格外地花大气力，对于文本中出现的每一位历史人物、历史地点及历史建筑等相关的背景性知识逐一地进行追索，并尽可能地为这些人名、地名与事件加以注释，以方便读者的阅读。这就是我们这套书除了原有的英文版尾注之外，还需要大量由中译者添加的脚注的原因所在。而这也从另外一个侧面，增加了本书的学术深度与阅读上的知识关联度。相信面对这套书，无论是一位希望加强自己理论素养的建筑师，或建筑学子，还是一位希望在西方历史与文化方面寻求学术营养的普通读者，都会产生极其浓厚的阅读兴趣。

中国建筑的发展经历了 30 年的建设高潮时期，改革开放的大潮，催生出了中国历史上前所未有的建造力，全国各地都出现了蓬蓬勃勃的建设景观。这样伟大的时代，这样宏伟的建造场景，既令我们兴奋不已，也常常使我们惴惴不安。一方面是新的城市与建筑如雨后春笋般每日每时地破土而出，另外一个方面，却也令我们看到了建设过程中的种种不尽如人意之处，如对土地无节制的侵夺，城市、建筑与环境之间矛盾的日益突出，大量平庸甚至丑陋建筑的不断冒出，建筑耗能问题的日益尖锐，如此等等。

与建筑师关联比较密切的是建筑创作问题，就建筑创作而言，一个突出的问题是，一些投资人与建筑师满足于对既有建筑作品的模仿与重复，按照建筑画册的样式去要求或限定建筑师的创作。这样做的结果是，街头到处充斥的都是似曾相识的建筑形象，更有甚者，不惜花费重金去直接模仿欧美 19 世纪折中主义的所谓“欧陆风”式的建筑式样。这不仅反映了我们的一些建筑师在建筑创作上缺乏创新，尤其是缺乏对中国本土文化充分认知与思考基础上的创新，这也在一定程度上反映了，在这个大规模建造的时代，我们的建筑师在建筑文化的创造上，反而显得有点贫乏与无奈的矛盾。说到底，其中的原因之一，恐怕还是我们的许多建筑师，缺乏足够的理论素养。

当然，建筑理论并不是某个可以放之四海而皆准的简单公式，也不是一个可以包治百病的万能剂，建筑创作并不直接地依赖某位建筑理论家的任何理论界说。何况，这里所译介的理论著述，都是西方建筑发展史中既有的历史文本，其中也鲜有任何直接针对我们现实创作问题的理论阐释。因此，对于这些理论经典的阅读，就如同对于哲学史、艺术史上经典著作的阅读一样，是一个历史思想的重温过程，是一个理论营养的汲取过程，也是一个在阅读中对现实可能遇到的问题加以深入思考的过程。这或许就是我们的孔老夫子所说的“温故而知新”的道理所在吧。

中国人习惯说的一句话是“开卷有益”，也有一说是“读万卷书，行万里路”。现在的资讯发达了，人们每日面对的文本信息与电子信息，已呈爆炸的趋势。因而，阅读就要有所选择。作为一位建筑工作者，无论是从事建筑理论、建筑教育，或是从事建筑历史、建筑创作的人士，大约都在“建筑学”这样一个学科范畴之下，对于自己专业发展历史上的这些经典文本，在杂乱纷繁的现实生活与工作之余，挤出一点时间加以细细地研读，在阅读的愉悦中，回味一下自己走过的建筑之路，静下心来思考一些问题，无疑是大有裨益的。

吴良镛

中国科学院院士
中国工程院院士
清华大学建筑学院教授
2011 年度国家最高科学技术奖获得者

序

戈特弗里德·森佩尔——建筑师和历史学家

约瑟夫·里克沃特[①]

戈特弗里德·森佩尔一直被20世纪的一些艺术史家所诟病：阿洛伊斯·里格尔[②]在《风格问题》（*stilfragen*）一书中对他的攻击，得到了利奥奈洛·文图里[③]的呼应，而这两位颇具影响的人物把他（或至少他的门徒）定格为粗鄙的决定论者、唯物主义者，或是一位认为艺术作品应完全受制于材料和功能的人，尽管他一再为自己申辩。

事实却是颇为有趣的。里格尔读者中的大多数似乎并不知道，里格尔的这种发难正是肇始于奥地利博物馆［今工艺美术（*Kunstgewerbe*）博物馆］，他曾是这座博物馆的一名织物管理员[④]——而无论是这座博物馆的建筑还是馆中的收藏品，都是受到森佩尔教学与设计强烈影响的产物。正如里格尔的书名所流露的，他对森佩尔在其代表作《风格》（*Der Stil*）[⑤] 一书中的见解，即工匠操作工艺、赋予物体的功用、有助于形成风格的材料等，均予质疑：在里格尔看来，这些不过是不停变幻的“艺术意志”（Kunstwollen），即will-

① Joseph Rykwert，当代著名的建筑历史学家、评论家，宾夕法尼亚大学建筑学教授，英国艾塞克斯大学（University of Essex）艺术教授，并且是剑桥大学艺术学院“斯雷德教授”（The slade Professor）。——译者注

② Alois Rieg，1858—1905年，西方艺术史家，维也纳艺术史学派的主要代表，现代西方艺术史奠基人之一。——译者注

③ Lionello Venturi，一位家学渊源的意大利近代美术评论家和美术史家，其父阿道尔夫·文图里著有二十一卷本《意大利美术史》，是研究意大利美术史的学者。利奥奈洛子承父业，早年潜心研究威尼斯画派，著有《威尼斯绘画起源》（1907年）、《乔尔乔内与乔尔乔内主义》（1913年）和《原始情趣》（1926年）。他曾在都灵大学任教，1931年后因拒绝效忠法西斯政权而流亡法国、美国和墨西哥，流亡于法国（1936年）和美国（1939年）期间，完成《欧洲近代绘画大师》上下两卷。1945年回国，在罗马大学任美术史教授，其间著有《艺术批评史》（1936年）和《现代主义画家》（1946年）等书以及大量美术评论文章。——译者注

④ 参见：阿洛伊斯·里格尔，《风格问题》（*Problems of Style*），伊夫林·凯恩（Evelyn Kain）翻译，普林斯顿大学出版社，1992年；亨利·泽纳（Henri Zerner）的《前言》。“里格尔的研究在思想上与当时盛行于维也纳的工艺美术运动并行一致。在博物馆里，他长期的工作是为东方地毯分类，这使他有机会练就了对那些精巧复杂的图案作描述和分析的过人本领，并在讨论装饰图案中显示出来，成为《风格问题》（*Stilfragen*）的突出特色。”——译者注

⑤ 即《技术与建构艺术（或实用美学）中的风格》（*Der Stil in dentechnischen und tektonischen Künsten*，两卷本，1859年/1860年）。——译者注

to-art（有时亦译作 will-to-form）[1]，是一个自律的、不可预设的，但又是集体性的抉择，适用于每一种变化着的风格。这种观念贯穿 20 世纪众多的艺术史著。

在里格尔及其同时代的一些人看来，一位艺术史家最好不带有明确个人偏好，也没有特殊的鉴赏趣味。这种观点会让人对“人文主义者”，如雅各布·布克哈特[2]，变得不可理喻，遑论与他几乎同时代的森佩尔。森佩尔很少自视为一名艺术史家和理论家，因为他是德语区最多产而成功的建筑师之一——他所秉持的观点是：16 世纪早期意大利建筑提供了未来发展的线索。他的理论常常体现在他的图纸或实际作品中，当然也体现在他的阅读和写作中。

但这些观点都是后来的事情了。森佩尔早期的一些见解形成于
viii 一场席卷拿破仑一世末期的大讨论。1803 年 11 月 30 日，他出生在自由城市[3]汉堡，正当法国占领汉诺威近郊的 6 个月之后，也是那个法兰西皇帝[4]宣布登基的 6 个月之前。他的父母移居阿尔托纳［Altona，位于荷尔斯泰因州（Holstein），当时属于一个丹麦国王，但是说德语］，当时汉堡的一座自治小镇，他把这座小城看做是自己的故

---

① Kunstwollen 的对译英文一般为 artistic will、artistic volition（艺术意志），贡布里希（E. H. Gombrich）译作 will to art 或 will to form（形式意志）。参见E·H·贡布里希，《秩序的理性》（The *Sense of Order*），费顿出版社（Phaidon Press），1984 年，第 183 页。——译者注

② 雅各布·布克哈特（Jakob Burckhardt，1818—1897 年），瑞士历史学家，致力于文化文艺史研究，代表作《文艺复兴时期的意大利文化》（*Kultur der Renaissance in Italien*），1860 年。——译者注

③ 帝国城市：直接受罗马帝国皇帝下辖的城市。自由城市：主教的驻地城市。自由城市在 13 世纪和 14 世纪从他们主教的手中解放出来，名义上它们依然是主教的领地，向主教纳税和提供军队，实际上不受它们领主的命令，同时也不向皇帝交税和提供军队。后来自由城市和帝国城市一起参加帝国会议，被简称为帝国自由城市。到 1806 年神圣罗马帝国告终时，还有六个帝国自由城市：奥格斯堡、纽伦堡、法兰克福、不来梅、吕贝克和汉堡。——译者注

④ 1804 年 5 月 6 日，拿破仑·波拿巴（Napoléon Bonaparte，1769—1821 年）正式称帝，称为一世，1804 年 12 月加冕，1814 年 4 月第一次退位，后一度复位；1815 年 6 月再次退位，第一帝国告终。——译者注

乡；19 世纪末它成了一个郊区［石勒苏益格－荷尔斯泰因州（Schleswig-Holstein）于 1864—1866 年并入普鲁士[①]］。森佩尔的童年时光完全笼罩在拿破仑连年征战的刀光剑影之下，阿尔托纳镇在 1814 年侥幸逃过一劫。他的父亲，一名成功的羊毛商人命中注定生下这（八个孩子当中的）第三个孩子。森佩尔本人则把连绵战火中的岁月看成一种经历；位于汉诺威的哥廷根大学（Göttingen University）是德国的一所最“现代”和最不能“投机取巧”的大学，怀着这么一个想法，他来到了这所大学。

在这所学校，让他最受启发的老师既不是高斯[②]（一位有争议的那一时代最伟大的数学家），也不是蒂博特（Bernard[③]Thibaut），而是年迈的历史学家路德维希·黑伦[④]与伟大的古典学者卡尔·奥特弗里德·穆勒（Karl Otfried Müller）。穆勒的《希腊部落史》（*Geschichte der Griechischen Stämmer*）第一次提出了这样一种视点，即多利安人（Dorians[⑤]）是一群与他想象中的普鲁士人相差无几的人：强悍而爱好和平，思想上接近一神论，半素食主义者，主张民主却有等级之分。穆勒接受了弗雷德里希·冯·施莱格尔（Friedrich von Schlegel）的主张，即在印欧语系[⑥]的民族中，希腊人创造了艺术、科学，但更重要的是创

---

① Prussia，位于北欧，1701 年起成为王国，1871 年建立了统一的德意志帝国。——译者注

② Karl Friedrich Gauss，1777—1855 年，德国数学家，物理学家，著《算术探索》（*Disquisitiones Arithmeticae*，1801 年）。——译者注

③ 英文原版 Berhnard 有误，应作 Bernard。——译者注

④ Ludwig Heeren，1760—1842 年，德国历史学家，历任哥廷根大学哲学教授、历史教授。主要贡献在于提出观察历史的新视点，不拘泥于叙述政治事件，还考察经济、制度和财政状况。著《欧洲城市体系之历史》（*Geschichte des europäischen Staatensystems*，哥廷根，1800 年）等。参见 www. explore-biography. com/scientists_ and_ engineers/A/Arnold_ Hermann_ Ludwig_ Heeren. html。也见于本书《导言》之尾注 10。——译者注

⑤ Dorians，古希腊民族，大约公元前 1100 年入侵希腊，在文化和语言上与希腊仍有差别。——译者注

⑥ Indo-Eurpean，印欧语系：包括欧洲的大部分语言和伊朗、印度次大陆及亚洲其他一些地区使用的语言在内的一个语系。——译者注

造了“理性城邦”（*Vernunfstaat*），一种理性的共和制度，这让他们为一个未来的德意志联邦树立了明确的榜样。和辞典编纂者与民间故事的收集者格林兄弟[①]一样，穆勒也是哥廷根大学的教授；后来格林兄弟辞职离去，以对维多利亚女王（Queen Victoria）的伯父欧内斯特·奥古斯都国王（King Ernest Augustus）的压迫与反自由政策表示抗议，正是此人让汉诺威落入了女王的股掌之间。也许正是在后拿破仑时期（post-Napoleonic）和自由的哥廷根大学，森佩尔深深地埋下了自己是日耳曼民族的忠贞信念。

穆勒推崇的“德意志－希腊”一脉相承，使得长久以来在德国最有影响力的思想家们所主张的观点得到了强化。从温克尔曼（Winckelmann）时代以来，他们将那种理想化了的古希腊，看做是思想、艺术与政治架构的源泉：德国思想与文学的巨匠们——康德（Kant）、歌德（Goethe）、席勒（Schiller）、莱辛[②]——以及许许多多其他人，把这种观念更进了一步，那就是德国应该去实现希腊人的梦想。这到后来拓展为这么一种信念：在希腊的精神，即“genius”和日耳曼语系之间存在一种特殊的亲和关系：

可是，就像春天，这精神的变幻
每个国度各有千秋。那我们呢？

---

① Jacob Ludwig Karl，1785—1863 年；其弟 Wilhelm Karl，1786—1859 年，德国语言学家，著作：《德语语法》、《德国语言史》、《德语辞典》，《格林童话》（合编）。1837 年，格林兄弟等 7 名大学教授因抗议汉诺威公爵违背制宪诺言而失去教授职位。《德语辞典》相当于中国的《辞源》，它将所有德语词汇就其所有历史上有过的意义和词的起源作了详尽的介绍，兄弟俩为此贡献了毕生精力。这项跨世纪工程被后人继续进行了下去，原定的 9 卷本扩大 32 卷，直到 1960 年这部有 30 亿字的巨著终于完成，它是德语国家中词汇最全面的德语辞典。德国人把格林兄弟俩视为德国语言学的奠基人。——译者注

② Gotthold Ephraim Lessing，1729—1781 年，德国诗人，批评家及戏剧家。著作有《汉堡剧评》、《拉奥孔》和《密娜》等，他最出色的剧本是《爱米丽亚·迹洛蒂》。——译者注

荷尔德林[1]这个令人心灵震颤的设问，被他同时代的一些人相当自信地作了回答，时至今日，这一问题依然影响着德国哲学。 ix

我们对森佩尔在大学里的政治活动知之甚少；他是否参与哥廷根互助会（Göttingen Bruderschaften），以及他后来的那些也可能会打动别人的政治主张，在档案材料中都找不到，因为这些往事都已成谜。不管怎样，他没有完成学业，而于 1825 年去了慕尼黑，据说追随弗雷德里希·冯·加特纳（Friedrich von Gärtner）在艺术学院（Kunstakademie）学建筑。他也没在那里盘桓太久，1826 年，他在雷根斯堡（Regensburg）得到一份工作。在那里的一场争斗（也许是因为一位女士吸引了他?），因他离开德国去了巴黎而结束。这样一份“履历”（*curriculum*）在“初期德国”（Young Germans）[2] 那一代人的身上，并不令人感到惊讶。

那时，他已不再是学生，而在一个自由主义者弗兰兹·高乌（Franz Gau）的事务所上班，高乌出生在科隆，说德语。科隆曾一度被拿破仑占领，1815 年，维也纳国会把它归还普鲁士的时候，许多人选择了法国国籍。高乌作出了和雅克 - 伊格纳茨·希托夫[3]一样的选择，后来这两位建筑师关系密切。他们都热衷于探讨古代建筑和

---

① Johann Christian Friedrich Holderlin，1770—1843 年，德国诗人，早年学习神学，和黑格尔、谢林过往甚密。——译者注

② 拿破仑战争之后，奥地利皇帝宣布放弃神圣罗马帝国皇帝称号，神圣罗马帝国灭亡（962—1806 年）。德意志诸邦国组成了松散的德意志邦联（Deutscher Bund，1815—1852 年），文中此处的 1826 年正处于该时期。1871 年 1 月 18 日，成立以普鲁士王国为中心，通过王朝战争建立的君主立宪制的德意志联邦国家，史称第二帝国。——译者注

③ Jacques-Ignace Hittorff，1792—1867 年，法国新古典主义建筑师，著：《希腊建筑彩绘》（*Architecture polychrome chez les grecs*，1830 年），设计作品：1848 年圣保罗教堂（Saint Vincent de Paul）的装饰，1856—1859 年罗浮宫，1861 年北站（位于巴黎）。——译者注

雕塑上的色彩装饰①，对古代建筑与雕塑的关注，在当时促成了艺术和考古学科的建立。如今在很大程度上，高乌是作为新哥特大教堂圣克洛蒂（St. Clotilde）的建筑师，而希托夫作为北方车站（Gare du Nord）② 的建筑师留在人们的脑海里，但在随后的20年里，他俩和其他一些建筑师，特别是亨利·拉布鲁斯特（Henri Labrouste），他是巴黎的圣日内维耶芙（Ste. Geneviève）图书馆和巴黎国家图书馆的设计者，卷入了一场支持带色彩装饰的建筑与雕塑的大争论，这在当时也披上了一层政治的、自由主义的、近乎大众主义的色彩，而这是为巴黎美术学院（Ecole des Beaux-Arts）所不容的。

不管怎样，森佩尔在巴黎度过了两段时光，他第一次来住了一年，1829—1830年他又逗留了18个月，期间发生了他寄予无限同情的"法国七月革命"③。因为在色彩装饰技术教学的无上权威和巴黎美术学院的声望，巴黎成了当时青年建筑师的中心。不可避免地，

---

① 色彩装饰（polychromic），指古代建筑与雕塑上的色彩装饰，它是19世纪上半叶欧洲考古界与艺术界围绕古典建筑与雕刻是否着色的大讨论中的一个重要术语。长期以来，人们以为古典建筑与雕刻的外观本来就是呈现出大理石的纯白晶莹的效果。温克尔曼在18世纪中叶奠定了这一美学理想的基础，他认为美在于纯形状而不在于色彩。到了19世纪初，随着西欧大批考古学家的努力，带有鲜明色彩装饰痕迹的古代建筑不断被发现，这种传统观点受到了挑战。森佩尔于1830年夏离开巴黎到南方作考古旅行，1834年发表了《古代建筑与雕塑的彩绘之初评》（*Vorläufige Bemerkungen über bemalte Architektur und Plastik bei den Alten*）一文，认为希腊建筑与雕刻的色彩装饰是古代艺术的一个基本特征。该文发表后遭到猛烈抨击。激烈的争论其实反映了两种不同的审美取向。森佩尔在后来的建筑实践中，贯彻了色彩装饰的思想，喜爱在建筑室内装饰色彩丰富的绘画与雕塑（如维也纳艺术历史博物馆）。在温克尔曼的传统观念的笼罩之下，大多数学者仍不愿意完全承认古典建筑于雕刻上有彩色装饰。即便在今天，这也是令人不可思议的，如贡布里希在论述古希腊艺术时就曾写道："在我们今天看来，美好的大理石颜色和纹理都是那么奇妙，我们决不会用颜色去覆盖，而希腊人甚至竟用红和蓝这种对比强烈的颜色去涂刷神庙。"但古代神庙和雕像上的确大多涂有颜色，现在成了公众的常识。——英文版注

参见：阿洛伊斯·里格尔，《罗马晚期的工艺美术》（*Late Roman Art Industry*），洛尔夫·温德斯（Rolf Windes）译，罗马，1985年；中译本，陈平译，《罗马晚期的工艺美术》，译者导言《作为知觉方式历史的艺术历史》，湖南科学技术出版社，长沙，1999年，第23—24页；另参见：贡布里希，《艺术发展史》，范景中译，天津人民美术出版社，天津，1998年，第49页。——译者注

② 巴黎北站。——译者注

③ July Revolution：1830年，推翻复辟的波旁王朝。——译者注

森佩尔发现了法国学院派（French academic）“系统性”教学中的让人不悦之处：“干巴巴”的轴线和方格网平面缺乏他所追寻的抒情诗调和艺术的均衡。

“七月革命”后不久，他踏上了不可或缺的地中海之旅。他在雅典待了很长一段时间，巴伐利亚的奥托（Otto of Bavaria）刚刚成为希腊的国王，雅典即将成为奥托的首都。归来途中，在柏林，森佩尔把他的画作让卡尔－弗里德里希·申克尔（Karl-Friedrich Schinkel）过目，那是他旅程的高潮。回到家乡阿尔托纳，他为一位要人设计并建造了一座私人博物馆，但在大约几个月之内，他的老雇主高乌和申克尔，正分别与萨克森（Saxon）的大臣林德瑙伯爵（Count von Lindenau）和国王的艺术顾问魏兹顿伯爵（Count Vitz- x
thum）近距离接洽，他们在为萨克森首府德累斯顿（Dresden）建筑学院物色一名新领导；高乌推荐了森佩尔，1834 年 5 月，他走马上任。

对考古学和希腊的迷恋，却始终没让他成为一名新希腊主义，或即便是新古典主义的建筑师。他的第一本书，题献给老师高乌，为希托夫的色彩装饰理念辩护（虽然森佩尔设想中的希腊神庙主导色彩是一种不太可能的“庞贝式”粉红），并把他对这些东西的审美趣味和他那毫不墨守成规的政治倾向糅合在一起。在德累斯顿任上，这本书与他形影不离，其中含有对他的慕尼黑老师们的许多抨击，以及一些煽动性的政治主张——它出版于阿尔托纳，是在丹麦人的领地，因此德国审查者们鞭长莫及。

虽然他的建成作品极少，但他在德累斯顿建筑师中迅速蹿红，在那里度过了 14 年，他改变了镇上的中心地带。那些萨克森州的选帝侯（Saxon Elector）[1]，其中一些已是有名的知识分子和赞助者（智者弗雷德里克[2]已是马丁·路德[3]和克拉纳赫[4]的保护人），像所有的德国王室一样，对“铁腕”奥古斯都二世（Augustus Ⅱ）获得的皇权心动不已；奥古斯都二世以信奉天主教为代价，篡夺波兰皇位[5]，让罗马建筑师嘉诺·齐阿维瑞（Gaetano Chiaveri）在易北河岸（Elbe）为他建造一座巨大的宫廷教堂[6]（今主教教堂）——巴赫（Bach）为这座教堂“皈依天主教”的弥撒曲大致定位在B小调。

奥古斯都二世和他的儿子奥古斯都三世，都是不知疲倦的资助者、收藏者与建造者。“铁腕”奥古斯都对于瓷器的热情导致欧洲对于瓷土的发现，并作为瓷器制造的基地，而且把德累斯顿和迈森（Meissen）建成了瓷器业中心；他对于珠宝的狂热（尤其钻石）使得绿穹顶（*Green Vault*）博物馆成了世界上最令人瞩目的珠宝收藏处。德累斯顿宫殿被扩展进了茨温格宫（Zwinger），这是欧洲最有名的洛可可精品之一——但那是在19世纪。19世纪初叶，学院任命卡斯帕·大卫·弗雷德里希（Caspar David Friedrich）为景观学教授，

---

① 有权参加选举神圣罗马帝国皇帝的日耳曼王侯。——译者注

② Elector Frederick the Wise of Saxony，1486—1525年，德国威登堡大学（Wittenberg University，马丁·路德任教于此）管理者。——译者注

③ 马丁·路德（Martin Luther，1483—1546年），德国人，16世纪德国宗教改革运动的发起者。——译者注

④ Lucas Cranach，1472—1553年，德国画家，马丁·路德的密友，绘有《马丁·路德的肖像》（*Bildnis von Martin Luther*）。——译者注

⑤ 公元966年，波兰改信天主教。——译者注

⑥ 奥古斯特二世信奉天主教之后，下令修建这座易北河边的天主教堂，由意大利建筑师加埃塔诺·查维里（Gaetano Chiaveri）于1739—1755年间完成，是德累斯顿-萨克森地区规模最大的巴洛克风格教堂，内部装饰华美，布道台上有雕塑师巴尔塔扎·帕默瑟（Balthasar Permoser）的洛可可式雕塑，祭坛上有拉斐尔·蒙（Raphael Meng）的壁画，管风琴是戈特弗里德·希尔波曼（Gottfried Silbermann）的最后杰作。大教堂逃过18、19世纪的战火，但在二战中被夷为平地，1945年始重建，1971年完工。1980年成为德累斯顿-麦森教区的主教教堂。德国于2001年6月13日发行“德累斯顿宫廷教堂250周年纪念邮票”一枚。——译者注

森佩尔来的时候他还在任上。此外，还有格奥尔格·弗雷德里希·
克尔斯汀（Georg Friedrich Kersting）和挪威风景画家约翰·克里斯
蒂安·达尔（Johann Christian Dahl），这些人都是他的密友。许多艺
术家心仪德累斯顿，那些在学院没有谋得一席教职的艺术家，通常
会在迈森的瓷器业界获得青睐。他们的到来是因为德累斯顿，它作
为一个活跃的知识分子与艺术家的中心，声名在外——它被自封为
“德国的佛罗伦萨”。皇家的内科御医卡尔·古斯塔夫·卡鲁斯
（Carl Gustav Carus）就是一位非凡的业余画家和颇为知名的艺术评论
家。直至1826年去世，卡尔·玛利亚·冯·韦伯①一直是皇家乐队
指挥（Hofkappelmeister），当时的卡尔·弗里德里希·冯·鲁谟
（Karl Friedrich von Rumohr），一位精灵古怪的美食家，是继温克尔曼
（亦在德累斯顿工作）之后，德国艺术历史的第二位奠基人。他也许
要对德国拿撒勒画派（Nazarenes）与英国拉斐尔前派②所接受的观 *xi*
点负起责任，那种观点认为拉斐尔的作品是整部艺术史的顶点，而
自那以后的所有东西都不可避免地有不同程度的下降。

开明的新国王菲特烈·奥古斯都二世（Frederich Augustus Ⅱ，最初是共同摄政者之一：当时萨克森州有两位国王同时执政）的统治始于德累斯顿暴乱初露端倪之际，这一暴乱与巴黎的七月革命遥相呼应，当时这位国王拒绝了奥地利梅特涅③的帮助，森佩尔作为国王的一名臣僚而到来。他一直待到1849年，当时德累斯顿爆发了一场

---

① Carl Maria von Weber，1786—1826年，德国作曲家。——译者注

② Pre- Raphaelites，19世纪中叶由Rossetti牵头的一个英国画派。——译者注

③ Prince Von Metternich，1773—1859年，1815—1848年任奥地利总理，以权力均衡构想领导协和欧洲（The Concert of Europe）。——译者注

更为严峻的巴黎式革命——这一次，普鲁士人握住了这位国王伸来的援手。

森佩尔年轻而没有经验（但有热情），本来不是德累斯顿人的第一选择。1833 年，慕尼黑的约瑟夫·蒂默尔（Joseph Thürmer）就任该职，但不幸英年早逝，森佩尔的补缺没有引起太多注意。与此同时，自由大臣任命了雕塑家恩斯特·里彻尔（Ernst Rietschel，他最有名的是后来在魏玛 的“歌德－席勒”雕像），恩斯特·汉涅尔（Ernst Hahnel，“我的雕塑家”，森佩尔这样称呼他），以及画家、评论家兼版画家路德维希·里希特（Ludwig Richter）。德累斯顿事实上已经成了第一次浪漫主义运动的重要中心，但所有这些新艺术家都反对弗雷德里希与达尔①那一代人的“僵硬和狂野”的手法。他们的作品更丰富、更流畅、更文雅；这正是那款带有历史意蕴和叙事风格的方式，那款森佩尔深信他的建筑作品所需之折中的、却“有个性的”“穿衣服”（*Bekleidung*）理论。

他着手调整了课程：工作室（Studio）教学专门用于大规模的集体课程。他撰写了建筑历史讲义，并开始构思一本大部头著作。但实践占据了他越来越多的时间。他的第一个公共委托项目是为德累斯顿的各种广场作装饰和焰火，以庆祝那位年长的共同摄政者安东尼（Anthony）在 1835 年的生日。他还被请去为里彻尔在茨温格宫的奥古斯都一世雕塑作基座。

这使得森佩尔开始为这个城市构思一个大型广场（forum）：一个新的剧院，而且包括茨温格宫、18 世纪的天主教堂以及不久前申

① 即上文提到的：卡斯帕·大卫·弗雷德里希（Caspar David Friedirch，1774—1840 年），德国浪漫主义画家；约翰·克里斯蒂安·达尔（Johan Christian Dahl，1788—1857 年），挪威画家。——译者注

克尔设计的皇家警卫楼（Royal Guard）。但是，这一切必须静静地等待。其间，第二年，他为称作日本宫（Japanese Palace）的古董馆设计了庞贝风格的色彩装饰。1838年他得到了许多重要委托：一家妇产科医院，老城边缘的犹太教会堂，以及他早期最重要的作品，茨 xii
温格宫前面的皇家剧院，这是他心中酝酿的广场的第一部分。虽然它两段式的构图手法是对热闹的茨温格宫的一份出奇冷静的挑衅，却使森佩尔得以发展出一种“仿古典风格”（*all'antica*）音乐剧院的理念；那种理念发端于18世纪中叶，由弗朗切斯科·米利萨[①]倡导，并经过彼得罗（Pietro）在罗马的圣乔治教堂（San Giorgio）之整饬，与森佩尔的朋友埃德蒙·吉尔伯特（Edmond Gilbert，他后来设计了著名的位于法国夏朗通［Charenton］的精神病院）1822年在巴黎美术学院获大奖的方案一样，显然步杜朗[②]在巴黎理工学院（Ecole Polytechnique）的讲义中提出的一种模型之后尘。

平面上，森佩尔的剧院有一个半圆形的听众席，被三层的包厢和两个楼座包围，1800席。舞台近乎立方体，两部不同寻常的宽敞楼梯连接着两个主体；气派的供马车出入的门廊（porte-cochère）分列在舞台塔楼的两侧，朝向宏伟的大厅，一侧给王室家族，另一侧给买票的公众。舞厅、舞台空间、休息厅和观众厅可单独使用。

---

① Francesco Milizia，1725—1798年，意大利建筑理论家，著作多种，如《民用建筑原理》（*Principi di architettura civile*），3卷本，意大利斐纳利（Finale），1781年。此处引自汉诺-沃尔特·克鲁夫特（Hanno-Walter Kruft），《建筑理论史—从维特鲁威到1985年》（*A History of Architectural Theory from Vitruvius to the Present* 1985）（A·泰勒译［Taylor A.］，Callander E. & Wood A.，Zwemmer，London，和普林斯顿建筑出版社，纽约，1994年），注解86，第156页。——译者注

② Jean-Nicolas-Louis Durand，1760—1834年，19世纪法国革命建筑的代表人物，坚持结构功能主义，强调形式对于材料特性的依赖，认为建筑装饰是多余的。——译者注

带 17 扇类似斗兽场的拱券的两层高半圆形面向这个“广场”。中间的三扇做成了一个中央入口，而这片半圆形的主要柱式是连续的壁柱，衔接建筑的其余部分。它们的上面，一座高高的阁楼托着一片斜屋顶，形成了建筑前部的半圆形拱顶部分，并被两边的圆柱门廊上的山花所遮掩。这种布置让森佩尔把建筑不同功能的各个局部干净利落地捏合在一起——公共走道、观众席、楼梯、高耸的舞台——同时保持外表的韵律统一。

雕塑家里彻尔和汉涅尔作了内外装饰，它们业已被精确地描述为 sgrafitto 装饰[①]，一种森佩尔极其钟爱的形式。格子顶棚，小而浅的穹顶落在一些格子上方，是为声音效果精心制作的。室内由一队法国油漆匠上色，历时 3 年竣工；抹灰、雕刻以及上漆工程不得不被快速地组织起来，当然，影响波及了整个德累斯顿的艺术界。

森佩尔同时在做一个拜占庭－摩尔风格（Byzantine-Moorish）[②]的犹太教堂。平面是简单的方形十字，有一湾浅浅的门廊，材料是石灰石，和剧院的材料一样。但让森佩尔气恼的是，由于资金捉襟见肘，石穹顶不得不换成了木头的。不得已，他把石栏杆也换成了木质的；那是一种材质之间的对比，他后来一次又一次地运用这种手法。剧院是伯拉孟特式的（Bramantesque）和老派的，而犹太教堂

① Sgrafitto 意即刮擦或刮削，以及该工序的整个过程。在 sgrafitto 中，变硬但仍保持完好的、掺水之前的第二层粗灰泥面层是用 2 厘米厚的加强深色石灰砂浆做成的。颜色为木炭色或烟黑色。它可直接用作填充材料，在 1∶3 的风干石灰砂浆（air lime mortar）里。翻译自 www. plasterarc. net/essay/essay/Soren04. html。——译者注

② Moorish，8 世纪至 16 世纪西班牙一种建筑风格的，具有能上能下的蹄形拱和华丽装饰的特征；狭义的摩尔人指北非居民柏柏尔人，但人们习惯于把中世纪西班牙和西、北非洲的穆斯林都叫摩尔人。另参见索飒，《在堂吉诃德的甲胄之后》（上），《读书》2005 年第 05 期，三联书店，北京，第 7 页。——译者注

则是“圆拱风格”（*Rundbogenstil*）①，或“新罗马风”（neo-Romanesque）［它被巴登州（Baden）建筑师海因里希·胡布史（Heinrich Hübsch）奉为未来的基本风格］，具有拜占庭式的结构形式和“摩尔风格”的装饰。它在当时博得一片喝彩。1844 年，森佩尔在 *xiii*
他故乡汉堡的圣尼古拉斯教堂（St. Nicholas Church）的大型方案竞赛，以及那里市政厅的“威尼斯式的”项目中，采用了同样的风格，减少了摩尔风格的装饰；但这个由乔治·吉尔伯特·斯科特爵士②实施的项目，是一幅室内缺乏灵气、装饰繁缛（或中期哥特的，middle Gothic）的样式。

当时还有一个小型但却重要的建筑是银行家奥本海姆（Oppenheim）的消夏胜地罗萨别墅（Villa Rosa），就在该镇上游的易北河边，坐落在坡向河流的花园上。这栋房屋，一排小屋子的方形地块环绕着中央顶部采光的大厅，两层高的三组门廊朝向花园。门廊两侧的白墙在每一层各掏了一扇窗，并被连在一起作为一个竖向构图元素。整个建筑坐落在一片厚重的基座上。1870 年，这栋别墅已严重损毁。奥本海姆在德累斯顿也建造了他最重要的私人住宅，奥本海姆宫（Oppenheim Palais）。该项目委托于1844 年，建造历时4 年。场地位于一块别扭的三角地，它又被设计成围绕着一个八角形的、带顶部采光楼梯的大厅。这座阔绰的4 层建筑分成“明显”的上下

① 对译英文 round-arch style，通指起源于并于 1825—1850 年间在德国盛行的一种艺术风格，后来风行于北欧和美国，并作为一种实用主义风格得以幸存良久。它基于圆拱（Rundbogen）的结构单元，人们常把它与罗马复兴建筑相混淆。然而“圆拱风格”不是一种历史复兴；相反的，它是第一次建筑运动中强调形式不来源于历史却依照实用和客观的抽象概念。“圆拱风格”是 20 世纪建筑学的一个重要前兆，通过在平面和结构上添加的这些形式的构成和装饰，第一次将德国的建筑理论置于国际突出地位。——译者注

② Sir George Gilbert Scott，1811—1878 年，英国的新哥特主义运动领导者。——译者注

两段：下面一段基座厚重，带有墙脚半圆壁上的圆拱窗；上面一段是窗框上带着爱奥尼柱式的。它的形式母题版本丰富，取材于佛罗伦萨的皮蒂宫（Palazzi Pitti）和潘道菲尼府邸[①]。阁楼层的窗楣上檐口厚重，外立面有厚重的转角石和粗壮的柱子。

1842 年，理查德·瓦格纳[②]从巴黎途经魏玛来到德累斯顿，他的第一部歌剧《黎恩济》（*Rienzi*），在崭新的宫廷剧院首演获得巨大成功。人们对《漂泊的荷兰人》（*Flying Dutchman*）[③] 则颇有微词。不管怎样，瓦格纳成了皇家歌剧院指挥（*Hofkappelmeister*），在德累斯顿安顿了下来。森佩尔起先怀疑瓦格纳的中世纪情怀，但是他成功地使森佩尔相信，他史诗般歌剧中的中世纪“日耳曼底蕴”（Germanness）比任何新哥特（neo-Gothic）的东西都更接近森佩尔视觉中的“圆拱风格”。很多年以后，1856 年，瑞士诗人凯勒[④]就瓦格纳的作品写道：“你将发现一部有力的诗篇，古德意志（*Urdeutsch*），被一种远古的悲剧精神所净化，却如影随形……”

1843 年，森佩尔的忘年交冯·鲁谟去世，森佩尔为他设计了一座纪念碑。是年，德累斯顿躲过了一场瘟疫，市民们把他们的好运气归功于当地的水质，于是立了一棵喷泉柱以示纪念，森佩尔不同寻常地把它设计成哥特风格，似乎是想表明他也能做到。

---

① Palazzi Pandolfini，拉斐尔设计，建于 1516—1520 年。——译者注

② Richard Wagner，1813—1883 年，德国作曲家、剧作家；*Rienzi* 是一部五幕悲剧，全名《黎恩济，最后的护民官》（Rienzi，der Letzte der Tribunen），故事叙述了 14 世纪中叶的罗马护民官黎恩济的故事：黎恩济因率众反抗贵族们的暴虐使罗马市民恢复自由，却由于妹妹跟青年贵族的恋爱和别的因素，受到市民误解而被杀，结果罗马市民的自由也随着消失。——译者注

③ 三幕歌剧《漂泊的荷兰人》，瓦格纳作于 1841 年，1843 年首演于德累斯顿歌剧院。——译者注

④ Gottfried Keller，1819—1890 年。——译者注

1844年，被视作德国歌剧之父的韦伯的灵柩，从伦敦运回德累斯顿，隆重地再次安葬。瓦格纳拟定了悼词；森佩尔则义不容辞地设计了纪念馆。

森佩尔最后也是最大的一件在德累斯顿的建筑作品是新艺术馆。过去的几年，他做了一系列公共建筑，涉及宫殿、剧院与河流，都 xiv
与广场这个主题有关。相对谦逊的建议性的选项根本就不是他所垂青的，结果就是通过提供一个朝向广场的第四立面，关闭开放的茨温格宫庭院，同时创造出一个适宜的纪念性的并且庄严的界面对着剧院。早在10年前他就开始构思的广场，正在慢慢成形。

那些萨克森州的选帝侯们，已经把18世纪西欧顶级的绘画搜罗到了一起，对森佩尔而言，基本的想法是让这些藏品公示于众，这也是出于政治的及文化的考虑。但是还有另外的一些收藏：上文中提到的珠宝、东方的瓷器、西南太平洋的工艺品、印度的物件等。这些林林总总的东西渐渐激发了森佩尔的一个想法，他后来在伦敦完善了这个想法，它提出博物馆作为一种统一的体验，通过一种为参观者设计的四叶苜蓿形的立体流线，使他们开始注意到制作事物的不同方法（为什么森佩尔考虑有四种途径将在《建筑四元素》一书中讨论）。四重的路线将会引导观众一次又一次地靠近居于中心地位的由各种形态转变而来的展品，在这一座融汇了各种工艺的整体建筑艺术作品里流连忘返。

佛罗伦萨、罗马和威尼斯再一次成了森佩尔的源泉：主要是伯拉孟特（Bramante）、珊索维诺[①]，虽然事实上，德累斯顿艺术馆是

① Sansovino，1486—1570年。——译者注

他曾接手的奥本海姆宫的一款更为隆重与驾轻就熟的版本。里彻尔和汉涅尔又一次制作了雕塑。而且又一次，某一主题似曾相识燕归来。建筑是一长方形，长边北面朝向剧院，南面进入茨温格宫，茨温格宫因此被一排深深的柱廊掩映了。中心元素是两个有层次的凯旋门，在地面上，它在茨温格宫和“广场”之间提供了带柱廊的快速通道，而在上面一层，承托一个高高的八边形，它试图和佛罗伦萨乌菲兹（Uffizi）美术馆相呼应，那是美第奇（Medici）家族展品的圣地。穹隆顶的覆盖是由别人所完成的，因为当历史事件要发生的时候，森佩尔还在犹豫之中。

介入是残酷的：1848 年的巴黎起义很快就在萨克森有了回应。奥古斯都二世，尽管是一位自由主义的君主，却越来越趋向一种压制的风格和政策。受巴黎事件之震动，他委任了新政府，并且计划了走得更远的改革。但是，要求萨克森州采纳由位于法兰克福的、自由的、“民族的”国会颁布的德意志联邦宪法（违背普鲁士人的君主政治意愿）是太过专横的，抗议由此而爆发。自认为是一位自由主义者，甚至是一位共和党人的森佩尔，积极投身这场革命。

xv 后来有人说，正是森佩尔提议的在建筑上设路障，延长了对普鲁士人的抵抗——这样他们就无法发动袭击。不管怎样，森佩尔和理查德·瓦格纳深陷漩涡，并于 1849 年 5 月 9 日双双出逃，5 月 14 日，一纸批文撤销了对森佩尔的逮捕。尽管有皇后的恳请、各界朋友的斡旋，以及森佩尔的亲自调和，国王依然敌意未消，并将森佩尔从德国驱逐出境，度过漫漫岁月。

这种英雄般的形象后来被证明几乎是灾难性的。森佩尔先是去了巴黎，他的旧雇主高乌在那里是一位有头脸的人物，那些森佩尔在德累斯顿录用的画家们现在成了他的朋友。他们的的确确帮了他，委托了一些很小的项目和临时房屋。其间，他还得到了一些道义上的支持和不具名的捐赠，可是眼前的这一切无利可图或根本不值得。他计划前往美国；由于伦敦提供的一份工作担保，这事耽搁了下来，但是工作的事情后来也变得充满了失望。他在伦敦的最初岁月里，患上了无法幸免的难民偏执狂；在错误百出的开端之后，建造水晶宫（Crystal Palace）的那段令人兴奋的日子里，他终于在以亨利·科尔爵士（Sir Henry Cole）为中心的团体中，发现了一个知识分子的家园，这个圈子埋头致力于一种新的艺术教育和自然的装饰形式设计，还另有一些平凡的事情也常常让森佩尔兴致盎然。科尔一贯不太喜欢英国建筑师，当他取得设计学院金属制品教授一职时，森佩尔才得以和他的巴黎朋友们一起，在西登汉姆（Sydenham）① 重建水晶宫，但是没有真正的建筑项目委托的征兆似乎初露端倪。

森佩尔去了英国的时候，他的德累斯顿朋友理查德·瓦格纳迁居瑞士，在森佩尔谋求苏黎世一所新的理工学院（Polytechnic）② 建筑学教授一职——这是在说德语的瑞士的一个要职——的担保中，他扮演了救世主的角色。稍作犹豫之后［艾伯特亲王（Prince Albert）最终意识到森佩尔的重要性，委托他设计了一座巨大的博物馆兼音乐厅，但是后来，这个项目被推倒重来］，森佩尔接受了。虽然在明媚的英国待过之后，苏黎世变得十分封闭和单调，但它成了森佩尔余生的家园。

理工学院的建筑是至关紧要的，这可从苏黎世的长辈们起初并

① 位于伦敦南部。——译者注
② 今瑞士联邦理工学院（ETH）。——译者注

不把森佩尔当回事中真正地看出来：他们宣布了一个公开的竞赛。他被保证不用管这些，这项委托将是他的；然而，1857 年岁末，事实上他已经退出了，并且正在商议重返伦敦［当时他好像已经接手设计了白厅（Whitehall）① 的一座宫殿，坐落在皇家骑兵队（Horse Guards）阅兵场］。结果，收到的 19 个理工学院方案无一入选，1858 年底，森佩尔受命为建筑师，1958—1864 年大楼拔地而起。这座宫
xvi 殿似的长方形建筑俯视城市，绕着两个方形喷泉庭院布置，这件事开辟了他人生的第二春，他成了一名德语地区建筑师的领头雁。

建筑的所有表面也是粗琢的，棱角分明，上下两层各自被分成两种“秩序”。中部的特色是三个开间，稍稍高于建筑的其他部分。在底层地面，粗壮的多立克柱子在入口大厅构成拱门；在上面一层，开着三扇高高的圆拱窗，两两分开，一对科林斯柱子对应着这个大学礼堂（*Aula Magna*）的一个开间，如此一来，能俯视这个城市和湖景的上面一层，也成了“最高贵的”（*piano nobile*），而这个令人难忘的带壁柱的和间接采光的大厅继续穿过两座宏伟的楼梯，楼梯同时作为一个宽敞的灰泥预制的走廊，依次开向各自一侧的喷泉庭院。

虽然没有了他的那些德累斯顿雕塑家和巴黎画家们的协助，森佩尔依然设法得到一些精湛的雕像，用来分隔那些柱子以及建筑侧墙上的 sgrafitto 装饰，或使它们增色。他还为苏黎世这座城市设计了斯特恩瓦特（Sternwarte），这是一个拥有一座天文台和一个小型科学博物馆的公寓街区。他设计的给人印象至深的一个新火车站后来未建，还有一个股票交易所也未建。

---

① 伦敦的一条宽阔大道，南北走向，位于特拉法加广场与议会大厦之间，名字从 Whitehall Palace（1529—1698 年）而来，是英国法庭的主要所在地，以其作为政府办公机构所在地而知名。——译者注

他的社交圈，有他不可或缺的故交瓦格纳——因而有了一帮音乐家朋友，还有作家比如康拉德·费迪南·梅耶[①]和戈特弗里德·凯勒（Gottfried Keller），以及一些城市的神父们，比如后来成为瑞士温特图尔（Winterthur）市长的约翰·雅各布·祖尔泽（Johann Jakob Sulzer）。由于学生们对他的教学水平要求不高，使他松了一口气。1865年，当时理工学院已经落成，他击败了一位竞争对手而赢得委托，为苏黎世以东大约15英里，温特图尔的一个繁华小镇设计市政厅，这里，一个类似神庙的中央柱廊端立在一片厚实粗犷的基座之上，两层的、带浅浅的壁柱的两翼，加入了一部庄严而对称的楼梯，由它引导进入市政厅的门廊，来访者拾门廊里另一部对称反转的楼梯而上，进入顶部采光的议院大厅。

186？年[②]，瓦格纳带尼采（Nietzsche）去森佩尔的版画工作室看望他的时候，也正是《风格》（*Der Stil*）[③] 一书最后杀青之际，他当时一定正在那里为此书赶制最后的插图。瓦格纳的公司激励了森佩尔为剧院设计投入更多的时间；甚至在他离开伦敦之前，他为西登汉姆的水晶宫设计了一款式样老派的剧院，并正着手为重建布鲁塞尔的钱币剧院（Théatre de la Monnaie）赶制竣工图。1858年，森佩尔受邀参加巴西皇帝唐·彼得罗二世（Dom Pedro Ⅱ）位于里约热内卢的一座新歌剧院竞赛。他的方案基本上是一款德累斯顿宫廷剧院的延伸；它有着扩大了的柱廊，但更重要的是一个欢快的、少许

① Conrad Ferdinand Mayer，1825—1898年，他的第一部成名作是1871年创作的《胡敦的最后一天》（*Huttens letzte Tage*）。——译者注

② 原文如此。——译者注

③ 此处指森佩尔所著，《技术与建构艺术（或应用美学）中的风格》（*Der Stil in den technischen und tektonischen Künsten*，两卷本，分别写于1859年和1860年）。——译者注

“东方韵味”的半圆形门廊，即中心亭。这个方案当然也和瓦格纳进行了切磋。当时，温特图尔市政厅正在建造，闻名遐迩的疯狂的巴伐利亚国王路德维希二世（Ludwig Ⅱ），在他加冕的1864年，决定赐给瓦格纳一座庆典剧院：起先是一处在慕尼黑的临时建筑，水晶宫的翻版，玻璃宫（Glaspalast），后来是一座位于伊萨河边[1]的永久性建筑。在为慕尼黑的临时建筑工作之际，森佩尔在他自己半圆形空间的想法与瓦格纳对于一个镜框式舞台之间达成了一致，先是砍掉封闭的半圆形房间的侧面，以使它们与矩形吻合，而后进入他所确定的楔形观众厅——这意味着它的背墙不再是“古老的”半圆形，而是浅浅的弧。

无论如何，瓦格纳想让他的歌剧观众朝着同一个方向，一定要通过一个深深的镜框而与这个理想的舞台拉开距离，乐池几乎不可见，隐没在深处。慕尼黑歌剧院的前部微微弯曲，正中央的一个半圆形空间对应的是皇家包厢，和里约热内卢歌剧院如出一辙。剧院的主体侧面部分与长长的可以散步的两翼（promenade[2] wing）相接，每一侧都伸到建筑序列的两层。历经1865—1866年，直到1867年，森佩尔为它做了几个不同的方案，但是，尽管所有的图纸与模型都已经完成，国王还是变卦了。国王不打算兴建什么剧院了，也不打算支付森佩尔付出的全部心血。德国似乎又一次对他关上了大门。

这次毁灭性的变故之后不久，1868年夏天，对森佩尔的一系列重要委托纷至沓来。作为一名杰出的德国建筑师与理论家，他应邀评选毗邻维也纳皇宫、位于环城大街另一侧的艺术与科学新博物馆

① Isar河：多瑙河的一右支流，起源于奥地利境内的卡文德尔山脉，在巴伐利亚州注入多瑙河。——译者注
② 尤指在欧美为作为社交活动在公共场合的散步。——译者注

的诸多方案。1869 年冬，他的一次演讲引发了一次与国王在布达佩斯的会见，另一次在维也纳，最后给他带来了一份个人委托。森佩尔虽然如履薄冰，但他将此视为实现他职业生涯中最庄严的“广场”的一次机会。方案包括两个大而浅的半圆形空间，连接着老胡浮堡皇宫（Hofburg），从凯旋门穿过环城大街（Ringstrasse）直达巨大的半圆形广场，其中的一个半圆形空间背靠一个剧院，与慕尼黑节日剧院（Munich Festspielhaus）很像。

这个方案的一个半圆形大楼、两家博物馆以及一个剧院（*Burgtheater*，维也纳皇家剧院）后来建成。这个庞然大物，却也是精致和充满细部的，它们是森佩尔的最高成就，虽然这是他与一位年轻的维也纳同事卡尔·冯·哈森瑙尔（Karl von Hasenauer）合作完成的。

他的晚年还有另一场胜利。1869 年岁末，他那雄伟的德累斯顿剧院毁于大火，就在火苗刚刚湮灭之际，要求森佩尔重返德国的呼声四起。萨克森的新国王约翰（John）是一位文化巨子，并且 *xvii*
是但丁（Dante）的权威德语译者。森佩尔被特赦了，1871 年，当他得到最终委托之际，他决定让这座新的更大的剧院背对旧的那座，后来设计成了一种对茨温格宫的紧密偎依，一种让他自己的艺术馆相形失色的偎依。因此，在透视上它的尺度更大更深远，使广场更加辽阔，而且给了博物馆正立面一览无余的视角。1879 年，德累斯顿剧院和维也纳的那组建筑仍在建造之中，他在罗马溘然长逝。

这件装饰过于丰富的“卡卡尼亚的”（fulsome *Kakanian*）[①] 外衣——以柔和的雕像与 sgrafitto 所装点的森佩尔后期建筑的“穿衣服”，充斥着丰富而平淡无奇的绘画的墙面。青年时代的里格尔对此嗤之以鼻。里格尔在奥地利工艺美术博物馆和奥地利大学度过了他的工作生涯，就像生活在森佩尔艺术史观的阴影之下［这两所建筑均由海因里希·冯·费尔斯特尔（Heinrich von Ferstel）设计，均受森佩尔的影响］。里格尔说道：艺术并不像森佩尔所理解并传授的那样，是一种工艺过程的简单副产品；风格也不是在结构外衣上一件无足轻重的东西；相反，艺术是第一位的表现，并且是从对形式的内在要求和外部环境的冲突中反映出来的。这种反映，对 20 世纪的艺术和艺术史而言是如此重要，反而呈现出对森佩尔建筑艺术的一份致敬，因此也就颇值得大书一笔了。瑞士雕塑家马克斯·比尔（Max Bill）说到对希腊式建筑清澈感的仰慕之情，坦承他第一次遭遇“希腊式建筑”

“……是在我的故乡，温特图尔的市政厅，由戈特弗里德·森佩尔建造。我开始意识到这座建筑的价值，一个既是新古典主义的建筑，又是一个室内室外处处均衡的典范：那些柱子，那些楼梯，以及那些砌筑，一切都在和谐之中……”

---

① 卡卡尼亚（Kakania）是维也纳学者罗贝尔特·穆西尔（Robert Musil）形容奥地利－匈牙利帝国与皇家双重统治的讽刺名称。字面上，它是把“帝国－皇家”（kaiserlich-königlich）或“帝国与皇家”（kaiserlich und königlich）两个词组中的第一个字母 K. K. 或 K. u. K. 拼在一起，但对于熟悉德语中的幼儿语言的人说，它则表示“大粪”（Excrementia）给人的感受。

作者 Joseph Rykwert 给译者的信中，解释此处 Kakania 是贬义的：19 世纪末 20 世纪初的维也纳官方建筑可以被描述为 'K。——译者注对于一位与森佩尔理论立场大相径庭的人，一位与“穿衣服”概念毫不相干的人来说，他的这番话，既是一种理性的称道，又是一份慷慨的敬意。

xix

致　谢

除《技术与建构艺术中的风格》一书中有两部分为摘译外，其他均为完整译文。此译本以德文初版为主要依据，只在个别情况下以其他手稿为准。《技术与建构艺术中的风格》中序言部分的翻译以205号手稿（藏于瑞士联邦理工学院 Hönggerberg 校区）为依据。我们参考和借鉴了未出版的《科学、工业和艺术》（*Science*，*Industry*，*and Art*）［89号手稿（藏于瑞士联邦理工学院 Hönggerberg 校区）］一书的英文版初稿，以及约翰·鲁特（John Root）与弗里兹·瓦格纳（Fritz Wagner）翻译的《论建筑风格》（*On Architectural Styles*），该文是1889—1890年完成的《内陆建筑师与新闻记录》（*Inland Architect and News Record*）的一部分。作出摘译森佩尔代表作《技术与建构艺术中的风格》中两个扩展部分的决定，实非我们本愿。一般说来，理论著作最好能保留完整，以待将来做彻底研究，但我们认为此译本的情况应区别对待。这个不完整译本的容量（1100页），再加上复杂的、晦涩难懂的森佩尔式语言特征——我们认为——会给完整翻译这部著作的工作带来重重障碍。而在介绍森佩尔的理论时，如果不涉及他关于"穿衣服"概念的重要序言和论文，就等于忽视了他建筑理论中的哲学基石。

我对森佩尔的研究始于在宾夕法尼亚大学（University of Pennsylvania）攻读博士学位期间，这个译本就是这些年的研究成果。首先我要感谢G·霍尔梅斯·珀金斯（G. Holmes Perkins）和斯坦福·安德森（Stanford Anderson），他们引导我走上了最初的研究道路。我所准备的几份森佩尔关于《人类学与美学学报》（*Res*：*Journal of Anthropology and Aesthetics*）的伦敦演讲材料由约瑟夫·里克沃特提供，他的鼓励也为我开始此项艰难的工作提供了动力。库尔特·W·福斯特（Kurt W. Forster）的敏锐与协助在翻译过程中的关键时刻给我以鼓励。我非常感谢沃尔夫冈·赫尔曼（Wolfgang Herrmann）在工作中与我的交流及我们之间的合作关系。艾伯特·费森费尔德（Albert Fehsenfeld）、贡特尔·迪特马尔（Gunther Dittmar）和J·邓肯·贝里（J. Duncan Berry）帮我校对了部分打印稿。我还要感谢瑞士联邦理工学院Hönggerberg校区的艾伦·戈尔德（Alan Gold）和特蕾泽·施韦策（Therese Schweizer）、维多利亚与艾伯特博物馆藏书室（Victoria and Albert Museum Library）的罗文·沃森（Rowan Watson）、大英建筑图书馆（The British Architectural Library）及盖蒂艺术与人类历史中心（Getty Center for the History of Art and the Humanities）的员工，特别是安妮－米克·哈尔布鲁克（Anne-Mieke Halbrook）、洛伊桑·多德（Loisann Dowd）、劳里·霍普（Laurie Hope）、威廉斯先生（Don Williamson）和因格雷德·格洛比格（Ingred Globig）。最后，我要感谢我亲爱的妻子艾琳·夸尔特斯（Irene Qualters），她的理解与支持让我的努力得以进行下去，谨将这本著作献给她。 *xx*

哈里·弗朗西斯·马尔格拉弗

（Harry Francis Mallgrave）

戈特弗里德·森佩尔

1

导言

> 当拉斐尔（*Raphael*）和米开朗琪罗（*Michelangelo*）发现自己被建筑作品深深吸引时，关于空间的“综合演出”（*Gesamtkunstwerk*）① 的理想为他们指明了方向。正是这种引领性的理想使森佩尔大师在文学与艺术上的努力融为一体。如果今天他仍然健在那该多好——因为我们面对如此严峻的挑战，却缺少了像他一样的艺术家。
>
> ——威廉·狄尔泰（Wilhelm Dilthey）
>
> 《现代美学三纪元》（Three Epochs of Modern Aesthetics，1892 年）

在19世纪最后几十年中，对建筑师、教师及理论家戈特弗里德·森佩尔的追捧已成惯例。这丝毫不令人意外。如狄尔泰所言，这位“歌德的真正继承者”用一系列纪念碑式的作品装饰了德累斯顿、苏黎世和维也纳等许多城市。他在建筑教育方面的遗产主导了德累斯顿和苏黎世的建筑院校。他的理论著作被19世纪末的众多建筑师认为是他对建筑界的最大贡献。人们对森佩尔态度的多变，甚至有时走向极端，都源于对他理论和实践的不确定阐释。据狄尔泰分析，森佩尔的重要性“如同瓦格纳之于音乐界，他希望通过理论性的评价和积极的创作彻底革新建筑界。”森佩尔比他的所有前辈都更加坚定和深刻，他认识并利用了建筑材料的局限性：建筑的形式语言起源于艺术与工艺、纺织品、陶器、金属制品、木制品以及最古老的石质构筑物。他还构想了“综合演出”，在这里建筑体块通过装饰、色彩及其华丽而可塑的形体本身，变得更有生气和更有形。[1]

森佩尔与理查德·瓦格纳之间的联系显而易见，但仍然引人兴趣。他们在各自的领域都获得了偶像式的地位；他们都有为数众多的追随者——森佩尔的信徒从维也纳延伸至芝加哥。[2] 在这两个特点鲜明又略显性情暴躁的艺术家之间，保持着令人惊异的长久友谊。据瓦格纳说，这种友谊始于19世纪40年代早期，当时森佩尔在德累斯顿的一个音乐工作室里刁难瓦
2 格纳，他因为《唐豪瑟》（*Tannhäuser*）[3] 的中世纪内容严斥了这位年轻的作曲家。最终，在戏剧表演（因为缺少更优秀的台词）、在冥府之神（or-

① 包括戏剧、音乐、诗歌、舞台艺术等的综合艺术形式。——译者注

cus）唤起的合唱曲中的戏剧成分、在舞台灯光的精致光芒等方面，他们找到了共同的根深蒂固的敏感性。狄尔泰在其文章中赞扬了瓦格纳对节奏和声调的表现质量所作的探索，也表扬了他将音乐、对白和滑稽剧（mime）① 等歌剧中的戏剧性元素融合为一体的做法。森佩尔的理论和实践有时被解释为对回归假面剧技巧的渴望。在他关于风格的主要著作中有一个难得的表述清晰而有启发意义的章节，森佩尔认为纪念碑式建筑并非源于简单的原始棚屋，而是源于节日庆典，源于那些临时准备的节日和“覆盖着饰品，披挂着织毯，装扮着花枝，装点着花环，旗帜和战利品装饰到处飘扬”[4]的舞台设备。

1. 关于彩绘的争论

戈特弗里德·森佩尔于 1803 年出生于汉堡，他的父亲是一名富足的羊毛商人。[5]1823 年他离开家乡，进入哥廷根大学学习数学，希望日后成为普鲁士的一名官员。但是两年后他离开哥廷根去了巴伐利亚，据说是到慕尼黑艺术学院当了弗雷德里希·冯·加特纳[6] 的学生。森佩尔在慕尼黑的停留也很短暂；他又去了雷根斯堡和海德堡，直到因卷入一场决斗事件而第一次被迫离开德国。1826 年 12 月之前的一段时间，森佩尔一直住在巴黎，他的注意力转移到了建筑上，并加入了由莱茵河的建筑师弗兰兹·克里斯蒂安·高乌[7] 主持的小型事务所。1827 年的大部分时间他都在法国度过，之后他花了 9 个月的时间到德国旅行。1829 年，森佩尔再入高乌门下，并一直在巴黎待到来年 8 月。在亲眼目睹了推翻法国君主制度的七月革命（July Uprising）之后，他踏上了为期三年的“古典地区”建筑之旅——意大利、西西里和希腊。

在建筑学方面，巴黎是森佩尔接受训练的最理想城市。19 世纪 20 年代后期，这个法国的首都为建筑界关于古典建筑彩绘（polychromy）问题的激烈讨论提供了一个开放的舞台，这次争论促使拿破仑时期古典风格的教条主义遗风走向衰退。这一时期法国年轻的建筑师与学生——其领导人物是纪尧姆－阿贝尔·布卢埃（Guillaume-Abel Blouet）、埃米尔－雅克·吉尔伯特（Emile-Jacques Gilbert）、亨利·拉布鲁斯特（Henri Labrouste）、西奥多·拉布鲁斯特（Théodor Labrouste）、费利克斯·杜邦（Félix Duban）、路易·杜克（Louis Duc）和莱昂·沃杜瓦耶（Léon Vaudoyer）——
深信创造新的革命式建筑是他们的使命。这或许也是被圣西门[8] 的革命热 3

① 古希腊和古罗马的一种戏剧表演形式，剧中类似的人物或情景在舞台上以闹剧表演出来，通常伴有粗俗的对白和荒唐可笑的动作。——译者注

情所推动的。森佩尔所接受的古典主义训练和他所具有的反抗性格使他容易受到艺术和政治两方面的影响。据一本传记所载，他希望致力于古典艺术的研究，父亲却希望他以后进入法律界，而他在哥廷根学习数学的决定并没有使两者达成妥协。[9] 在德国大学期间，森佩尔听了 A·H·L·黑伦和卡尔·奥特弗里德·穆勒的讲座，这是德国两个最伟大的古典艺术学者。[10]

此外，得益于高乌的指导，森佩尔决定提前参加巴黎美术学院入学考试。这使他幸运地迈进了一个建筑改革者的国际性圈子。这个圈子处于彩绘争论的中心，以喜好争论的建筑师兼考古学家雅克－伊格纳茨·希托夫为首。[11]

高乌和希托夫都出生于科隆，这座城市在 1801 年到 1815 年间曾被法国占领。作为法国公民，他们于 1810 年移居巴黎，并于次年进入巴黎美术学院。不过，他们与许多重要的德国学者都保持着联系，包括苏尔皮兹·博伊塞雷（Sulpiz Boisserée）、亚历山大·冯·洪堡①和路德维希·冯·肖恩（Ludwig von Schorn）。[12]

1815 年到 1821 年间，高乌到意大利、巴勒斯坦和上埃及地区②作了一次艺术与考古之旅；回到巴黎后，他着手创作他关于彩绘问题的两部重要著作之一——《努比亚的古代建筑》（*Antiquités de la Nubie*）。[13] 19 世纪 20 年代，他除了经营事务所外也进行一些建筑创作，但直到 1839 年才接到了一项重要任务——他被指定为圣克洛蒂大教堂（Sainte-Clotilde）的建筑师。

相比之下，希托夫是一位多产的设计者与建造者，但他的名声多半来自于 1822—1824 年间在南部所作的个人旅行。1818 年与约瑟夫·勒库安特（Joseph Lecointe）一起接受了“节日与仪式建筑”（*Architectes pour les Fêtes et Cérémonies*）的委托后，希托夫开始参加弗朗索瓦·杰拉尔（François Gérard）的星期三沙龙。这是一个安托万－克里索斯托姆·卡特梅尔·德·坎西③时常出入的艺术家和考古学家的圈子。在卡特梅尔的极力推荐下，希托夫计划到罗马和西西里旅行，瞻仰那些考古学发现。[14] 1822 年 9 月他离开巴黎，去了罗马，途经庞贝和帕埃斯图姆④，于 1823 年 7 月到达西西里。这一年的晚些时候，他在一群劳工的帮助下在阿格里真托⑤

① Alexander von Humboldt，1769—1859 年，德国自然学家和作家。——译者注

② 埃及南部地区。——译者注

③ Antoine-Chrysostome Quatremère de Quincy，1755—1849 年，巴黎美术学院的学院派古典主义主要代表人物。他认为所有建筑设计的根源、规则、标准、理论，以及实践都应该追溯到希腊时期，后由罗马人传播开来。但他忽略了哥特式建筑。——译者注

④ Paestum，古希腊在意大利南部的城市。——译者注

⑤ Agrigento，意大利西西里岛西南海岸城市。——译者注

帕提农神庙，1751 年。斯图亚特（Stuart）与雷夫特（Revett），《雅典古迹》（*The Aniquities of Athen*），第 2 卷（1787 年）。盖蒂艺术与人类历史中心提供

进行了成功的挖掘。之后他和手下的工作人员来到了塞利农特（Selinus）①，在这个古希腊的卫城中，他挖掘了如今被称为“B 神庙”（Temple B）的遗迹。希托夫向一些德国和法国的团体报告了他的发现，[15]并在回到罗马后开始研究这座神庙的彩饰修复问题——正如森佩尔稍后描述的那样，希托夫的复原图“在古文物研究界引起了轩然大波，触发了一场令人难忘的文字诉讼”。

希托夫对这座小型希腊殖民时期神庙的发现，以及他的彩绘复原图使欧洲陷入了一场激烈的建筑学争论。这件事标志欧洲建筑理论界即将
迎来一个转折点。18 世纪 50 年代早期，对帕埃斯图姆、西西里和希腊 4
地区古希腊遗迹的重新发现和记录引发了一种艺术理念，这种理念主张希腊式取代罗马式成为古典理想的模型。在约翰·约阿希姆·温克尔曼（Johann Joachim Winckelmann）18 世纪 50 年代到 60 年代的文章中，他将理想美学建筑的主要特征概括为排除了色彩、以纯形态为基础的美的定义。温克尔曼甚至主张，建筑越洁白越美，“白色反射出的光线最多，因此最容易被感知。”[16]在 18 世纪末，伊曼纽尔·康德将这种形式美扩

① 即 Selinunte，希腊考古遗迹，位于意大利西西里岛南端。——译者注

展到所有艺术中：

> 在绘画、雕塑等一切造型艺术中，就建筑和园艺等纯艺术来说，设计是根本。它并不是感官上的满足，而仅仅是因形式获得的满足感。这是体验的基本前提。那些使建筑草图熠熠生辉的色彩正是魅力之一。毫无疑
> 5 问，色彩以其特有的方式使客观对象在感官上更加生动，但它并不能增加其观赏性和完美感。实际上，大多数情况下，对完美形式的需求往往把色彩限制在一个狭窄的范围内。如果我们承认魅力存在，那么形式才是魅力的真正所在。[17]

这一原则与希腊神庙的普遍形象完全一致。很多人将其作为同时代实践仿效的典范。于是，古希腊和现代建筑就被简化为一些形体鲜明、色彩纯洁的体块组合，最理想的是使用白色大理石，上面点缀着装饰性浮雕。古代文物学者克里斯蒂安·路德维希·斯蒂格利茨（Christian Ludwig Stieglitz）在1801年提及了这一观点："如同一切纯艺术一样，建筑作品通过秩序与匀称、得体与比例均衡，用自身产生的美好形式来达到完美……为避免容易形成的单调感，并使整体表现出更显著的多样性，应通过对建筑主体部分的装饰和润色为其增加作为装饰的典雅之美。"[18]

在19世纪前几十年中，建筑采用"白色装饰"的观点遭到了质疑。这主要源于人们对古典文献的兴趣日益增长，再加上那些古代遗迹用色的新发现。然而，这些遗留下来的文献学和考古学证据已经模糊不清，无法作出准确的判断。例如，维特鲁威曾提及在古代神庙的三垅板上绘有蓝色染料，但他这段话可以理解为只涉及木构神庙。[19]在19世纪30年代一篇引起广泛争议的文章中，帕萨尼亚斯①提到了红色和绿色的雅典法庭（tribunals），但我们并不清楚这些色彩是建筑表面的实际色彩还是主要装饰物的色彩。[20]关于这个问题，温克尔曼为其稍后的评论家提供了一些帮助，他曾反驳过老普林尼②的观点，坚持认为古希腊建筑的色彩直接绘制在墙体上（而不是绘制在贴于墙体的帆布或木板上），而且是由波利格诺托斯③、奥纳图斯（Onatus）和波西亚斯（Pausias）等艺术家绘制。[21]关于这段话的解释，19世纪初的十年中阿洛伊斯·希尔特（Aloys Hirt）与C·A·伯蒂格（C. A. Böttiger）曾争论不休，19世纪30年代时也曾在巴黎引起争辩，1860—1863年期间又出现在森佩尔的文章中。[22]

---

① Pausanias，143—176年，古希腊地理学家和历史学家，著有《希腊志》。他描述了奥林匹亚和德尔斐的宗教艺术和建筑，雅典的绘画和碑铭，卫城的雅典娜雕像，以及（城外）名人和雅典阵亡战士的纪念碑。——译者注

② Pliny the Elder，公元23—79年，即Gaius Plinius Secundus，古罗马学者和博物学家，撰写了37卷的《博物志》。——译者注

③ Polygnotus，前500—前425年，擅长壁画。——译者注

在庞贝和赫库兰尼姆①，我们对埃及建筑的壁画和色彩已很熟悉。但在我们了解较少的古希腊作品上，留存下来的色彩遗迹却相对匮乏。斯图亚特与雷夫特在伊里索斯（Ilussus）潘泰列克②神庙柱廊檐壁上发现的彩色装饰品草图，在一定程度上支持了关于希腊古典建筑的“白色装饰”观点，因其证明了希腊人在次要建筑上艺术性地使用了少量色彩。[23] 1800 年一幅古代绘画被发现，其内容反映了色彩在非希腊（半开化文明）建筑中 6
大量使用，但在早期希腊建筑中的使用非常有限，在伯里克利③盛期时的艺术中曾一度消失，而在罗马统治时期衰退的艺术中又在建筑中再次出现。高乌在上埃及地区记录的彩色雕塑与浅浮雕、迈锡尼地区阿特柔斯④宝库中强健有力的装饰、塔尔奎尼亚（Tarquinia）和武尔奇（Vulci）地区的伊特鲁里亚⑤彩色坟墓和庞贝古城中色彩绚烂的墙体：这些实例共同支持了这样的理论，即色彩与艺术形成初期的时代和地点，或某个地方的衰落，有着密切联系。

对这种关于古代遗迹的观点构成挑战的革命性理论著作是 1815 年出版的卡特梅尔·德·坎西的《奥林匹亚·朱庇特——对古代雕塑艺术的全新阐释》（*Le Jupiter olympien, ou l'art de la sculpture antique considéré sous un nouveau point de vue*）。[24]

卡特梅尔·德·坎西也许是温克尔曼在法国最杰出的追随者。正如他在其著作序言中指出的那样，他将自己的研究视为对温克尔曼《古代艺术史》（*History of Ancient Art*）一书的补充。卡特梅尔在其冗长书稿中的目标，是复原著名的宙斯（Zeus）和雅典娜（Athena）巨型雕塑，该雕塑是菲迪亚斯⑥为奥林匹亚和雅典的神庙用黄金和象牙雕刻的，曾被许多古典主义作家，特别是帕萨尼亚斯，奉为古代杰出的艺术品。然而，古典主义作家对它有五花八门的评论，18 世纪的艺术家和评论家的态度趋于冷淡，甚至有些敌视，而那些攻击卡特梅尔成果的言论是对这些反应的一种调和。[25]卡特梅尔将同时代最常见的批评列为以下四条：（1）用黄金和象牙雕刻的艺术品是与希腊艺术感不同的艺术品位的偶然产物；（2）从美学的观点来看，两种材料混合的作品不如单一材料制成的作品那样纯粹；（3）黄金与象牙给人的视觉奢侈感妨碍人们正确认识古代遗迹的内在或艺术价

---

① Hereulaneum，意大利坎佩尼亚区古城。公元 79 年维苏威火山爆发，与庞贝共同被火山灰淹没。——译者注

② Pentelic，山名，位于雅典东北部。——译者注

③ Pericles，前 495—前 429 年，古雅典民主派政治家，公元前 444 年前后历任首席将军，成为雅典国家的实际统治者。——译者注

④ Atreus，迈锡尼之王，阿伽门农和墨涅拉俄斯的父亲。——译者注

⑤ Etruscan，意大利中西部古国。——译者注

⑥ Phidias，雅典雕塑家，曾监管帕提农神殿的工作，他在奥林匹亚的宙斯雕像是世界七大奇观之一。——译者注

值；(4) 用黄金与象牙对衣服和皮肤进行逼真模仿，妨碍了对形式这一雕塑本质的追求（第389—391页）。

卡特梅尔·德·坎西进一步提出，那些高度评价古代黄金和象牙雕塑的文章并非主要关注其材料价值或模仿的逼真程度，而更看重它们表现出的希腊艺术的另一特点，一种非形式的要素，即“色彩”。他认为，黄金和象牙雕像是希腊早期原始木质神像——蜡像雕塑（*les statues mannequins*）——的历史模型，那些神像色彩丰富，穿着真实。[26]后来这种技巧发
7 展为金属细木工术（由经过雕刻加工的材料，通常是金属，组装成的雕塑），仍然使用色彩以保护材料免受环境和时间的影响，并修补材料缺陷，后来还起到了缓和面积较大表皮之冷淡和单调的作用。在伯里克利（Pericles）执政期间，色彩的使用变成希腊审美观念的内在组成部分，通过宗教传统和雕刻技法的内在特征被象征性地固定和神化。在卡特梅尔对上述两件艺术品色彩绚丽的复原设计中，他描绘的帕提农神庙和宙斯神庙中的黄金和象牙雕像包裹在精致的有光泽或透明的彩色纺织品中，“une sorte de peinture sans être de la couleur，c'est d'être colorés sans avoir été peints，c'est d'offrir enfin l'apparence et non la réalité de l'illusion”。[27]

卡特梅尔·德·坎西在他关于希腊雕像的著作中提出的是希腊彩绘的理论概述。该理论可以被应用于一切艺术，这一点也没有被年轻一代的建筑师所忽视。卡特梅尔的著作在此后20年中引起了一阵考古活动和讨论的热潮，理论和出土文物的结合引发了关于古典的完全不同的新解释。19世纪早期发现的彩饰遗迹，在卡特梅尔的理论中被重新评价。

C·R·科尔雷尔（C. R. Cockerell）和卡尔·哈勒·冯·哈勒施泰因（Carl Haller von Hallerstein）于1811年在爱琴岛发现了彩色三角山花雕刻。8年后，由前者作出书面描述，它作为普林尼和帕萨尼亚斯的例证。科尔雷尔写道：“这种将雕刻着色的做法流行于希腊地区，我们发现了其中一个卓越而古老的实例；神庙雕像和装饰品的风格以及着色方式证明它们肯定是早期建筑物。”[28]科尔雷尔认为，希腊地区的彩绘手法是在制作体形小巧而意义重大的作品时渴求精致的产物，还可以以此获得视觉效果强烈、地区特色鲜明的效果。

在1821年的一场关于伊特鲁里亚神庙复原情况的演讲中，德国建筑师莱奥·冯·克伦策（Leo von Klenze）以谴责温克尔曼和凯吕斯（Caylus）认为古代遗迹“朴素、高傲、刚硬”的观点为开场白，他赞同卡特梅尔·德·坎西、科尔雷尔等人对其进行重新评价的观点。克伦策将神庙上的木构件描绘成“装饰着鲜艳的色彩和装饰品”。[29]在随后对神庙正立面的复原中，克伦策将其设计为格里陶德博物馆①中爱琴岛大理石雕塑的背景，他

① Glyptothek，慕尼黑古代雕塑博物馆。——译者注

将柱廊和垅间板涂成黄色，内部的墙体涂成红色，三垅板涂成蓝色。

科尔雷尔和哈勒于1811年发现的另一处历史遗迹也在后来得到诠释。那是巴赛（Bassae）的太阳神庙，由伊克蒂诺①建造，与帕提农神庙处于同一时代。[30]在奥托·马格努斯·冯·施塔克尔贝格（Otto Magnus von Stackelberg）于1826年对这个阿卡迪亚（Arcadian）地区遗迹的描述中，简洁的轮廓和纯净的形式通过华丽的色彩效果得到强调，从而提出了对彩绘的全新解释。[31]与卡特梅尔强调传统和技巧不同，施塔克尔贝格将这座神庙看做是晴朗的南部气候、别致的景观地貌和希腊的红色灵魂（ruddy 8
Greek spirit）共同作用的产物。他认为“对于南部的人们来说，为使建筑体块更具生机，色彩至今仍不可或缺。而希腊人在伯里克利时期最杰出的作品上已开始使用，在忒修斯神庙（the Theseum）、帕提农神庙、密涅瓦·普里奥斯（Minerva Polias）② 神庙、雅典卫城山门（the Propylaea）的多立克和爱奥尼柱式中都可以找到痕迹，色彩甚至被用作建筑外墙上的装饰。”（p. 33）

科尔雷尔、哈勒和施塔克尔贝格是19世纪到希腊的第二批旅行者中的成员，他们去调查古希腊遗迹中的色彩。第一批旅行者全部由英国人组成，于1800年左右抵达希腊，包括埃尔金勋爵（Lord Elgin）、威廉·利克（William Leake）、威廉·威尔金斯（William Wilkins）和爱德华·多德威尔（Edward Dodwell）[32]，后三者发表了关于彩绘的报告。威尔金斯考察了卫城山门和赫菲斯托姆（Hephaesteum）神庙柱顶檐部（entablature）的色彩和镀金遗迹。[33]利克对他在帕提农神庙建筑表面和雕像上发现的“多种色彩”作出评论。[34]多德威尔对其考察的最后一座建筑做出了最详尽的报告，他记录了檐部的蓝色、红色和黄色，“我们很难对神庙和雕塑的彩绘理念得出一致的看法；但可以肯定的是，这种做法与希腊早期的做法非常相似，甚至在伯里克利时期也有相同的做法。毫无疑问，所有希腊神庙都采用了相同的装饰手法……表面光洁、风格雅致，与局部的雕像相协调。”[35]

追随科尔雷尔到希腊考察的第三批英国考古学家和建筑师于1816年出发，包括威廉·金纳德（William Kinnard）、约瑟夫·伍兹（Joseph Woods）、T·L·唐纳森（T. L. Donaldson）、查尔斯·巴里（Charles Barry）、威廉·詹金斯（William Jenkins）。[36]金纳德、唐纳森和詹金斯将其研究与科尔雷尔的成果汇编成册，作为斯图亚特和雷夫特的《雅典古迹》（*Antiquities of Athen*，1825—1830年）第二版的增补内容，即第四卷。建筑师金纳德对新版进行了扩充，特别增加了对最新色彩问题报告的详尽评论。[37]在第二卷（1825年版）关于帕提农神庙的章节中，他在一个冗长的

---

① Ictinus，古希腊雅典著名建筑师，作品有帕提农神庙和巴赛的阿波罗·伊壁鸠鲁神庙。——译者注

② Minerva，即希腊神话中的雅典娜；Polias，雅典娜作为城邦守护神的称呼。——译者注

注释里对希腊的彩绘做出了胜过早期讨论的概括性说明。他注意到这座神庙上有很多着色的痕迹，他描述道："那些白色大理石制成的完美柱式以及上面的额枋、三垅板和檐部的主要部分，在晴朗的天空中下，通过丰富的装饰和色彩与恰当镀金的结合，在视觉效果上得到加强。"他还同时提出，这些古代遗迹上的绘画是从东方传到希腊的装饰手法，起初是为了抵抗气候影响和材料腐败，后来通过加入宗教含义而逐渐神化。依照卡特梅
9 尔·德·坎西的思路，他推断"该报告认为彩绘和镀金都曾在这座神庙中使用，使该建筑的辉煌足以与内部供奉的装饰华美的雕像相匹配。"(p. 45n.)

P·O·布伦斯泰兹（P. O. Brønsted）的《希腊旅行与考察》（*Reisen und Untersuchungen in Griechenland*）① 与新版《雅典古迹》同时出版。[38] 1810年，布伦斯泰兹、哈勒、施塔克尔贝格、乔治·克茨（Georg Koes）和雅各布·林克（Jacob Linckh）共同计划从罗马到希腊和小亚细亚（Asia Minor）旅行，希望对所有重要的古希腊遗迹作一次全面的考察。在布伦斯泰兹关于帕提农神庙雕像研究的第二部分（1830年出版，献给科尔雷尔和托瓦尔森②）中，这位丹麦建筑师比其英国同行更强调色彩的重要性。他将希腊神庙的发展分为四个阶段，最初是木构原型，之后各阶段中色彩特性逐步加强。只在最终的第四阶段，墙面才密布绘画和雕刻，这与伯里克利时期大理石神庙的特征相符合。更进一步，他将古代遗迹上的绘画分为三类：（1）色彩被无目的地广泛应用于墙面；（2）色彩被用来创造幻觉，作为使墙面产生雕刻般（光照和阴影）效果的替代品；（3）色彩被用来加强雕刻的装饰效果，并使雕刻与建筑融为一体。[39]尽管布伦斯泰兹的关注点主要集中在后两类上，他仍然对建筑表面普遍使用绘画的原因做出了相当详尽的说明："在希腊建筑最华丽的时期，第一类色彩的使用是如此广泛，以至于我们可以……自信地宣称，所有希腊神庙上都或多或少有彩绘。"(p. 148)

根据他对希腊、西西里的多立克神庙和维特鲁威文本的研究，布伦斯泰兹认为，多立克柱式的三垅板上通常绘有"天蓝色"，墙面绘有"亮红色"(p. 148)。在一幅描绘帕提农神庙柱顶檐部的插图中（很遗憾并未上色），他记录了大量彩色装饰。他还对在许多希腊神庙上发现的厚厚的石膏和大理石拉毛粉饰进行了讨论，他认为这些粉饰装点了多孔的石灰石，同时用作为彩绘表皮的基层。

布伦斯泰兹对彩绘的评论出现较晚，没能引导希托夫形成其关于古典建筑的理念，但后者显然乐意接受英国、德国、丹麦同行们的早期发现。[40]

---

① 对译英文：Travels and Investigations in Greece——译者注

② Bertel Thorvaldsen，1770—1844年，丹麦新古典主义雕塑家。——译者注

P·O·布伦斯泰兹，带彩色装饰的帕提农神庙柱顶檐部复原。盖蒂艺术与人类历史中心提供

1820年希托夫自学了英语，并到伦敦参观了埃尔金大理石雕①。1823年到达罗马后不久，他遇到了刚从希腊回来的T·L·唐纳森。唐纳森带回了书面的“考察报告”和赫菲斯托姆的绘画样图。[41]大约在同一时间，威廉·哈 10
里斯（William Harris）和萨缪尔·安吉尔（Samuel Angell）于1823年3月宣称他们在塞利农特的两座神庙中发现了彩色垅间板。这一年晚些时候，希托夫在巴勒莫②遇见了安吉尔（哈里斯已在塞利农特去世），并看到了他从塞利农特带回的垅间板，其中的三块包含有大量红色涂料的碎片。[42]不过，希托夫随后发掘与复原的一座西西里神庙不同于其他发现，各中真正原因是希托夫努力将其观点局限在一个普遍性的理论中，或他所称的彩绘

① Elgin marbles，藏于大不列颠博物馆的古雅典雕刻品残件，19世纪由英国埃尔金伯爵运到英国。——译者注

② Palermo，意大利西西里西北部港市。——译者注

“体系”。

希托夫体系中的基本要素或许是1824年在罗马形成的，在那里他开始绘制复原图。但回到巴黎后，他变得有些保守。1824年夏天，他在法国首都看到了报道他的发现的报纸；1827—1830年期间，他在《西西里古代建
11 筑》（*Architecture antique de La Sicile*）中发表了三幅塞利农特神庙柱顶檐部和顶棚的彩色渲染图。[43] 1830年4月13日，关于其理论的正式报告终于问世，当时他正在巴黎美术学院介绍他的理论体系，并展示塞利农特神庙所有的建筑渲染图。这些渲染图中每一个表面和细部都色彩鲜明。[44]这时，年轻的森佩尔马上就要得出其建筑理论研究的结论，他显然紧跟前辈的步伐。

实际上，希托夫提出的复原方案与卡特梅尔·德·坎西的彩绘理论在建筑风格上非常相似，“在彩色雕塑方面甚至完全一致”（*comme entièrement identique avec celui de la statuaire coloriée*）（p. 264）。在希托夫的理论体系中，卡特梅尔的木制神像与维特鲁威的木构神庙并置一处，木制神像后来转变为黄金和象牙雕像，木构神庙上的“彩色涂层”（*revêtues de couleurs*）则通过石材、灰泥和大理石得到模仿。施塔克尔贝格提到的气候和地貌的影响，也在希托夫的方案中得到了充分体现。希托夫认为建筑应通过色彩与晴朗的天空、明媚的阳光和自然的丰富多彩相协调。希托夫在方案中加入的新要素，是他认为所有古代建筑都使用单一色彩系统，正如使用同一柱式系统的观点，和他表达建筑特性的手法。这对森佩尔的观点产生了明确的影响。希托夫认为，“通过那些环绕在神像周围的光辉，正是与绘画完美协调的装饰品的丰富程度或多或少地决定了宗教建筑富丽堂皇的视觉感受”。[45]由此，他认为希腊建筑的柱式保持了简洁和一成不变的特征，色彩是将建筑的重要性和意义结合在一起的媒介。

在始于19世纪初的考察活动的背景中，希托夫的彩绘复原与理论可以被视为一个发展进程中的重要一步。在这个发展进程中，随着大量证据的掌握，古迹中的建筑色彩得到更多关注，令希托夫的方案备受争议的，可能并不只是他对色彩的大胆使用，还有他以缝被子式拼贴色彩系统的方法。由于只能从塞利农特挖掘出的少量碎片中找到确定的证据，希托夫承认他的复原和着色（根据“希腊遗迹的不同时代”［*les monuments helléniques des toutes les époques*］有所扩展）是对从塔尔奎尼亚、庞贝、爱琴岛和耶路撒冷等不同地区收集来的形式和装饰主题的拼贴组合。有人说这是他为古代彩绘的完整体
12 系设想的前提，由此他创造出考古学上独特和折中性的一页。我认为这个说法挺正确。[46]然而，这种做法打破了一条重要界线；艺术史家和考古学家认为希托夫的建筑理念是对它们研究领域的业余入侵。几个月后，爆发了激烈争论，此时卡特梅尔未来在巴黎美术学院的继承者德西雷·劳尔·罗谢特（Désiré Raoul Rochette）将其对希托夫方案的评价由“再次令人满意”（*une*

restauration satisfaisante）变为“假设不严谨的随意作品”（*une donnée arbitraire ou hypothétique*）。[47]彩绘之战就此展开。

在这场争论开始之前的1830年夏天，戈特弗里德·森佩尔离开法国首都，开始他在南部的旅行——寻找着色的古代遗迹——以证实或更详细地阐述希托夫的理论。他游历了法国南部、热那亚、佛罗伦萨、罗马、那不勒斯、庞贝和帕埃斯图姆。在众多古代遗迹中，他绘制了大量关于维泰博①和塔尔奎尼亚附近的岩石坟墓、科拉②和诺巴（Norba）的古拉丁部落遗迹的彩色草图。他在庞贝对彩绘进行了研究；1831年航行去希腊之前，他在西西里参观了巴勒莫、塞利农特、阿格里真托和锡拉库萨③等城市。[48]

在1833年出版的旅行回忆录中，森佩尔的一项观察记录被认为是对希托夫复原方案的质疑。他谈到，尽管西西里的石灰石遗迹上的确覆盖有灰泥和绘画，“但彩色粉饰没有剥落的地区寥寥无几，很难将它们整合在一套体系中”。[49]

森佩尔和法国旅伴朱尔·戈瑞（Jules Goury）一起到达了希腊南部，他们随身携带了威廉·盖尔（William Gell）的《希腊旅行指南》（*The Itinerary of Greece*）复印本、帕萨尼亚斯著作的法文译本，以及18世纪古文物研究者让-雅克·巴泰勒米（Jean-Jacques Barthélemy）的一本著作。[50] 19世纪20年代的十年中，希腊对奥斯曼人（Ottoman）统治的反抗阻止了大部分欧洲西部的旅行者。森佩尔和戈瑞在这一时期并没有直接的竞争对手。他们匆匆游览了伯罗奔尼撒半岛④，在墨西拿⑤、斯巴达⑥、巴赛、奥林匹亚、迈锡尼（Mycenae）和埃皮扎夫罗斯⑦作了短暂停留。为研究阿菲娅神庙（Temple of Aphaea），他们在爱琴岛上测量了山坡。但他们仍在雅典度过了希腊7个月旅行中的大部分时间。1937年，利奥波德·埃特林格（Leopold Ettlinger）收购了森佩尔在雅典一地完成的199张绘画作品，既有简练的铅笔素描，又有精致的水彩习作（见卷首插图）。[51] 1832年春天两人解散，森佩尔回到罗马开始了为期一年的考察。这期间，他发表了一份报告，认为图拉真神庙柱廊“最初涂有亮红色”。[52] 1833年7月，他离开罗马去了汉堡，途经乌尔比诺⑧、威尼斯、维罗纳⑨、慕尼黑和柏林。在柏林他

① Viterbo，意大利城市。——译者注

② Cora，意大利城市。——译者注

③ Syracuse，意大利西西里岛东南部港市。——译者注

④ Peloponnesus，希腊南部半岛。——译者注

⑤ Messina，意大利西西里岛东北岸港市。——译者注

⑥ Sparta，古希腊军事重镇。——译者注

⑦ Epidauros，古希腊阿尔利斯古镇，医药之神阿斯克勒庇俄斯的神庙所在地。——译者注

⑧ Urbino，意大利中部城市。——译者注

⑨ Verona，意大利北部城市。——译者注

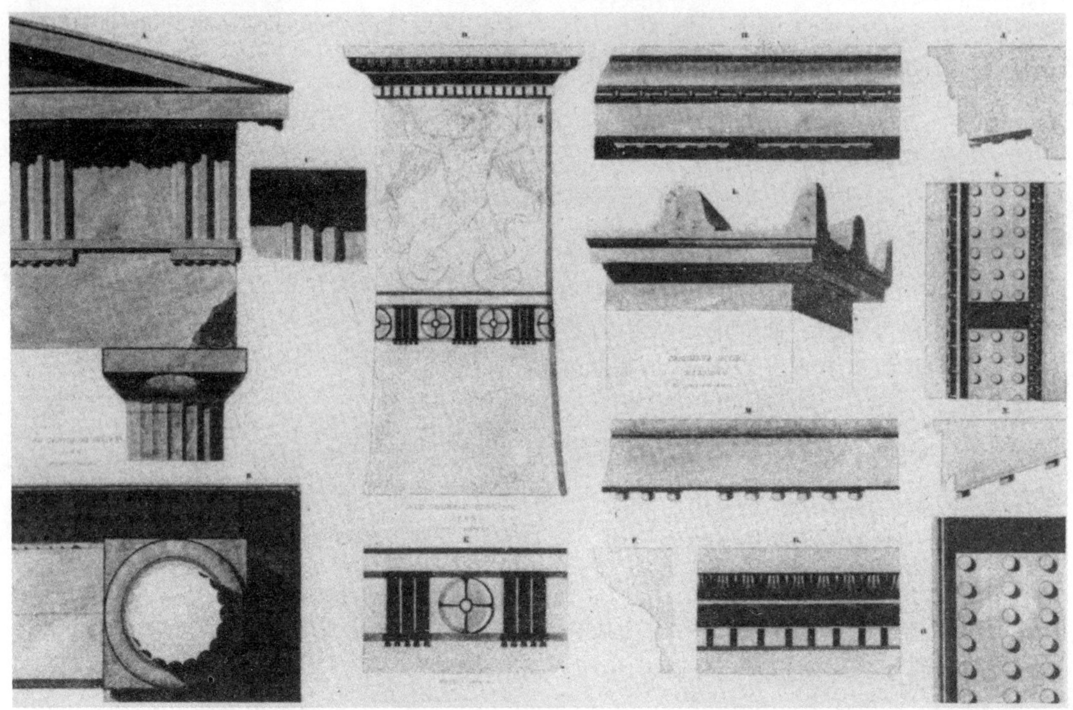

13 戈特弗里德·森佩尔，《色彩在建筑与雕塑中的应用》（Die Anwendung der Farben in der Architectur und Plastik①，1836 年）插图。维多利亚与艾伯特博物馆藏书室提供

遇见了热情的卡尔·弗里德里希·申克尔，并在公开演讲中展示了他的作品。[53] 1834 年 2 月，他寄给阿尔托纳印刷商一本小册子，打算将其作为关于彩绘的大部头著作的宣传和介绍。在付梓前的最后一刻，他在《古代建筑与雕塑的彩绘之评价》（*Remarks on Polychrome Architecture and Sculpture in Antiquity*）的书名上加入了"初步"（*Preliminary*）一词。

《古代建筑与雕塑的彩绘之初评》（简称《初评》）是一本 49 页的小册子。在许多方面，它为森佩尔后期的理论奠定了基础。之后的 35 年中，他的理论得到了全面的发展和提升。但森佩尔仍坚持认为，对色彩根深蒂固的欣赏在希腊艺术思想中占有重要地位，这种倾向在所有艺术活动中都显示出基础性的重要作用。小册子写成的 30 年后，在他关于风格的成熟著作中，通过概述卡特梅尔·德·坎西于 1815 年提出的金属细木工术的历史，他介绍了关于"穿衣服"和"材料转化"（*Stoffwechsel*）的论文。像之前的希托夫一样，森佩尔的建筑观念受到卡特梅尔彩绘理论的影响。

原计划在《初评》中介绍的关于彩绘的大部头著作——《色彩在建筑

① 对译英文：The Use of Color in Architecture and Sculpture——译者注

与雕塑中的应用》，只是一些实例的罗列。森佩尔在《初评》中将这部著
作规划为三卷本，将彩绘图形史分为多立克、爱奥尼和罗马—中世纪三个
阶段。第一卷中一些实例的复本流传了下来。在伦敦的维多利亚与艾伯特
博物馆中，该复本被称为“多立克－希腊艺术”（Dorisch-Griechische
Kunst），包括两张不同的扉页和 6 张部分着色的插图。[54]前 4 张是在赫菲斯 14
托姆绘制的零散细部；第 5 张是他著名的关于帕提农神庙柱顶檐部的橙红
色复原图。第 6 张插图包括两座西西里的彩色石棺和一个塞浦路斯的基座。
尽管森佩尔是一个绘图高手，但整体工作仍然困难重重，时断时续，仿佛
没有方向。森佩尔在后来的一篇文章中提到，他当时孤立无助，时间紧
迫，财力拮据。

森佩尔关于古典主义彩绘的观念与希托夫不同。他并没有将所有古代遗迹局限在同一种色彩体系中。不同的色彩体系，特别是多立克和爱奥尼，同时并存，甚至可能与其他体系融合在一起，但各自保持独立地发展。[55]森佩尔关于色彩的观念也与希托夫的系统不同，他更愿意将彩绘放到比希腊古典风格更广泛的历史中研究，或将其看做一种连续的历史进程——这种实践表现每一个在艺术上取得高度成就的历史时期的艺术特征，因此它既出现在前希腊时期（pre-Greek）的建筑上，也出现在希腊化时期（post-Hellenic）的建筑上。实际上，对古代遗迹历史发展进程的强调正是《初评》最主要的创新之处。尽管卡尔·弗里德里希·冯·鲁谟、K·O·穆勒和其他人在之前的历史研究中曾提及一种连续性，但森佩尔的观点在建筑理论中仍相当新颖。[56]随后，森佩尔对此观点做出更深入的扩展，他将神庙彩绘中的希腊系统明确解释为一般彩绘进程——森佩尔称为“穿衣服”——中的一个阶段。

森佩尔观念的哲学基础在《初评》的第一部分表露无遗。他认为人类对色彩的喜爱是其存在的基础，是我们在娱乐和装饰活动中的本能表现。因此，早期天然庇护所上装饰或涂抹的色彩充满了儿童想象力，多采用“各种明亮色彩的混合”。随着宗教观念的第一次兴起，人类的本能趋向精致。在随意绘制的轮廓线中产生了浮雕的概念，由此色彩被用来创造幻觉。从技术上看，彩绘的发展进程是覆盖建造过程和庆典主题的附加物；从风格上看，它是象征化和视觉效果精致化的过程。在对温克尔曼的风格体系观念（艺术的发展经历是从简单到丰富，最后变得冗余）的直接挑战中，森佩尔认为艺术诞生之初表现为原始的“炫丽的混乱”，之后在风格演变中逐渐变得简洁而有机。

森佩尔对串珠装饰（bead-fillet）造型发展六阶段的概述，为这种装饰 15
发展过程提供了例证。他认为，纪念性建筑中使用的雕塑类装饰品起源于
结构框架上悬挂或覆盖的自然和人工装饰品。随着时间的推移，这些装饰
图形逐渐表现出象征性，也变得更抽象。森佩尔认为彩色图案有时可以作

为丢失雕塑的替代品，在这一点上他与布伦斯泰兹的观点一致。但是，在森佩尔的理论中，雅典建筑上花饰色彩的作用提升到了更高的层面，它们整体表现出造型的意义——因此他指责那些使用多立克钟形圆饰却不在表面绘制树叶图案的建筑师，因为这种树叶图案在发展过程中逐渐演变为一种曲线造型。

解释古典形式，强调艺术的整体性或协作性，强调通常情况中建筑的象征性，森佩尔后期著作的关注点又回归了这些早期的研究领域。然而，由于为一个彩绘观点辩护的需要，他的研究暂时搁置。该观点设想色彩应用于所有的建筑表面：柱子、墙面、柱顶檐部和顶棚。在这方面令人意外的是，他并没有收集到些许证据来支持他的观点。森佩尔并没有对他与戈瑞的发现做出概括性描述，也没有对他的体系做出详细说明，而只是为古代遗迹的色彩提供了艺术的、历史的、环境的和文献的简短辩护，所有都来自其他人。他引用了一些考古学上的证据，如斯图亚特和雷夫特的《雅典古迹》、不知名的英国旅行者、一本未出版的关于昔兰尼①的英文著作、希托夫和布伦斯泰兹的研究成果，以及多梅尼科·赛拉迪法尔科（Domenico Serradifalco）即将出版的《关于西西里古代遗迹的报告及插图》（*Le antichità siciliane eposte e illustrat*，1835—1842 年）。

斯图亚特与雷夫特的书中对色彩鲜有提及。[57]对英国旅行者含糊不清的描述，显示出他并没有获得关于他们调查研究的第一手资料。森佩尔参考的布伦斯泰兹的书中详细说明了英国人的调查研究，他显然没有对这部著作进行深入研究，或者他是在写作《初评》前不久才发现这本书的。具有历史讽刺意味的是，巴勒莫贵族赛拉迪法尔科在之后不久出版的书中对希托夫的神庙复原提出了尖锐的反驳，不仅针对色彩体系，对整体尺度和神庙类型也曾质疑。[58]此外，森佩尔在《初评》的附录中承认，他对希托夫的主要对手劳尔·罗谢特的著作并不熟悉。简而言之，森佩尔抓住了争论的本质问题，但在巴黎和罗马长久停留期间，他对精通该问题所作的努力似乎微乎其微。

《初评》一书并不学术的特征中还混合了许多不成熟的考古学评论。森佩尔的这部著作给人一种时断时续的感觉。例如，他认为所有用白色大理石建造的古罗马遗迹都涂有色彩，罗马大角斗场②涂有红色，覆盖
16 在大理石神庙上的色彩是一层坚硬的 0.5 毫米厚的半透明彩漆，帕提农神庙现存的“金色外壳”是这种彩漆的残留物。但森佩尔并没有提供任何解释或证据。结果，其批评者很容易就指出了其观点的轻率之处——通过对希托夫理论的合理扩展。森佩尔昔日在哥廷根大学的老师，K·

① Cyrene，位于非洲利比亚，建于公元前 7 世纪，曾为希腊殖民地。——译者注

② Colosseum，75—80 年，古罗马建筑的代表作之一。——译者注

O·穆勒，是对这本小册子最礼貌的批评者；之后不久，他在一封写给卡尔·弗里德里希·冯·鲁谟的信中反驳了森佩尔的观点。[59]穆勒在其评论中指出，彩绘范畴的问题充满了复杂性，他还对希腊人磨光他们的大理石仅仅为了在表面覆盖0.5毫米厚色彩涂层的观点提出了质疑。[60]在巴黎，劳尔·罗谢特注意到了森佩尔的“冒险性尝试”（*déducions aventureuses*）、他在证据方面的缺乏，以及他对历史“急速、深入、不规矩”（*rapide*，*vive et irregulière*）的阐释。[61]然而，最激烈的反驳是弗朗兹·库格勒（Franz Kugler）于1835年发表的一篇冗长的论文——《希腊建筑和雕塑的彩绘及其局限性》（Ueber die Polychromie der griechischen Architektur und Sculptür und ihre Grenzen①）。[62]

这篇由精明的、27岁的柏林艺术史学者（实际上他并没有到过希腊）完成的论文，是对近期文献学、考古学和争议性讨论的评述。在对彩绘彻底否认者（1830年后其社团已不存在）与相信色彩存在的极端主义者，如森佩尔和希托夫（p. 327）之间，库格勒提出了一个“恰当的中间过程”。在这场论战中，森佩尔发表了《建筑四要素》这本在战略上迂回进攻的著作，他在该书中提出的观点本质上是正确的。为平息这场争论，19世纪30年代中期德国与法国之间形成了联盟。他们并非以特定的遗迹，而是以审慎而适中的假设为基础。直到1843年，艺术史学者卡尔·施纳赛（Carl Schnaase）宣称这场争论已经结束，并宣布了最终结论：“用高贵材料、特别是完美的潘泰列克大理石，建造的神庙，整体效果和主要部分是白色的。当然，在个别的次要部分的确使用了色彩，但并没有丰富多彩的倾向，只是为了一个明确的原因——让建筑外形或造型形态更加突出。”[63]

2. 建筑四要素

森佩尔的下一个理论成就，《建筑四要素》（1851年），与《初评》相隔了17年。两者之间的中断并不表示他对理论丧失了兴趣，而是因为他的实践极其成功。从南方回到德国后不久，森佩尔就接到了汉堡一个小型柑橘种植园和雕塑展厅的委托。1834年春天，在《初评》出版几个月后，他通过高乌的推荐成为德累斯顿学院的教师。[64]森佩尔在这座“易北河上的佛罗伦萨”里安顿下来后，马上向国王建议扩展茨温格宫广场，广场内原先 *17*
包括马托伊·丹尼尔·波贝尔曼（Mathaes Daniel Pöppelmann②）的露天剧

① 对译英文：On the Polychromy of Greek Architecture and Sculpture and Its Limits——译者注

② 应为Matthäus Daniel Pöppelmann（1662—1737年），德国建筑匠人，曾参与德累斯顿1685年大火之后的重建。——译者注

戈特弗里德·森佩尔，德累斯顿皇家剧院，1838—1841 年。瑞士联邦理工学院 Hönggerberg 校区建筑历史与理论研究所提供（Institut für Geschichte und Theorie der Architektur）

场、博物馆和巴洛克时期的杰作。他的方案为他赢得了皇家剧院（1838—1841 年）和艺术馆（1839—1849 年）两个重要委托项目。因此，在移居德累斯顿的数年内，森佩尔在一些申克尔衣钵继承者的眼中几乎成为德国最有名的年轻建筑师。

然而，森佩尔职业生涯中的这段快乐时光因 1848—1849 年间的政局发展而意外中断。1848 年巴黎爆发二月革命①，路易·菲利普（Louis Philippe）出逃，遍及欧洲大地的 50 场起义接踵而至。几个月内，石勒苏益格 - 荷尔斯泰因②、柏林、巴登和慕尼黑等地都竖起了路障。梅特涅和国王费迪南德（Ferdinand）逃出维也纳；匈牙利、波希米亚、伦巴底③和威

① 1830 年七月革命后，在法国掌握政权的金融贵族集团推行有利于本集团的内外政策，反对任何政治、经济改革。1848 年 2 月 22 日，巴黎工人和群众举行大规模示威游行，向杜伊勒里宫进攻。国王路易·菲利普逃往英国。资产阶级独占了胜利果实。2 月 25 日宣布成立法兰西共和国，史称法兰西第二共和国。——译者注

② Schleswig - Holstein，德国唯一位于北海和波罗的海两海之滨的联邦州。——译者注

③ Lombardy，意大利北部的一个地区，与瑞士接壤。——译者注

尼托区①等属地宣布脱离哈布斯堡王朝②的统治。在德国，一群代表着39个政体的知识分子齐聚法兰克福，组成临时委员会，要求征服改革并成立 18
共和制。举行全国大选的呼声逐渐高涨；一个由586人组成的议会在5月召开集会，编写宪法，促进统一国家的形成。10个月后，普鲁士国王弗里德里希·威廉四世（King Friedrich Wilhelm IV）拒绝接受议会奉上的皇冠，也拒绝承认宪法。1849年4月28日，萨克森（Saxony）地区的弗里德里希国王仿效威廉四世的做法，下令解散萨克森议会。5月2日，在几近节日气氛中，德累斯顿起义爆发。

若不是因为流血、暴力和人身伤害而结束，德累斯顿事件可能会成为一场闹剧。在指挥了贝多芬的《第九交响曲》（Ninth Symphony）后不久，理查德·瓦格纳被指控纵火烧毁老音乐厅。据说，“市民”森佩尔曾头戴一顶装饰着民族色彩的帽子、面带“诡异的笑容”在街上漫步。市民围攻了军火库，但他们却不能保证弹药的安全。曾参加巴黎起义的革命者米哈伊尔·巴枯宁（Mikhail Bakunin）正途径德累斯顿去波兰，他第一个拒绝参加这种幼稚且没有任何效果的起义。在此期间，国王逃到他的避暑胜地，并寻求到普鲁士的帮助。森佩尔“凭着米开朗琪罗或莱昂纳多·达·芬奇式的责任感”，开始建造他那些著名的路障。[65]普鲁士军队5月9日开进城中，没有遇到什么抵抗。“被驱逐者”森佩尔和瓦格纳双双出逃：前者再次去了巴黎；后者放弃雇佣指挥的工作去了苏黎世，据说他边走边唱：“战斗，永远战斗！”

森佩尔在政治流放中度过了艰难的6年，沃尔夫冈·赫尔曼对这段艰辛的生活做出了详细的描述。[66] 1849年6月到1850年9月期间，森佩尔在巴黎苦于找不到一份工作。由于家人还在德累斯顿，他计划9月9日坐船移民美国。但在启程前夜，一份伦敦提供的差事使此事搁浅。允诺的建筑委托并没有兑现，森佩尔又在绝望中度过了两年。直到1852年，他才得到亨利·科尔（Henry Cole）的实用艺术学院（Department of Practical Art）的教职，开始教授“金属制品中的装饰艺术原理和实践。”[67]

《建筑四要素》是森佩尔在1850年最后几个月——即移居伦敦前后——完成的两卷本著作。著作的前半部分包含了他对库格勒于1835年发表的彩绘论文的姗姗来迟的尖刻反驳，这四章内容（及其受期盼已久的英文版）作为一个整体表现了森佩尔将其色彩观念展现给英国公众的努力。[68]

他在这方面的兴趣无疑源于这样一个观点：关于彩绘的争论，正在欧 19
洲再次兴起。在巴黎居住期间，森佩尔见到了希托夫为其新著——一部长

---

① Veneto，意大利东北部的一个地区，临亚得里亚海。——译者注

② Hapsburg，欧洲历史上统治领域最广的德意志皇家王室，曾在中世纪后期到20世纪内分别在欧洲各国任统治者（奥地利皇室1276—1918年；西班牙皇室1516—1700年；神圣罗马帝国皇室1438—1806年）。——译者注

篇的、内容丰富的、同时也总结了争论历史的著作——准备的塞利农特彩色复原图。[69]英格兰的若干前言领域都对彩绘产生了兴趣。就在法国和德国的争论于1836—1837年接近尾声之时，大英博物馆（British Museum）举办了两次会议，分析埃尔金大理石上的色彩遗迹，并考察古代彩绘的其他证据。[70]除欧文·琼斯（Owen Jones）和马修·迪格比·怀亚特（Matthew Digby Wyatt）的两篇彩绘论文外，其他文章在18世纪40年代几乎已被遗忘。[71] 1850年秋，琼斯接受了为帕克斯顿①展会建筑的金属部分设计色彩方案的委托。但是，他提出的多种色彩的方案备受指责。12月16日琼斯被迫在英国皇家建筑师学会（RIBA）面前为其彩绘观念辩护。而在两周前，怀亚特已在这群人面前宣读了他关于中世纪彩绘的论文。[72] 1851年1月，希托夫在《土木工程与建筑师杂志》(*The Civil Engineer and Architect's Journal*)上发表文章——《关于古希腊建筑的彩绘》（*On the Polychromy of Greek Architecture*)。对古典建筑彩绘的兴趣在一年后达到顶峰，英国皇家建筑师学会的两次会议都专门讨论彩绘问题。第一次会议上，T·L·唐纳森宣读了一篇解释希托夫对塞利农特建筑复原的论文；在1852年1月26日召开的第二次会议上，唐纳森、森佩尔、埃克托尔·奥罗（Hector Horeau)、迈克尔·法拉第（Michael Faraday)、詹姆斯·弗格森（James Fergusson)、C·R·科尔雷尔、欧文·琼斯和其他与会者进行了长时间的讨论。[73]森佩尔和琼斯在两次会议上都展示了他们绘制的帕提农神庙彩色复原图。森佩尔还展示了他关于庞贝墙壁、伊特鲁里亚坟墓和赫菲斯托姆的彩绘的研究成果。

尽管《建筑四要素》中关于彩绘的章节作为辩护之词已相当可信且恰当，但它并没有给这场争论注入新的要素。森佩尔在第5章（包括标题在内）中提到了一些新观点，他开始提出融入其彩绘观点的概括性建筑理论。此时他思考的当务之急，是将希腊与其东方传统在历史上建立联系。

需要特别指出的是，森佩尔在第5章已彻底偏离传统建筑理论的轨道。18、19世纪的艺术理论和科学理论都以《圣经》对创世界的叙述为基础。例如，詹姆斯·厄谢尔（James Ussher）制定了详细的年表，将世界之始确定于公元前4004年。在这个框架中，18世纪对希腊、小亚细亚、波斯和埃及等地的考察已将建筑带回它所设想的起源。因此，卡特梅尔·德·
20 坎西于1785年提出以下理论，建筑以三种原始“类型”——洞穴、帐篷和棚屋——为基础，分别对应于猎人、牧羊人和农夫三种生活方式，它们在埃及、中国和希腊文明中得到典型发展和改进。[74] 1836年，劳尔·罗谢特指出森佩尔犯了一个很不学术的错误：他在《初评》中将埃及建筑与希腊建筑相提并论，但事实上两国各自的建筑类型（洞穴和茅舍）是完全不

---

① Paxton，1801—1865年，英国园艺家、工程师。——译者注

同的。[75]

然而，在 19 世纪 30 年代初，科学证据开始向《圣经》叙述提出挑战。查尔斯·莱尔①的《地质学原理》（*The Principles of Geology*，1830—1833 年）虽然没有提出人类年表，但却证明了泥土已有数百万年的历史，而非几千年。弗朗茨·博普②的《梵语、古波斯语、希腊语、拉丁语、立陶宛语、哥特语、德语和斯拉夫语的比较语法》（*Comparative Grammar of the Sanskrit*，*Zend*，*Greek*，*Latin*，*Lithuanian*，*Gothic*，*German*，*and Slavonic Languages*，1833 年）第一卷中描述了一个漫长而复杂的语言学进化过程。人类学模型也反映出这种正在改变的观念。詹姆斯·普里查德③于 1813 年出版的《人类体格发展史研究》（*Researches into the physical History of Man*）是基于这样的假设：现存的不同种族是由中东地区原始家族的后代和移民逐渐发展形成的。在《人类自然历史》（*Natural History of Man*，1843 年）中，普里查德发展了他的设想。按照生物学家乔治·居维叶④的理论，他将文明的摇篮确定为三大民族居住的肥沃的平原与河谷地带：闪米特（*Semitic*）地区，或称叙利亚和阿拉伯（Syro-Arabian）地区；杰普地区（*Japetic*），或称印欧地区；含族⑤地区，或称埃及。在 1847 年的《人类体格发展史研究》第五版，普里查德抛弃了对《圣经》中创世七日说的表面性理解，并认为其中含有隐喻性的解释。

在另一条战线上，德国人类文化学者古斯塔夫·克莱姆⑥于 1843 年出版了他的十卷本著作《人类文化通史》（*Allgemeine Cultur-Geschichte der Menschheit*）。与森佩尔一样，克莱姆也在 19 世纪 30 年代早期移居德累斯顿。他曾供职于茨温格宫的皇家图书馆，并担任过馆长。克莱姆首先将人类种族分为积极和消极两种类型，然后对所有已知文明种族进行了全面的调查，包括非洲、南北美洲和南太平洋地区的土著部落。他在人种学中描述的细节（他探讨了人类的工具和技术能力、普遍存在的人体装饰、人类生活环境、习俗、歌曲和舞蹈），有时相当令人惊讶。森佩尔后来曾引用克莱姆的描述作为原始资料，而且他可能很早就对克莱姆的著作有所耳闻。[76]

---

① Charles Lyell，1797—1875 年，英国地质学家，律师，均变说的重要论述者。——译者注

② Franz Bopp，1791—1867 年，历史比较语言学研究学者。——译者注

③ 詹姆斯·普里查德（James Prichard，1786—1848 年），英国人类学家。他认为亚当是黑人，随着其后代肤色变浅，逐渐获得了较高的智慧和文明。最后，全世界的人类会越来越像白种人。——译者注

④ Georges Cuvier，1769—1832 年，法国动物学家，比较解剖学和古生物学的奠基人。——译者注

⑤ Ham，《圣经》中挪亚的次子；传说中埃及人、迦南人的祖先。——译者注

⑥ Gustav Klemm，1802—1867 年，德国人类文化学者。——译者注

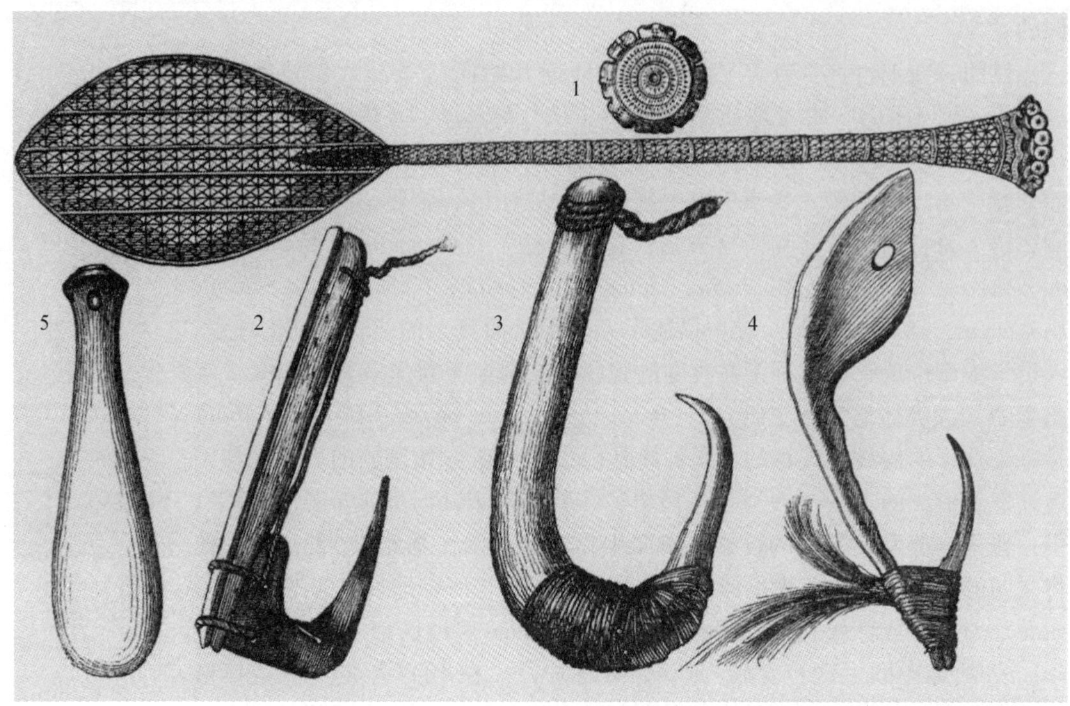

南太平洋地区的桨和工具。引自古斯塔夫·克莱姆，《人类文化通史》第 4 卷，1845 年

另一件更为引人注目的发生在 19 世纪 40 年代的事件，是法国人保罗·埃米尔·博塔①和英国人亨利·莱亚德②分别发现了亚述文明。[77]它对森佩尔的理论产生了影响。与一百年前发现庞贝古城相比，这两项考古学发现在欧洲引起了同样的（如果不是更多的）关注，因为这里有希罗
21 多德③曾生动描述过的富饶帝国——即《旧约》中的罪恶之源（den of sin）。这些亚述城被认为在前古典时期文明中占有第三重要的席位，但此时它在文化上还与年代更久的闪米特和迦勒底④城市以及南方城市混为一谈。

1849 年 5 月，森佩尔到达巴黎时，来自科萨巴德⑤的浅浮雕首次航运至此。博塔通过分析发掘成果提出，亚述艺术品是介于埃及雕塑和希腊雕塑之间的艺术作品。他推论说，前者反映了起源场所中严格的神权体系，其图例证明为：有大量侧面形象但对解剖学缺乏正确的认识。另一方面，

---

① Paul Emile Botta，法国外交官，1840 年发现了尼尼微附近的一座夏宫。——译者注

② Henry Layard，英国冒险家，年轻时为《一千零一夜》的故事所感动，1839 年到达西亚，1847 年开始发掘尼尼微遗址。——译者注

③ Herodotus；约前 485—约前 425 年，希腊历史学家。——译者注

④ Chaldean，古巴比伦地区。——译者注

⑤ Khorsabad，原亚述王国都城，今为伊拉克城市。——译者注

艺术家绘制的亚述浅浮雕。引自奥斯汀·亨利·莱亚德，《尼尼微及其古代遗迹》第 2 卷，1849 年

希腊政治体系打破了神权的束缚，希腊艺术是自由奔放的，形态是按照感
官上的理想美创造的。博塔认为亚述艺术介于这两个阶段之间。它在技巧 22
手法和自然主义方面超越了埃及艺术，但观念还局限于传统形式。对他来说，亚述浅浮雕是艺术最终发展到希腊完美形式的过程中的第一次尝试。[78]森佩尔赞同这种观点，他考察那些墙板之后不久，在 1850 年给出版商的一封信中写道："不要认为我对艺术起源和发展的关注是表面的。我正是基于

23 这样的观点来开展我所有的工作，即寻求联系前后的红线。"[79] 10 年之后，劳尔·罗谢特曾认为滑稽可笑的观点——希腊建筑或许拥有中东和埃及的历史与文化渊源——逐渐变得可信起来。

在这些新发现和新理论的影响下，19 世纪 40 年代森佩尔开始调整其建筑理论。1843 年，他向出版商爱德华·菲韦格（Eduard Vieweg）建议，希望能写一本关于建筑基本类型的理论著作，但这一计划最终没能实现。[80]几年后，也许在 1846 年之前，他开始修改他在德累斯顿学院的讲稿。在一份局部标记有 1848 年 11 月 11 日的讲稿中，他第一次提到建筑中的"原始形式"（*Urformen*），并描绘了促使第一批土坯房产生的两种观念或动因："围墙"（*Umfriedung*）和"屋顶"。[81]在另一份 1848 年或 1849 年的讲稿中，他又在其中加入了"壁炉"（33 号手稿）。他将"围墙"（Einfassungsmauer）定义为南方民种族中"古代建筑的第一要素"，它是住房，同时也是神庙和城市的"原始种子"（Urkeim）。通过界定一个"新的空间性"，或形成一个脱离于外部空间并受到保护的内部空间——它以壁炉为家庭的社交与精神核心，围墙获得了建筑学价值。在人类社会向城市形态演进的过程中，壁炉转变为教堂祭坛的过程也相当有趣："同样地，在围墙之内以壁炉为中心安排了天棚与其他要素；在城市兴起的地方，第一要素仍然是墙，墙内以社区广场为中心，分布着个体家庭的住房。上帝像一位提供保护的资助人一样保护着城市。市场是奉献给他的专用壁炉，服务性空间后面的内殿是他的居所。如果祭祀多神，那么每一位神都有独立的祭祀区，区中有其祭坛和作为居所的庙宇。"（33 号手稿，原稿第 5 页）

在这些讲稿中，森佩尔明确提出了他后期理论中两个既有联系又相互独立的主题。第一个主题是要证实早期建筑中基本形式的形成动因。壁炉周围的聚会（社交性集会）、砌墙和盖顶等概念被森佩尔认为是创造建筑形式的基本观念，它们在发展进程中都经历了多重文化阐释。第二个主题是要将这些动因总体性地归纳为两种基本居住类型：以墙为主的或庭园类型的南方建筑、以屋顶为主的封闭的北方住宅。

在巴黎的政治流放期间，森佩尔续签了他早期著作的合同。接下来的一年中，他为一本名为《建筑比较理论》（*Comparative Theory of Building*）
24 的书准备了上百张手稿。[82]然而，这一项目的构思过于宏伟，以至于森佩尔移居伦敦后，担心其理念被人窃取，于是决定在《建筑四要素》第 5 章中对他的新理论作出总结。[83]

该章开篇提出如下假设，希腊文明并非自发创造，而是借鉴了异族的艺术主题和文化思想并按照全新方式组合形成的混合物。在为希腊建筑分配了一个材料或建造的基础［陆吉埃（Laugier）的原始棚屋观念和卡特梅尔的茅舍观念］后，森佩尔提出了创造建筑形式的四要素：壁炉、屋顶、围墙和墩台。

在这里，“要素”（*Elemente*）一词的使用容易令人误解。从他后期的理论中我们可以清晰地发现，森佩尔并没有将它们当做材质要素或形式要素，而是“动因”或“理念”，以及以实用艺术为基础的技术手段。例如，建筑或结构框架的形成与盖顶的概念相关联；因此，桌子或椅子的制作当归入该主题之内。墩子最初是抬高壁炉使其不受土壤潮气影响的必需品，其概念在早期与梯地相联系，并在运河和水坝中应用，后来用在古代亚述阶梯金字塔①和希腊建筑的柱基中，再晚些时候用在罗马建筑的石砌墙体中（作为一种动因，与空间性的“围墙”有根本性区别）。

提出这四种动因之后，森佩尔立即将关注点集中在“围墙”上，并开始作出后来成为其理论中心的概括性描述：这种动因转变成为“穿衣服”观念[84]。森佩尔再次反驳了卡特梅尔提出的建筑形式的模仿基础，并支持这一观点：根据一些人种学报告，编织或纺织的垂直悬挂壁毯，其发明早于服装的产生。森佩尔认为，这种动因最早出现在天然缠绕在一起的篱笆和围栏的树枝中（根据现存原始部落的有关记载），逐渐发展成使用韧皮和柳条的编织艺术，随后改为使用纺线。这种动因在纺织阶段的完美代表产生于古代亚述和波斯时期，这两个文明以色彩丰富的帐篷和挂毯而著称。

由于背后墙体在保暖、坚固和耐久方面的需要，悬挂的纺织品变成了一种“衣服”，并逐渐被其他“替代性衣服”取代，如灰泥、木材和金属装饰、陶塑饰面及石膏和花岗石镶嵌板。在这些情况中，墙体的建造动因和空间本质由装饰所体现，而不是通过背后的临时性支撑墙来体现。就此而言，亚述的大理石浅浮雕是森佩尔理论中的关键部分；他认为石膏雕塑的造型风格是在模仿先于其产生的纺织服饰的风格。这种看法——一个大
胆的观点——让森佩尔推断出，东方的彩绘系统源于古代亚述的织布机。 *25*
若干页之后，他将东方的服饰和彩绘系统与希腊建筑的壁画联系在一起，由此完成了这一推理过程。随后，他提出了他的著名论点，希腊的彩绘在原始的席子制作过程和墙体建造技术中找到了它的历史起源！

第5章余下的内容谈及了他的第二个主题，关于屋顶系统和庭园系统的基本建筑分类。他考察了在连续的形式发展过程中，与前古典时期建筑密切相关的中国、埃及、亚述、波斯和腓尼基②地区的建筑。动因是依据

---

① Ziggurat，形状似梯形金字塔，顶上有神殿。——译者注

② Phoenieia，亚洲西南部的古代沿海国家，由地中海东部沿岸的城邦组成，位于今叙利亚和黎巴嫩境内。直到公元前1250年，腓尼基人一直是地中海地区最闻名的航海家和商人，并建立了许多殖民地，包括北非的迦太基。腓尼基人到过当时所知的世界边缘，他们把基于声音符号而不是楔形或象形文字的字母表，介绍给希腊人和其他早期民族。腓尼基文化逐步地被波斯文化和后来的古希腊文化所吸收。——译者注

抱野山羊的有翼人。奥斯汀·亨利·莱亚德，《尼尼微的纪念物》第3卷（1849年）。盖蒂艺术与人类历史中心提供

特定文化需求而模仿、组合并精炼过的产物。如我们所预期，森佩尔认为彩绘的典范产生于雅典神庙，繁荣于年代较早的西西里古希腊殖民地的埃及-多立克色彩系统被更鲜艳的起源于东方的东方-雅典色彩系统所取代。他认为，只有后者才从中世纪幸存了下来。

26

3. 1851年，伟大的大学

《建筑四要素》出版后短短一年内，森佩尔就发表了《科学、工业和技术》一文，但其理论在许多方面已有所扩充。刺激这篇文章产生的因素，是1851年的伦敦万国博览会（London Great Exhibition），一个覆盖范围即使放到今天也难超越的项目。开幕当天的典礼仪式盛况空前：海德公园（Hyde Park）挤进了50万人，有王后和王子夫妇，有致敬的礼炮（人们甚至担心玻璃屋顶会被打碎），有哈利路亚合唱团，有华丽的小号，有祈祷者，有演讲者。由建筑师马修·迪格比·怀亚特和欧文·琼斯协助约瑟夫·帕克斯顿建造的巨型建筑物为首次国际展览会提供了场地。这座建筑远远看去“好像包裹在蓝色的雾气中，完全对天空敞开，帆布和屋顶的暖色与钢桁架上的明亮蓝色形成鲜明的对比；蓝色的桁架悄然融于背景，与哥特教堂上空的蓝天和谐一致，形成一幅令人愉快的画面；这幅画面又是如此自然，以至于很难分清艺术由何处开始，自然在哪里结束。”[85]最终，展览方布置了100万平方英尺的展区：展品来自世界各地，既有工业化国家的，也有“原始”民族的，亨利·科尔将它们分为矿物及天然材料展品、机械展品、制造展品和纯艺术展品。在丰富多彩的展品中，引人注目的还有对所有已知风格和时期的建筑复原设计和模型，其中包括欧文·琼斯复原的一座有彩绘的希腊神庙。

森佩尔在这次展览中也扮演了一个小角色。直到1851年春天他仍然没有找到工作，此次展览中他受雇于加拿大、土耳其、瑞典和丹麦的伦敦展会代表团，为他们设计产品展览方案。虽然这个委托项目很小，却让他能够接触到这些国家的产品并可以详细了解这次博览会，也为他提供了系统考察世界工业艺术和纯艺术的机会。欧洲在这时期的成就乏善可陈；陪伴森佩尔离开的，是他对艺术和对工业革命本质问题的新的批判性思考。

《科学、工业和技术》的前三章在1851年10月博览会结束后的三周内仓促完成。森佩尔将文章寄给了一位德国出版商，后来却收到了来自伦敦的回应，有人希望他能在文中加入对英国艺术教育改革的建议。[86]这一请求很可能是在该著作英文版序言中提出的，此时森佩尔处于失业状态，悬而未决的设计学院改革在伦敦引起广泛的议论。[87]森佩尔又增加了四章内容，于12月底完成了这项任务。

前三章的主题是工业革命带给欧洲艺术的转变，以及——与此相反 27
的——非工业化国家在设计上取得的优势。在由万国博览会而产生的大量著作中，这种评价显然并不孤立。例如，理查德·雷德格雷夫（Richard Redgrave）代表官方的《关于设计的补充报告》（Supplementary Report on Design）与拉尔夫·尼科尔森·沃纳姆（Ralph Nicholson Wornum）在《艺术学报》（*Art-Journal*）上的获奖文章之间，就存在明显的思想分歧。后者为折中主义风格作出辩解；前者则坚决抵制。[88]沃纳姆认为艺术面临的主要问题是过度的自然主义，雷德格雷夫则因廉价以及由机器、大规模生产和劳动分工带来的设计标准，将其贬低为“泥子、纸浆和胶水的时代（age of putty，papier maché，and gutta percha）”。他写道：“不管在哪里，装饰总取决于机器生产，这显然是在风格和制作工艺上的最严重退化；最好的工艺和最佳的品位在那些加工产品和织物制品中才能找到，手工艺在装饰制作过程中扮演了全部或部分角色，如瓷器和玻璃制品、贵金属制品、雕刻品等。”（p. 710－711）但是，雷德格雷夫主张，现代产品既不要回归中世纪传统，也不要延续过去的风格，而应该适应不同的材料、当地的用途和象征性的生活。这个问题的解决办法——在其长篇大论中已明确指出——是探索适应新材料和新工艺的设计法则。[89]

在这本小册子的教学性论调中，森佩尔的批评也顺理成章。当时的首要任务是为艺术摆脱混乱状态而制定明确的法则。许多艺术家都见证了这一事件，特别是那些与亨利·科尔关系密切的艺术家。[90]建立艺术原则的倾向在许多未署名的文章中普遍存在，这些文章刊载于科尔和雷德格雷夫的《设计与制造学报》（*Journal of Design and Manufactures*）中。[91]欧文·琼斯在杂志中以他总结出的6项设计原则作为对博览会的评论，并在1852年的公开演讲中将这些原则扩展为22项建议。[92]同年，在马尔伯勒府①的另一次演讲中，他又扩展为33项。在《装饰的语法》（*The Grammar of Ornament*，1852年）一书中，他再次增加了4项。[93]

琼斯在杂志上发表文章后不久，马修·迪格比·怀亚特也发表了一篇评论，为琼斯最初的建议附加了补充性“格言”（dicta）。在正式的博览会演讲中，怀亚特更加雄心勃勃，他试图用四条普遍原理定义广泛的设计，还特别指出希望用六项原则定义传统装饰。[94]怀亚特还是万国博览会和普遍工业化的最乐观的支持者。他将这类博览会描述为工业时代的灯塔，认为其堪比希腊的奥林匹克运动会。他相信，商业性制造的劳动分工会创造出“最优秀的艺术品和工业产品”，同时，它们还拥有“史无前例的低廉价格”。[95]

森佩尔与其他人的不同之处在于，他在文章中努力将其分析置于普遍艺术原理的框架中。森佩尔认为，工业化和投机事业（资本主义）给艺术
28 带来的问题相当严重且根深蒂固；新材料、新工艺和机器生产在市场中泛滥成灾，设计者无暇思考产品和制作方法，遑论那些熟练技工。思想和劳动的贬值反过来引起产品内涵的贬值，因此，传统的手工生产艺术被当做怪物来看待。

然而，如同雷德格雷夫和怀亚特一样，森佩尔也抵制对前工业化时代的怀旧情结。与他后期的理论不同，此时森佩尔赞同艺术的历史风格已经死亡、“传统的艺术类型已经瓦解”（disintegration of traditional types）的观点。为推动新的艺术类型代替旧的艺术类型，他提出了“风格”（*style*）理论。森佩尔依据历史因素、技术因素和文化因素将“风格”分为三类，这源于他对“风格”一词的标准化定义。他通过给基本概念（*basic idea*）赋予艺术含义来定义“风格”，并考虑了修正（而非决定）该定义的内在（*intrinsic*）和外在（*extrinsic*）变量。一年前他提出的四种建筑动因正是基于这些基本概念或原始动因，而风格理论的历史因素教会我们如何辨别和利

---

① the Marlborough House，位于伦敦，建于1709—1711年，建筑师克里斯托弗·伦（Christopher Wren）的作品。——译者注

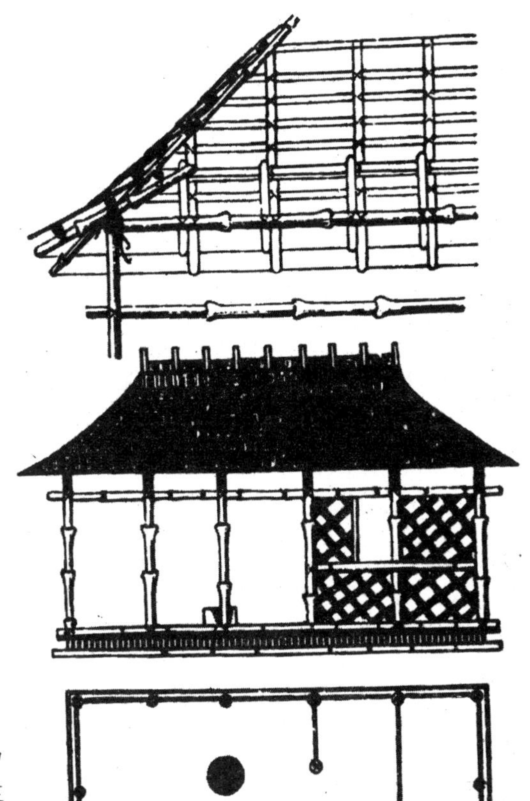

1851 年万国博览会展出的特立尼达岛印第安棚屋。G·森佩尔，《技术与建构艺术（或实用美学）中的风格》。盖蒂艺术与人类历史中心提供

29

用设计中的动因。风格理论的技术因素要求我们要考虑建筑中使用的材料和工艺，这些是风格的内在变量。风格的文化因素或外在变量是地方的、暂时的，并受到与该建筑有关的个人的影响。三因素系统成为森佩尔未来研究的组织性模型。

1851 年的万国博览会对森佩尔产生了决定性的影响，为他引人入胜的理论提供了非欧洲艺术和所谓原始艺术等方面的研究资料。森佩尔立即扩充了万国博览会之后完成的未出版手稿，用博览会上的展品——甚至一些有标志的特殊展品——证明他的四动因理论：毛利人编织的装饰品是工具、船舶和住房中的崇拜神物；非洲的草裙融入了彩绘的图案；加拿大印第安人的产品由动植物外皮制成，并镶有彩色丝线；特立尼达岛①的印第安棚屋有墩子、壁炉、坡屋顶和席子覆盖的墙体，这些要素的简单结合为森佩尔的四动因理论提供了例证。[96]至迟到 1851 年年底，森佩尔已为其后期理论建立了三因素模型，并坚信他已洞穿原始遮盖物而揭示了艺术的起源和意义。

① Trinidad，位于委内瑞拉东北的大西洋上的岛。——译者注

4. 技术与建构艺术中的风格

《科学、工业和艺术》出版后8年，森佩尔最为著名也最雄心勃勃的著作——《技术与建构艺术（或实用美学）中的风格》（1860—1863年）问世。森佩尔理论的中心思想在这期间得到极大发展，变得更加专注和集中。他由关注四要素转向强调对技术手段进行全面考虑，技术是潜在于艺术创作中的更本质因素。他的兴趣转向所谓的解释学研究，通过调查这些技术手段的可见残留物，对形式做出象征性解释。由于技术操作影响形式创造的内在合法性，建筑活动可以根据其本质被定义为一种“装饰性”（*ornamental*）活动。

30 影响森佩尔早期理论和晚期理论的不同指导思想在1852年和1859年的书籍简介中有所体现。前一篇内容简介以1843年森佩尔寄给出版商菲韦格的信函为基础，宣传了他从未出版的《建筑比较理论》。[97]菲韦格坚持要附上《科学、工业和艺术》一书的内容介绍，以督促行事迟缓的森佩尔按时完成计划中的著作；森佩尔建议采用1843年的信函，但菲韦格可能将日期改成了1847年，以解除森佩尔的困窘。但是，森佩尔在1852年按照其思想对这封信的部分内容做了修改。

简介结尾部分对书籍内容的概括性介绍是乏味无趣的（这也是1843年信函的一部分），用森佩尔的话说，这是对杜朗的“无生命系统组合”的回顾。这些内容以19世纪40年代早期他在德累斯顿的讲稿为基础。但是，森佩尔在一封重要的信函中概述了他提出的研究方法。这封信以对巴黎植物园（the Jardin des Plantes in Paris）的讨论开篇，并不断重复那些描述自然无限变化的段落内容——这些变化是由一些基本动因所引起。在1853年11月的伦敦演讲中，森佩尔重申了这一观点，同时他还提到了亚历山大·冯·洪堡的《宇宙》（*Cosmos*）一书。[98]这两项参考资料后来被频繁提及。1880年，森佩尔之子汉斯（Hans）首先做出了说明，他认为森佩尔理论的概念模型与生物学有关，他的思想“与达尔文的推理思路——即后来的进化论——仅一步之遥”。[99]

近来，在评价森佩尔19世纪50年代末期的理论时，人们倾向于否认这种特征。但在描述其早期思想中潜在的方法论前提时，问题的复杂性则显而易见。[100]到1869年森佩尔创作最后一本著作——《论建筑风格》——之前，他对达尔文的理论已经相当熟悉，也知道达尔文曾提到他坚决反对将自然选择理论移植到艺术领域。不过在1852年，森佩尔关于进化论和生物学理论的问题总体上还不是很明朗。例如，森佩尔在伦敦的演讲中将亚历山大·冯·洪堡和乔治·居维叶相提并论，但此二人在进化论和方法论上的观点却相互矛盾。洪堡对18世纪90年代歌德的形态学研究相当关注，他是一名激进的进化论者。1830年左右，居维叶在巴黎演讲，洪堡“在演讲过程中与其邻座低声交谈，反驳居维叶对歌德和进化论的全面抨击。”[101]森佩尔在伦敦演讲中对“类型”（*type*）一词的使用，源于洪堡和歌德的德国式浪漫主义传统，这也体现在其他表达方式中，如“造型舞台”（*Stufengang der Ausbildung*①）、“标准形式”（*Normalformen*）和“原始形式”（*Urformen*）。[102]

相比之下，居维叶直到1832年去世仍是反进化论的。这位杰出的生 31
物学家的思想体系以《圣经》为基础。他以“大灾难理论”（catastrophe theory）反对歌德、让·巴蒂斯特·拉马克②和埃蒂安·若弗鲁瓦·圣－伊莱尔③的观点。“大灾难理论”的基本假设是，地球经历的一系列巨变（如大洪水），逐步淘汰了地球上的物种。[103]化石是被地质环境清除的昔日物种的遗迹，而人类是最后时代——即现今时代——神圣天意的创造物。为进一步遏制进化论者的想象，居维叶对这种分类方法作出如下解释：动物世界是一个“特殊的机体”（*Règne animal as a* “*physique particulière*”），这种分类方法是一个严格的事实观测体系，是基于亚里士多德（Aristotle）和林奈④体系中的一个庞大的分类目录。[104]

但是，如果抛开居维叶分类体系中的地质学和方法论基础，其解剖学研究确实涉及了进化的观点，这些观点与其反对者的理论有许多相同之处。居维叶依据物种功能而非形式的分类体系后来被频繁引用，这种方法超越了早期自然科学中的静态分类体系，提供了大量有启发性的生物学比较。[105]他在巴黎植物园的古生物标本（仍在展出），为物种间进化的可能性提供了生动的例证，在那里，“原始世界动物种群的化石遗迹与现存生物的骨骼和外壳按照这种分类体系并列在一起。”[106]居维叶认同物种的发展历史是一种渐进的进化过程，在这一点上，他的分类体系是可以转换的。用不同的理论观点来解释这种差异仅仅迈出了相对较小的一步。据说，与拉马克和歌德的早期进化论观点相比，很可能是居维叶对研究素材的分类方法促使了达尔文伟大著作的诞生。[107]

居维叶的“比较法”对森佩尔19世纪50年代早期的理论有重要影响，这在森佩尔1853年11月完成的早期手稿的某个段落中表露无遗。（同时还明确记载了许多居维叶分析研究中的进化论本质。）森佩尔的这篇文

---

① 以下短语的对译英文分别是：formative stage，normal forms，prototypical forms——译者注

② Jean Baptiste Lamarck，1744—1829年，法国生物学家，早期进化论者之一。代表作：《无脊椎动物系统》（1801年）、《动物学哲学》（1809年）。拉马克认为形态变化是功能变化的结果，而在生物进化过程中功能是主导的。——译者注

③ Etienne Geoffroy Saint-Hilaire，1772—1844年，法国生物学家，早期进化论者之一，提出纯形态学理论。——译者注

④ Linnaeus，1707—1778年，瑞典植物学家，现代动植物分类系统创始人。——译者注

章提到了巴黎植物园，似乎还参考了在他桌上的一本打开的居维叶的著作——《按其组织分布的动物界》（*Règne Animal*）。这篇文章经过扩充形成了1843年的信函和1852年的书籍内容简介，森佩尔对生物学理论的全文引用——以他并不流畅的英语——显示了他对生物学模型的依赖程度：

> 这些精美的收藏品是著名的生物学比较分类体系发明者——居维叶先生的研究成果，他认为所有（《圣经》所记载的）大洪水以前和以后的生物都是从相同法则中发展出来的不同产物。气象万千的自然也是少量简单的原始观念的衍生物。例如，同一类骨骼存在于所有有骨头的动物中，但
> 32 它的发展多少会受到不同种类动物个体逐渐进化和不同生存条件的影响，甚至会形成显著的差别。有些低级动物具有原始的 *spina dorselia*，但没有肢体末梢；有些只有头部，如一种叫做 *orthagoriscus mola* 的鱼；还有些只有尾部，如 *myxene glutinosa*。袋鼠前肢短小，但后肢较长且高度发达；海豹则恰恰相反，它们的后肢已经进化为鳍，只保留了一些足的象征。鸟类的前肢进化成为翅膀，有些甚至没有翅膀，如澳洲鸵鸟。但这些仅被看做是如今已充分发展的连接部分的微小迹象，如同某些符号。它们都与同一种基本法则相关。
>
> 当我观察那些基于简单法则进化出的丰富的自然物种时，我经常会想，也许能够将人类的作品，特别是建筑，简化为某些标准而基本的形式，然后模仿居维叶研究博物志的方法，用比较法对建筑的基本形式进行研究。我们可以发现艺术创作中的基本形式和法则，它们经过不同的演变过程形成了丰富多彩的艺术品外观造型。探寻建筑基本形式及其从简单到复杂甚至到误构的变化过程，是意义重大的研究课题。[108]

如果说森佩尔在1852年提出的建筑理论源于他渴望模仿居维叶的比较研究法，而且至少可以说具有准进化论的特征，那么，他在《技术与建构艺术中的风格》一书中的思考模式就很少涉及自然科学。可以肯定的是，森佩尔采用了早期理论中的四动因分类法。1859年的书籍介绍虽然没有与生物学相关的内容，但他仍提到了比较研究法在艺术史研究中的适用性。森佩尔的研究重心已明显从历史评论转移到了象征性阐释，其研究方法曾被称为“解释分类法”（interpretative taxonomy）。[109]

森佩尔采用比较语言学，而非自然科学，作为其调查研究的适当类比，如他在《技术与建构艺术中的风格》绪论（本书未收录）中使用的研究方法。我认为这一点十分重要。即使他对语言转换关系的参考超越不了生物学范式，这种方法至少可以在某些方面扩展研究对象，解放研究思想。这种新思路的结论之一是他对探寻单一建筑原型（早期理论的主要追求）的反对。森佩尔将这种追求类比于早期语言阶段，即回溯到婴儿的“牙牙学语”和自然界模糊不清的声音。他认为随着当时比较语言的发展，
33 应放弃这种努力。第二个结论源于他拓展之后的人种学知识，他认同艺术

品造型既会进步也会衰退的可能性：这也与语言这个活跃体系非常相似——可能逐渐消亡，也可能不断丰富。不仅仅埃及（有假设认为这些已知的最早艺术创作动机已经历过第二次和第三次变革）不再居于建筑发展的源头地位，大部分“原始的”土著文化也都不再能描绘人类最初的生存条件。相反，它们表现的往往是已经瓦解或衰退的社会体系的迹象。在这种情况中，艺术动机像以往一样受其转换法则内在活力所推动。[110]我们不可能抛弃现有动机来创造一种全新的建筑形式，因为这种形式将毫无意义；过时的动机可以被改造或重新组合，有时还可以通过注入新的含义而恢复活力。

森佩尔强调对艺术基本象征体系的诠释。这种思想上的转变实际发生在 19 世纪 50 年代中期，这里我们只能对其作一概括性介绍。在 1853 年 11 月的伦敦演讲中，他提到了希腊建筑的“有机生命”，希腊人“希望激发出建筑自身的活力，而不是用装饰品来装扮它们。”在次年的演讲——《论建筑的符号》（On Architectural Symbols）中，森佩尔用大量篇幅解释了希腊的波浪纹线脚。[111]卡尔·伯蒂歇尔（Karl Bötticher）的《希腊建筑构造》（*Die Tektonik der Hellenen*，1844—1852 年）激发了这种研究思路。森佩尔在 1852 年第一次读到此书，如赫尔曼所述，它的“核心形式/艺术形式”（*Kernform/Kunstform*①）的辩证研究法对森佩尔的思想产生了深远的影响。[112]在 1855 年到达苏黎世并接受了瑞士联邦理工学院（Eidgenössischen Technischen Hochschule，ETH）的教授一职之后，森佩尔在给出版商的一封信中提出，他准备放弃《建筑比较理论》的写作计划，取而代之的是一本将会包含“全部艺术形式”的著作。[113] 1856 年，森佩尔发表了著名的苏黎世演讲——《装饰的形式法则及其作为艺术象征的含义》（Ueber die formelle Gesetzmassigkeit des Schmuckes und Bedeutung als Kunstsymbol②）。[114]森佩尔于 1856 年完成了他许诺过的关于建筑形式的第一篇论文，题目是《形式美的原理》（Theorie des Formell-Schönen③）。在这篇文章中，森佩尔清晰地描述了他的理论新方向。[115]建筑（现在被称为建构［tectonics］）不再是与绘画和雕塑混为一谈的造型艺术，而是与舞蹈和音乐齐名的“宇宙艺术”（cosmic art）——宇宙，意指其空间和谐的法则是内在形式的产物，其装饰效果是基本要素不断变化的结果。建筑创作中潜在的本能是人类的一种原始欲望，人们渴望敲击出节拍，穿编成项链，“按照某种法则”进行装饰。

《形式美的原理》序言中的部分内容，也出现在森佩尔的重要著作——《技术与建构艺术（或实用美学）中的风格》的前言中。这篇 1100

---

① 对译英文：core-form/art-form——译者注

② 对译英文：On the Formal Lawfulness of Ornament and Its Meaning as an Art-Symbol——译者注

③ 对译英文：Theory of Formal Beauty——译者注

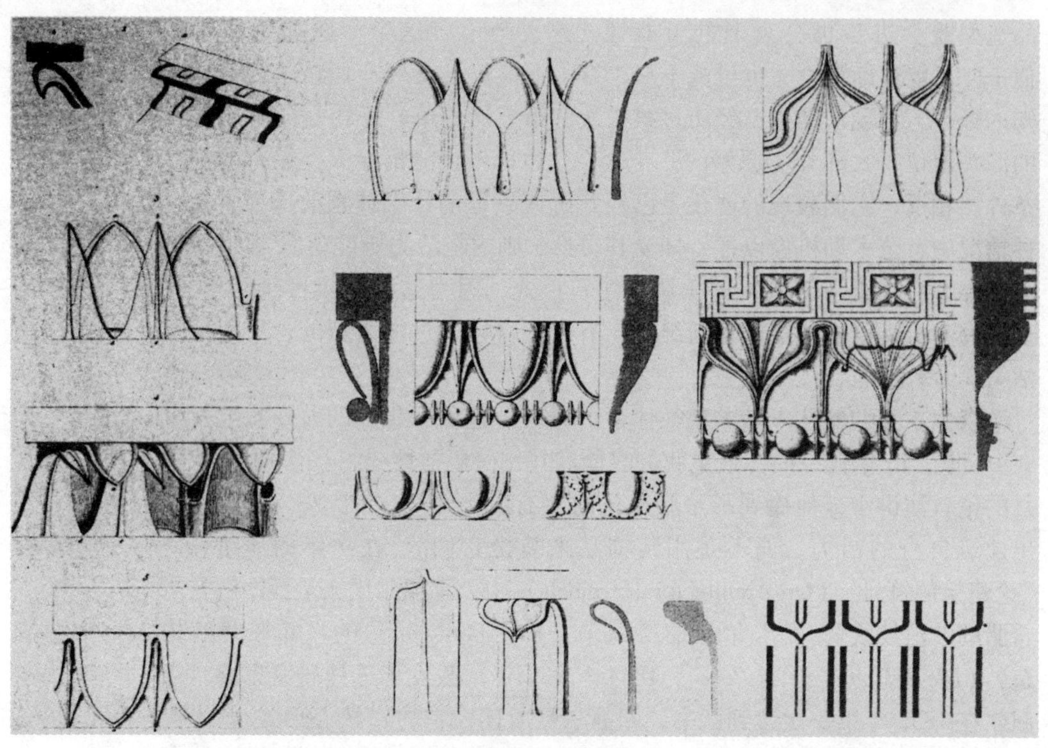

34 卵锚饰（egg-and-dart）主题的形式发展过程。卡尔·伯蒂歇尔，《希腊建筑构造》（*Die Tektonik der Hellenen*），图集，第2图（*Atlas*，*Plate II*），1844—1845年

页的论文早在1856年即着手撰写；最初，它是基于森佩尔1852年对“风格”的定义而写的两卷本著作。第一卷是从功能、技术和材料（内在）等方面，探究对纺织、制陶、木工和石工中的四种艺术创作动因产生影响的变量；第二卷是分析影响建筑风格的文化因素和个体（外在）因素。当森佩尔给第一部分增加了296页关于“穿衣服原理”（principle of dressing）的内容后，第一卷被扩充成两卷。第三卷（原来的第二卷）包括对影响设计的社会或文化因素的分析，也包括他曾许诺的对同时代建筑的评论，但这一卷最终未能完成——那些完成了的内容使人统一产生这样的误解，即他的理论只关注影响建筑的技术因素和材料因素。

《技术与建构艺术中的风格》的前言及其笨拙的二分式题目，在某种程度上反映了森佩尔理论基础的转变。在前半部分中，森佩尔对同时代的
35 艺术危机、潜在的社会因素和经济因素，以及建筑学的混乱状态提出了广泛的批评，它们都源于那场所谓的“风格争论”。后半部分开篇，森佩尔为残酷而荒谬的世界中的艺术进行了热情洋溢的辩解，但他很快转入对美学基本原理的抽象而准数学性的论述，这与后文提到的调查研究并没有多少联系。

在分析了对称、比例和方位等概念之后，森佩尔提到了阿道夫·蔡辛

（Adolf Zeising）关于比例的理论。[116]阿道夫·蔡辛是一位当今艺术史研究中很少提及的德国美学家。蔡辛的理论见于1854年和1855年的两篇论文，一篇是《人体比例新论》（*New Lehre von den Proportionen des mens&lichen Körpers*）①，一篇是《美学研究》（*Aesthetische Forschungen*）②。在前一篇论文的序言部分，蔡辛承认洪堡和歌德是他的精神导师，特别是后者的生物变态理论及其对原型（*Urtypus*）③ 的探索对他产生了很大影响。蔡辛以黄金分割为基础，将比例分析分为宏观（行星）和微观（矿物、植物和动物）两部分。在冗长晦涩得多的《美学研究》中，这种分类倾向被进一步扩展。由此出发，森佩尔将建筑与舞蹈、音乐归为一类，并可能得出更多的推论。[117]

然而，森佩尔在序言部分论述了生命的力量（*Lebenskrafi*）、行为的一致性和中间媒介的阻碍等概念，这再次暗示了其理论与生物理论之间的联系也许并不只源于居维叶。[118]森佩尔希望能在关于风格的著作后附上他对美学原理的论述（这些论述与“实践美学”并不完全一致），这种做法在德国理论界已有众多先例，尤其是让我们想起了卡尔·弗里德里希·冯·鲁谟对《意大利研究》（*Italienische Forschungen*，1827—1830年）的批判性介绍，以及K·O·穆勒《考古艺术手册》（*Handbuch der Archäologie der Kunst*，1830年）的序言。[119]

诚然，序言的前半部分还是对《技术与建构艺术中的风格》的基本态度做出了明确的阐释。森佩尔将其任务确定为探索艺术创作过程中的内在规则，并探索经验主义艺术原理中潜在的普遍原则。森佩尔的风格理论并不尝试分析形式，而是以原始、初级的技术和艺术的发展过程为例，分析产生形式的理念和前提。为回应申克尔的浪漫主义传统，森佩尔重新提出将“游戏”（*play*）作为美学动力的基础，以及人类对抗一个充满敌意的世界并弥补其缺陷的手段。“游戏”是人类的“进化本能”（cosmogonic instinct），人类通过“游戏”创造出自己的“小世界”（充满规则和装饰）， *36* 调节他们与外部世界的联系。建筑的出现并不是对宏观世界的物质模仿，而是对其规则和节奏秩序的美学模仿。花环、涡卷、圆圈舞、鼓或船桨敲击的节奏——所有这些都具有规则而有趣的内在特征，这正是建筑和艺术产生的共同基础。

《技术与建构艺术中的风格》的正文分为纺织、制陶、建造（木工）和石头切割（石工）等四个主要部分。这些是建筑创作中潜在的各种动因。森佩尔调查研究的真正起点是各种技术操作过程：如何处理柔韧而有弹性的材料以抵抗拉力（纺织），如何处理柔软而可塑的材料（制陶），如

---

① 对译英文：A New Theory of the Proportions of the Human Body ——译者注

② 对译英文：Aesthetic Investigations——译者注

③ 对译英文：primordial type，prototype ——译者注

何处理条状物以抵抗沿其长向的破坏力（木工），以及如何处理坚固的矿物材料以抵抗压力（石工）。之后，森佩尔又增加了对金属技术的论述，作为文章的第五部分。他认为这门技术发展较迟，并从其他技术种类借取动因。文章的每个主要部分包括“普通形式”（general-formal）和“技术历史”（technical-historical）两个小标题——森佩尔的这种分段方式，既不清晰也不连贯。

这五部分是组成这部两卷本长篇著作的全部内容，其中整个第一卷论述的都是纺织技术。森佩尔以纺织技术开篇的决定并没有什么特殊意义，他原计划是先论述制陶技术。后来在纺织技术之后附加“穿衣服”理论的决定也不完全合乎逻辑，因为这一理论在其他技术动因的论述中已经出现。实际上，森佩尔早期对动因的思考可能推迟了创作第三卷的时间，因为他无暇分神考虑与之有关的事情。[120]尽管存在这样或那样的逻辑和组织问题，《技术与建构艺术中的风格》仍然是一本见解丰富的建筑学著作，它提供了一种思考建筑的思路，这种思路在20世纪被完全遗忘了。

本书翻译的内容（1860 年版第 46 段至第 61 段）[121]取自他对纺织品“技术历史”的分析，在它之前的两部分是对“穿衣服”理论的介绍。在纺织技术全部内容的开篇，森佩尔阐释了动因的基本功能：（1）串列和捆绑；（2）掩饰、保护和隔离。他用将近 100 页的篇幅讨论了这些主题在装饰中的应用。之后，森佩尔在“技术历史”的评论中分析了建筑风格的决定因素：材料、材料的处理方式以及从动因到“穿衣服”的转变过程。本书的翻译从材料的处理方式开始。在这部分内容中，森佩尔延续了他从简单到复杂的论述方式。他从用带子、细线和绳结制作的作品开始，逐渐转到它们在网状物、带状物和折叠作品中的应用。编织和刺绣是纺织技术发展的顶点，在这一阶段森佩尔回顾了印刷和染色的彩绘手法。

37 在接下来的分析中，森佩尔考虑了纺织技术动因在建筑中的表现形式—— 其最著名的“穿衣服”理论。最后，森佩尔为彩绘进行了辩护。关于衣服与之建筑相关性的副标题显露了这部分的主要内容。尽管这一主题有很多种可能性可供探讨，但它只是偶尔被提及。森佩尔把他对这一主题的讨论推到了未完成的第三卷中，其中第 57 段提到了两个相当牵强的例子，一个是穿着衣服的木质神像，一个是埃及的莲饰柱头与女性发饰的相似之处。延续他思路的唯一线索出现在第 58 段，他对希腊塑像中长袍的自然效果给予了高度评价。希腊雕塑将人体自身的曲线当做一种装饰，这是希腊精神在艺术创作中突然觉醒的自觉产物。

在下一个副标题中，森佩尔将论述重点转到“穿衣服”理论及其在建筑中的影响。他在文中提到了卡特梅尔·德·坎西的《奥林匹亚·朱庇特》，以及希腊与小亚细亚（非希腊式的蛮族文明）和中世纪在历史上的联系，以显示彩绘与“穿衣服”理论的潜在联系。在介绍“穿衣服”或表面装饰理论——在前希腊时期的建筑中占统治地位——的主要段落中，森佩尔认为希腊建筑中的“穿衣服”理论被逐渐精神化（*spiritualized*），他们更愿意通过结构象征（*structural-symbolic*）而非结构技术（*structural-technical*）的方式来表现美。这是森佩尔建筑理论中最为重要的论点，其于文中频繁出现，但森佩尔却在 200 页后才对它作出详细解释。

森佩尔使用的“结构技术”和“结构象征”概念来自于卡尔·伯蒂歇尔的建筑调查报告。在《希腊建筑构造》（*Die Tektonik der Hellenen*, 1844—1852 年）一书中，伯蒂歇尔创造了“核心形式”（*Kernform*）和“艺术形式”（*Kunstform*）的表达方式，作为理解希腊建筑的分析工具。[122]“核心形式”是指建筑要素在材料和静力学方面的功能，如柱子的支撑功能。“艺术形式”是指如何表达这种静力学功能，即希腊人如何用一种既艺术又体现其功能的方式来表现柱子的支撑作用。在伯蒂歇尔抽象的术语描述中，“艺术形式”是构思精巧的概念式覆盖物，既遮蔽了柱子，又能表现柱子的特征。

森佩尔借鉴了这种分析框架，并应用于他提出的装饰动因中。他认为，埃及人对柱子的处理方式从概念上区分了“核心形式”和“艺术形式”的两种不同功能。柱子的坚固核心维持其结构特性；柱头附加物，如莲花装饰，是离散部件和嵌入物的集合。因此，工作形式（柱身）与艺术
形式（柱头装饰）在艺术表现上是相互独立的（无机的）。亚述人关于柱 38
子的观念则与此完全相反，他们的柱子装饰源于古老的浮雕技术，即在木柱外包裹金属外壳或薄板。随着时间的推移，这种覆盖物表面逐渐出现装饰性图案或浮雕（其艺术形式），自身硬度也得到提高，具有柱子的静力学作用（核心形式）。内部的木柱不再具有结构功能，逐渐消失，留下的是表面满布装饰或覆盖物的中空柱子，这种柱子将“核心形式”和“艺术形式”的功能合二为一。

森佩尔认为，柱子的第三发展阶段出现在希腊建筑中。在他看来，希
腊柱式将埃及柱式与亚洲柱式的特点集于一身，既有埃及柱式的坚固内 39
核，又有在中空柱体表面满布装饰（结构－象征意义）的亚洲建造模式。例如，爱奥尼柱头的管状造型模仿的是小亚细亚地区的金属原型；柱身凹槽也是亚述人使用的一种装饰形式，他们在管状设计作品上雕刻凹槽，以提高金属中空柱子的坚固性。但是，希腊人用这些装饰造型掩盖了坚固的柱身——实际上，这些造型成为表现与掩饰柱子静力学功能的艺术符号，同时还掩饰了材料的真实性。

于是，通过阐明形式所具有的象征意义，希腊建筑变得有机与精神化。它拒绝一切没有形态学意义的要素，避免所有不必要的承重与支撑结构。为突出象征功能，希腊柱子的造型摆脱了单纯的结构需要，彩绘在其

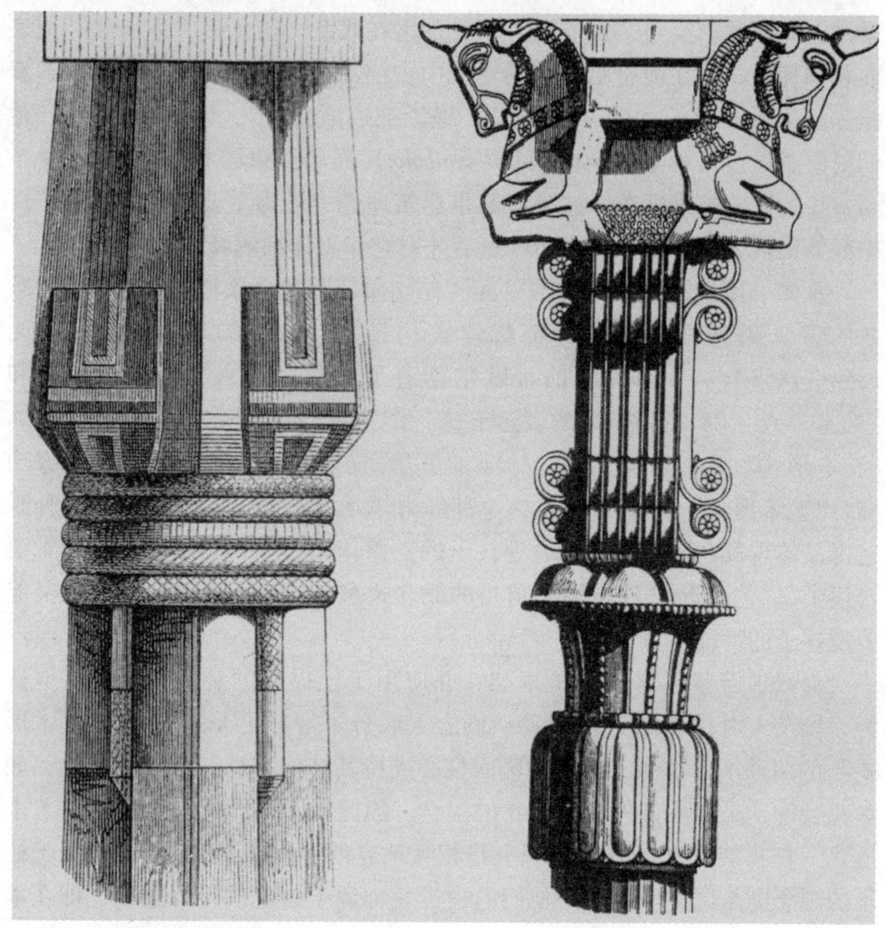

左：雕刻莲花饰的埃及柱头。右：模仿亚述中空柱身的涡卷饰波斯柱头。取自：G·森佩尔，《风格》。盖蒂艺术与人类历史中心提供

中扮演了重要角色：希腊人从东方继承了在中空柱子表面覆盖装饰品的做法，并改进为绘画装饰——在技术功能象征装饰之上的第二层掩饰！森佩尔写道："在这种趋势的影响下，希腊建筑的原则只能是维护并发展彩绘，以此作为建筑表面最微妙和无形的保护层。这是摆脱建筑实体的最佳方法，因为，尽管它穿上了（dressed）材料，自身却是非材料的（immaterial）。在其他方面，它也与希腊艺术的自由倾向也完全吻合。"[123]

森佩尔在第 76 段中论述的装饰净化过程在第 59 段中已有所暗示。第 60 段探讨了这一论题的结论，其行文标题相当吸引人："以空间和自由建造概念为基础的最简单的建筑形式原则。艺术对建筑实体的掩饰。"这时，森佩尔将其关于纺织品装饰的论点提升到了一个新的层次。

如森佩尔早期理论所述，当天然组合的栅栏或围栏用于分隔和限定空间时，纺织动因开始在建筑中出现。在用席子制作和编织的过程中，这种动因逐渐自我完善。作为坚固的结构或更为耐久的基底，纺织动因的产物变得必不可少，其表面悬挂的纺织品或替代品在空间功能中扮演了附加物的角色——即一种装饰。然而，这期间发生了一个有趣的转变：这种掩饰性的装饰同样隐藏了其背后的坚固墙体。在伯蒂歇尔的术语体系中，壁毯或后来的彩绘替代品是掩饰底层“核心形式”的“艺术形式”；同时，与人体类似，这种作为衣服的装饰也是墙体的空间动因和其表面形式的中间媒介。从本质上说，墙体的衣服掩饰了墙体的真实材料，通过这种隐喻性技巧（几乎是一种诡计）的恰当运用，墙体的形式意义逐步得到提高。

探索掩饰物的艺术化手段及其引人思考的可能性，这正是森佩尔建筑 *40*
理论研究的动力。这种装饰观念是森佩尔的理论基础，他认为纪念性建筑起源于临时的纪念性舞台及戏剧表演，在那里，掩饰或对真实的否定构成了一切宗教或非宗教事件的基础。同样是这种“狂欢节精神”，使他在第60段结尾的冗长脚注中将“朦胧的狂欢节烛光”描述为“真正的艺术氛围”。在森佩尔看来，墙体和（在空间上延展的）建筑的基本艺术含义是通过掩盖材料真实性获得的。尽管这种观点与19世纪中期的唯物主义倾向［特别是A·W·普金（A. W. Pugin）、约翰·拉斯金（John Ruskin）和尤金－埃曼努尔·维奥莱－勒－迪克（Eugène Emmanuel Viollet-le-Duc）对材料真实性的强调］背道而驰，但它的基本原理并没有与德国传统的理想主义完全对立。[124]从建筑学角度来看，森佩尔对建筑实体的掩饰更容易让人联想到18世纪末的理性主义理论，特别是卡特梅尔·德·坎西的评价，“这种愉快的假设就像一个巧妙的面具”（*agréable fiction*，*ce masque ingénieux*）。考氏将希腊建筑解释为关于梁架式木构建筑的雄辩演说。[125]但是，森佩尔按照另一种思路提出了这个假设：那些着色的大理石神庙并没有模仿木构原型的建筑逻辑，而是完全掩盖了材料的真实性。结果，材料消失在闪闪发光的彩绘之后，变成了一种纯粹的形式。

5.《论建筑风格》

“穿衣服”理论在《技术与建构艺术中的风格》一书的分析研究中占有主导地位，但在森佩尔的下一本也是最后一本著作中，“穿衣服”理论让位给了艺术独立问题。1869年，森佩尔在苏黎世发表了题为“论建筑风格”的演讲，此时他正考虑开始创造其主要著作的第三卷。[126]他的关注点转移到影响建筑的个人因素和社会因素上，主要论题是探究新建筑风格如何产生。

森佩尔抵制并明确否定达尔文理论与艺术间的相关性，他也不赞同自己曾尝试过的将生物学（科学）理论应用于建筑理论研究的做法——这种思路主导了19世纪后期的艺术理论研究。[127]森佩尔认为，与自然界渐进式的进化方式相反，建筑在适当社会政治动力的推动下会产生巨大的飞跃。与艺术中自然选择理论的决定性影响相反，森佩尔将人类的创造精神或自由意志看做是促进新风格产生的最重要因素。

然而，在思考背后，这位65岁的建筑师还面临着职业生涯中进退两难
41 的困境。他在步入人生的最后十年时，接到了他在德累斯顿和维也纳最大
的纪念性项目委托。[128]一方面，森佩尔认为纪念性建筑一直是作为主流社会政治机构的象征性外衣出现的，它们由统治者使用和操纵，以稳定、发展和扩大他们自身及社会体系的统治力量。另一方面，森佩尔相信社会中的个体能够补充、修改、甚至颠覆传统——他对“建筑的普世未来”（cosmopolitan future of architecture）的设想源于罗马帝国整齐划一的逻辑和形式。在柏林竞赛（森佩尔应邀担任评委）演讲的结尾，森佩尔无意间表露出对规模堪比梵蒂冈宫一座新教教堂的尖刻批评，这些批评所关注的，正是森佩尔一直努力实现的理论设想。[129]

森佩尔一直努力解决的难题是，建筑的传统类型，即现有形式语言，在新的建筑秩序中是完全抛弃，还是它们的生命能通过对现存传统的提取得以延伸。在《科学、工业和艺术》中，森佩尔完全赞同通过资本主义经济扩张的力量破坏和瓦解这种传统的做法，他相信新的和更好的建筑风格会自然产生。但在《技术与建构艺术中的风格》的序言中，森佩尔却对“纯化论者”提出了严厉的批评。他的观点产生了变化，他认为那样做可能会丢掉“不会为新风格取代的历史更悠久的象征性价值。”在《论建筑风格》的结尾部分，森佩尔坦率地承认他对于该问题并没有确定的答案。他最终的观点，是“尽最大努力对旧有风格采取最佳的处理方式”。世纪之交的许多建筑师认为，这是面对发展踌躇不前的态度。[130]但是，在19世纪的最后十年中，正是这种对重要政治和社会问题犹豫不决的态度使许多建筑师对森佩尔的理论产生了兴趣。他的论题再次变成热点问题；森佩尔1869年的个人转折点变成了19世纪80年代后期到90年代的“现代”转折点。

6. 森佩尔的影响

1879年，森佩尔在罗马逝世。他的理论和实践对现代主义运动的影响至今还没有被充分认识。他的观念影响了诸如奥托·瓦格纳（Otto Wagner）为阿德勒和沙利文信托银行大楼（Adler and Sullivan's Guaranty Building,1894—1895年）设计的象征性和结构性墙体覆盖物，或说像纺织品一
42 样的“窗帘墙”，但影响的程度仍有待研究。从森佩尔的“穿衣服”理论

到教条的现代理论，空间观念的转变同样令人关注。康拉德·费德勒①在一篇1878年的论文中从森佩尔的理论出发提出了自己的主张，他建议剥掉古典建筑的装饰外衣，探讨墙体作为现代建筑中纯粹的空间围护的可能性。[131]奥古斯特·斯马苏②在1893年的演讲中赞同并大力提倡这种观点，他对“穿衣服艺术”（*Bekleidungkunst*）的装饰性特征提出明确地反对，提倡“创造空间”（*Raumgestalterin*）的建筑抽象能力。建筑的历史于是成为对“空间感受”（*Raumgefühl*）的分析。[132]荷兰建筑师亨德里克·贝尔拉戈③在1904年的演讲中大力推崇斯马苏的观念，他将建筑学定义为“空间围护的艺术”。[133]在演讲稿的出版附录中，贝尔拉戈认为，墙体的本性是表面平滑，诸如柱子和柱头之类的结构部件应完全隐藏其中。森佩尔对建筑本体的比喻性掩饰在贝尔拉戈那里变得朴素平实，表面装饰、材料和结构部件都表现出它们固有的结构性或非结构性功能（第52—53页）。阿姆斯特丹证券交易所（Amsterdam Exchange，1898—1903年）完全实现了贝尔拉戈对装饰性墙体的设想。

对森佩尔理论最独特的评论来自阿道夫·路斯（Adolf Loos），他在1898年的《新自由杂志》（*Neue Freie Presse*）上发表了一篇题为《装饰原则》（The Principle of the Dressing）的文章。[134]路斯在其“装饰法则”中指出，装饰的历史起源是一种空间维护结构，之后逐渐被赋予保护性外衣的功能。他提出每一种材料都拥有自身形式语言的设想。因此，建筑师绝不可将“穿衣服”的材料与“穿衣服”混淆，也就是说，绝不能在木材上涂以木色，也不能用抹灰线条来模仿石材。

当然，路斯也仔细考虑过装饰及其作为表现手段的能力。他继承了森佩尔的思路，将建筑动因的起源追溯到悬挂的纺织品。他得出的本体论原理认为，装饰技艺（固有装饰物）在建筑或结构构架发展之前就已出现，这是建筑师的“第二任务”。他继续指出，装饰的首要意义是从建筑师队伍中分离出部分成员。他们简单地建造起墙体，然后迅速添加上他们认为恰当的装饰：“但正是这位艺术家，这位建筑师，首先设想和感受到其意欲创造的效果和空间。他希望能带给观者不同的感受——监狱中的畏惧或恐怖、教堂中的庄严、政府大楼中对国家力量的尊敬、坟墓中的虔诚、住宅中的舒适、酒馆中的欢乐——这些都是通过材料和形式创造出的效果。”[135]

---

① Konrad Fiedler，1841—1895年，德国艺术学家，被称为艺术学之祖。他提出从理论上将美和艺术划分成两个问题，主张用形式分析的手法处理视觉艺术作品，其理论成为西方艺术学的先声。——译者注

② August Schmarsow，1853—1936年，德国艺术学家。他把移情理论的观点运用在建筑领域，认为建筑艺术的创造就是对空间的创造。——译者注

③ Hendrik Berlage，1856—1934年，荷兰建筑师，代表作为阿姆斯特丹证券交易所。Hendrik英文版误为Herdrik。——译者注

路斯在 1910 年演讲的结尾部分对这一观念作了更深入的推敲，这次演
43 讲的题目是《建筑》。他在这篇演讲中论述了建筑设计和艺术创作之间的差别。从某种程度上说，这有些自相矛盾：他认为建筑的目的是启发和表述情感（*sentiments*）。艺术创作是私人事件，自发产生，迷惑观众，富于革命性——简言之，具有煽动性。建筑设计是社会性活动，有明确的目的性，要让使用者感到舒适实用，属于保守派。但是路斯所说的住宅的意义并不是指日常使用功能；确切地说，“建筑的任务是精确地表述情感。房间应唤起一种温暖的感觉（*gemütlich aussehen*），住宅要让居住者感到舒适愉快。司法建筑要对隐秘的恶习表现出吓唬的姿态。银行应向人传达：您的财产在这里非常安全，将由诚实正直的人提供最好的保护。”[136]因此，建筑是要唤起情感的。通过设计师设想的装饰及其选择的感性覆盖物—— 并不包括感情脆弱的含义，建筑可以激发情感并创造空间。

尽管这种建筑“装饰”观念早已远离路斯及其理论的习惯性表述方式，但他的实践还是为此提供了精彩的例证。从 1904 年第一个重要的住宅委托项目——卡尔马别墅（the Villa Karma）开始，路斯的内心就像是色彩斑驳的调色板，既有镀铬黄铜、镀金镶嵌、彩色玻璃、充满异国情调的木材、油漆涂料、装饰性石膏、檐口和檐壁装饰，又有纹理清晰、色彩华丽的大理石饰面。当这些特征与路斯青睐的其他主题——如室内的皮革家具、东方挂毯、图案地板及嵌板顶棚——结合在一起时，这些类型丰富的装饰表现的就不仅仅是对他建筑思想的短暂超越或回归了。

但是，在路斯的情感唤起理论中，森佩尔对建筑实体的掩饰被解释得更加抽象。路斯从不按照现有结构框架使用涂料，而是把它当做完整的墙体覆盖物，小心翼翼地处理涂料接合处和纹理图案。材料通过绝对富于表现力的财富来掩饰自身；换言之，用装饰实体来掩饰“不舒适”的建筑本体，以获得异常出色和温暖的情感效果。在表达过程中，墙体装饰也变得更有“触觉感”：触摸起来更加平滑和现代。

如果说贝尔拉戈、路斯和这时期其他建筑师对现代建筑的个人意象是以森佩尔的理论为基础的，那么他们也应该是采取这种做法的最后一批人。1910 年，彼得·贝伦斯①对森佩尔的理论提出反驳，随着“实证主义（Positivism）的教条”之类的生硬措辞的出现，森佩尔的理论不再是人们关注的热点[137]。20 世纪还出现了其他一些对森佩尔的不好评价，如“实用主义者”、“唯物主义者”、“所有理想主义者的死对头”（在历史文献中频
44 繁出现，以致无法避开）。考虑到它们已将事实遮蔽，这些评价在这里还是不说为妙。然而，有趣的是，这些关于森佩尔的评论在过去的 20 年中都

① Peter Behrens，1868—1940 年，德国现代主义设计的重要奠基人之一，工业产品设计的先驱，“德国工业同盟”的首席建筑师。代表作是德国通用电气公司透平机车间。——译者注

被明确地修改了，20 世纪对现代主义乌托邦的多样幻想已失去立足点，在精神上全面溃败。

建筑实践再次变得混乱繁杂。20 世纪前期的简洁信条已失去新鲜感和关联性。尽管森佩尔对艺术起源和意义的探索并没有为我们解决当代困境提供清晰的办法，但他至少提出了令人信服的相似的历史状态。森佩尔理论涉及的年代正是建筑师要定义甚至开创形式语汇的潜在含义的年代。在这种努力下，森佩尔的“穿衣服”理论或装饰法则——风格概念——是不应忽视的。

45

古代建筑与雕塑的彩绘之初评

(1834 年)

朋友啊，理论都是灰色的，
唯有生命之树常青。

——《浮士德》

戈特弗里德·森佩尔，铅笔肖像，1834 年。瑞士联邦理工学院 Hönggerberg 校区建筑历史与理论研究所提供（Institut für Geschichte und Theorie der Architektur）

序　言 46

作者急于为一种过时的实践行为辩护，这或许会引起某些猜疑——怀疑他在试图说服同时代的人按照雅典和西西里古代神庙的装饰方式，给所有统一建筑物涂上涂料。

在因如此有害的伪造式疯狂而受到责备之前，他更喜欢分享一位已故政治家对新希腊风格的渴望。这位政治家曾经宣称，他很乐于破坏古代遗迹的每一道痕迹，直到最后一块石头，因为他认为这是我们现在摇摆不定和缺乏热情的主要原因。

作者没有想过要创作纯理论的古文物研究或学术论文，因为他希望在评论建筑实践的同时，仍然使建筑师这个职业身份保持货真价实。恰恰是因为这种态度，他提出了引起长期争议的观点，并直接受益于此。

有人责备建筑师在这个时代的艺术赛跑中已远远落后于其他门类，他们不再紧跟时代的需求。时代需要的是看起来全新的有利于发展的艺术形式。很不幸，这种苛刻的责备并非全无根据。意识到自身的过错并迫于其职业信誉的压力，濒临破产的建筑界希望通过发行两种“纸币”来缓和并挽救这种局面。第一种是杜朗的指券（assignat）①，这是由计划落空的财政大臣发行的一种纸货币。[1]它们由白纸组成，按照纺织品或棋盘的模式分割成许多正方形，建筑平面图被机械地安排于其中［参见杜朗的著作，《建筑课程纲要》（*Précis des lecons d'architecture*）等］。

谁还在怀疑它们的货币价值？——既然用不着费一秒钟的思考，我们就可以在同一把保护伞下，将古代混杂在一起的完全不同的事物聚合起来。有了它们，巴黎工艺院校的新生在6个月内就可以成为一名熟练的建筑师：骑术学校、浴室、剧场、舞蹈沙龙和音乐厅，所有这些几乎都可以按照他的表格自然地组合成一张平面图，并以此获得学院大奖。曼海姆和卡尔斯鲁厄的整个城市布局就是在这种呆板的规则下进行的。

建筑界使用的第二种纸币是普通的透明描图纸。通过这种神奇的手段，我们可以熟练地掌控古代、中世纪和现代等不同时期的建筑风格。年轻的艺术家游历世界各地，笔记本上挤满了各种建筑的临摹片断，带着愉快的期望满载而归（小心地向合适的专家展示他的样本），不久之后他就会接到委托项目，模仿帕提农神庙的瓦哈拉神殿（Walhalla à la Parthénon）、模仿蒙勒阿莱风格的巴西利卡、模仿庞贝的会客室、模仿皮 47

---

① 法国大革命时期（1789—1796年）由革命政府发行的纸货币，并以此作为没收土地的担保证券。——译者注

蒂宫的宫殿、模仿拜占庭风格的教堂，甚至是有土耳其味道的集市![2]这项发明创造产生了奇迹般的效果！拜其所赐，我们的主要城市呈现出风格拼贴的特点（*extraits de mille flieurs*），聚集了所有地区和时代的典型风格，以至于我们在舒适的错觉中甚至忘记了自己身处哪个时代!

当然，玩笑归玩笑，我们从中获得了什么好处呢？我们渴望艺术；得到的却是数字和规则。我们渴求创新；得到却是陈旧且远离时代需求的东西。我们应该理解这些需要，并从美学的角度来协调和组织它们，这种美并不仅仅存在于相隔遥远的时间和地点的浓雾中，这些浓雾遮蔽了我们的双眼。如果我们抓住过去的残渣不放，艺术家绘制的只是旧时的干瘪场景，我们就不会有多彩艺术生活的美好前景。

艺术只有一个主人——需求。如果它听从艺术家的心血来潮，甚或顺从强势的艺术资助人，艺术就会退化。那自命不凡的决心确实能从沙漠中重现巴比伦、珀塞波利斯①或帕尔迈拉②的辉煌，昔日规整的街道、宽阔的广场、庄严的会堂和宫殿在忧愁的空虚中急切地等待着人们的涌入，专制统治者却早已被人遗忘。希腊艺术的有机生命力并非此种杰作；希腊艺术的繁荣源于需求之土和自由之光。

但是，何为我们需求的本质？我们应该怎样让它艺术化？

一个国家在各个方面，包括艺术，最重要的需求是信仰和政治体制。在给人类带来最高的荣耀的时候，它们实为一项需求，或者说其中一个是另一个的更高形式的表达。这将使我们不至于误入歧途，去关注新教教堂引发的不利于教会与政府联合也有损于艺术的趋势，并讨论艺术完全僵化后会释放出怎样的冷漠。在没有更深层的感触时，人类的兴奋之情不会持续很久，因此，这种冷漠会在政府中起到积极作用。我们凭借忠实的宗教热情去领会那些摧毁一切专制和狭隘的利己行为的新教义，并将关注点扩大到所有人的幸福。[3]如此，我们的全部宗教热情都集中在对当前情形的关注和改进上；这样才能唤起我们对古代遗迹的友好态度，它们可以明确地表现出我们的时代特征。

与这个时代多元化兴趣的发展方向相同，家庭生活也呈现出多样的发展态势。公共生活越丰富多彩，私人生活就越有存在的必要。现代奢侈行为源于对中世纪的兴趣，大量金钱被花费在与自身阶层相适应的外表装扮上。由此，社会阶层的界线超于松弛。现代住宅不再提供旨在防御私敌的
48 保护；便利和雅致是唯一的要求。佛罗伦萨和罗马的宫殿与当代特征格格不入，我们不应该模仿它们建造等比例缩小的建筑物。拜占庭教堂和哥特

① Persepolis，古波斯帝国都城，位于伊朗西南部，其废墟包括大流士和色雷斯宫殿及亚历山大大帝藏宝的城堡。——译者注

② Palmyra，叙利亚中部古城，位于大马士革东北。传说为所罗门所建，因位于从埃及到波斯湾的贸易路线上，在罗马人的控制下兴盛起来。——译者注

修道院是竖立在特定地段的现代遗迹，它们只适合——如果有的话——作为休闲性英式花园中的装饰品。

住宅布局的舒适性在英国得到了极大发展。英国工业界不遗余力地满足家庭生活中哪怕是最小的实际需求，最终他们设计出新的经济型家用设备。对自然科学的全面研究促进了最重要的发明诞生。砖、木材、金属，特别是铁和锌，取代了石材和大理石。继续模仿后两种材料建造形式的做法已经不合时宜——这会使新材料呈现出虚假的外观。

让材料展现其自身之美吧；让它大步向前，在经验和科学中找到真实的最适宜的造型与比例。砖看上去就要像砖，木材就是木材，铁就是铁，每一种材料的表现形式都应该符合自身的力学法则。这才是真正的简洁风格，这样我们就可以毫无拘束地展现我们对附加装饰品的热爱。木材、铁以及每一种金属都需要保护涂层以抵抗空气的腐蚀作用。这种需要理所应当，我们在实现需求的同时还可以借此添加相应的装饰。抛弃那些笨拙的色彩涂层，我们可以选择的是令人愉快的多种色彩的组合。如此，彩绘会变得自然而必需。

金属的高密度和良好的承重能力决定了它明亮、精致和通透的表现形式。灰泥涂层时代简单的，也就是粗短呆板的悲惨状态，已变得不再可信，因为作为中性的“简洁”一词出现得有些过于频繁。由于品味还没有适应人们日渐增长的对需求的敏感性，至少英国是这样，几年前人们热衷于模仿浪漫主义风格和文艺复兴风格的装饰手法；现在人们的兴趣已经转移到洛可可风格和路易十五风格。[4]热点转移之快使我们有理由相信，模仿带来的危害很快就会消失。

在这种并不愉快的局面下，比较明智的做法是请教一下我们的古代导师——希腊人，看看他们在同样的情况下采取了何种做法。我们并非要模仿那些已不再使用的建筑符号，而是要继承希腊精神，从纤嫩的南部艺术之树而不是直接从其本土汲取养分，直到它在我们贫瘠的土壤中再次衰退—— 这也许会对我们有所帮助。

古人也建造过一些以木材、铁和铜为主要材料的建筑物。他们按照这些材料特有的力学性能构筑建筑，完全不受石材建筑的影响。我们现在只
能看到少量遗迹，但那些让庞贝建筑焕发光彩的壁画为我们提供了一些信 49
息。这类建筑手法主要应用在与亚历山大城①同时期的建筑中。古代铜片的出土证实了这种说法。更有意思的是那些保留得相对较好的木材建筑及装饰自由的中世纪椽子。如果我们能根据现有遗迹复原出一个合理的希腊神庙色彩系统——尽其可能——是否仍然不会受到我们这个时代的欢迎呢？

① 埃及第二大城市，由亚历山大大帝兴建于公元前331年。——译者注

即使我们的私人生活继承了古代的简洁风格和公民精神，这种显然会给公共资本带来实际利益的转变并没有像我们期待地那样，在每一个公共领域都产生有益的效果。常备军耗费了大量国家资本，意义空虚、造型诡异的昂贵纪念物占据了应留给公众使用的空间。

即使用意良好，资助人的真正需求也很少能首先得到考虑和满足。这里，向古代学习是一件非常有意义的事情！城市中的一切都能够有机地生长出来，市场、柱廊、神庙范围、室内体育场、巴西利卡、剧场和浴室。所有这些都用来提升公民精神，促进公共福利的发展。在对称法则之下，所有建筑都布置得井井有条；纪念物的分布看起来毫无规则，实际上它们的根据是更高政治体系的概念法则，矗立在有重要意义的地方和道路终点。所有的一切都集中在很小的范围内，并根据人体尺度加以调整，因此能够给人留下深刻的印象。许多新城的做法却与此相反，建筑位于开放的空地上，巨大的体量消逝在没有边际的城市空间中；它们完全忽略了人体的尺度！

汉堡——一个受到易北河滋养的富饶的自由州，周围聚集着各种贪图利益的社会阶层。它位于从第比利斯延伸到贝格多夫的东欧大草原的边界，曾被查理大帝①选为年轻的西罗马帝国的北部壁垒——自身蕴含了真正优秀和美好的种子。如果公民精神能被唤起，市民财富找到了明确的使用目标，汉堡将成为北方威尼斯或热那亚。

1834年3月10日于阿尔托纳

就几天前，本文作者刚从古典艺术圣地（意大利、西西里和希腊）之旅中归来，这些圣地吸引着每个时代的艺术家前往取经。在那里，那些曾被整齐地移植到我们这个贫瘠地区的纤嫩艺术之树在当地的沃土中自由生长。艺术圣地总能为我们提供取之不尽的新的艺术灵感。

50 作为一名建筑师，作者的主要关注点是对古代和近代历史遗迹的研究；为更好地理解它们，作者必须深入了解当地的自然环境特征和他并不太陌生的人文社会特征。他必须尝试和体会当地人的感觉，留心那些将自然与艺术、古老与现代连接在一起的关系，事物就是按照这种联系有机地繁衍，一切产物都是自然的必需品。有时，他希望能与读者分享速写本上的某些作品，无论何时他都相信自己能贡献出一些新东西。希望他的美好愿望能够实现！

就我们目前对古代历史遗迹的观点来看，在理解我上文所提关系的道路上仍存在一些隔阂。它阻碍我们形成关于古代遗迹的正确的思维图景，

---

① Charlemagne，768—814年，768—814年为法兰克国王，800—814年为西罗马帝国皇帝。——译者注

戈特弗里德·森佩尔，巴赛阿波罗神庙速写，1831 年。瑞士联邦理工学院 Hönggerberg 校区建筑历史与理论研究所提供

这是一幅与当时社会形态和南方景观相协调的全新图景。出现在我们眼前的古代遗迹上的涂层残片，清晰、和谐，但它们只是残片。那些根据当前观念复原出的神庙，都是毫无价值的假古董，圣彼得堡的雪中宫殿居然被迁移到了阳光明媚、色彩丰富的南方。

19 世纪建筑理论的主要特点，是将一切教育都建立在对古代建筑准确研究的基础上，但有关古代纪念性建筑上彩绘使用的重要问题却鲜有提及。这确实是一个有趣的事实。如果这个问题仍不能得到很好解决，我们就不可能获得关于古代建筑的全面理解，更遑论深入理解其艺术成就的意义。

长期以来，是什么阻碍了我们对这一问题的思考和回答？为什么近来 51
关于该问题的观点在公众中并没有多少信徒和赞同意见？首先，这个问题是何时及怎样产生的；我们从何时开始怀疑，古代一切杰出的艺术形式是否都能严格按照各种纪念性建筑的需要组合成比例匀称的整体，它们之间是否关系和谐、相得益彰？如果我们能完全追随艺术史的发展足迹来探讨以上问题，其他问题将不言自明。

从人类社会需要建筑的那一刻起，装饰艺术就随之出现了；它们在强大外力的干涉下才会消失，其必然结果就是装饰艺术的衰弱或退化。当人类开始装饰他们第一个为抵抗天气变化和敌人追击而建立的天然庇护所时，所有艺术形式同时产生了。这个过程发生在很早以前，因为游戏和装饰是早期人类的首要需求。他们装饰那些用来建造庇护所的天然材料的质朴表面。在天真的想象中，他们将各种明亮的颜色组合在一起，就像周围的自然那样。当然，实用性也在考虑之内，他们认识到色彩涂层能增强木材、黏土，甚至石材的耐久性。同时，他们还发展了早期的宗教观念。他们认为世界上存在与人类完全相同的神，只有更宏伟、更美好、更尊贵的人类住所才适合他们居住。他们应该享有最华丽的装饰。在神庙建筑中，艺术表现了刚刚诞生的宗教意识的力量。他们不再满足于混乱粗糙的装饰效果，代之以源于自然的秩序井然的装饰形式。他们在材料表面勾画出粗略的轮廓线，用单一的色调将其从色彩丰富的背景中区分出来，并由此迈出了通向雕塑和绘画的第一步。

但他们仍不满意。他们进一步加深材料表面的图案或采用平浮雕和浅浮雕的形式。无论采用何种方式，他们都不会抛弃对明亮色彩的使用。现在，我们仍然可以观察到这种将绘画与雕塑融为一体的独特艺术形式，特别是在努比亚和埃及的历史遗迹中或伊特鲁里亚粗糙的小雕像上。

接下来，人类也许会尝试用色彩模仿他们观察到的这种绘画式半浮雕中的明亮线条和阴影线条，从而产生了第一种有明暗关系的绘画形式。这时，艺术形式更进一步的飞跃被终止。艺术发展的必然性迫使绘画走上追求逼真和完美的发展道路；另一条发展道路上的雕塑也迈出了相同的一步，开始追求有真实明暗效果的逼真感。这种追求源于自然同时带给人们崇高感和消沉感的启发，并影响到了建筑材料本身。

因此，一套完整的转换手法逐渐发展成熟。绘画仍局限在雕塑范围
52 内，雕塑则通过绘画使其艺术表现力得到加强。[1]独立式雕像的每一处细节和色调统一的圆浮雕都是创造性思维的成果，设计者要从中选出那些与地点和环境相协调的装饰手法。在建筑师的监管下，纪念性建筑[2]变成了浓缩的艺术精华；作为一个完整的艺术作品，其细部装饰经历了形成、发展和稳定的演变阶段。建筑作为一种独立的艺术形式，在与姊妹艺术的联系中自然地完成了发展进程。纪念性建筑将各种艺术形式聚合在一起：有时它们看起来像是独自参加一场辉煌的竞赛，有时它们又能够将多样性融合成一首协调的大合唱。

建筑是合唱队的领唱，它引导各种艺术形式和谐地融为一体——这一点，从“建筑”（architect）[3] 一词中我们也可以看出。当然，艺术家看重的并不是它对一切艺术的全面掌控性，而是它在场所评估和资源分配方面表现出的特殊价值，以及在创作手法倾向和过程中表现出的敏锐感觉。它

---

① 在这里，我们应注意到，雕像被认为是通过模仿完整形式使浮雕尽可能接近自然的最终阶段。例如，我们应将希腊神庙中的独立式山花装饰归为此类。而那些提修斯神庙（Temple of Theseus）等处的高浮雕则标示了这种转变过程的存在。孤立的石柱——那些“站立的雕像”，走过的也有可能是一条与浮雕完全无关的道路。（见下文）——英文版注

② 布伦斯泰兹博士在他关于帕提农神庙雕塑的学术论文中记录了一些有趣的发现，这些发现与色彩在希腊神庙装饰中的使用有关。他认为绘画只是雕塑的简化形式或缺失雕塑的替代品。——英文版注

③ architect 源自希腊语 architekton，archos 意为“主”，tekon 意为“木匠”，tekth 意为“建”——译者注。

公平地监管着每一种艺术形式，没有因理论问题而衰弱。那些自认为不会在建筑创作中向装饰画家和粉刷工人低头的艺术家，也愿意为它提供援助。

建筑作为艺术精华的代表，其发展并没有经历从简单到复杂再到繁复的过程（尽管这种说法可能与传统观念相矛盾）。实际上，从发展初期开始，所有简洁的基本形体上都布满了装饰，建筑从一开始就熠熠生辉。正是这种华丽的混乱，使建筑成为一个艺术门类。秩序与风格逐渐形成。严格苛刻的管理规则由专制的行业协会制定，这些规则实施了相当长的时间，直到一个敢于超越传统形式和平庸限制的革命性天才出现，才被打破。这些觉醒的天才带给我们成熟、丰富和自由；繁密茂盛的艺术之花结 53
出了累累硕果。[①]但这种以牺牲自我为代价的光辉好似昙花一现，它用尽自身的光亮和温暖，并迅速燃烧殆尽。过于成熟的衰退紧随其后，那极尽夸张的丰富性终于变得枯萎并很快凋零。最终，时间的风暴将艺术之花的枝干与果实打落在地。

早期艺术作品的丰富性，被认为是源于早期人类用大量装饰构件装饰简洁建筑形式的需要。模糊的早期宗教观念赋予这些艺术品一些神秘的含义。人种学的研究提供了这方面的信息。我们只需回忆一下荷马（Homer）和赫西奥德[②]对华丽的住宅、武器和工具的描述，即可理解。年代越早的努比亚和埃及纪念性建筑中，象形文字装饰和色彩涂料装饰就越多。但是，尽管种类多样，早期艺术中却存在着一种自然的内在秩序，这与后来类型丰富但乏味无趣的艺术形式截然不同。前者是装饰丰富的婴儿期；后者则是艺术装饰的黄金坟墓。

早期希腊艺术的残片仍有一些留存于世。根据帕萨尼亚斯对迈锡尼的阿特里德斯坟墓（Tomb of the Atrides），即所谓的阿特柔斯宝库（Treasury of Atreus）[③]，以及相似纪念物的描述，可以肯定这些建筑表面曾经布满装饰。凸锥形的宝库内部由镀金青铜板包裹，我们在石块的接缝处仍然能够看到铜钉的痕迹。宝库入口的柱廊（现位于纳夫普利亚[④]的一座教堂内，只有一个基座还位于原址）最为著名，它们通身布满波浪形凹槽，这种雕

---

① 宗教永远是艺术的女佣，随之共同成长。在这方面，我们可以用宗教观念和形式的发展来标识艺术的发展阶段。艺术的历史经历了神秘主义、象征主义和批判主义。在衰退的最后阶段，艺术丧失了全部意义，而选择将微妙的感觉作为普遍主题。对美的表现决不应该成为艺术作品的目的。美是艺术作品的必要属性，这可以延伸到……没有人会靠简单地竖立起巨型雕像来表现纯粹的尺度概念。——英文版注

② Hesiod，公元前 8 世纪希腊诗人。他的史诗内容包括了对古代农耕生活的叙述，以及关于众神及世界的起源的描述和神谱。——译者注

③ 位于希腊迈锡尼城的圆形墓穴，建于公元前 1200 年。——译者注

④ Nauplia，希腊阿尔戈利斯州（Argolis）重镇，位于伯罗奔尼撒半岛阿尔戈利斯湾顶端。——译者注

刻装饰让它们看起来像是拜占庭时期的建筑。但是，如果我们对装饰特征进行更深入地分析，我们就会发现它们是纯粹的希腊建筑；柱脚的造型尤其明显地表现出这种特征。①

类似的还有科尔奈托（*Corneto*）和武尔奇（Vulci）的坟墓，尽管希腊与伊特鲁里亚在人种学上的联系并不完全可靠。这些纪念性建筑同样装饰丰富，它们的外表暗示出内部的艺术形式多样，色彩绚丽，充满了青铜和镀金的装饰。最有趣的是那些在墓穴中发现的雕刻遗迹（基本上都覆盖有色彩涂层），它使我们想起了上文提到过的埃及艺术和希腊的史前装饰。

从这些史前艺术的遗迹中，我们可以明确地发现一个持续时间较长的
54 欲望简单、富足奢华、安静平和的阶段，它们所表现出的快乐和不幸明显早于传统理论的解释，而我们正是通过这些解释才第一次认识了希腊人。②我们的知识体系将那些没有重大事件发生的波澜不惊的时间段排除在外。这期间发生的一切事情似乎都与我们无关，也没有明确的档案记录可以证实。

在那以后，普罗米修斯（Prometheus）之火点燃了人类的心灵，唤醒了自由的激情和政治自主性。随着抵抗国内暴君和国外侵略者的自由之战在各地出现并走向成熟，希腊表现出前所未有的超越一切时代的一切国家的惊人活力。艺术天才展开创造的翅膀，他们几乎感觉不到任何强加给艺术的束缚。朴素之风被迫做出让步，也许在伊克蒂诺、菲迪亚斯、波利格诺托斯——因体验而形成的最高级别的自由——出现之前，曾经出现过短暂的革命式极端时期。古代神庙的夸张形式、西西里某些纪念性建筑上的怪异浮雕为这些想象提供了凭证。忒修斯神庙却不属于此类，这座比帕提农神庙和雅典卫城山门还古老的建筑，表现出一种更自由的创作手法？③[5]

在这段美好的时期内，古老的多立克艺术逐渐成熟。如果你乐于去了解，早期的奔放的艺术创作动因理解起来相当朴实，特别是那些被神化为宗教的传统。但随着技术手段的不断完善以及模仿自然的创作方式的出现，这些动因变得越来越高尚和尊贵。多立克艺术是一切希腊艺术的原始形式；对它进行全面细致的研究于当代艺术创作者而言有极其重要的意义。我们为此付出万般努力，但结果依然是知之甚少！我们把那些为数不多的残迹、那些古代艺术的无生命构架看做完整而有生命的个体，并认为理所应当模仿它们被发现时的状态。显然，这些遗迹的仿制品、蜡制的幼

---

① 参见《希腊古迹》（*The Antiquities of Athens*）补遗之该纪念物的复原，由科尔雷尔（C. R. Cockerell）等绘图和编辑。——英文版注

② 史前希腊与中国有许多相似之处，也与其他一些父权制国家的情况相类似，在那里，物质的舒适性取代了自由的提升。——英文版注

③ 类似地，希腊文学也是伴随着自由州地出现，逐渐从民歌、宴饮诗和神化发展到尽善尽美的，它在完美的形式和纯粹的美中仍保留有民族特征。作为一名后来者，它并不是自以为是的产物。——英文版注

虫（wax larvae），缺少原创性和生命力。尽管这些遗迹上所有必要的装饰都已被洗劫一空，我们仍不得不赞美那些基本形式中的精巧比例，这误导我们去探求希腊建筑朴素而无装饰的美；我们将这个完全错误的观念付诸实践。为了一些微不足道的需要，我们盲目地模仿那些褪色的历史遗迹被发现时的巨大构架，这完全偏离了对古代遗迹本质的探索。

现代建筑作品单调乏味、冷漠无情、缺乏个性，这完全可以归结为对残存古代遗迹的愚蠢模仿。

让我们回归古代艺术。当它正处于最美好的发展期时，我们却将它遗 *55*
忘了。爱奥尼艺术和科林斯艺术的繁荣时期紧随其后；它们都是古老的多立克风格的变体，风格更加纯粹。此时的艺术表现出一种变质的浮华和亚洲式的繁缛。多立克风格只是一种未曾脱离基本形式的修饰性装饰，而这时期的艺术风格已是引人注目的过度装饰。艺术距衰落只有一步之遥。传统风格不再受到欢迎，时尚成为新宠；将艺术融为一体的纽带已经断裂，建筑不再受到任何约束。以独立发展著称的雕塑艺术在罗得岛[①]熟练的工匠手中发展为卓越的工艺技巧，但此时它也丧失了连贯和谐的风格以及更深层的含意。绘画——雕塑善变的姊妹艺术形式，已完全让步于艺术家的冲动和资助人的偏好。

罗马人正是在这个阶段继承了希腊艺术。尽管他们很早就熟悉希腊文化，但作为勇猛的武夫，胜利带来的傲慢和财富的增长唤醒了他们对华丽和模仿的热爱。野心是罗马艺术之父。在罗马时期，用昂贵华美的材料代替建筑绘画和雕塑模型的习惯似乎已变成一种普遍的行为。[②] 罗马人热衷于炫耀，他们并不满意希腊人恪守的重要信念：建筑的内在装饰应与外表之美协调一致。他们尽量避免使用传统的绘画方法，而是将昂贵的材料作为表达方式。他们为搬运来自世界各地的不同色彩的石块和稀有木料支付了巨大的费用。因为缺乏对形式简洁之美的真正认识，罗马人希望用财富来掩饰他们的不足。国库赤字则由那些筋疲力尽的行省和被征服的国家来埋单。他们建造的庞然大物真的比简洁的希腊建筑更长寿么？

因为有了这项发现，我们至少可以知道马赛克工艺的普遍使用（在希腊艺术中已经出现）是在这个时期。一个熟练的画家可以通过涂抹两笔不同的颜色瞬间创造出精细的色差和丰富的效果，但我们不可能通过艰苦地组装石材碎片来获得这种自由的处理效果，用彩色石材构筑的建筑和雕塑同样不能达到这种目的，各种大理石形成的多彩效果取代了带有彩绘的希

---

① Rodhos，位于希腊东南端，英文版误为 Rhodian。——译者注

② 埃及建筑和希腊建筑中已经出现了这种做法。作者在伊瑞克提翁神庙（Erechtheum）女像柱廊（Pandroseum）的挖掘中发现了一段柱身，直径大约有 1.5 英尺（45.72 厘米），采用的是一种质地坚硬的亮绿色石材。[女像柱廊是雅典卫城中献给潘多瑟斯（Pandrosos）的圣地，后并入伊瑞克提翁神庙。——哈里·弗朗西斯·马尔格拉弗]——英文版注

腊纪念性建筑表现出的美好、多样和典雅。无论是使用大理石石块还是精细的石材碎片，马赛克工匠的主要工作都是复制。

56 以绘画为手段的简单原始的彩绘体系，很可能在大多数时间内更适合艺术家的口味。特别是它具有极大的经济优势，这种装饰方法理应在我们这个时代得到推广。

这些观点与建筑理论界普遍持有的观点相互抵触，他们认为希腊的彩绘技艺是对彩色大理石和马赛克工艺的拙劣模仿。作者希望他的浅见能够抛砖引玉，引起更多人对这个重要问题的关注和讨论。

除在建筑材料上涂抹不同的色彩之外，罗马建筑也继承了其他更古老的彩绘方法。所有用白色大理石或普通石材建造的罗马纪念性建筑上都有涂料的痕迹。

直到最后的罗马帝国时期，古老而传统的彩绘原则仍占据统治地位，甚至在蛮族入侵的动荡和破坏中，这些原则也被完整地保留了下来——也许我们可以在蛮族带来的本土艺术传统中发现新的证据。

从那以后，艺术创造逐渐顺应了这种混乱局面，粗野的蛮族用古代文明的遗迹提升自身的文化素养，如同钻石只能用自身的粉尘来抛光。吉本[1]的著作还未涉及该时期艺术史的相关内容。这时期的幸存者——前期的巴西利卡、拜占庭、萨克森、罗马风、穆斯林艺术风格，后来的哥特建筑、摩尔[2]建筑、威尼斯建筑、佛罗伦萨建筑，直到影响最大的文艺复兴时期——所有这些都表现出古代彩绘的特征。旅行者在意大利、德国、西班牙和法国等各处发现的这些丰富而明确的遗迹证明了这一事实。直到15世纪初，抱有新革命热情的艺术家拒绝接受父辈的传统，他们更乐于直接从古代遗迹中吸取养料，但此时传统的彩绘法则仍然存在于许多古代遗迹的其他基本形式中。辉煌壮丽是他们大胆追求的效果。建筑形式和雕塑形式变得更有美感，其简洁性几乎堪比古代艺术。但是，上百年的动荡已经抹除了许多用文字记录下来的古代遗迹的特征。人们不再相信这些记载，因为它们不能在身边的古代遗迹中得到证实。大量古代遗迹中的新发现吸引了崇拜者的主要目光，在这些新事物面前，涂料和青铜留下的模糊痕迹，以及其他一些不耐久的补充性细节很容易被人们忽略。

在布鲁内莱斯基（Brunelleschi）和他的同辈那里，在他之后的所有罗马和佛罗伦萨的大师——特别是米开朗琪罗——那里，我们第一次发现了一种没有涂层的裸体建筑。只有敏感而传统的伯拉孟特试图采用折中手段。他的作品没有那么强烈的革命性。虽然他偏爱古典建筑风格，但他同
57 样尊重前辈的传统。至少在这个时期，传统代表了正确，它揭穿了古文物

[1] Edward Gibbon，1737—1794年，英国历史学家，著有《罗马帝国兴亡史》（*The History of the Decline and Fall of the Roman Empire*，1776—1788年）。——译者注

[2] Moors，非洲西北部伊斯兰教民族。——译者注

研究学者虚伪的狂热。但是，提倡素色的革命者具有极高的艺术才能，他们没能很快意识到自己对古典建筑的想象存在某些缺陷。他们把责任归咎于古代遗迹，而不是在自己的研究中找问题，他们从不认为那些被他们嗤之以鼻的前辈一无是处。

他们错失了正确的方向，陷入了对华丽装饰的过度追求。随着明暗关系的改变，他们开始尝试为那些冰冷乏味的石材的空洞比例赋予丰富性和生命力。尽管研究方向并不完全正确，但他们至少获得了可以自圆其说的解释。与披着现代装饰外衣的古典建筑仿制品相比，辫子时代（period of pigtails）那些装饰过度的宫殿看上去更令人愉快。例如，罗马的人民广场（Piazza del Popolo）就是没有特点的现代设计的典型代表。[6]

随着上世纪末政治风暴的兴起，艺术界也发生了新的剧变。政治与艺术总是携手并进的。在复兴古典建筑的四个世纪中，温克尔曼是第一位新风格的预言者。但是与之前的大师们相同，他也错误地将古代遗迹的片断看做完整的古典建筑，并按照自己的理解做出相应的解释。他将自己的想象建立在最可信的原始资料上。在中世纪的羊皮纸上，蛮族用黑色文字记录了古老的传统，温克尔曼却没有注意到。他的错误甚至比 16 世纪的意大利艺术（*cinquecento*）更为严重，因为此时庞贝古城已被发现，新的研究领域已展现在学界面前。支持他的是认为雕塑为白色的过时观念。16 世纪的大师用他们的错误隐匿了事实；温克尔曼只是简单地延续了这种做法。温克尔曼可说是古典雕塑与建筑遗迹新学校的先驱，如果不是创始人的话。（由于缺乏古代模型，绘画的发展未受此影响。）斯图亚特那被时人称赞的著作在不久后出版问世，书中所持的关于希腊古典建筑的观念趋于正确。但古代建筑墙体上的绘画遗迹通常被人忽视，因为它们并没有表现出某种狂热——隐约带有一丝怀疑和反抗。[7] 它们与当时的时代太格格不入了。

于是，问题一直延续到当代。我们要收集仍然存在的彩绘痕迹，建立一个能与时代和地区特征再次相协调的古代遗迹体系。除了斯图亚特著作中提到的迹象以外，还有许多关于希腊纪念性建筑彩绘问题的最新发现，
这主要是英国旅行者的贡献。在这方面的研究中有一则非常有趣的消息， 58
据说有一本关于昔兰尼遗址的早期英国著作，它的作者连现场都没有去过。[8] 希托夫著作中的塞利农特神庙彩色复原图已经众所周知。[9] 在关于帕提农神庙雕塑的著作中，布伦斯泰兹博士同样对希腊纪念性建筑上的彩绘提出了很多设想。[10]近期，赛拉迪法尔科公爵准备出版一本关于塞利农特神庙的著作，内容主要是对彩绘（*Farbenbekleidung*）遗迹的研究。[11]

现在，我们应该适时评价一下怀疑论者对古代遗迹彩绘的反对和怀疑。

现在已经很少有人否认古代纪念性建筑上彩绘的存在，因为我们很难 59
推翻旅行者提供的确凿证据。但他们仍然拒绝承认古代人在所有的纪念性

忒修斯神庙（赫菲斯托姆），示意神庙建筑门廊浅浮雕的柱顶檐部及顶棚片断。斯图亚特与雷夫特，《雅典古迹》，第1卷（1762年）。盖蒂艺术与人类历史中心提供

建筑上都涂满了色彩，特别是那些用白色大理石建造的建筑——希腊人不可能如此缺乏品位。迫于对那些确实存在的色彩遗迹的肯定，他们否认这些遗迹的真实性，并把它们归为稍后的蛮族统治时期的产物。在那些对建筑附属的彩绘并不感兴趣的人们中，几乎没有人承认希腊雕塑也是彩色的。

首先，关于彩绘，艺术家熟练的视觉感受可以迅速使我们相信，“从特征和技巧上看，希腊纪念性建筑的彩色装饰与雕刻装饰和建筑整体完美地融为一体。”忒修斯神庙和帕提农神庙上的色彩是多么美丽动人啊！确实，除了完美的雅典艺术时期，还有哪个时代拥有如此高雅、精致和敏感的设计，还有哪个时代能创造出如此和谐的色彩搭配？而且，从材料成分和创作手法上看，这些色彩很容易与经常在其附近出现的教堂中的色彩相

区别。[1]

但批评家认为这是一种野蛮的手法，希腊人不会用涂料来覆盖这些优美的轮廓造型。恰恰相反，纪念性建筑在蛮族人的手中变成了单色的作品。所有取得高度艺术成就的时代都遵循这些引起争议的彩绘原理。在希腊、摩尔、诺曼底、拜占庭和前哥特时期，甚至哥特时期的建筑师都身体力行这些原理。[2]仅仅因为他们的艺术观点与我们不同，我们就用野蛮来形容这些时期，这是一件令人不快和极不公平的事！有没有可能是我们错了？如果我们从更智慧角度出发，那些在我们看来奇特、粗俗、艳丽和闪闪发光的东西也许并不野蛮，至少，这种可能性是否存在呢？

在天气明朗、色彩热烈的南方环境中，阳光在秩序井然的色彩组合上的折射效果非常柔和，我们的眼睛感觉不到任何不适，反而觉得非常舒缓。其中的秘密在于用一种和谐的方式将色彩组合在一起。从最近在庞贝出土的墙体中，我们可以看到古代艺术家已经可以熟练地使用这些明亮和纯粹的色彩。实际上，我们已经开始逐渐适应这种做法。在古代建筑装饰中还没有柔和与中间色调的概念。色彩的混合不仅出现在调色板上，也出 60
现在墙体上。通过将不同的色彩和优美的装饰品并置在一起，人眼从某个距离以外可以获得一种混合色彩的感受，这种精巧的趣味性会产生一种迷人的效果。

首先，人们很难相信古代人会在诸如白色大理石这样华贵的材料表面覆盖涂料。但是，除了一些由木头和黏土建造的最古老的纪念性建筑以外，其他现存的古代希腊神庙都是用与大理石相似的普通灰色石灰石或多孔贝壳灰（πώρος）建造的，这些材料在绘制表面涂层之前要先用灰泥粉刷。晚些时候，人们在产区附近或异常高贵的建筑中才开始使用白色大理石——实际上，原因如下：

1. 由于硬度和纯度较高，大理石需要经过磨光处理。

2. 大理石的使用将使灰泥涂层变得多余。古代遗迹上灰泥覆层的最后一层都是由细微的大理石粉构成的，这似乎是绘制瓷画（encaustic painting）的必要条件。在大理石神庙中，色彩可以直接绘制在建筑表面。灰泥不再是建筑表面的必要覆层，色彩涂层显得更有光泽、更透明，保持的时间也更久。这就是我们在有灰泥覆层的神庙上几乎没有发现古代彩绘遗迹的原因，而在雅典和其他用大理石建造的纪念性建筑上，彩绘反而保存得比较好。

---

① 希腊人的大理石涂料中似乎有硅酸成分。大理石神庙上的色彩是一层坚硬的0.5毫米厚的半透明釉质涂层。当然，从厚度和脆性的角度出发，整座纪念性建筑都需要覆盖有这种色彩涂层；否则，边缘的涂料很快就会剥落。那些原来设计要留白的地方也不是赤裸地暴露在空气中，而是要覆盖白色涂料。——英文版注

② 他们不仅在哥特教堂中布置了华丽的彩色装饰，甚至用彩色玻璃为透射进教堂的光线染色。——英文版注

3. 人们很重视材料表现出的奢华感，即使那些看不见的地方也要与外表的华丽保持统一。菲迪亚斯创作密涅瓦象牙雕像的故事流传甚广。[12]国家荣誉感和对神祇的尊敬交织在一起。

如前所述，早期希腊神庙的标准形式并非由大理石建造；因此，后来的大理石神庙不得不遵循已成为惯例的色彩样式。在这种情况下，甚至是天才建筑师也不敢推翻古代的习俗——这种做法少之又少，因为这样做的话他们就抛弃了一种最有效的设计手法。

那些认为赤裸的大理石纪念性建筑与南方环境不协调的人都应该考虑一下米兰大教堂（Milan Cathedral），洁白的表面将阳光反射到视觉盲点，只在阴影会有一丝冰冷的感觉。但希腊纪念性建筑上的金色覆层避免了这种效果的产生！我们认为这层外壳是时间的沉淀物；但实际上它只是“古代涂料的残渣”。

61 至于古代遗迹中的雕像，作为建筑的一部分，它们不可能在闪闪发光的灿烂色彩的包围中还保持着苍白的本色。但人们的品位却正好相反。我们再次发现了明确的色彩残留痕迹。保留下来的所有希腊早期雕像都覆有涂层。雅典纪念性建筑中的浅浮雕表明色彩涂层无处不在，我们在雕像的长袍褶皱里还发现了无杂质的纯净涂料（大多数是绿色和紫罗兰色，显然是为了与蓝色的背景和雕像的整体色调形成对比）。当然，这里也使用金色和青铜色。

每一座雕像都是一件单独的艺术品，呈现出与众不同的外观。大理石的白色表面有时——但并不总是——很便利①，这取决于雕像使用哪种色彩才能与环境相协调。例如，在室外绿色植物的映衬下，白色显得很好看。古代遗迹中大量的青铜和镀金雕像看起来都很诡异。这再次证明了色彩的普遍使用。②到达德尔斐城（Delphi）的高卢人曾被神庙柱廊上的军队雕像吓跑。他们误把大理石雕像当做了真人，吓得不敢进攻。这个对假象认识不清的错误是不是与我们忽视雕像色彩的错误有某些相似之处？

在这方面，现代作家关于美学的观点逐渐引起人们的注意。他们抵制蜡像，不喜欢那些过于写实的作品。他们认为雕塑上的色彩会妨碍对形式的表现，使视觉效果过于丰富。实际情况则恰恰相反，正是色彩使形式变得清晰，它们为艺术家提供了一种使建筑表面呈现浮雕效果的新方法。色彩的介入使视觉效果回归自然，在明确区分物体的可视属性与不可分割属性，区分形式与色彩的抽象方式的影响下，这种自然效果几

---

① 在这方面，观察很有必要。著名的大理石透明度对雕刻艺术来说并不总是好事，它可能会使原本是阴影的地方看上去很明亮，使原本是高光的地方看上去很暗淡，从而破坏了整体效果，用玻璃和条纹大理石制作的雕像简直无可救药。——英文版注

② 独立雕像与彩绘和浮雕的起源相同。此处涉及彩色（ξόανα）、古老的象征性遗迹以及促进神像雕刻和后期英雄雕像产生的原始形式。——英文版注

乎被人们遗忘。这些美学原理并不完全合理，它们明确划分了各种艺术形式的范畴，决不允许相互涉足。蜡像使人厌恶。这种观点完全正确，因为其中最有效的艺术杠杆并不掌握在艺术家手中，而是由一些庸医或医药从业者掌控。即使我们可能会变得过于现实（这很有可能），彩色雕塑也不会总保持一成不变的风格吧？品味和习俗是自由的艺术天平上两个相互制衡的砝码！

一开始我们就注意到，古代作者明显缺乏关于彩绘体系的有力证据。 62
尽管有一些描述性的证词，但并不是一切都很清楚。然而，对于古代人没能明确指出某某神庙、某某礼堂或某某雕像涂有色彩，我们并不应该感到吃惊。我们之中有谁会提到卡诺瓦①或托瓦尔森的雕像没有色彩，又有谁会提到那些覆盖着白灰的高质量彩色砖每年都需要维修？这些都可能在某天成为人们讨论的焦点。

然而，赫西奥德和荷马的史诗都提到过华丽宏伟的古代建筑。那些时代对金属装饰品的偏爱让人觉得有些奇怪。现在，金属仍像以前一样被当做朴素的装饰品。

在后来的艺术时期中，我们在帕萨尼亚斯、普林尼、维特鲁威及其他一些未曾关注的作者那里，找到了足够多的关于我们的装饰体系的证据。

在彩绘观点的众多反对者中，几位有真才实学的旅行者和艺术家扮演了很特殊的角色：他们轻易放弃了自己的信仰，宁肯忽视那些显而易见的色彩遗迹。这些旅行者对雅典做出了不同深度的描述，但却没有人注意到那些残存的色彩遗迹，即使从这些残迹中可以获得完整的希腊神庙的色彩系统。这些旅行者中的一员在评论这种令人惊异的行为时，作出了如下回应："这些作者只轻微触及雅典纪念性建筑表象的做法无疑是正确的，将公众的注意力过早地吸引到对彩绘的关注并非明智之举。在没有完全掌握古代遗迹的形式法则之前，我们不可能轻易洞悉古代装饰系统中的迷雾。这些遗迹明显是美好而正直的古代人表现出的一种不良品味，有些人却将它视若珍宝，对此我深表遗憾。"

本文的作者并没有被这些评论吓倒，他相信自己在古代建筑彩绘问题上付出的努力不会是徒劳无功的。对结构和形式的深入研究自然应该先行一步，特别是我们已有的关于雅典纪念性建筑的记述并不完全准确，这些记述很少能对建筑特征做出如实地描述，而且通常会在最基本的尺寸上犯错误。

然而，时至今日，形式仍被理解为容易被人忽视的建筑表象，建筑仅仅被人们当做某种基础或陪衬。这一点需要详细解释一下。

普通的构筑物由于某些崇高的目的而被神化，如信仰。带有明确宗教

---

① Canova，1751—1822 年，意大利著名雕塑家。——译者注

63 含义（有时是出于自愿）的装饰品恰当地布置在建筑外部和圣所内部：悬挂的花束、花环、花枝、祭祀用品、战斗武器、牺牲者的遗体及其他的神秘象征物。随着宗教信仰和祭祀用品在艺术感方面的进一步深化，这些装饰品被作为典型象征固定下来。它们不再简单地以自然形态固定在墙上，而是根据当地习俗和预定目的来摆放；这种艺术性的展示方式使它们成为纪念性建筑特征的一部分。

在外观效果上，绘画与雕塑相互联系、相互映衬（见上文）。即使雕塑与绘画产生于同一时期，后来的发展道路也各不相同。① 接下来产生了现在称为装饰线条（*moulures*）的建筑造型，包括那些并非完全由构造决定的装饰形式。在埃及、希腊及其他民族的建筑中反复出现的传统装饰纹样，最初也许都具有某些象征意义，之后的艺术家也决不会仅仅依照个人倾向或想象而随意使用它们。他可能会简化、修改或丰富它们，但他不会粗鲁的扰乱原有的类型秩序。于是出现了爱奥尼柱头的串珠饰（bead-fillet）、所谓的卵锚饰（egg-and-dart）、花叶饰（arabesques）、巨叶饰（large leaf form）、圆花饰（rosettes）、回纹饰（meanders）、波浪饰（waves）、迷宫饰（labyrinths）、连续的棕叶饰（running palmettes）和涡旋饰（spiral），以及科林斯柱头的毛茛叶装饰（corniform twist）。此外，对神庙中宗教仪式的欢庆场面的描述和对神迹的描述很快也成为艺术的主题；在此基础上，浮雕和山花装饰成为建筑要素。为了更清楚地说明这一问题，我将追述一些典型装饰主题的变化过程，看看它们是如何逐渐发展成最终的完美形式的。

串珠饰是凸起的半圆形装饰线脚，上表面有间距相等的凹槽。这样，根据位置和连接方式的不同，它们看起来就像是一串有千般变化的珠子，有时大小相同，有时大小相间，有时是圆的，有时是椭圆的。串珠装饰线脚的发展过程如下：

1. 悬挂由祭祀动物绒毛制成的祭祀编织物。

2. 在墙上刻出或绘出祭祀编织物的图案，作为祭祀物品的神秘代表物。

3. 串珠绘画逐渐消失，有刻槽的浅浮雕因强烈的光影关系而变得更有浮雕感（如忒修斯神庙和其他纪念性建筑的柱楣下表面）。我们可以将上述内容与文章开篇提到的绘画和雕塑的一般性起源做一对比。

64 4. 线条清晰的浮雕装饰带，表面绘有串珠的图案。其例证位于雅典卫城山门檐口的大型卵锚装饰带之上。另一个例子位于潘德罗休姆的北门廊，在壁柱柱头棕叶饰以下有一圈浮雕刻的串珠装饰，尽管其延伸到墙面

① 神庙中可塑性装饰的发展比绘画略晚，通过对比早期纪念性建筑的简洁形式与晚期神庙逐渐增加的复杂构件，我们可以清楚地看到这一点。——英文版注

后只是一条线条清晰的绘画装饰带。

5. 有串珠图案的环形装饰带。忒修斯神庙的壁角柱[①]及其上面的内部过梁上既有此例。最初，这些图案只是平面装饰；随后，按照常规做法，在图案边缘绘制阴影以增强立体感。

6. 最后，刻槽在建筑表面形成了串珠装饰。这时，色彩的使用也使雕刻效果得到增强。其例证处处皆是。

在忒修斯神庙的壁角柱上绘有卵（*oven*）形装饰，位于下部的串珠装饰和上部的大叶片之间。在帕提农神庙的相同位置也绘有这种浅浮雕图案。它们是具有象征意义的最简单的装饰手法。最终，这种装饰手法演变为著名的希腊卵锚饰和罗马四分式（*quart de rond*）。[②] 卵形装饰始终出现在建筑表面，或以绘画为表现手法，或采用雕刻与绘画相结合的手法。

每一种建筑形式都可以按照相同的发展进程追溯到它的起源。有些形式我们无法立刻分辨；但另外一些形式却是简单而机械的模仿产物，与起源和含义毫无关系。[③] 因此，它们被随意混置在一起，秩序混乱，过分夸张。在不了解形式起源的前提下，即使是天才人物也会使它们产生错误的变形。建筑形式最本质的含义在罗马时代就已丧失，远离基本形式法则的罗马建筑陷入了对新奇和多变的追求。我们现代人却在忠实地模仿这些清晰易读但早已死亡的形式符号。我们就因为这个原因而比他们高级么？

色彩研究的重要性并不亚于对建筑外观特性的描述，如果我们继续回 *65*
避视觉效果确实存在的假设，这项研究仍然难以理解。这种视觉效果是一些精巧的几乎无法察觉的壁柱设计细节。在巨大的建筑体量的对比下，这些细节将不复存在，而且它们也并不完全由彩绘带来强调。

巴赛神庙中的壁柱通过一道简单的划痕与墙体分开。神庙内殿最下面的石砌层也会因为色彩的使用而凸现出来，这种砌层通常为齐胸高。在这方面，庞贝建筑很有启发性。

这些考察报告也许会让那些只赞美古代遗迹纯粹形式的人们意识到，色彩研究有助于更好地理解形式。它是了解古代建筑的关键所在。没有深入的色彩研究，我们就无法洞悉古代建筑在整体上的一致性。同样，如果我们能够复原出原有的色彩效果，关于古代雕塑的众多谜团也会迎刃

---

① antae，希腊神殿里边墙尽头伸出的加厚部分。——译者注

② 对译英文：quarter-fillet——译者注

③ 与其他事情相比，人们对古典柱式中多立克柱头的基本含义知之甚少。他们不断地复制它的形式，却不了解它的起源。人们只知道多立克柱头是由以下形式演变而来：交替绘制的蓝色和红色叶片，并用绿色间隔开。柱头下面精巧而下倾的凹曲线明显表现的是正在生长的柔和的叶片轮廓线。多立克柱式的后期形式即源于此，如帕埃斯图姆地区小型神庙中的柱头连接部，以及吕西克拉特奖杯亭（Choragic Monument of Lysicrates）上的叶片图案，其下倾的叶片曲线也采用相同的配色方案。科林斯柱头也起源于此。有些人只是简单地模仿柱头的形式，并不为附属的叶片曲线着色，甚至也不追究一下其起源，这必然会产生冷漠且令人不快的建筑作品。——英文版注

而解。

通过多方观察，一旦确定某些建筑形式是表面装饰色彩的雕塑作品，我们就有理由推断同样的形式也出现在其他组合中。最初，这些形式采用相同的装饰手法——尽管大部分彩绘遗迹已被时间冲蚀。

希腊的卵锚饰线脚出现在多立克、爱奥尼和科林斯建筑的各种组合中。表面涂满色彩，最常见的是间隔出现的蓝色卵形图案和红色箭头图案。如今，多立克柱头的钟形装饰线脚也采用了与卵锚饰相同的弧度。因此，即使目前还没有找到明确的遗迹，我是否也有理由假设钟形装饰线脚与卵锚饰有相同的起源？钟形装饰肯定曾用于建筑装饰；如果每个角落都充满装饰，整座建筑会让人感觉拥挤得无法喘息。也许这种装饰的得名也受到了装饰手法的启发？同时代和稍晚期的多立克柱头包含了相同的雕塑装饰，如萨摩斯岛①的多立克柱式和密涅瓦·普里奥斯神庙的女像柱。[13]

如果能从先前没有结论的观察报告中得到相同的推论，我们就更容易追述某些装饰手法与其起源之间的联系，并尝试组合出古代神庙的装饰体系。除绘画之外，金属装饰、镀金、织物、帐幕及可移动器具也不应被遗忘。最初，纪念性建筑的设计融合了上述诸多手法，甚至包括环境因素—— 人群、牧师及祭祀队伍。纪念性建筑为这些要素的融合提供了墩子。当我们试图将那些时代形象化时，想象中的壮丽宏伟与人们曾经幻想
66 和强加给我们的苍白和僵硬完全相同。

在这些评论后，作者冒昧附上对本人著作的介绍，介绍中系统地论述并举例说明了作者近年的研究成果。书中包括带有说明文字的彩色版画和铜版画，分三卷连续出版。作者②为此书寻求出版商，并期待其同行者—— 慕尼黑的梅茨格（Metzger）教授，以及一些与他观点相同的艺术界朋友的参与。③作者有机会亲眼见证公众对该主题不断增长的兴趣。杰出的希腊建筑专家申克尔的观点在罗马、慕尼黑，特别是柏林，得到了极大的支持。在他的影响下，希腊的色彩体系已得到充分的研究，研究成果已付诸实践。这证明作者希望他的研究计划能得到积极的回应和支持。

书的第一卷涉及帕提农神庙中的多立克柱式，作者对结构和细节进行了仔细测量，特别关注了建筑的色彩体系和青铜的补充性装饰等内容。作为对比，我们应该注意到其他希腊多立克神庙的相异之处，以及一些未出

---

① Samos，希腊东部爱琴海上的岛屿，位于土耳其西岸附近。——译者注

② 自助旅游的年轻人的确有可能形成独立的观点并采取恰当的行动。但政府并不支持他的行动，因为他没有从投资方获得为图利息而发放的贷款。——英文版注

③ 当我们探求希腊的色彩遗迹时，汉堡的拉梅先生（Mr. Ramée）也在调查哥特建筑和前哥特建筑的相关内容。他的著作中有大量有趣的例子。卡尔斯鲁厄的马莱先生（Mr. Maler）绘制的西班牙摩尔艺术彩色版画非常著名，我们希望他的著作能迅速获得成功。［尽管丹尼尔·拉梅（Daniel Ramée）写作了大量关于中世纪建筑的著作，但他在汉堡并没有出版专业著作。我也没有找到马莱先生曾出版摩尔艺术研究成果的蛛丝马迹。——哈里·弗朗西斯·马尔格拉弗］——英文版注

版的有趣的多立克建筑色彩碎片。雅典卫城的复原设计可以看做是一个小插曲。

附属文字描述了每一项发现，并对复原设计和古代建筑中的彩绘体系做出了详细的解释和说明。其中还包括一篇关于涂料化学成分的报告。很遗憾希托夫先生没有对他绘制的西西里神庙彩色复原图做出说明，我们应该坚信每一项行为都以真诚信仰为基础。①

如果第一卷反应良好，第二卷会立刻出版。第二卷的内容涉及伊瑞克 67
提翁神庙北门廊的爱奥尼柱式和吕西克拉特奖杯亭的希腊科林斯柱式。在这些纪念性建筑中，我们仍可以看到很多褪色绘画、青铜像、镶嵌制品和镀金制品的遗迹，尽管它们很难组织成一个连贯的体系。复原设计以作者的发掘成果和细致的测量为基础，并要特别注意那些未能完整出版或根本没有出版的考察报告。至今，我们还没有彻底了解伊瑞克提翁神庙北门廊的大门，这将成为一项专门的研究课题。

第三卷介绍罗马和中世纪的纪念性建筑，书中有很多精挑细选的实例。图拉真柱在现状环境中的色彩复原为罗马建筑的彩绘提供了最好的例证。巴西利卡、摩尔、拜占庭、哥特、佛罗伦萨和威尼斯建筑为其他复原方案提供了丰富的材料。

罗马建筑中是否也曾流行彩绘体系是一个长期讨论的问题，我们可以依据最新发现做出肯定的回答。这一答案同样适用于那些未用彩色材料而用白色大理石和其他石料建造的纪念性建筑。使臣平台（*Graecostasis*）[14]中三根柱子的柱身上有明确的红色涂料的痕迹，长期以来，这些积累了数千年的残片一直保护着柱子免受天气变化的影响。罗马大角斗场也有彩绘，同样以红色涂料为主。但图拉真纪功柱的色彩遗迹更令人惊奇，它与模仿者安东尼纪功柱（Column of Antonius）一样，从头到脚都装饰有丰富的色彩。第一根纪功柱上的浮雕非常浅，几乎就是绘画而已。这种现象可以解释为，浮雕最初的作用只是让装饰图案从更深色的背景中突现出来。

在柱身周围的连续浮雕中描绘英雄生活场景的做法取得了很好的效果，这样可以让观察者的视线集中在顶部由柱廊围绕的黄金神像上。浮雕—— 建筑媒介丰富性的最后舞台——取代了柱身的凹槽装饰。我们可以通过色彩效果辨别出最高等级的雕像；雕塑家决不会为了空中的飞鸟而创作，这一点正是最近的批评家们表示苛责之处。

纪念性建筑中的金色雕像与蔚蓝色的背景形成了鲜明的对比。建筑基座的平面雕刻也通过大量金色和彩色的装饰真正展现出恰当的外观。只有

---

① 希托夫的色彩与已发现的雅典纪念性建筑遗迹并不相符。总体上看，他的色彩过于淡雅和柔和。似乎他曾经推测过涂料褪色后的效果，但这种做法并不正确。建筑彩绘并不是绘画作品；它代替的是雕塑模型。现存的西西里古代赤陶制品（terra cottas）模仿的正是希托夫先生复原的塞林努斯神庙，或者说他的神庙复原图是以赤陶制品为蓝本的。——英文版注

68 这样，柱廊及柱子上的金色铜像才能与色彩丰富的镀金讲坛、神庙的斑岩（porphyry）檐口和绿色大理石柱廊协调一致。在罗马，由神话中恶魔操控的西罗科风①和频繁的降雨不断剥蚀着柱子西南侧的色彩涂层，而北侧则可以得到较好的保护。雅典的情况恰好相反，神庙南侧的保护情况较好，呼啸的北风将暴露的北墙逐渐漂白和侵蚀。我们曾经错误地以为雅典神庙中灿烂的金色光泽是阳光照射的结果，实际情况并非如此；在迎光面，建筑各处残留的古代色彩涂层遗迹表现出柔和的金黄色，而在背光面，建筑色彩则变成了阴沉的暗色。在深色涂层下面，我们仍可以发现某些地方还保留有鲜艳的色彩。②

由于几份德文报纸刊登了一些作者并不了解的图拉真纪功柱考察报告，因此他通过重复一个联合远征队证实的发现来为自己申辩。[15]近年来，人们渴望为杰出的勇士建立类似的纪念性建筑，但那些知名艺术家却拒绝合作，他们认为良好的艺术品位已不复存在。雕塑家为建造一根高耸的立柱所付出的劳动并不会得到多少赞美。它当然不是博物馆中的片断，但菲迪亚斯在帕提农神庙内殿四周的美丽装饰真的超出了观察者的适宜高度么？

慕尼黑有一件图拉真柱的仿制品，由象牙、黄金和天青石制成。③ 此柱的金色浅浮雕做工精细、研究充分，这位艺术家很可能在现场绘制过图拉真柱的草图，并据此创作了这件特征鲜明的仿制品。那么，他是否看到了柱身上的色彩遗迹呢？

抛开中世纪纪念性建筑的重要性不提，在它们消失前，我们可以在这些建筑上探求到古代彩绘的痕迹。通过这些纪念性建筑，我们也可以间接理解古代遗迹，因为这些中世纪的建筑或多或少都会受到古代建筑的影响。④

69 在这些关注和批评中，我们很容易探索源于古代遗迹的建筑动因。我们只需要考虑一下中世纪对红色和蓝色的偏爱，并用金色、绿色和蓝紫色与之协调。我们还可以考虑一下将空旷的蓝色作为大背景，在建筑或结构的原始形式上绘制红色的做法，这与古代遗迹的表现手法完全相同。诸如

---

① Sirocco，吹过意大利南部、西西里以及地中海诸岛的炎热的南风或东南风。此风发源于撒哈拉沙漠，开始干燥多尘，经过地中海后逐渐变得湿润。——译者注

② 古代建筑和雕塑中的基本形式几乎没有完整保留至今的，由硅酸材料制成的耐久的色彩涂层也没能保护石材免受空气、雨水和电流的腐蚀。这与英国著名化学家汉弗莱·戴维（Humphrey Davy）在其著作《旅行中的慰藉》（*Consolations in Travel*）［或《哲学家的最后时光》（*the Last Days of a Philosopher*，1830 年）］第 5 段中的描述完全相反。——英文版注

③ 在从罗马返回的旅程中，作者曾在慕尼黑的巴伐利亚国王宝库中见到此柱。——英文版注

④ 当我们想象带有彩绘的古代建筑时，它与东方艺术和中世纪的关系变得更加明显。否则，我们完全无法解释两者间的联系，单色的古代遗迹就会成为缺少历史根源的建筑现象。我们只能将其解释为希腊哲学抽象概念被突然具体化的成果，实际上，这只是近年出现的做法。——英文版注

此类的做法都是源于古代建筑的创作动因。

中世纪的壁画和绘画作品经常以纪念性建筑为题材，这些艺术作品向我们传达了关于古代建筑的有趣信息，并反映了中世纪对这些古代遗迹的态度和理解。

平托里乔①在梵蒂冈的壁画综合了绘画和雕刻两种工艺②（为综合艺术达到完美水准的可能性提供了极好的例证），场景包括凯旋门、宫殿和神庙。壁画完全按照彩绘法则构图，笔触生动真实，我们甚至觉得它很难与用冷冰冰的石块建造的所谓的“正确建筑”取得协调。这些绘画具有与庞贝壁画相同的价值，它们都源于比今天更年轻更鲜活的古代建筑创作期。

佛罗伦萨、米兰、维罗纳、威尼斯，或说整个意大利北部的古代纪念性建筑都是涂有色彩的。这些地方的色彩遗迹很普遍，因为各个时期的意大利北部建筑都以彩绘著称。与希腊和地中海东部沿岸地区（Levant）的商业贸易无疑促进了这种趋势的产生。在德国，让人更感兴趣的是因斯布鲁克、雷根斯堡、纽伦堡、班贝克③和其他地区古代德国建筑中的彩绘作品。雷根斯堡的古代苏格兰修道院（Schottenkloster）尤其著名。我们期待关于这处纪念性建筑和雷根斯堡其他古代德国建筑的出版物尽快面世（各时期的德国建筑形成了一个有启发性的循环），这些建筑是由汉堡画家布劳（Bülau）、雷根斯堡建筑师波普（Popp）以及我们的同胞共同创造的。[16]在准备这方面的材料时，作者调查了教堂的原始壁画和其他文件。

雷根斯堡圣埃莫拉姆教堂（St. Emmeram's Church）的彩色雕像及它们与建筑彩绘的关系也非常有趣。通过雷根斯堡的海德洛夫先生（Mr. Heideloff）的努力，班贝克大教堂最近从混乱的粉刷装饰中逐渐显出原貌，并焕发出往日的辉煌。[17]

我还可以通过另外一份观察报告做出推断。绘画和色彩很容易被频繁滥用，但这不应该成为禁用色彩的原因，我们也不能据此认为除灰色、白色或浅色以外的一切色彩都属于过度装饰。我们不应该将婴儿和浴缸中的 70
水一起倒掉。但南方的明亮色彩能够与阴沉的日耳曼天空相协调么？当阳光不再强烈时，色彩就不需要那么多的风格和变化。而且，朦胧的光线还会让一切都相处和谐。色彩比那些炫目的白灰墙更加柔和。如果研究一下民间传统，我们就会发现，从住房、器具到乡村平民的服装，一些都是色彩丰富且鲜艳明亮的。难道我们的草场、森林和花朵中只有灰色和白色么？它们不是比南方的色彩更加丰富么？

---

① Pintoricchio，1454—1513 年，意大利画家，以其所绘的教皇皮乌斯二世（Pope Pius II）生平的壁画而著名。——译者注

② 我们发现某些地方与早期威尼斯绘画有颇多相似之处。——英文版注

③ Bamberg，德国中部巴伐利亚州的一座中世纪古城。1993 年联合国教科文组织将其列入《世界遗产名录》。——译者注

附 录

当作者注意到莱比锡博学的戈特弗里德·赫尔曼（Gottfried Hermann）发表的一篇题为“*de veterum Graecorum pitura parietum*”的论文时，他正计划将上述评论汇集出版。这篇论文意在对劳尔·罗谢特先生极力推崇和维护的观点提出反驳。劳尔·罗谢特的观点认为：墙壁彩绘，也就是墙体上的真实画面，并不是希腊建筑盛期的做法。然而，赫尔曼并未将罗谢特引用的古典作家的描述考虑在内，而是巧妙地给出了结论性的解释。[18]

尽管我们很难从罗谢特先生引用的材料中看出他是如何证明他的观点的（驳斥了各种巧言善辩的说法和合乎自然规则的解释），但他却将学者的注意力引向了我们今天普遍感兴趣的主题。当然，古代遗留下来的文字证据对澄清我们的疑问也有重要意义，即使其中包括各种不同甚至是相互冲突的解释和观点。这些相互矛盾的解释让我们意识到，对纪念性建筑的考古学调查考虑了时间、地点和环境等因素。考古学调查应先于对原始材料的研究，这样的文章才能获得更多的肯定意见。

劳尔·罗谢特先生最初的观点似乎以普林尼的评论为基础。他毫无依据地断言，木构建筑的彩绘工作并没有著名画家的参与（*nulla gloria artificum*，*nisi que tabulas pinxere*）。[19]普林尼像一位罗马船长一样对艺术作出了巧妙的论述。他的能力完全胜任船板的上漆和准备工作；但我们不应该过于相信他对艺术问题的判断。在对他观点的驳斥中，这一点确实得到了证实。

71 罗马人坚持认为墙壁彩绘是从希腊传播到意大利的，普林尼也持有这样的观点。按照他的说法，科林斯风格从狄马拉托斯（Demaratus）传播到塔尔奎尼亚，之后又影响了伊特鲁里亚人的建筑。[20]

希腊人可能很早就抛弃了传统的墙壁着色方法，而是用彩色镶嵌板作为装饰。实际上，这种转变并不是很重要，因为木材或石材上的彩绘图案是完全配合相应墙体的装饰手法，并成为建筑整体的一部分。我们在庞贝的墙壁彩绘中也看到了同样的装饰手法，艺术价值更大的团花装饰和蔓叶花装饰间或出现在墙体的石膏装饰中。悬挂的带框绘画即使在罗马建筑中也极其罕见。对传统墙壁彩绘做法的偏离加速了艺术的衰退，但这种方法可以让艺术家在家中以他习惯的方式在画板上从容不迫地创作，而光滑的木板也比灰泥的表面更适合艺术表现。正是这些原因，而不是木板绘画的耐久性，促使艺术家放弃墙壁彩绘的做法。

墙壁彩绘至今仍有留存，但木板绘画却踪迹不见——这也为人们普遍认为的木板更具耐久性的观点提供了反证。另一方面，传统做法使彩绘成为墙体的一部分，这也为罗马人从希腊掠夺艺术珍品增加了难度。稍后，一个更有力的原因让艺术家选择了木板绘画：木板的可移动性。这为艺术作品运输以及在画廊中的重新布置提供了可能。[①]绘画不再追求纪念意义，而是开始迎合那些突发奇想和投机精神。即使是在预先设定的原始环境中，它们也没能产生预期的效果，因为它们不是在现场完成的作品。可以肯定的是，罗马人曾将它们当做博物馆藏品抢走，并完全不顾及周围环境和作品意义，将它们随意安放在各处。正由于罗马自身生产力匮乏，他们才对可移动的艺术作品格外偏爱。罗马的著名艺术家并不很多，但普林尼却是一位地地道道的罗马人。

到奥古斯都时代，人们已不再关心真正的艺术。他们将花叶饰用作室内装饰，并穿插绘制了山水风景和历史故事。这就是古文物研究者以及像普林尼和维特鲁威一样严谨的人对罗马建筑倍加责备的原因，也许这种艺术的新趋势受到了小亚细亚和埃及地区的影响，但正是这种趋势造成了罗马著名艺术家寥寥无几的后果。

如今，我们有时能在实践中重现被长期忽视的墙体彩绘手法。从这种 72
趋势中，我们可以预见到一种最有利的结果。艺术变得庄严、得体、意义深远且个性突出。慕尼黑美术学院（Munich school of painting）——院长是著名的科内利乌斯[②]——通过这种庄重的画风为德国竖立了一个极好的榜样。

在古代作者对绘画艺术的详细叙述中，如果我们首先假设他们提到的艺术作品是绘画与雕塑的联合体，那么评注中的不确定性和难点有时是可以避免的；当然这通常是指比较古老的艺术作品。这样，雕塑和绘画的结合就可以解释为技术表达方式的不确定性，就像“绘画艺术、绘画图像”（γραφιχη，ειχ ώνγαπτή）及其他类似短语的不确定性一样。

劳尔·罗谢特先生曾经质疑过O·穆勒的观点，因为后者根据英国人利克的描述断言忒修斯神庙上的灰泥装饰依然可见。穆勒先生是一位学识渊博、思维敏捷的考古学家，有十分独特的艺术感受力，但很容易轻信他人。罗谢特根据自己的观察，以及对这座纪念性建筑为期两个月的调研，最终很高兴地肯定了O·穆勒先生的叙述。在这座神庙所有的外墙面上，我们仍可以看到保存得很好的色彩涂层痕迹——涂料随处可见，神庙南面尤其突出。尽管如此，神庙上的色彩仍然在随着时间消失或改变。作者小心翼翼地剥下外皮之后，在各处都看到了依然如故的色彩涂料，特别是在

---

① 按照普林尼的观点，尼禄金宫（*Domus aurea* of Nero）是法布鲁斯（Fabullus）艺术作品的“事业（career）”。我们完全有理由将我们的画廊称为真正的艺术空间。——英文版注

② Cornelius，1783—1867年，德国著名画家。早期绘画具有学院派古典主义特点，后研究德国哥特和意大利文艺复兴大师的作品，并从中找到了适合自己的绘画语言，随之背叛了古典主义艺术法则。——译者注

该建筑的墙壁凹陷处和裂缝中。在这些地方，他分辨出两种红色（一种是在柱子和过梁上广泛使用的温暖的砖红色，一种是在装饰中使用的明亮且热烈的汞红色）、两种蓝色（一种是大面积使用的天蓝色，一种是在装饰中使用的深蓝色）、绿色以及可能是镀金的痕迹。

同样，这座神庙中的高浮雕也由涂料层完全覆盖，雕像衣褶中的涂料（甚至是色彩）至今仍保存得很好。神庙门廊正上方的檐部装饰中有一尊坐像，我们在这尊雕像的长袍（其他大部分为绿色）中的确可以发现一抹美丽的玫瑰红色。檐壁的背景是蓝色的，而且还有在整片都是这种颜色的区域。神庙后门廊（*opisthodom*）一根壁角柱的柱颈部以下、面向壁角柱之间柱廊一侧、观察者视线的位置上，有一片幸存下来的手掌大小的蓝色涂料。内殿似乎也涂满了这种色彩。在前殿壁角柱之间的壁龛——在公元1世纪之初，用神庙顶棚的碎片建造而成——的结构部分中，我们仍可以发现完全或部分覆盖着原始釉瓷涂料的建筑片段。作者曾带回一块儿这样
73 的片段，作为反对怀疑者的证据。“*神庙内殿中，从柱脚到大约6层石块高的墙面上都覆盖着一层相当厚的灰泥*”，这可以通过石材表面规则的凹凸不平的坎凿痕迹和残留的灰泥碎片来证实。石材上有意识的坎凿痕迹肯定不是基督徒所为，因为如果发现墙面足够光滑，他们会直接在墙壁上绘制所需的图案，正如他们对帕提农神庙的所作所为。

第一位基督徒为新近基督教化的神庙绘制壁画的事实和方法（更确切地说是图案的顺序和严肃的气氛）似乎指向了古代传统，一种也许能够详细论证出的推测。详见冯·鲁谟的《意大利研究》。[21]

作者很遗憾未能拜读赫尔曼提到过的劳尔·罗谢特先生的小册子，从而未能得知罗谢特对希托夫先生根据赫尔曼论文的只言片语所做的神庙复原的质疑。希托夫先生也许曾过于随意地介绍过外来装饰，但在他的色彩组合中，他所赞同的艺术原理的真实性是不容置疑的。他甚至并不关心神庙中的墙壁彩绘，而只注意他们绘制的装饰图案。劳尔·罗谢特先生是否也曾对这些质疑过呢？

建筑四要素 74

《建筑比较研究》投稿

（1851 年）

戈特弗里德·森佩尔，约 1855 年。瑞士联邦理工学院 Hönggerberg 校区建筑历史与理论研究所提供

75

I. 调 查

卡特梅尔·德·坎西关于奥林匹亚·朱庇特神庙的名著是最重要的艺术著作之一，是我们这个时代的杰出成就。[1]这本书主要关注希腊艺术的本质，它第一次为三种艺术（更多是得益于工艺美术）在希腊纪念性建筑中的紧密合作关系提供了证据。实际上，在黄金时期的建筑杰作中，三种艺术之间的界限已完全消失，它们可以完美地融为一体。

因此，欣赏希腊艺术的正确方法是相当高级的，但这也为全面理解这种艺术增加了难度。我们已明确构想出一个简便的研究计划，大部分最新艺术研究成果都是以该计划为基础的，这正体现了它的重要作用，因此它也得到了各方面的认同。

古代雕塑作品中神圣的《玛丽亚》（venerable *vergine*）和文艺复兴大师为这些陈旧的观念打上了真实性的烙印。在这些观念的强烈影响下，卡特梅尔提出的问题长期以来一直被大多数学者和艺术家视为异端邪说——他们只对卡特梅尔的极少数观点作出了让步，但这种让步也是建立在种种条件和限制的基础上的。只有年轻的一代才能完全接受这些观念。

正因如此，现代希腊人对外来的束缚极其厌恶，而欧洲却对希腊文化表现出短暂的迷恋和狂热。[2]这种亲希腊热情在德国表现得尤其突出，因为皇室和贵族成了艺术资助人。英国和法国也普遍受到这种亲希腊情绪的影响。像每一种得到理想化提升的国家精神一样，这种热情也产生了积极的影响，特别是在艺术研究和培养方面。另一方面，从全新的彩绘角度认识希腊艺术的方法也借此得以推广。

此时，希托夫对塞利农特神庙的彩色复原让所有的古文物研究学者都大吃一惊，并由此引发了一场著名的争论。尽管这场争论没有解决任何主要问题，但争论过程中对间接涉及该问题的古代著作中的许多零散文章进行了汇编与严格的评价，这是一项非常有价值的工作。①

76 在此期间，希腊和意大利正在热火朝天地推进与该主题相关的调研工作，并出版了大量关于古代彩绘的研究著作。但作为一种比较全面的观点，希托夫先生的神庙复原仍然对推广和普及研究希腊艺术的新方法具有

---

① 引文中大多数对图片的描述都不是很明确，以至于像（戈特弗里德·）赫尔曼这样的学者都不能肯定文中涉及的到底是绘画、雕塑、刺绣，还是雕塑与绘画相结合的作品。一般而言，这些艺术作品通常被定为中性的，它们不归属于任何艺术类型。但是，从另一个角度来看，那些在我们看来千差万别的观念——如果希腊人没有将它们混为一谈——清晰而丰富的希腊语言中会缺乏对观念的细微差别的表达么？因此，对目前那些我们只能将其模糊地形象化的作品，这些文章难道不应该为组合艺术提供一些更清晰和明确的证据么？——英文版注

重要作用。

那时，本文作者正从意大利、西西里和希腊的研究之旅中归来，他向一些艺术家和学者组织展示了大量他绘制的关于伊特鲁里亚、希腊和罗马彩绘的彩色画稿，其中包括雅典卫城的彩色复原图。这些都是作者和他那难忘的旅伴兼朋友朱尔·戈瑞，在古代遗迹中共同调研的成果。朱尔·戈瑞的过早离世对其家庭、对整个人类以及对艺术界都是巨大的损失。①[3]

在希腊工作时，我们还没有受到外界观点的影响，也没有意识到学者们已经将这个问题发展到怎样的程度；因此，我在 1834 年——旅行归来后不久——出版的小册子中发表的全部调查笔记引起了一场我们未能预料到的争论。

但这本匆匆写就的小册子只是对一本著作的预告，这本关于彩绘建筑的著作分为希腊、伊特鲁里亚－罗马和中世纪艺术三部分。[4] 尽管书的第一卷（在公共和私人图书馆中可以找到一些单独的复印本）已完成待刊，但这本著作却始终没能出版。由于各种间接和相互矛盾的原因，以及某些私人动机，我对此项事业的追求被不断干扰。讨论那些间接原因并没有太大意义，但对于我个人动机的叙述也许是可以接受的，因为这些内容并没有过多地偏离主题。

首先，未能对已对外公布的工作做出很好的计划。我们或者可以构想一个比较概括的计划，涵盖所有时代和国家的彩绘；或者可以确定一个相对严格和细致的研究计划。这项内容广泛的研究计划是一个巨大的挑战，77
部分因为我们仍然缺乏一些必要的材料，部分因为作者自身的能力和时间有限，研究方法尚不完善，在独立工作中仍没有找到处理手边材料的好方法。因此，我的工作仅涉及与古代彩绘相关的文献，著作中仅出版我关于雅典古代遗迹的画稿。但是，只有将这些古代遗迹的画稿置于更广阔的历史背景中，与其他时代和作者的著作相联系，它们才不会仅仅成为“凯米拉”②。

比起学者和专家的批评，我更担心狂热者的愚昧。实际上，德国关于彩绘问题的首批文章没能将这项研究继续下去，这使我对这个问题的适时性产生了怀疑。这种糟糕的感觉③使我放弃了将古代彩绘用于实践的努力，除在条件允许时使用带有色彩的材料外，我的装饰实践延续了早期意大利

---

① 我们在雅典分别后，戈瑞与欧文·琼斯先生（后来出版了关于西班牙阿尔布拉罕宫的精彩名著）继续在埃及和叙利亚调查研究，1834 年戈瑞因霍乱去世。这位杰出的艺术家思维敏捷，精力充沛，身体力行，他的作品集中一定汇集了关于现存彩绘的最全面和可靠的标本资料。戈瑞良好的秩序性——他的优点之一——一定会让人认为，他所收集的一切材料都已为出版做好准备。他的离世会使这些变成什么样子？——英文版注

② ChiMera，希腊神化中具有狮头、羊身、蛇尾的吐火女怪。——译者注

③ 各种古代彩绘体系都有其实践中的追随者。这里，我们看到了一种据说是源于希腊的浅杏仁色装饰风格，同时还有一种据说也是源于希腊的血红色装饰风格。——英文版注

学院的传统，因为这种传统更符合现代艺术观念。

幸运的是，对希腊文化的狂热很快冷却了下来，中世纪彩绘取代了希腊彩绘的地位。我相信，班贝克大教堂的修复吹响了这种新趋势登陆德国的号角。在修复过程中，古老的罗马风格装饰和许多雕像及浅浮雕上的彩绘遗迹得以重见天日。[5] 我们并不缺少探索该时期艺术风格的线索，因此，之后对这种风格的使用取得了比希腊风格更好的效果。但这种尝试并没有取得预想的成功，因为追随者追求的是对哥特风格的奇异特征的模仿，他们更关注粗糙感和坚硬度，而不是哥特风格的内在本质和普遍适用的装饰原则。

研究哥特彩绘的历史学家主要来自法国，因为在哥特教堂大规模的重建工作中出现了许多浪漫主义建筑师。大量罗马和哥特教堂都在典型的法国艺术感中重建起来。巴黎的圣礼拜堂（Sainte-Chapelle）就是以现存遗迹为基础，按照完整丰富的彩绘体系复原重建的。[6]

因此，此时已错过著作的最佳出版时机，失望取代了我年轻的狂热。

在卡特梅尔著作出版的时候，神圣的普罗米修斯雕像已走下圣坛，来
78 到了我们中间。艺术作品被时代的狂热唤醒，包裹在华丽多彩的甜蜜气氛中。[7] 但辉煌壮丽的图景逐渐被令人厌恶的画面取代！这位来自法国的精明的艺术家对此种景象视而不见。他开始再次关注他能够触摸和感觉到的古代白色雕像，他可以仔细剖析研究并从审美的角度解释雕像中的美。他向公众证明了希腊人具有雕塑特性体态的原因和具体表现，并对海伦衣着中出现彩色装饰带的观点做出了一点让步。

这位真诚的艺术家在徒劳地等待斑驳的色块变成美好和谐的统一体。他不可能再回到不和谐和非艺术时代的旧观念：将生活与艺术分离，保证艺术至少成为一种独立的存在。

另一方面，他不得不放弃看到疑问被解决的希望——希腊怎样以一种几乎尽善尽美的方法将所有艺术形式融合在一起，对于这一点我们现在只能通过零散的无装饰碎片来感受并不断掠夺同类装饰品；还有，各种独立的艺术形式怎样在整体中保持彼此的差别和各自独立的美。

蛮族纪念性建筑中的一切都是易于理解的；用一个整体的概念来统一相互依赖的各部分，以取得和谐融洽的效果。即使在现在，他们的彩绘特征仍然非常清晰。但是，只有通过自由而又有限制的处理价值相同的要素，通过艺术中的民主精神，希腊建筑才能获得和谐的效果。每个人都能够掌握这种方法么?①

而且，即使有人掌握了这种方法，希腊艺术对他来说仍然很陌生！他

① 如果掌握这种方法，我们立刻会对希腊人有一个比较深入的认识，现在的学者认为他们大部分都具有雕塑特性的体形。——英文版注

能够再次唤醒来自冥府之神的合唱之声么？合唱是戏剧产生的源头，在合唱中，一切艺术形式以及希腊的大地、海洋、天空，甚至整个国家都团结起来为他们共同的荣耀而奋斗。只有我们民族的生活发展成一件和谐的艺术品——与处于短暂黄金期的希腊艺术类似，但更加丰富——一切才不会只是奇异的幻景。如果事态发展如我们所愿，所有疑惑都可以迎刃而解！那些思考过这种可能性的人现在在哪里！

当纪念性建筑彩绘开始成为欧洲大陆众多著述的争论热点，当彩绘开始付诸实践，这个问题在英国几乎没有引起关注。这是因为自英国旅行者发表第一份关于彩绘的重要报告以来，所有问题都没有获得确切的解释，
而英国建筑师早在30年前就开始关注覆盖在希腊白色大理石神庙整个表面 79
上的色彩涂层了。尽管最近开始流行浪漫风格（作为回应，英国建造了大量琐碎繁复的哥特教堂），罗马－哥特风格的彩绘并没有应用于实践，这也许是由于社会上普遍弥漫的宗教情绪。

也许是由于欧文·琼斯关于阿尔罕布拉宫的精美著作，彩绘才第一次引起了英国公众的注意。但是，在研究某处历史遗迹时，英国人以惯常的虚张声势的做法暗示，他们会在不久后以一种宏伟的方式将彩绘应用于实践，即使（像人们担心的那样）这种方式可能过于夸张。

一群刚刚结束旅行的年轻建筑师成为这种趋势中有能力的主导者，他们的草图包括了最重要的对彩绘历史的记录。他们能够对当前情况做出正确评估和恰当的处理，其中一个表现是，他们对彩绘作品给予了恰当的关注，并将注意力集中在公元1世纪和那些曾是古典文明所在地的国家。[①]

在古老和现代的分界线上，从已经死亡但并未破坏的古代建筑形式中，诞生了涅槃后的新艺术。我们依据曾经鲜活的有机体做出的推论会将结果导向积极方面，在那些生物体中，传统得到很好保护。此时，我们也许可以看到这种思路的结果，它会将未来与中断了若干世纪的艺术实践联系在一起。

因此，学者和艺术家热切地期盼能尽快出版这些精美的画稿藏品，同时也希望公众能比以前对该问题给予更多的关注。

我们最感兴趣的是著名的亚述遗迹，至今已有两本精美的相关著作出版问世，甚至有些遗物已在欧洲两个重要首府公开展览。[8]

弗朗丹（Flandin）和科斯特（Coste）的重要著作及特谢尔（Texier）先生的旅行报告对波斯纪念性建筑也做出了详细介绍。[9] 小亚细亚地区的最新发现扩展并纠正了之前我们对古代艺术及其主要发展轨迹、特别是彩绘方面的观念。

得益于那些持续不断的古文物研究及其丰富成果，埃及纪念性建筑已

---

① 当时，人们更关注君士坦丁堡圣索菲亚大教堂（Church of the H. Sophia）的彩色马赛克装饰，修复工作以福萨蒂（Fossati）的图纸为基础，他是这座昔日希腊基督教神庙的主要修复者。——英文版注

变得越来越易于理解，不再像过去那样孤立和神秘。

80 那些已经经过深入研究的雅典纪念性建筑也再次成为新的研究目标。研究中有很多重要发现，并帮助我们纠正了以前的某些说法。我们期待着彭罗斯（Penrose）先生的著作出版，他对近期发现的建筑中的垂直连接和水平连接做出了深入研究，并公布了最新的关于彩绘问题的详细资料和一张雅典卫城的彩色复原图。[①][10]

毋庸置疑，彩绘著作中最重要的出版物是希托夫先生即将出版的新作，书中精美的平版印刷插图涵盖了彩绘的整个发展历程，同时还包括了修改后的神庙复原图，图中增加了对潜在建筑动因的详细考虑。[11]书中的附属文字也极为生动，文中对主题的处理方式延续了作者一贯的睿智、老练和博学。

因此，卡特梅尔·德·坎西在40年后旧话重提时，对这个问题的研究已经进入了一个新阶段。希腊彩绘不再是一个孤立的研究课题；它不再是神话中的“凯米拉”，而是与公众情感和艺术界对色彩的普遍呼唤取得了一致。在这次新运动中，彩绘观点得到了最有力的支持。

如果这本小册子（其中也涉及了一些其他方面的问题）在这本关于彩绘问题的重要著作即将出版时问世，我确信，即使它对科学或艺术没有太
81 大贡献，至多也只会给我个人造成伤害。这本书的主要目的是向反对者证明，为白色大理石神庙着色的传统在希腊盛期得到了最广泛的应用。如果能为这项研究提供这样或那样的新角度和新观点，本书略显冒昧的标题——虽未经证明——至少获得了某些合理性。

Ⅱ. 皮提亚[②]

1834年出版的《古代建筑与雕塑的彩绘之初评》小册子至少刺激了库

---

① 对这些高度完美的艺术作品而言，我们发现的细节越丰富就越可能丧失整体的观念。

谈到雅典-多立克神庙（附带说明一下，此前，我们已对柱子的垂直侧脚有所了解）的独特之处，我们很高兴注意到当前发生的绘画效果向建筑效果的转变，这种转变仅限于那些产生视觉假象的绘画效果。这种假象要以事实为基础，不能造成过于夸张的视觉效果。但建筑师的意图却远不止于此。通过降低地平线灭点，神庙从中间观察时会显得更长。球形透视解释了这种现象。还有一点也很清楚，当视点较低且靠近建筑时，垂直方向的透视作用会让柱子显得更高，从而增强了建筑的稳定感。

当然，这并非孤立现象。在许多古老的教堂中，特别是意大利中部（*toscanella*）的罗马式巴西利卡中，我们也看到了水平线条向一个假象灭点聚集的现象。这种透视效果经常以祭坛为中心，地面的透视线向上延伸，屋顶的透视线向下延伸。这种原理在热那亚美丽的安农齐亚塔教堂（church of the *Annunziata*）中即有应用。佛罗伦萨的美第奇宫的正立面微微凸起，给人一种更加宽阔的感觉。在壁龛式祭坛（altar-niches）的结构中经常会有一些舞台布景式的建筑。伯拉孟特及其学院对这种手法的使用非常成功。后期的滥用使这种有效的方法名誉扫地。——英文版注

② Pythia，希腊神话中的女祭司。——译者注

格勒的著作——《希腊建筑和雕塑的彩绘及其局限性》的问世，甚至为其著作提供了基本主题。[12]

几乎在书中每一页，我都被描绘成所谓的极端观点的典型代表，我们之间激烈争论的焦点是纯粹的喜好和对古代遗迹的恰当理解；书中频繁引用了我的文字和图稿。因此，人们期待能尽快看到已经预告过的我回应库格勒文章的著作，但该书始终未能出版。

我在前文已经说明了对此事感到反感的原因。如今若干年已过，该问题的研究已进入更实用的层面，即将为我们提供具有新价值的研究成果。

因此，我愿意（确切地说，这是一次迟到的辩护，但就研究目标来说却并不嫌晚）针对库格勒的质疑及其动机，对我的观点作出简短的辩护。

在序言中，库格勒先生提出了两种相互对立的极端状态，他认为（按照常理）真相一定是两者之间的某种状态，并极不情愿地承认我的画稿得到了当时年轻艺术家的普遍赞同："其实在短暂的第一印象中，人们可能还无法准确分辨出古希腊与现代北方地区在情感、习俗和自然景观上的联系。这种联系并不是形象和色彩上的相似，而是需要一种更巧妙的思路使这种联系变成可能。"[13]

库格勒先生在上文中表达出的观念——生动活泼的彩绘更适合现代北方的建筑风格，而不适合古代南方地区——与我们在自然界、在不同民族的服装、装饰和建筑作品中观察到的事实恰好相反。

在南方地区，强烈的阳光给一切事物都镀上了一层耀眼的金黄色，甚至阴影区和暗色调也从深沉得近乎全黑的天空中突出出来。这层金色光泽
将各种高饱和度的色彩统一成一体。然而，这种光泽却强化了刺眼的白色 82
和所有的明亮色调，因为（在南方）白色是沙漠这个死亡区域中流行的唯一色彩。黑色是悲痛的色彩，那里只有白色或黄色。有生命存在的地方就有明亮的色彩。白色从未成为自然景观中的主色调，人类的艺术作品应该遵循自然规则。

在英国这样的北方国家中，情况则完全不同。那里整年都漂浮着薄雾，天空、大地和一切事物都笼罩在一层雾濛濛的灰色中，偶尔出现的小片阳光也只能照亮周围的物体（但作用明显）。这里适用的是一套完全不同的彩绘体系，一套更温和更明亮的体系。为此，我们可以比较一下荷兰和意大利著名配色师的设计作品，从中我们可以获得一些具有启发性的结论。

但是，以上内容只为反驳库格勒的观点，并为那些认为白色大理石墙体不好看的欣赏口味（表面上看，这种口味并不高雅）进行辩护。我必须重申（即使再次被美学家指责为异端邪说），我认为大体量的白色构筑物无论在南方还是北方都不美观。

由于库格勒先生在解决争论疑问时非常重视古代人的叙述，因此他文

章中的引文数量异常庞大。在我看来，还有许多其他方面的相关文章也可以参考引用，只是用这些更好一些。库格勒文章中的大多数章节读起来就像是《圣经》中的段落：每个人都按照自己的理解对其作出解释。

文章开篇，库格勒先生简要回顾了支持彩绘观点的四五段文字；按照他的说法，这些观察报告中的建筑要么太老（原始且过于地方化），要么太新。因此，这些有效的证据都没有出现在雅典的大理石神庙中。但是，在承认此观点的基础上，他却作出了重要让步——除了那些在希腊建筑盛期建造的神庙之外，希腊的其他神庙上都覆盖有色彩涂层，包括主要的结构部分和内殿内部。①

库格勒接下来极为庄重地拿出质疑彩绘的证据，但我们的失望也由此开始。甚至作者自己也感到，以帕萨尼亚斯的大量文字描述作为争论的基
83 础有很多弱点，库格勒的写作风格由此变得混乱复杂，我们很难从中找到他的思维过程。因此，在叙述了最后的决定性引文之后——他认为这些文字会给先前那些只求消遣的反对者致命一击，库格勒作出了如下辩白："我们必须先引用那些并非决定性的证词，以使希罗多德的文字显得不那么唐突和孤立，并保证了这一证词的权威性。"[14]

实际上，库格勒先生的确非常重视这篇具有绝对权威性的文章。接下来，他自然会将之前的一切视为无价值的证据——或仅仅是欺骗性的言辞。因此，他对读者的类似做法并不感到吃惊，他们在阅读时略过了那些对主题毫无意义的附属之物。让我们暂且跟随他那"迷人的混乱思路"，体验一下他将我们引导到德尔斐三角祭坛（Delphic tripod）的过程。

首先，库格勒先生抱怨帕萨尼亚斯在提到神庙建筑时几乎没有详细描述的任何内容，对于我们的兴趣所在（彩绘），我们只能间或看到一些他对建筑材料的记录。接下来，库格勒提到了帕萨尼亚斯对砖砌建筑和其他波罗斯岛石材（Poros-stone）建筑的描述："众所周知，砖和粗糙的波罗斯石材表面需要有灰泥涂层，以形成光滑平坦的墙面和轮廓清晰的造型。"[15]

在此，我不得不暂时打断作者的论述，提出我个人的不同看法。所有的古代纪念性建筑的建造材料的确（或说应该）都是覆盖着灰泥的砖、劣质石灰石和砂石、灰色或白色大理石，或其他石材，或者至少是取代灰泥的彩色瓷釉装饰。但作者认为，对于砖和劣质石灰石这些建筑材料来说，这是不需解释的普遍现象，根据这些材料在建筑中所占的比例，人们自然希望能够重现大理石作品光滑平坦的表面和棱角分明的造型。但事实却与

① 我们没有必要详细叙述库格勒先生对贬低这些文章重要性作出的判断。在他其他大胆的推论中，使我最为震惊的是他根据古希腊作家普卢塔克（Plutarch）的记载推断：由于灰泥墙上的金黄色涂层通过潮湿手指的摩擦不断剥落显露，最后这片墙面必将呈现出一片白色。但为什么不可能是古代绘涂和被烛火及监察官的烟火熏成的黑色或灰色呢？为什么不是绿色或红色呢？——英文版注

此相反，我们反而更欣赏最古老的和罗马晚期的建筑，他们仅用这些材料就达到了高超的造型水平和高度的精确性。因此，白色大理石墙面的色彩涂层并没有比那些自然纯粹的赤土色灰泥涂层吸引更多的注意力。我会在后文提出我对这些原始资料的看法以及对这一现象的解释。

此外，我们还可以读到："……总会有人观察到希腊纪念性建筑曾经覆盖着灰泥涂层，这是艺术发展的必然过程——人们会注意到这些装饰涂层的形式和色彩——这些涂层显然与那些用白色大理石建造的壮丽辉煌的建筑有关。由此，关于这些建筑，我们至少可以搞清楚灰泥装饰下面的原始色彩。"[16]

尽管我们可以坦然（也即将成为必然）接受根据这些证据做出的推论，但我仍然希望指出其中的弱点。我发现几乎没有人曾经怀疑过白色大理石在纪念性建筑中的使用出现在人们使用其他人造材料或天然石材之 *84*
后，因此我无法理解为什么人们会认为后来的纪念性建筑可以控制和影响早期建筑。帕萨尼亚斯和其他人的文章讨论了砖、劣质石灰石和其他材料的建造结构，文中涉及的是古代纪念性建筑中的主流。这些材料的建造做法为何会模仿或遵从晚期大理石建筑的做法？

即使我们承认这些做法与后期色彩涂层的做法有某些相似之处，但事实是库格勒先生已经承认并在文中多次强调彩绘普遍存在，它们不仅出现在用大理石建造的希腊神庙中，也出现在灰泥装饰涂层中。"由此，关于这些建筑，我们至少还可以搞清楚大理石神庙的色彩（所谓的模仿原型）。"

在讨论了帕萨尼亚斯提到的希腊和小亚细亚几座用白色大理石（更普遍的称呼是"白色石材"）建造的纪念性建筑之后，库格勒先生插入了一段对希腊语中"大理石"（λευχós λ *i*θos）一词的研究报告，他认为该词在希腊语中有多种含义；当涉及建筑领域时，即可以理解成一种颗粒呈白色的石材，也可以理解成一般的（白色）外表特征。理所当然地，他本应在引用古代作者的文章时选择最能支持他观点的那种解释。

不幸的是，库格勒先生主动放弃了这项权利，至少在引用帕萨尼亚斯的文章时是这样的。根据库格勒先生自己的描述，作者并不关心神庙的外表特征，因此符合逻辑的假设只能是他在使用该词语时采用了矿物学方面的含义，即对表面覆盖着灰泥涂层的石材的另一种称呼。但这的确很奇怪，是否大理石神庙对他来说是个特例，他似乎更愿意讨论这些神庙的建造材料而不是他通常感兴趣的东西。

库格勒不能强求每个人都毫无异议地接受他后来的推理思路。

"此外，"他说，"大理石在上文提到过的剧场和体育场中的应用也许仅仅是因为其特有的华丽效果；我们很难想象这些纪念性建筑覆盖色彩涂层后的效果。"[17]为何不能？如果我们将注意力转向著名的神谕所，我们很快就会知道这种做法是完全可能的。

让我们忽略那些关于大理石建筑的补充性引文，并暂时将与此相关的问题——为什么这些昂贵的材料通常被使用在那些距离材料产地很远的建筑中——的答案搁置一旁，让我们为安提库拉①的一座小神庙暂时停留一下，“根据帕萨尼亚斯的记载，这座神庙建于罗马人所谓的‘*opus incer-*
85 *tum*’（λογάσιν λίθοις）② 时代。因此，该建筑采用的可能是巨石砌筑的建造方法，就像著名的拉姆努斯神庙（Rhamnus）那样。拉姆努斯神庙内部曾经覆盖有灰泥涂层，因此安提库拉神庙内部可能也曾使用彩绘。通过反差明显的暗示，我们可以肯定安提库拉神庙外部呈现的是石材的天然色彩。”[18]我愿意肯定库格勒对帕萨尼亚斯这段文字的解释，以便后文评论。

作者曾就普林尼的两段文字进行过讨论，其中的微妙含义的确难以理解，更难理解的是他是如何用这些文字来支持其观点的。用绘画模仿大理石的微妙色差和纹理，在彩色大理石中通过人工镶嵌的纹理和斑点来寻求变化，这些实践对普林尼来说都是新鲜事物，难道他会因此而忽视希腊的彩绘么？库格勒先生为之辩护的事物——大理石的独特色彩和精致光泽（尽管只是这种装饰法则中过度精练的极品）——在罗马作者看来，恰恰是一种有害的革新！如果那些不恰当的引文不能为彩绘提供有力的支持，罗马作者无论如何也不会涉足该问题的研究。③作者引用的塞涅卡④的文字也同样如此。⑤

在引文中，库格勒突然将关注点转向古希腊的瓶饰画（vase paintings），这些绘画“风格上乘，画面中的神庙是白色的，红色的轮廓造型从黑色的背景中突现出来。”[19]

86 这个问题相当重要，与之前的引文相比它应该得到更多的关注。我确实能够回忆起许多带有白色建筑形象的瓶饰画，但还有一些瓶饰画中的建筑是黑色的，或者只是用黑色轮廓线勾勒出建筑形象，大部分画面仍保持

---

① Anticyra，希腊城市名。——译者注

② 该短语的字面意思是“未经整理的石块”，即天然存在的粗石（fieldstones），与规整的料石（ashlar）有明显区别。西多皮安石（Cydopean stone）很难加工。——英文版注

③ 作为库格勒先生引用古代文献的证明，在此，我将普林尼的相关论述摘抄入下：

……绘画……此时已完全被大理石取代，最终也必定会为黄金取代。不仅那些界墙（party-walls）的整个表面都涂满色彩——我们还有雕刻着图案的大理石，以及表面刻画着各种曲线的浮雕大理石板，这些曲线表示不同的物品和动物。我们不再满足于平板装饰以及整个墙体表面显示出群山图案的陵寝；我们甚至开始在石材上绘画。这种做法发明于克劳迪亚斯（Claudius）统治时期，尼禄时期的一张建筑平面曾通过插入一些浮雕大理石表面未出现的标记来打破其匀质性……

普林尼，第35卷，第1页［勒布译］

晚些时候，普林尼对传统做法的改变表示遗憾：在中庭安放先祖彩色肖像的传统习俗不得不让位于新的时尚，即用贵重的金属来表现这些图像，完全不考虑两者的相似性。尽管这段文字谈论的只是一种古老的罗马习俗，但我们仍然可以从中窥见古代彩绘雕塑的影响范围。——英文版注

④ 塞涅卡（Lucius Annaeus，约前4—65年），罗马哲学家、悲剧作家、政治家。——译者注

⑤ 塞涅卡，《书信集》，第86页。——英文版注

陶器的本色。①此外，我们很难根据瓶饰画对古代的色彩使用作出评论，因为古代陶器上使用的色彩非常有限，这使得所有的瓶饰画都只能延续以前的传统。

最终，我们获得了能够立刻解决一切疑问的决定性神谕：

Ajo aeacida te Romam vincere posse!

库格勒对希罗多德的文字给予了足够的重视（他甚至认为坚定的彩绘支持者对其权威性的攻击会因此遭受重创），但奇怪的是他只引用了两句并不连在一起的叙述性文字。希罗多德的文章确实与我们的主题密切相关，但这种相关性只有在全文引用时才能表现得更加清晰。甚至有人可能会怀疑库格勒的引文是“善意的欺骗”（*pia fraus*）。

因为这段文字本身非常有趣，在此将朗格（Lange）所译的全文[20]抄录 87
如下：

> 当古斯巴达人（Lacedaemonians）即将抛弃他们时，曾带来抵抗波利克拉特斯（Polycrate）军队的萨摩斯岛居民（Samians）也出海去了锡弗诺斯岛②；因为他们渴望金钱与财富；而这时的锡弗诺斯正是一派繁荣景象，锡弗诺斯人是当时最富有的岛上居民，这全拜岛上的金矿和银矿所赐。岛上的富有程度令人惊讶。他们进献给德尔斐的宝库像其他宝库一样华丽，但这只占到了他们税收总额的十分之一。他们每年都可以从税收中分红。现在，他们在建造宝库时总会向神祇询问：他们现在的富足安宁是否能永远延续下去；女祭司作出了如下回复：

---

① 大英博物馆收藏的瓶饰不能证实库格勒的观点，即“风格上乘”的瓶饰画中的神庙建筑都是白色的。只有意大利巴西利卡塔（Basilicata）地区晚期的劣质瓶饰才符合这种特征，白粉底色出现在神庙中的柱子等各种建筑构件上。在其他画面中，白色背景上覆盖有黄色涂层。但在雅典和古伊特鲁里亚盛期的瓶饰画中，大型建筑物既不是白色的也不是图案造型那样的黑色的。在青铜室（Bronze Room，35 号容器）中有一些雅典盛期的装饰瓶（细颈有柄长油瓶，*Lekythi*），基座和瓶颈是黑色的，瓶体是白色的，上面绘有优美的红色轮廓曲线，描绘了阿伽门农墓（Tomb of Agamemnon）中俄瑞斯托斯（Orestes）和伊莱克特拉（Electra）的主要故事情节。在这些容器中，只有一件容器表面留有厚厚的釉瓷涂层的遗迹，这种涂层也许曾经覆盖了整个瓶体。当表面的色彩剥落后，瓶体就显露出了原始的白色，而瓶体上的造型轮廓线仍然像别的瓶饰中一样精巧。我坚持认为，所有的白色瓶饰画表面都可能曾经覆盖有彩釉涂层。在唯一一座保留有色彩遗迹的建筑——阿伽门农墓——中，毛茛叶装饰是青绿色（green-blue）的，檐口上的卵锚饰线脚是蓝色的。由于色彩涂层剥落严重，墓石基色已无法辨识。隔壁的伊特鲁里亚室（Etruscan Room）中有两件著名的盛期瓶饰；喷泉住宅中的伊特鲁里亚妇女正在圆柱门廊下用水罐汲水。其中的一件瓶饰（12 号容器，编号 280）上绘有四柱门廊的图案，门廊两侧是两个壁柱，中间是两个爱奥尼柱式，檐壁上有多立克式的三垅板，再上面是三角山花。整个建筑的表面都是黑色的，只有柱间墙和山花是白色的，但瓶饰中的其他地方再没有出现白色图案。

附近一件画面更漂亮的瓶饰的情形与此相同，两侧的壁角柱之间有一个四柱多立克门廊，柱廊之间和壁角柱旁边有五个装饰华丽的喷泉口。同样，这件瓶饰的柱间墙也是白色的；其他一切都是黑褐色的，如图案造型等。在年代更早的其他瓶饰中，所有的柱廊都是深色的，或者使用瓶饰的基色。——英文版注

② 希腊德尔斐附近岛屿，以锡弗诺斯（Siphnus）宝库而著名。——译者注

锡弗诺斯人，当心公共集会场所变成白色的那一天，
市场也变成白色，你们要做出谨慎的抉择；
当心木制的伏兵和红色使者的到来和攻击。

那时①，锡弗诺斯的市场和市政厅都是用帕罗斯岛②大理石装饰的。

在女祭司宣读神谕时，锡弗诺斯人并不理解其真正含义，即使在萨摩斯岛的居民到来后，情况也没有多少改观。萨摩斯人抵达锡弗诺斯岛后立即派使者坐船到城中联络；现在我们已经知道，古代的船只都涂有朱红色；这就是女祭司对锡弗诺斯人的警告：当心木制的伏兵和红色使者。萨摩斯使者向锡弗诺斯人提出10塔兰特③贷款的请求；在请求被拒绝以后，萨摩斯人开始破坏这片土地。锡弗诺斯人听到这个消息后立即开始驱逐萨摩斯人，但他们的战斗力相当薄弱，萨摩斯人切断了他们与城中的联系，并向他们强索了100塔兰特。[21]

这就是那些文字。为了自身的利益，锡弗诺斯人应该尽可能长期地履行神谕的指示。神谕通常表现为晦涩难懂的反命题叙述，神谕中描述的或者是从未听说过的事情，或者是不可能发生的事情。希腊人从未听说过红色的使者，因为按照他们的习俗，使者是身着白衣的。就像希腊人很难想象红色的使者一样，他们也很难理解木制伏兵或由木制士兵组成的军队（λόχος）的真正含义。

如果同样的神谕诗文中不涉及红色使者的对立面，即白色市场和城市
88 公共场所，希腊人是否仍然难以接受？早期对神谕的执行和那些最重要的条件是否有可能演变为常规形态？绝不可能！毫无疑问，白色市场和诸如此类的事物并不符合当地的风俗和传统，至少在神谕宣布时是这样。

的确，从充满韵律感的古老诗文中还可以得出另一种推论：既然通常采用白色的使者服装变成了非传统的深红色，我们也有理由判断，相对传统的红色市场来说，神秘的白色市场也采用了相同的表述手法。因此，在神谕颁布之时，白色的市场和白色的城市公共场所在人们看来必定是荒谬的。

还有重要的问题仍然没有解决：在建筑中使用白色大理石的习惯是否是希腊习俗彻底剧变（传统的彩绘做法也就此停止）的结果，或者白色的市场和城市公共场所只是碰巧在萨摩斯人坐船抵达时出现在城市当中。锡弗诺斯人是否已经忘记了他们预言中的命运和与此相关的历史细节？在决定用帕罗斯岛大理石建造市场和公共场所时，他们确实想到过对皮提亚的神谕置之不理，而是保留材料的原始白色。

---

① That is, at the time of the arrival of the Samians. 即萨摩斯岛居民到达之时。——英文版注

② Parian，爱琴海中岛屿，盛产白色半透明大理石。——译者注

③ talent，古希腊的重量及货币单位。——译者注

这是无法假设的，特别是在神谕（像传说中的那样）被怀疑之后的这么短时间之内。从希罗多德著作中引用的文字也质疑这种观点：

Τοῖσι δὲ Σιφνίοισι ἦν τότε ἱ ἀγορὰ καὶ τὸ πρυτανήϊον παριῷ λίθῳ ἠσχημένα①[22]

希罗多德是这件事发生后出生的第二代人（他认识一位生活在那个时代的人的孙子）。锡弗诺斯城并没被彻底摧毁，只是遭到了入侵者的劫掠。因此，在希罗多德撰写他的历史巨著时，锡弗诺斯的建筑仍然完好地矗立在城中。事实虽然如此，希罗多德在字里行间却似乎暗示着这些建筑的情况在那件事后发生了改变。

但是，对此假设最不利的事实是，作为一次显著的习俗突变、一次对传统的颠覆，现实中并没有任何历史遗迹的碎片来支持这一观点。因此，
我们只能做出如下假设：在此事发生时，市场和城市公共场所刚刚建成，89
还没有来得及用绘画装饰——在锡弗诺斯人的建筑构想中从没有出现过白色市场的形象，但在变幻莫测的神喻实现时，这些建筑的确是白色的。

我认为对神谕的解释必然会有一些戏剧性的成分；对一位杰出的历史作者而言，其他的任何解释都是软弱无力且微不足道的。像锡弗诺斯人一样，库格勒先生也被皮提亚的神谕所欺骗，他在很早的时候就满意地宣称："根据这项证据，我们可以得出如下明确结论：在希腊艺术盛期，用帕罗斯岛大理石建造的雅典建筑——其中自然可以包括用其他白色大理石，特别是潘泰列克大理石，建造的建筑——必然呈现出白色的外观。"[23]

但这个结论的正确性"并不是确定无疑的"，根据我的解释（我并敢向读者明确地保证这是唯一正确的解释），神谕宣告了如下内容："不只是白色神庙，包括白色市场和白色的城市公共场所——基本上可以说是爱奥尼希腊的所有纪念性建筑——对人们来说都是新鲜事物，也许他们曾经大面积使用的色彩'本质上'都是红色。"

在库格勒作为证据引用的所有古代记述中，只有一项可以支持他的证据；即关于安提库拉神庙的考察报告。这也许可以让他得到片刻的喘息之机。

在引用古代证词的同时，库格勒先生在他的小册子中还对古代神庙中的金属装饰做了简要描述。这部分内容与争论的热点问题也有一定的联系，它们证明了在用白色大理石建造希腊神庙的建筑构思中还留有许多自由发挥的空间，如可以用金属配件做保护层、祭祀品和扶手栏杆②等。但后来这种附属装饰逐渐增加，破坏了建筑的均衡感。

---

① ἄσκειν，*ornare*：装备（to equip），不是等到以后再行装饰，而且大部分都有雕塑和建筑饰物。——英文版注

② 提到扶手栏杆，我必须提出我的观点，我认为它们是建筑原始构思中的一部分。许多希腊神庙的柱子之间都安装有栏杆，如今我们在雅典的神庙中仍然可以看到这些栏杆的遗迹。——英文版注

鉴于在围绕该作者观点的争论中还缺少一种有效的攻击（methodical assault）——尽管这些内容并不一定适合文章的主题——在此，我仅提出以下问题：以不断分裂和分化为特征的当代艺术理论的目的何在？与其总是区别和分割各种艺术形式，强调一件艺术品的综合效果与环境和附属装饰之间或恰当或不妥的关系是否更有意义？

我们再也无法见到希腊神庙作为更宏观整体之一部分的情形了，其中神庙是各种关系的中心。这就像神庙将圣所围绕在其中，而神庙本身只具有从属意义。这的确让我们略感失望，但是我们为此就一定要再次剥夺神庙中必要附属装饰的应有地位么？

90

Ⅲ. 化学证据

在文中的第二部分，库格勒回顾了关于古代纪念性建筑上残存色彩遗迹的当代报告。考虑到与本文主题相关，我们首先要关注一下旅行者对古代遗迹色彩涂层的考察报告，他们的考察对象是库格勒先生认为保持着白色——即没有色彩涂层——的大理石神庙。

首先引用本人的《古代建筑与雕塑的彩绘之初评》一书中的一段文字：

“（忒修斯）神庙后门廊一根壁角柱的柱颈部以下、面向壁角柱之间柱廊一侧、观察者视线的位置上，有一片幸存下来的手掌大小的蓝色涂料。内殿似乎也涂满了这种色彩。在前殿壁角柱之间的壁龛——进入基督纪元后用神庙顶棚的碎片建造而成——的结构部分中，我们仍可以发现完全或部分覆盖着原始釉瓷涂料的建筑片段。作者曾带回一块这样的片段，作为反对怀疑者的证据。神庙内殿中，从柱脚到大约6层石块高的墙面上都覆盖着一层相当厚的灰泥，这可以通过石材表面规则的凹凸不平的坎凿痕迹和残留的灰泥碎片来证实。”[24]

这段引文也许可以和另外一段并不广为人知的文字联系在一起。早在1820年，英国著名建筑师和古代遗迹专家T·L·唐纳森先生就发表了关于这座神庙的考察报告，原文如下：

“斯图亚特关于这座神庙的绘画是其著作中最完整的部分，再没有其他可以附加的评论了。顶棚的藻井是蓝色的，表面有一颗镀金的星星。柱廊的所有线脚和小饰带上都有彩绘。西北角（N. W. angle）外檐口的下表面上也有装饰涂层，尽管我们已经无法判断原来的完整形象，但从残留的部分线条来看，原来绘制的可能是忍冬草图案。在所有的柱子表面和内部过梁及檐壁表面上都有一层很薄的色彩涂层；我认为，整座建筑表面都曾经覆盖着灰泥或较薄的色彩涂层。三垅板下表面是蓝色的，我手头有一些这种色彩遗迹的残片。外部过梁的装饰带和檐口基座上都有彩绘，但在外部环境的持续作用下，大部分彩绘都已剥落；但其遗迹仍是可以识别的，尽管我们无法推断出原来的形象。‘内殿墙壁的内表面和外表面也都经过有目的的处理，其目的显然是为石膏装饰或色彩涂层做准备。’在柱子和壁角柱上可以看到一些为安装栏杆预留的孔洞，这些孔洞划分了……柱子和壁角柱底部也有一些雕刻切口，这是为安装基座预留的，帕提农神庙中即有此例。”①[25] 91

接下来，为了不无故打断讨论思路，我要借用一些我和戈瑞于1832年在雅典纪念性建筑中的考察成果。

像唐纳森一样，我们也发现尽管忒修斯神庙是精心建造的成果，但其外表面并没有打磨得非常光滑，而是呈现出颗粒状外观；在所有古代大理石神庙中都能看到这种颗粒状表面，因此这座神庙并非特例。只有接缝边缘为了平滑连接才进行了磨光处理，接头处也采用了同样的处理方法。有些地方的接缝几乎看不出来。忒修斯神庙内部的处理手法则完全不同。墙体表面的刻凿更加粗糙，并保留有一些灰泥的遗迹。

在调查壁角柱的柱头时，我十分偶然地发现了上文提到的那块蓝色涂料。出错的可能性几乎为零。当我在梯子的帮助下调查这块遗迹时，绍贝特（Schaubert）先生甚至不在现场。[26]无论如何，直到我们离开之时，他还没有对这座神庙进行认真调查，而他在柏林（在我回到此地之前）期间发表的彩绘画稿是从我与戈瑞的画稿中描摹复制来的。他递送给冯·夸斯特（von Quast）先生的其他一些画稿也是如此，而后者已将其用在自己的知名出版物中。[27]

如果绍贝特先生确信他在内殿墙壁上看到了黄色涂料的痕迹，那也肯定是在另外的地方——不是在我发现蓝色痕迹的壁角柱上。我猜想他将古老的顶棚上仍然可以看见的黄色遗迹（或只是些许轻微的色调）错当成了最初的色彩。

但是，库格勒先生不应该将这些看似相互矛盾的评论联系在一起，因为——我已经说过——我们的观察报告来自不同的地点。当我说那些没有发现色彩遗迹的内殿墙壁也是壁角柱那样的蓝色的时候，我的意思是这只是一个猜想。但谁又知道他们在彩绘中采用了何种手法以及使用了何种丰富的色彩呢——也许他们绘制了一些与历史有关的图案？

我确信自己在忒修斯神庙门廊内部的过梁上发现了几处现存的红色涂 92
料②，尽管只是连接处和角落附近的几块很小的碎片。这几块涂料的红色

① 帕提农神庙西侧外部柱廊的柱子之间也留有安装栏杆的痕迹。——英文版注

② 这里有必要再强调一下我在早期著作中的意见，我认为在建筑上大面积使用的红色与在装饰中使用的红色有很大区别。建筑表面的红色或微微发黄的红色是饱和且透明的，就像龙血一样；相反，装饰细部中使用的红色是热烈的朱砂色。——英文版注

类似赤土色，表面像有一层封蜡一样闪闪发光，但有些地方又是透明的。也许最初的色彩要比现在稍浅一些。尽管柱子上的色彩遗迹更难寻找，但在长时间的调查和一把小刀的帮助下，我还是找到了一些带有光泽的红色斑点。

像帕提农神庙一样，我对忒修斯神庙三垅板的调查研究一无所获。我和库格勒先生对忒修斯神庙柱间壁壁龛中的色彩存有不同意见。我在罗马考古协会（Archeological Institute in Rome）年报中发表的复原图受到了维特鲁威、西西里的墙壁以及科尔奈托著名的罗马－伊特鲁里亚坟墓这三者的共同影响。[28]

有些装饰涂层的轮廓线仍然可以辨认出来；那些叶片图案（或其他任何图案）表面的金黄色依然保存完好，但其周围的墙体却是饱经风霜的白色。在保护工作开展得更好的地方，同样或相似的装饰手法得到了较好的保存，我们可以看到像马赛克一样拼接起来的完整的基础色彩涂层，接缝和装饰边都处理得相当精致。我猜想镶嵌背景中装饰边的应用是为了掩饰接缝的存在。位于牢固的瓷釉背景上较薄的第二层彩绘的遗迹仍然清晰可见，特别是在壁角柱柱头的叶片装饰图案中，或是在叶芽装饰和卵形装饰中。帕提农神庙中的一切都是模糊不清的；多数情况下都是只有残存的轮廓线，但在忒修斯神庙中我却可以明确地断定某些装饰细部的色彩。

第二层色彩涂层分为两种类型。用较薄的涂层覆盖较大的表面，这是一种突出轮廓线的惯常做法。顶棚壁龛周围是串珠形装饰，在这些串珠形装饰的绿色边线上有两条这样的薄涂层装饰，只在中间留出了背景的绿色。迷宫式装饰的核心部位也是如此，大部分檐壁表面都采用了这种装饰图案。

第二种涂层比第一种更厚一些，只以细线的形式用于图形接缝处。釉瓷基底是一层手指甲那么厚的玻璃质硬壳。不同的色彩涂料不一定要具有
93 相同的环境抵抗力；而且，相比之下有些涂料更易碎、更容易破裂。这就是为什么色彩丰富的内部图案或外表涂层保存得更长久的原因。在没有釉瓷硬壳的地方石材更容易被环境腐蚀，因此，早期神庙外部的彩绘通常会有微微凸起的浮雕感。

不断提及的忒修斯神庙中的顶棚碎片（尽管在传播和维护过程中破坏严重）明确证实了前文提到的种种细节。

在许多保留有原始色彩基层的地方，我们更难确切地推知所用色彩涂料的特性。我曾将镶嵌图案之间的接缝错看成镀金装饰线，并坚持认为这种蜡色釉瓷①与著名的古埃及釉瓷之间存在着密切联系。古埃及釉瓷中的各种细节装饰是相互分离的，周围环绕着金色的细丝装饰线，更确切地说

---

① 见下文。——英文版注

a. 忒修斯神庙。顶棚片段：苔绿色瓷釉涂料；b. 天蓝色；c. 脱落的和无法决定的；d. 赤褐色背景；e. 较薄的色彩涂层或瓷釉基层上金色。康奈尔大学提供

是凸起的金属基底。有些人认为它们是白色的。偶尔有些人倾向于认为这
些装饰的原始色彩就是与现在一样的暗色调，这是根据亚述与埃及图案中 94
的深色轮廓线类推得到的猜想。但是，参考其他色彩的深度，我对这种猜想不敢苟同。至于那些凸起的表面，肯定是因为这些表面有的地方是镀金的，而其他地方则是比背景色还深的阴影色。

我在伊瑞克提翁神庙中并没有发现明确的色彩遗迹。当我在雅典的停留已接近尾声时，我才开始研究这座珍贵的遗迹宝库。伊瑞克提翁神庙丰富的建筑形式和完整的设计手法为我在雅典的研究提供了大量素材。至少这组神庙群的内部曾经安装有彩色大理石，因为在一次挖掘中（我们对这座建筑共进行了两次挖掘，这是其中的一次），除了上文提到的绿色柱身遗迹之外，我还发现了很薄的浅黄色或绿色大理石碎片以及透明的棕褐色石材（可能是半透明的条纹大理石）。[①] 我认为古代人将它们称为“Σφεγγίτης”。我想，在有壁柱的建筑正立面上，它们可能取代了窗框的位置。我肯定这些是古代建筑遗迹上的碎片。后文将对这座神庙上的色彩做出详细解释。

① 参见《初评》(Preliminary Remarks) 等著作。——英文版注

在风之神庙（Temple of the Winds）的内壁和檐口上，我都从下面清楚地看到了彩绘的遗迹。但我并没有对这座神庙的细节进行调查。

在吕西克拉特奖杯亭上，我发现顶端的叶片是绿色的，基底是蓝色的，叶冠下面密集的叶形饰（water leaves）是红蓝交替的。但鉴于现存的只是少量彩绘遗迹，我承认上述描述中推测的成分较多。

根据现存的古代支撑柱（bracing pins）在墙壁上留下的凹槽位置判断，纪念性建筑上的三足祭坛并不是位于著名的科林斯柱头顶端叶片之上，而是用三足将其围绕在中间，将器皿的主体置于顶端叶片之上，以形成对三足祭坛中心的支撑，这与我们在现存的大理石三足祭坛中见到的情形非常相似。毛茛叶涡卷装饰上的三足从顶端叶片延伸的屋顶结束。这些才是最本质的装饰特征（这表明对各种细部色彩的关注会使我们误入歧途）①，今后我将根据自己的调查研究对此做出进一步说明。

对我们来说，这些证据足以说明大理石神庙并不是白色或浅黄色的（这种观念如今已经根深蒂固，即使最近出现的不同意见也动摇不了这种
95 信念），而是用丰富的饱和色形成灿烂华丽的效果。这种色调的主要效果与我们今天看到的大致相同，只是更加灿烂和明亮。水晶白色的石材在红色玻璃质涂层下发出柔和的微光；与白色交替出现的是微微有些发绿的蓝色，黑色的加入缓和了两者间的对比；精致的金色线条布满整个装饰面，并使主体部分更加突出。②那么，为什么这种在古代陶塑中非常流行的色调对神庙来说却是骇人听闻的呢？在南半球正午的天空下，很少有建筑群褪色成微微发光的色调，而其光辉也只能用接近的朱红色来表现。

在我提出最新的调查成果之前，还是让我们再回顾一下库格勒先生的文章。他认为帕提农神庙的金色涂料并不是古代色彩涂层的遗迹。多德威尔认为，神庙南墙比其他墙壁更白的现象是环境影响的结果，从南面吹来的海风日复一日地腐蚀着这一侧的墙体（下文将作出进一步说明）。首先，我不能接受库格勒关于保护层的假设，他认为这些保护层最初并不存在。其次，在金属材料的影响下，保护层下面的色彩也许会与暴露在外的色彩的褪色速度相同。再次，我没有看到任何差别。在良好的侧光照射下，我只能看到暗销留下的洞口周围有一圈深色的环。

我曾经指出，根据现存涂料硬壳残迹的厚度和脆性可以推断出整座纪念性建筑上都曾覆盖着色彩涂层，否则边缘的涂料就很容易剥落。对此，库格勒先生持反对意见，但他并不只是针对我个人，他认为更古老的彩绘具有浮雕一样的外表形态。这一点在前文已经讨论过了。

---

① 在木版画中我们也许可以看到意想不到的丰富细部。插图中的串珠装饰是在两个珠子之间的位置有两个卷轴。我在忒修斯神庙顶棚的不同位置都发现了这种装饰，并保留有原始复制图。——英文版注

② 即金色装饰（包括保护层、山形饰［acroteria］、栏杆等）。——英文版注

奥特弗里德·穆勒提到密涅瓦·普里奥斯神庙的“抛光”（polishing）时，他所指的可能并不是“抛光”一词的真正含义。[29]对应于希腊语的ἀχάτεξεστον一词，我认为穆勒所指的并不是摩擦发亮的意思，而是一种古老且值得赞美的工艺——将建造用的石块小心精确地放置在指定的水平面上，同时使暴露的表面保持粗糙，以便收尾工作的进行。这种工艺在法国至今仍然流行。

伊瑞克提翁神庙的檐壁不应该成为争论的对象（也就是说，它是用伊鲁西斯石材（Eleusinian stone）而非大理石建造的），因为其表面覆盖者青铜色的浮雕板。值得注意的是，长期以来它一直是我们争论的关注点，直到最近加固檐壁上的几个镀金雕像时，人们才发现了雕像之间的灰泥基底。这种方法与古代观念完全相反，古代建筑的表面装饰起源于镶嵌板或墙壁装饰一类的动因（见下文）。它们的确与像檐壁一样的装饰板连接在一起，但使用伊 96
鲁西斯石材形成的总体效果将这种连接隐藏了起来。至于他们为什么一定要选择这种石材，是出于经济的考虑还是另有原因，我们在此不做讨论。

“直到有权威专家承认雅典纪念性建筑上的金色是曾经存在的色彩涂层的残迹时（我们相信这种情况即将出现），我们才能真正接受这种观点。”[30]因此，库格勒先生得出的观点完全否认了色彩涂层普遍存在的假设。他的愿望应被实现：

在特别委员会会议上的发言，该委员会的任务是调查埃尔金大理石上发现的色彩遗迹，该会议于1837年6月1日在伦敦大英博物馆召开[31]。①

布雷斯布里奇（Bracebridge）先生愿意提供他关于伊瑞克提翁神庙的装饰式样和色彩的记录；记录的内容都是关于北门廊的［这是雅典卫城中著名的密涅瓦、普里奥斯、潘多瑟斯和伊瑞克提斯联合神庙］。“由于神庙的这一侧不受海风腐蚀”，因此，北门廊的雕刻装饰就像刚完成一样明确清晰；北门廊的柱头装饰精美，保护完好，柱身上也保留着涂料的痕迹。特别是在雕刻图案的顶端有一层薄薄的蓝灰色涂层，而其他地方所见的只有黄色和红色涂料的遗迹；但留下来的涂料残片通常都比较小，而且褪色很严重，因此人们对这一主题一直争论不休；唯一可以肯定的是建筑表面的确曾经覆盖有精心绘制的色彩涂层（存在于所有建筑中浮雕或柱头的凹刻部分及其他地方），而且存在丰富的细微变化；凸起的表面仍然保持原色。使用蓝色、红色和黄色涂料的可能性非常大。有些地方的涂料被砍掉拿去做研究，希望通过实验分析出它们真正的成分。

布雷斯布里奇先生并没有调查过忒修斯神庙的柱头，但他认为上面有涂料痕迹，因为他相信忒修斯神庙与伊瑞克提翁神庙的情形完全相同。

---

① 希托夫、汉密尔顿（Hamilton）、韦斯特马科特（Westmacott）、安吉尔和唐纳森等人都出席了此次会议。这份发言稿对我们的主题有重要意义。——英文版注

1835年到1836年冬天，布雷斯布里奇先生给沃兹沃斯（Wordsworth）先生写了一封信，这封信发刊印在“雅典和阿提卡①末尾”……，他在信中提到了一次在帕提农神庙南侧深达25英尺的挖掘；在这片采石场及附近散落的各个采石点发现了许多大块的大理石遗迹；在大理石遗迹之下还发现了各种器皿、陶器和燃烧过的木材的碎片。看到这些遗迹的人肯定会认为，这一层挖掘的内容是帕提农神庙工匠淘汰的大理石，而实际上这一层
97 是老的百尺庙（Hecatompedon）留下的遗迹［只有这座神庙才可能留下燃烧过的木材遗迹］。在这里发现了许多残存的大理石石块，其中还有一些三垅板、带凹槽的柱身和雕像的碎片［特别是还有一尊女性头部的雕塑（发饰与今天十分相似）］。最后提到的这三种碎片上涂着明亮的红色、蓝色和黄色涂料，不过更确切地说是朱红色、群青色和稻草色，因为它们都有不同程度的褪色。

这些不同寻常的样本在雅典卫城中得到了精心的保护，但我们仍然担心这些明亮的色彩到底能保持多久。这些色彩绘制在一层厚厚的背景涂层上。女性头像的眼睛和眉毛上涂有色彩。如果我们能考虑到作品刚制作完成时潘泰列克大理石的宏伟效果，我们就会明白为什么人们要使用色彩涂料而不是模仿更古老的阿提卡神庙的做法，因为在整体的光辉效果中人眼会忽视许多作品中的细节[32]。

此后，法拉第先生发表了他对一些涂料碎片化学成分的分析结果。他在所有的碎片中都发现了石蜡和芳香树脂的成分，但只有蓝色碎片帮助他确定了涂料的组成成分（铜）。②

当时还展出了伊瑞克提翁神庙中的玻璃质串珠装饰，这是该神庙四柱

---

① Attica，位于希腊东南部雅典附近的古老地区。——译者注

② 法拉第的报告如下：

A. 神庙大门（Propylaeum）壁角柱的涂层成分。蓝色是由碳酸铜产生的：石蜡与色彩涂料混合在一起。

B. 忒修斯神庙多立克柱式檐部装饰下表面的涂层成分。蓝色是含铜的（釉质或）玻璃质色彩。其中也包含石蜡成分。

C. 忒修斯神庙柱身的涂层成分。我还不能十分肯定柱身表面的成分。我在其中并没有发现石蜡成分或矿物性涂料，也许是因为其中含有铁的成分。有些碎片中含有芳香树脂的成分，而所有碎片中都含有某种易燃物质。也许曾经使用过某些植物性涂料。

D. 忒修斯神庙顶棚［或 lucunaria］的涂层成分。蓝色是含铜的（釉质或）玻璃质色彩，其中也包含石蜡成分。

E. 雅典卫城山门北翼的涂层成分。蓝色是由碳酸铜产生的。其中也包含石蜡成分。

F. 同上。

1837年4月21日，伦敦　　M·法拉第

［法拉第的报告中还包括一封给T·L·唐纳森的信，写信的时间是1837年4月21日，载于《英国皇家建筑师学会学报》（RIBA *Transactions*）（1842年），106页——哈里·弗朗西斯·马尔格拉弗］——英文版注

式门廊中爱奥尼柱头涡卷之间的柱顶盘上的装饰线脚。它们有的是黄色的，有的是红色的，有的是紫色的，还有的是蓝色的。

在结论中，法拉第这样写道：“在这些建筑中肯定使用过色彩涂料，通过分析唐纳森先生从忒修斯神庙带回的色彩碎片，我们可以得出这样的结论：忒修斯神庙的柱身和其他作为样本来源的建筑表面都覆盖着色彩涂层。”

综上，这就是库格勒先生“决定性的、正式的”专家意见，除了举起 98
白旗，他已别无选择。

Ⅳ. 进一步的推测

库格勒先生不理解为何古人会为那些没有完成的华丽建筑搬运那些白色大理石——这种做法通常耗资巨大，而且运输距离很长。如果可能的话，最简略的回答也许就是再次重复被多次引用的著作——《初评》——中某些章节的附属内容[33]。

首先，我们很难说服人们相信古代人会用色彩涂料覆盖大理石这样华丽的建筑材料。实际上，除了用木材或砖建造的最古老纪念性建筑以外，现存的大部分（所有古老的）希腊神庙都是用与大理石相似的极普通的灰白色石灰石或渗水贝石灰建造的，在建筑表面的色彩涂层下面还有一层打底的灰泥涂层。使用白色大理石只是晚期做法，而且只在那些位于材料产地附近或非常重要的华丽建筑中使用，具体原因如下：

1. 白色大理石硬度适中、质地优良、纹理均匀、坚固耐久，在使用中需要最杰出的磨光工艺。

2. 白色大理石使灰泥涂层显得多余。在用大理石建造的神庙中，色彩可以直接绘制在建筑材料上。新的着色技术的出现是引进白色大理石的首要成果，也是这种建筑材料受到青睐和广泛传播的重要原因；上釉烧色的着色方法只有在大理石和象牙上才能取得较好的效果。随后，人们发明了一种更简单的上色方法——将加热熔化的石蜡直接绘制在材料表面，甚至在木材上也可以。在传统方法中，蜡制涂料在使用时处于一种软膏的状态，最终形成釉瓷的效果。块与块之间用熔铁焊接，接缝被隐藏起来。

这些推测主要以普林尼的叙述为基础。①他认为他所知道的三位帕罗斯 99

---

① 普林尼，《博物志》第 35 书，xxxix。“Ceris pingere ac piauram inurere quis primus excogitaverit，non constat. quidarn Aristidis inventum putant，postea consummatum a Praxitele；sed aliquanto vetustiores encaustae picturae exstitere，ut Polygnoti et Nicanoria，Mnesilai Parionmm.”（我们已无从知晓石蜡着色法和上釉烧色法的发明者为谁。有人认为这些是阿里斯蒂德斯［Aristides］的发明，随后，帕拉克斯特勒斯［Praxiteles］将其完善。但是，上釉烧色法很早之前就已存在，如波利格诺托斯神庙以及帕罗斯岛的尼加诺和穆纳西劳斯［Nicanor and Mnasilaus］中的装饰。）［勒布译］

一层像石灰一样的坚固的白色涂层也许是古老的上釉烧色法的必要基底。——英文版注岛的油漆装饰工是最早使用上釉烧色技术的人。众所周知，最为古老且最为著名的大理石采石场位于帕罗斯岛（Paros）。

普林尼同时还提到很久以前有两种上釉烧色的方法：一种是（在大理石上?）使用石蜡，一种是在象牙上使用芳香树脂或雕刻刀。后来又发明了第三种方法，即用刷子蘸取热熔状态的石蜡进行创作——这种涂料不受阳光、海水和恶劣气候条件的影响。[①]我对希腊纪念性建筑涂料遗迹的调查结果，增强了我对先前提出的推测的信心。

3. 由于石蜡涂层具有光彩夺目的华丽效果和透明的质感，白色晶体的基底可以透过半透明的玻璃质石蜡层表现其自身特点。

4. 白色大理石这种材料本身的价值就非常高。即使是那些不能立即吸
100 引人们注意力的建筑作品也具有华丽的外观效果。[②]菲迪亚斯的象牙雕像的故事已非常著名。其中也包含国家的荣誉和对神祇的尊敬。

最开始提出的问题是希腊人为何要在白色的神庙上着色，在引用上述资料的过程中这个问题已经转化为为何选择白色大理石作为着色对象。这种做法其实是有意为之，这并不是轻视逻辑的一致性。这是对该问题的正确理解，随着时间的推移，这种正确性会愈加明显。

无论发现于何处，白色大理石在每一个可以想到的方面都能展现出它所具有的出色和完美，它具有高贵的纹理、水晶般的透明，其色彩为雅典

---

① 普林尼的表述（第35书，xvi）——“*cestro*，*id est vericulo*”——通常是指实践中的技术手段，与 *penicillo* 相反。但是希腊语中 χ εστρον 一词有双重含义。第一种含义是指锐利的器具，即雕刻刀；第二种含义是狄奥斯科里（Dioscorides）分类中的一类芳香植物的名称。拉丁语 *vericulum* 一词只在这篇文章中出现过。普林尼是否会将 *cestrum* 理解成含义相反的 *cera*，而他所说的芳香树脂是指在古代纪念性建筑的涂料中发现的物质？普林尼的确在另一篇文章中将 *penicillum* 和 *cestrum* 理解成含义相反的两个单词，因此，将 *cestrum* 理解为“雕刻刀”的惯常译法显得有些似是而非。但文章中含义并不清晰。——英文版注

② 最后一条原因非常重要，库格勒认为这种说法完全背离了人类的本性，因此他极力反对。他认为，种种迹象表明象牙雕像内部并没有一个由劣质材料制成的核心。

但是，菲迪亚斯的象牙雕像会不会用多彩华丽的昂贵的黄金装饰覆盖了象牙本身温和的白色呢？确实存在这方面的证据。既然库格勒先生不接受我的观点，我可以引用一些更权威的著作来支持我的想法。

普林尼在《博物志》第36书，xxii 中写道：“*Durat et Cyzici delubrum*，*in quo tubulum aureum commissuris omnibus politi lapidis subiecit artifex*，*eboreum Iovem dicaturus intus coronante eum marmoreo Apolline. translucent ergo iuncturae tenuissimis capillamentis lenique adflatu simulacra refovent*，*et praeter ingenium artificis ipsa materia ingenii quamvis occulta in pretio operis intellegitur.*”［库奇库斯（Cyzicus）也有一座幸存下来的神庙；建筑师在石刻装饰的每一处垂直接缝中都插入了一根黄金小管，并在神殿中放置了一尊朱庇特象牙雕像，旁边是正在为其行加冠礼的阿波罗大理石像。这样一来，光线可以通过纤细的空隙照射到室内，凉爽的微风可以轻拂雕像表面。除了建筑师的巧妙构思之外，其设计原料——也许会被隐藏起来——也有助于提升作品的整体价值。］［勒布译］

这篇文章从多个角度涉及了我们讨论的主题。普林尼所要表达的似乎是黄金小管透过覆盖它的物质闪烁出微弱的光芒，并用一层精致的色彩将雕像包裹起来。除了色彩涂层或彩色石蜡的光泽，这还有可能是什么呢？——英文版注

雕塑和绘画的发展提供了最完美的基底色，而芳香釉瓷（fragrant enamel[①]）彩饰为大理石的坚固性和耐久性提供了重要保障。如果没有遭到蛮族的破坏，这些艺术作品在今天仍然可以保持其原始之美。我们可以参考化学家汉弗莱·戴维爵士[②]在其著作《旅行中的慰藉》第5章中的论述。

我认为这场争论的目的并不是从美学的角度出发，对库格勒先生基于其古代彩绘体系[③]提出的艺术观点进行详细审查；也不是对他构建的神庙系谱进行攻击，他甚至曾经在一篇文章中承认神庙内部和前后门廊上都有彩绘，他在文中这样写道：

> 问题再次集中在古代人是否有意在列柱式神庙的长边造成这种效果。实际情况则恰恰相反，在更多的实例中，色彩的使用被限制在狭窄的主立面上，以突出这些立面的重要地位；“前后门廊的进深应视建筑自身
> 需求而定，它们是主立面装饰的重要背景。”[④]这一观点似乎可以在维特鲁 101
> 威的论述中得到证实，他认为柱间距在设计时可以适当放宽，以形成壮观的建筑效果；同时，他还赞同赫莫杰尼斯（Hermogenes）提出的dipheral[⑤]，即列柱进深和柱间距越大所形成的阴影效果越强烈。但是，如果通过暗色调的使用已达到同样目的，增大列柱进深和柱间距的效果则不甚明显[34]。

但是，如果柱子本身的色彩也比较暗，又当何论？我不想为此再重复那些略显乏味的引文[35]。

V. 四要素

希腊文化以众多早已消失和灭亡的传统为依托，同时受到各种外来动因的影响，这些动因在传入希腊的过程中已失去了它们的原始意义。

神话学（mythology）是希腊文化自由的诗歌创作的产物，我们最早认

---

① 这里我要提出的是，对于希腊和印第安人来说，芳香的气味是完整的艺术作品中的重要组成部分。——英文版注

② Sir Humphry Davy，1778—1829 年，英国化学家，煤矿安全灯的发明者。——译者注

③ 我仍然想向库格勒先生提出这样的问题，他是否发自内心地喜欢格里陶德博物馆中按照他的体系建造的 Aeginean 神庙模型？在所有的现代希腊多立克神庙中，我最欣赏的是用红色花岗石建造的夏洛滕堡（Charlottenburg）小礼拜堂。[Aeginean 神庙模型参考的是莱奥·冯·克伦策创作的神庙彩色浮雕，这座神庙是他在 1836 年为格里陶德博物馆建造的（现已毁坏）。他将这个模型放在来自爱琴岛的三角形山花雕刻之上的门楣内部，这些雕刻由贝特尔·托瓦尔森修复。夏洛滕堡小礼拜堂是在美泉宫花园（Schlosspark）中为柯尼金·路易斯（Königin Luise）建造的多立克陵墓（Doric Mausoleum），由申克尔在 1810—1812 年期间建造。1828 年，申克尔在柱廊中用红色花岗石替换了最初的砂岩。——哈里·弗朗西斯·马尔格拉弗] ——英文版注

④ 我并不清楚作者是否希望由此做出推论。——英文版注

⑤ 英译本用此词，未查到对应之中文。——译者注

识的史诗作者是荷马与赫西奥德。希腊神话学曾经在自然象征主义的哲学系统中得到繁荣发展①，但如今它已变得难以理解，并重新回归为神话。希腊神话学根植于实际中那些已经消失的传统，根植于国内外的宗教散文与诗歌。这就是自由的希腊诗歌中众神诞生的沃土。与神话学相同，艺术作为神话的例证，在古老的本土动因和外来动因的双重作用下呈现出爆发式的发展状态，但这些动因都已脱离它们的原始根基。

但是，这就产生了——当处于平原上的亚述和埃及都已井井有条地组织起稠密的人口时，小亚细亚和希腊的沃土是否仍在与那些来自陆地的力量（大量有力的遗迹可以为它们一直持续到晚期的活跃性提供证据）抗争；现存遗迹所反映的文化现象，仍有许多并不为我们所知，这些遗址是否能证明这片区域是人类最早的栖息地之一②，并在其历史进程中不断被入侵者垂涎和占领——一个不可否认的事实：古代文明中最活跃的要素沉积于此，（像潘泰列克大理石一样）从沉积的状态变成了像水晶般透明的自由状态。

102 但我们仍然可以清晰地分辨出各种原始要素，而且也有必要以这些要素为线索来理解希腊艺术的实际表象。令人遗憾的是，如果脱离了这些历史线索，希腊艺术对我们来说就会变得莫名其妙且自相矛盾。

无论在古代还是现代，建筑形式的积累都主要受到建筑材料的影响。如果将建造看做建筑的本质，我们在将其从虚假的装饰中解放出来的同时，又为其增加了另一种束缚。建筑，像其伟大的导师——自然——一样，应该按照自然决定的法则来选择和使用材料。但是，建筑创造出来的形式和特征是否应该取决于建筑本身的内涵与观念，而不是取决于材料本身呢？

如果我们能为建筑具体化找到最适宜的材料，建筑的理想表达形式自然可以通过作为自然象征的材料外观来获得美感并表现含义。但是，一旦与古文物研究相结合，这种物质第一性的思考方式会使我们做出一些陌生且毫无意义的推测，而忽视那些对艺术发展最重要的影响。③

尽管那些我曾经批评过的错误可能也会发生在我的身上，但我仍然强迫自己回到人类社会最原始的状态（*Urzustände*），以便得到那些我真正希望得到的东西。我应该将此事做得尽可能简洁。

在经历了狩猎、战争和在沙漠中漂泊后，原始人失去了他们生存的乐

---

① ［戈特弗里德·］赫尔曼，《希腊古代神话》（*Mythologia Graecorum antiquissima opusc.*），vol. Ⅱ。——英文版注

② 根据希罗多德的描述，埃及人也持有相同的信仰，并为他们所拥有的古代遗迹自豪。——英文版注

③ 人们也许只会记得那些始于维特鲁威的理论著作，这些著作论述了希腊神庙从木构形式的发展演变进程，以及对中国建筑大屋顶形式的种种巧妙推测。参见［托马斯·］霍普在建筑发展史方面的相关论述。——英文版注

土，现存人类栖息地的最早迹象是火炉（fireplace）的建立和以生存、取暖和加热食物为目的的取火行为。在火炉周围，人类形成了最早的群体；在火炉周围，人类形成了最早的联盟；在火炉周围，早期的原始宗教观演化出了一整套祭拜习俗。在人类社会的各个发展阶段中，火炉都是神圣的核心空间，周围的一切都处于这个核心形成的秩序和形态中。

建筑的精神要素是最早出现的，同时也是最为重要的。之后才有其他三要素的出现：屋顶、围栏（*enclosure*）和墩子（*mound*）[①]。为维护火炉地位而提出反对意见的那些火炉拥护者，对自然界中的这三种要素充满了敌意。

在气候、自然环境、社会关系和种族分布等因素的影响下，人类社会 *103*
出现了不同的发展方向，相互影响的建筑四要素也因此出现了不同的变化，有些不断向前发展，有些却逐渐失去了影响力。与此同时，人类的各种技艺也依据这些要素有所分工：与火炉相关的是制陶业及后来出现的金属制品，与墩子相关的是供水系统和砖石工种，与屋顶及其附属物相关的是木工技术。

但是，与围栏相关的原始技艺是什么呢？首先要提到的自然是墙壁装饰艺术（*Wandbereiter*），即挂毯和地毯的编织工。这种观点听起来比较陌生，需要在此稍加解释。

我在前文曾经提到，很多作者投入大量时间去研究艺术的起源，并认为他们可以就此推断出所有的建筑类型。游牧帐篷在他们的论述中扮演了重要的角色。尽管他们敏锐地从帐篷的曲线中发现到了鞑靼人（Tartar-Chinese）在建造过程中遵循的标准（同样的曲线也存在于鞑靼人的帽子和鞋上），但他们忽视了更为常见且不容置疑的挂毯对特定建筑形式演变的影响，这些挂毯可以被当做墙壁——一种垂直的维护手段。因此，我的观点与某些权威的看法似乎并不相同，我认为挂毯墙在整个艺术史中占有重要地位。

众所周知，即使是在今天，一些原始部落所表现出的艺术本能的萌芽也是编织的席子和某些覆盖物（甚至他们自身还是完全裸体的）。最原始的部落也熟悉那些篱笆栅栏——一种用树枝制成的天然编织物，同时也是最原始的围栏或空间围合物。也许只有制陶术在某些情况下可能成为与挂毯编织同样古老的工艺。

在掌握枝编工艺后，人们自然而然学会了如何用树的内皮编织席子和

---

① 一开始，我们可能会认为墩子（*mound*）或露台只是一种出现在苏格兰东南部低地区的次要元素，因为那里已经出现了坚固的住宅。但是，一旦墩子与火炉相结合，它立刻就会远离地面。在与地穴式建筑相结合时，它也可以被看作是最早出现的屋顶形式。此外，当人类还不能脱离群体独立生存时，他们很有可能将一些抬高的墩子作为所谓的“泥土艺术品”。许多民族的古老传说都可以支持这一观点，尽管这些传说通常会隐藏自然的哲学。——英文版注

毯子，继而掌握了植物纤维等其他材料的编织方法。最古老的装饰或者起源于编织或结绳工艺，或者起源于制陶工人的手指在软陶上形成的印记。使用枝编物来划分财产，使用席子和毯子来遮盖地板并保持室温，或将室内空间分隔成更多的小房间，枝编材料的应用比石材墙体的出现更早一些，特别是在那些气候更适宜人类居住的地区。承重墙的出现使石匠掌握的技艺扩大到砌墙领域，他们原本擅长的只是在不同的环境条件下修建露台。

无论在现实中还是理论上，即使在轻质的席子隔墙发展为黏土墙、砖
104 墙或石墙后，枝编物——这种最原始的空间分隔物——仍然保留着产生初期所具有的重要意义。枝编物体现了墙体的本质①。

现今，人们仍然会将悬挂的毯子当做真实的墙体，用这种可见的边界来分隔空间。那些隐藏在毯子后面的坚固墙体并非创造和分隔空间的手段，而是出于维护安全、承受荷载及保持自身持久性等目的而存在的。如果不是这些次要功能需求的出现，挂毯仍然是最主要的空间分隔手段。即使在那些坚固的墙体成为必要元素的建筑物中，它们也只是隐藏在真正的墙体代表物之后的不可见的内部结构，而这些墙体的代表物正是那些彩色的编织挂毯。

即使建造材料不断丰富，或是耐久性、经济性、保护内部墙体和形成奢华效果等方面的需求不断增强，墙体仍然保留着其原始内涵。人类运用自己的创造性思维发明了多种多样的墙体替代物，而各种建造技艺也不断取得新的突破。

使用广泛且最为古老的替代品或许正是石材、水泥，以及在其他国家使用的沥青。木匠制作了那些适合墙体——特别是墙体较低部位——的装饰面板（πίναχες）；与煤炭打交道的工人制作了上釉的赤土陶器②和光滑的金属面板；最新的替代物也许要算是那些砂石、花岗石和大理石面板了，我们发现这些面板在亚述、波斯、埃及，甚至是希腊都有普遍使用。

在一段相当长的时期内，复制品的特征与模仿原型毫无二致。那些用传统手法在木材、水泥、陶土、金属和石材表面绘制和雕刻装饰图案的艺术家，有意无意地模仿着古老壁毯上的彩色刺绣图案和格子图案。

东方的整个彩色装饰体系——在一定程度上与镶嵌和服饰等古代艺术

---

① 德语单词“*Wand*”（墙）和“*paries*”本身就具有墙体起源的含义。单词“*Wand*”和“*Gewand*”（衣服）源于相同的词根，这表明是编织材料形成了最早的墙体。——英文版注

② 很可能是希望在砖表面烧出彩色釉的尝试导致了烧结砖的发明。我有幸在巴黎附近仔细考察了一些来自尼尼微古城的上釉砖，而这些砖几乎都处于未燃烧的状态，它们的釉面肯定曾是非常易熔的。陶土敷料的使用预示了砖墙的出现，而石材装饰板的使用预示了石材建筑的出现。参见下文。（1849 年 8 月，当森佩尔为罗浮宫管理员夏尔·勃朗［Charles Blanc］提供了一些友好的帮助之后，他调查了罗浮宫收藏的来自科萨巴德的发现物，包括一些没有公开展示的物品。参见 W·赫尔曼，《戈特弗里德·森佩尔》，24 页和 268 页注释 91——哈里·弗朗西斯·马尔格拉弗）——英文版注

亚述浅浮雕，站在屈服的公牛身上的国王。奥斯汀·亨利·莱亚德，《尼尼微的纪念物》(1849 年)。盖蒂艺术与人类历史中心提供

密切相关——及其绘画和浅浮雕艺术，起源于勤劳的亚述人的染织技艺[①]， 105
或是源于更早期的人类的发明。无论如何，亚述人应被看做是装饰产生的原始动因的忠实守护者。

在人类文明的历史长河中，亚述壁毯因其绚烂的色彩和高超的技艺而闻名于世，亚述人正是运用这些技艺编织出了那些充满奇思妙想的图案。壁毯中的那些神兽图案——龙、狮、虎等，与我们今天在尼尼微古城城墙上看到的图案惊人地相似。如果这种比较存在成立的可能，我们就可以做出这样的推断：相似的不仅是图案中的对象，还有制作图案的技艺和方法。

亚述人的雕刻技巧明显受到其方法起源的限制。即使新材料已完全适应高浮雕技法的需要，他们仍然坚持使用最原始的雕刻方法。这时，显然出现了一场与自然主义观念进行的斗争，自然主义观念并非受限于分级思想，而是（除讲究仪式的宫廷场合的专制统治之外）受到了与雕刻相异的
其他技艺的附属特征的限制，雕刻在此时仍然对从历史传来的回声相当敏 106
感。图案的姿态僵直呆板，但还没有僵硬到成为纯粹的符号；他们只是看起来像是被链子锁住了而已。业已定型的亚述雕刻仍然采用写意手法，用图案将重新编排的著名历史事件或宫廷仪式表现出来。而埃及的创作手法则恰恰相反，他们只是简单地再现真实事件，他们的雕刻就像是一部着色的编年史。甚至在布局方面，如表现一队高度相同的人，亚述人的构图和

① 值得注意的是，大部分来自科萨巴德和尼姆鲁德（Nimrud）的亚述石膏板上的色彩都已剥落，但它们显然都曾经保留有完整的色彩遗迹。与埃及和希腊的彩绘不同，亚述石膏板上残存的遗迹并不是厚厚的色彩涂层，看起来却好像是已经渗入到石膏中的色素；也许亚述人使用的色彩主要是由植物色素组成的。——英文版注（尼姆鲁德是亚述五国的一座古城，在今伊拉克境内摩苏尔的南部。——译者注）

表现手法也比埃及要高明许多。锐利的轮廓线、强壮的肌肉、繁复的装饰细部和刺绣手法的应用，所有这些都暗示了装饰的起源；亚述的雕刻图案略显夸张，但富有生气。面部表情的刻画并没有表现出人物的内心世界；即使略带微笑，人物形象也不带任何个人感情色彩。从这方面来看，亚述雕刻比埃及雕刻要逊色不少，他们可能更接近早期的希腊作品。

同样的创作手法也存在于实际的墙壁装饰中。根据莱亚德先生的描述，尼姆鲁德壁画中布满了清晰的黑色轮廓线；地面通常为蓝色或黄色。带有铭文的图案边界线也暗示了它们在创作技法上与壁毯有着密切的联系，楔形文字正是这种创作技法的产物。除此之外，难道还有更方便的适应针刺的书写方法么？

在毯子的替代品出现之后，早期的壁毯仍被广泛用做门帘、窗帘等，而且还出现了为保护这些壁毯而产生的大量附属装饰。简单的木地板镶嵌图案也能暗示在地板之上曾铺有地毯。地毯也是马赛克工艺的原型，这种工艺诞生后一直忠实于其创作原型。

石膏板之上的内部隔墙是由排列整齐的略经烧结的釉面砖构成的，有些人称其为漆面砖（acquered brick）。它们只有一侧上釉，而且釉面上还有彩绘。这些彩绘完全不考虑石块的形状，但布满石块表面。另有证据表明，石块在上釉处理时都是处于平放状态的。因此，石块首先平放排列，之后经过上釉和装饰，最后与晒干的砖墙合为一体，成为砖墙的“衣服”。这也证明了釉面砖是一种普遍应用的装饰手法，这种装饰工艺不受底面材料的限制。在艺术发展初期，并没有出现罗马晚期或中世纪用彩色石材组成墙壁装饰图案的创作手法。

如果我们能够将亚述宫殿中墙壁底部出现的雕刻装饰板当做石材建筑出现的发端，那么，位于穆尔加布①和伊斯塔赫②的著名的波斯遗址就在石材建筑的发展道路中迈出了一大步。[36]在那些由巨大的天然石料建造的早期石材建筑中，能留到今天的只有一些大理石角柱和门窗骨架。这些骨架是由空心
107 板材构成的，这种结构理念今天仍在使用。砖墙一直砌筑到这些空腔中，并通过饰面材料与大理石柱连接起来，饰面材料可能是木板或壁毯。

在古埃及遗迹中，墙体的原始意义已变得模糊不清；等级体系（也许有些原始，但确实存在于文化更为自由的古代遗迹中）使壁毯的表现内容局限于象形文字方面。尽管如此，装饰的原始动因仍会频频出现。无论位于何处，石墙内表面和外表面都像是覆盖着一层彩色的壁毯。这一现象可以解释那些精确但毫无规律的石材接缝；即使是花岗石墙体，表面也覆盖着装饰涂层。古老的花岗石饰面——如卡纳克（Karnak）神庙的装饰，以

① Murghah，位于今阿富汗西部。——译者注

② Istakhr，位于今伊朗南部。——译者注

北京的皇宫戏台。M·G·波捷（M. G. Pauthier），M·巴赞（M. Bazin）《近代中国，或依中国文件编写的有关该帝国历史、地理及学术概论》（Chine moderne；ou，description historique，géographique et littéraire，1853 年）

及金字塔内部和昔日外部的饰面都与亚述的装饰极其相似。

令人略感惊奇的是，经过埃及建筑师处理的少数建筑要素也能表现出饰面装饰的原始内涵。我正在研究那些镶嵌在大面积墙体周边的装饰线。这些装饰线的出现最初是为了掩盖饰面板的接缝，否则在大面积墙体边缘就会出现极易被人察觉的不连贯色块。①

有时，埃及神庙的柱面装饰中除了有壁毯图案，也会有芦苇束的形象出现。

在岩墓的壁画装饰中，也有明显的模仿壁毯图案的痕迹；其中彩色的编织图案数量最多。通过局部的线状轮廓、丰富的色彩和模仿刺绣工艺的细节，这些壁画再现了装饰的原始特征。

在中国，原始建筑留存至今，建筑四要素也保持着各自的最原始状态。可移动的隔墙仍能体现其原始含义，它与屋顶和承重墙是相互分离的。建筑的室内空间由这些隔墙分割，完全不受建筑结构和建筑外墙的限制。这种隔墙是由空心砖砌筑的，表面装饰有编织状的芦苇和壁毯图案。

① 这种掩盖接缝的处理方法至今仍在细木家具的制作中广泛应用。——英文版注

众所周知，这些装饰特征以及墙体饰面工艺和华丽的彩绘在中国都相当流行。除了与古代情形相关的大量信息外，他们的某些技艺在今天看来也大有参考价值。

108 我们在印度也发现了同样的装饰工艺，就像阿格里帕[1]时代一样，灰泥和彩绘仍然占据着统治地位。甚至在早期的美洲建筑中也出现了相同的现象。

尽管腓尼基人和犹太人的遗迹今已无存，但那些关于这两个人种相近的国家的或严肃或世俗的作品中，包括了许多对著名建筑的描述（尽管有些内容含混不清，且存在多种理解方式），这些文字记录为我们的论点提供了有趣而明确的例证。现在还有谁不知道著名的摩西神殿(Tabernacle of Moses)，不知道镀金大门，不知道色彩绚丽的壁毯，以及用布料、皮革和兽皮制成的锥形屋顶？后来，所罗门王[2]在摩利亚山[3]山顶的巨大基石上，用石头和雪松木模仿这种帐篷式神殿建造了所罗门圣殿，这座圣殿以满布装饰而著称于世。圣殿内部的神圣空间中到处都是黄金饰面板。

这些文字记录了墙面装饰最完整的发展历程。在简单引用一些相关例证之后，我们已经可以充分肯定装饰墙体在所有的史前社会中都曾被广泛应用。

109 考虑到镶嵌板、装饰涂层和类彩色壁毯装饰物在墙体表面的广泛使用，以其他民族传统为艺术根基的希腊建筑中如果没有大量出现这些装饰手法，将是一件不可思议的事情。这些创作手法甚至应该得到更好的发展，因为，众所周知，希腊艺术在雕塑和绘画方面都达到了炉火纯青的程度，而这些装饰手法最适应这两种艺术的发展需求。但恰恰是由于这种完全适应性，希腊人忽视了他们的佩拉斯吉族[4]祖先引以为豪的其他事物，露台和石材构筑物在纪念性建筑中并不是占据统治地位的重要元素。

在神庙内殿和走廊使用饰面材料显然是希腊神庙中一种成熟的装饰手法，在古典著作的文字记载中以及现存的古代遗址中，我们都可以发现相关的证据。这就是老普林尼所谓的“πίνακες *tabulae*”，艺术大师只在其上作画。它们的得名是因为最早的木材饰面是用云杉制作的，当然，在出现上釉画法后，人们已不再使用木材而是大理石或象牙材料。用陶土做的饰面板也被称作“πίνακες”。西塞罗[5]在他反对维尔列斯（Verres）的演讲中

---

① Agrippa，前63—前12年，罗马军事领袖、政治家、舰队司令官。——译者注

② Solomon，? —前932年，以色列国王，犹太人的智慧之王。——译者注

③ Mount Moriah，锡安山别称，位于耶路撒冷东北部。——译者注

④ Pelasgian，在希腊人到来以前生活在爱琴海地区的人。——译者注

⑤ Marcus Tullius Cicero，前106—前43年，古罗马政治家、雄辩家、作家。——译者注

也提到了它们。维尔列斯掠夺了锡拉库萨的密涅瓦神庙（the Temple of Minerva at Syracuse）中装饰着最华丽彩色的饰面板（*His autem tabulis interiores templi parietes vestiebantur*）。[37]

同样，所有原计划用彩色雕塑作装饰的外表面后来也使用了饰面装饰。三角山花、三垅板、檐壁部分、柱间栏杆以及内殿相应的墙群部位也都有同样的装饰。

与此同时，或从早些时候开始，在结构部位用粉刷涂层装饰的做法得到更多人的认可。我们发现这种做法在所有由石料砌筑的神庙中都已应用，[38]但由大理石建造的神庙不在此列，因为大理石本身就是一种天然饰面材料，粉刷涂层的做法会显得有些多余。关于同时使用大理石和新装饰手法的可能性上文已有所论述，相关例证前文也已提及：所有地区的建筑上都有彩色装饰，没有不带涂层的石料。

我希望再次重复我的观点，彩绘起源于古代重要建筑中的筑墙技术，而不是家具制作工艺。只有在这些宏伟的建筑中，工匠的技艺才能得到自由发挥。我们通过希罗多德、狄奥多罗斯（Diodorus）和斯特拉波①等人的著作可以得知，甚至在亚述、米堤亚（Medes）和大夏（Bactrians）时期的偏僻堡垒中，除了建筑基座之外的所有墙壁上也都布满了浅浮雕和绘画装饰。我们在大英博物馆发现了一块在亚述遗址中出土的浮雕板，浮雕清晰地描绘了一座重要的堡垒建筑，这座堡垒的外墙只在墙脚部位使用了无
装饰的方形石块。尼姆鲁德遗址和科萨巴德遗址的情形大致相同，在帕萨 110
尔加德②遗址、珀塞波利斯遗址和埃及神庙中也能见到同样的装饰手法，甚至希腊的情况也是如此。因此，矗立在美丽的伊鲁西斯方形石块上的帕提农神庙是唯一没有彩绘的建筑。

直到罗马时代，墙体——主要是建筑外墙——的砌筑工艺（即所谓的“square-cut”）及材料的自然属性才被当做建筑主体部分的装饰要素。在此之前，即使是最昂贵的材料也覆盖着涂层，如卡纳克神庙的花岗石室内、尼尼微古城中的石膏饰面板，以及帕提农神庙中的象牙板和绘画装饰、镀金的墙壁接缝、用纯白的潘泰列克大理石建造的柱廊和华美的雕塑。

然而，更为普通的神庙中的情况可能不尽相同，这些神庙中的墙体都是由天然巨石砌筑而成的。这种现象可以被解释成对古代棚屋的回忆与象征，棚屋中的露台与屋顶可能是直接连在一起的。这方面的例证可以参考库格勒引用的帕萨尼亚斯著作中提到的安提库拉神庙。但以上观点都非定论，我们也无须再到帕萨尼亚斯的著作中寻找类似的实例，他

① Strabo，前63？—前21年，古希腊地理学家。——译者注

② Pasargadae，位于今伊朗境内，是阿契美尼德（Achaemenid）帝国第一个朝代的首都，由波斯人建立。——译者注

在后续内容中还提到了另一座用不规则石料建造的建筑；也许他打算将神庙内部的粉刷装饰与饰面板装饰或他在这座建筑中发现的其他类似装饰工艺做一比较。我们早已熟悉他的独特喜好——对建筑材料特征的强调。

古老的装饰艺术在经过了一系列的发展变化后又回到了起点，这是一个完整的轮回，并最终随着拜占庭装饰艺术的衰退而消失。由此发源，也在此消亡。①

★ ★ ★

上述对墙壁装饰艺术的讨论似乎有些离题，我们需要再次回到对建筑四要素问题的讨论，从而回到本文开篇的讨论内容：处于装饰艺术发展黄金时期的希腊建筑彩绘。

上文提到，这四种要素的组合状态要与人类社会的发展变化相适应，它们在气候、自然环境等多变因素的影响下朝着不同的方向发展。

也许我们可以从这样的假设开始：人类社会在发展过程中出现了各自独立的小部落，他们要保护自己的居所免受气候的影响，但此时还未出现财产私有制或至少财物分配还未出现争议。这时，居住在资源匮乏
111 地区的分散部落（如游牧民族或在森林中居住的落后民族）间逐渐形成了同盟关系——在这样的环境中，作为三种防御性要素之一的屋顶自然会在建筑中占据主要地位，无论是采用游牧帐篷这样的原始形式，还是作为支撑在地面上的地穴遮盖物，屋顶都是建筑中的重要元素。棚屋中的家庭生活与自然环境中充满艰辛的自由生活形成了鲜明的对比，他们逐渐形成了自己的小世界。只有温暖的阳光可以通过墙壁上的洞口自由进出，家庭成员与家养牲畜都享受着屋顶的保护。棚屋通常建在环境优美的河流两岸，周围是未经破坏的自然环境，它们或各自独立，或形成无规律的建筑组群。②

但环境再次发生变化；由于客观存在的扩展与合并的需要，棚屋的全部特征逐渐得以展现。屋顶形式变得更加自由，并出现了不均衡的组合形式，既有结构主体各自独立的形式，也有多层建筑的形式，还有两者同时存在的形式。

如果定居点曾被他们驱逐的部落攻击过，就会出现碉堡建筑；如果部落成员间曾发生过争斗或土地成为强者的战利品，就出现高塔和矗立在高

---

① 中世纪出现的装饰艺术并不是这一轮回的再次复兴。——英文版注

② 在德国某些地区——如梅克伦堡州（Mecklenburg）和荷尔斯泰因地区（Holstein），曾混居有斯拉夫部落和日耳曼部落，我们可以很容易地根据居住形式判断部落定居点的起源。所有的日耳曼村庄和小镇都是在河流或溪水两岸排列整齐的无墙构筑物，相反，所有的斯拉夫定居点都采用环形墙体围合的向心形布局，集市位于定居点中心。——英文版注

大坚固的基础上的多层住宅。弱势居民在高塔周围定居下来；由于不相信自己的力量，他们只能向外界寻求保护，宗主权随之出现。这类建筑的特征是其格局的不规则性：倾斜的屋顶、多层结构，并通过外墙上的窗户为室内提供光线。至今，这些形式纯粹的构筑物依然完整地保存在德国北部、荷兰、比利时、英格兰和北美等地的撒克逊人定居点内。其中，最主要的两种建筑要素是露台和屋顶，但在多层建筑中，露台与墙体装饰的关系已经越来越密切。

在气候温暖和物产多得要靠集体劳动才能收获的地区和国家中，定居点内的居民不再消极防御，而是积极地与自然环境相适应。人们要靠艰难地劳动才能从大地和河流中获得物产，大规模劳动联合体的出现成为必然。有影响力的国家级机构成为将劳动者团结在一起的纽带，至少从外表上看起来是这样的[①]。

建筑形式以棚屋为基础不断向前发展，简言之，最终发展成为宫廷 *112*
建筑。

但人类之间的关系很少或几乎没有能在这种条件下平稳地向前发展。一旦自然被人类的集体力量所征服，它的福祉就变成了野蛮贫穷部落的觊觎之物，防御措施也因此变得更为必要。想要加强防御的定居点必须加固他们的建筑，同时它也不反对房屋有自行主张之发展，只要人们可以有序地保护他们自己。然而，当建筑成为征服者的战利品后，情况则会大不相同。

在加固的防御工事中出现了第三项法则。征服者的军营延续了棚屋部落的布局方式，中间是首领的阵营，周围依据身份等级和筑城工艺建造附属阵营；规律性、清晰性、力量性和计划的便捷性是这些建筑组群的决定性特征。

尽管在外形上有些许相似，但这两种建筑类型有着完全不同的基本法则。这种差别就如同以土地所有权或祭祀等级为基础的本国绝对君权体制和以征服为基础的军事专制之间的差别——这种差别在他们遵循的扩张原则中表现得尤其明显。

本国君主权威增加得相对缓慢，随着家庭成员的增加，他们的住宅不断扩建，部分工程是增加房间数量，部分或说主要工程是对房间内部格局进行有机调整。

相反，军队统治者与本国诸侯的权威是一份突然降临的意外之喜。他们的住宅从建立之始就体现了他们高高在上的身份和地位，他们的住宅建筑是皇室宫殿的小型复制品。只有当这些住宅从外部与规模相同的建筑单

---

① 《以赛亚书》23:13：看哪，迦勒底人之地向来没有这民。这国是亚述人为住旷野的人所立的。现在他们建筑戍楼，拆毁推罗的宫殿，使它成为荒凉。——英文版注

元相结合时，他们的住宅规模才能扩大。

在第一种情况中，宏伟是将简单和弱小不断发展与改进得到的；在后一种情况中，小规模建筑是对宏伟宫殿的缩水式模仿。但是，在这种相互逆反的发展过程中，早期的僵化式规则已不再出现——就像中国的情况一样。当人们为新的建筑动因找到合适的建筑类型后，刻板的军事化法则就退出了历史的舞台，就像封建体系在失去了它的原始含义之后也会变得过时一样。

棚屋部落在早期住宅形体中占据了绝对的统治地位，这使我们很容易理解为何大多数地中海人的宗教崇拜物形似倾斜的棚屋屋顶，[①] 但其他地区则更流行宫殿型的宗教崇拜物。

113 如将前希腊时期居民考虑在内，人种学的研究就为我们提供了四种著名而又独特的建筑动因发展形式：中国建筑、埃及建筑、亚述建筑和腓尼基建筑。

尽管中国建筑至今仍保持其生命力，但除了蛮族人棚屋之外，它是我们所知道的具有最原始动因的建筑形式。人们已经注意到，中国建筑中的三种外部要素都是完全独立存在的，而作为精神要素的壁炉（这里我仍沿用这种说法，在后文中它将为含义更为丰富的祭坛所取代）却不再占据焦点的位置。

这种建筑形式起源于鞑靼人居住的帐篷，当被征服的乡村中只有蛮族人的部落出现时，这种形式无法通过与本国要素的结合不断丰富自身。由于与外界环境相分离，它在五六千年的时间内一直保持着最原始的面貌。

这种建筑形式只有通过增加新的殿台楼阁，或不断加大柱间距和建筑尺度，才可能进一步提升建筑内涵。在彩绘方面，中国建筑采用的是一种有趣的古代亚洲装饰体系，我认为这是与埃及色彩体系完全相反的一种模式。

埃及建筑经历的是不受外界干扰的自然发展过程，等级体系在这种建筑形式定型之前早已根深蒂固。代表当地神祇的神兽的笼子和公共祭坛围绕在一圈简易的栏杆中间，这种祭坛最早是矗立在尼罗河的堤岸之上的。朝圣者的队伍在这里聚集，朝圣由此开始，也在此结束。一旦神庙空间需要扩大，就会出现与其相连或将其环绕在中间的第二座神庙。同时，神庙中的朝圣仪式也不断丰富。最初，神庙只在特殊的场合才用壁毯和帷帐装饰，后来逐渐形成了较为固定的内部装饰，并不断细分成各种隔间和库房。此外，神庙入口象征着对神兽之笼的体现，[②] 它突出地表现了隐藏在

---

① 今天的伊斯兰教圣堂（Kaaba）依然如此。——英文版注

② 最早的神庙出口并不是对称的两部分，而是外形模仿塞克斯（*sekos*）的一个大体量构筑物。——英文版注

位于埃德夫（Edfu）的埃及神庙（前237—前57年）。J·加德纳·威尔金森（J. Gardner Wilkinson），《古埃及的风土人情》（*The Manners and Customs of the Ancient Egyptians*，1837年）

内部的神庙的含义，并召唤着远方的朝圣者。朝圣的固定路线则已大大超出了神庙的建筑界限。

为了体现不断增强的重要性，神庙庭院中的墙体数量不断增加；这些墙体的尺度也与神庙的体量保持着同比例增长。建筑内部也在不断发展变化；新增的外部建筑使其整体造型更加丰富。

放置塞克斯（*sekos*）或神兽笼子的房间以前是打开的，后来被关闭了，并由于年代久远而变得庄严神圣。这个房间逐渐成为神庙的核心（ὁ νεώς），房间前面曾经用于公共集会（这里是朝圣时先知［*nomos*］中的长者所占的 114
位置，祭司就是这些长者的后人）的空间变成了又一处封闭的前院。以前由亚麻布构成的顶棚现在需要柱廊的支撑，以覆盖更大的室内空间。

同时，庭院中沿墙排列支柱上有许多遮盖物，以保护那些焦急地等待欢庆队伍从神庙内门（最早只是临时设施）出来的朝圣者们；为了保护欢庆队伍自身，纺织布从高耸的柱头一直铺到庭院中间。①

① 尽管我并不相信古代神庙就是从这种临时设施逐步发展来的，但建立起森严等级体系的埃及统治者确实从自然中找到了相应的系统结构。这绝非假设，事实就是如此！那些了解《圣经》和所罗门神庙起源的人难道还会有所怀疑么？——英文版注

115 现实中同时存在着发展程度不同的各种可能——遮蔽物覆盖了某一部分庭院还是全部庭院，庭院整体尺度的扩张，以及为适应队伍中间的祭司将神像高举过肩的需要而增加的高度——无论现实按照哪种可能性发展，所有拥有丰富连接的空间围栏在后来都未能增加一项新的要素。他们尝试去理解艺术，强调建筑的表达、比例以及对起到支撑维护作用的结构要素的装饰。但大多数研究者更关注后者，而忽视了空间上的艺术体现。

如果简单思考一下埃及的自然地理环境，我们就很容易理解这个国家建设的古代大型建筑一定是与堰塞、灌溉和排水等工程相关联的，通过这些水利工程他们才能得到更多的适宜耕作的土地。但这些宏伟的水利工程并没有对艺术领域产生过多的影响，其影响范围仅限于神庙结构和建筑材料。要塞工程几乎也没有对重要建筑的发展产生影响，最多只是为大面积的墙壁增加了一些象征性或装饰性图案。埃及城市一向不很坚固。

因此，埃及建筑是从围栏这一建筑要素逐步发展来的，如前文所述，这里是筑墙工人及其继任者——画家和雕塑家的主要活动场所。另一个建筑要素——屋顶，则通过两种方式得以表现：有时作为塞克斯的象征性的金字塔状保护物（我一直尝试将神秘的埃及金字塔看做是对塞克斯屋顶的变形表达），有时作为庭院的遮蔽物。这时的屋顶就像是一张没有打开的船帆，重要的不再是外表而是内部形象，它成为筑墙工人关注的对象，而这正是它的本源所属。在这种情况下，埃及柱也无法统合成某种特定的外部柱式。只有在作为内部支撑结构成对出现时，它们才会因为同一目的而统合在一起。有时它们紧邻成排，但之间并没有连接的横梁，卡纳克神庙中的列柱庭院即为此例；相反，这里还有在空中飞舞的精致轻巧的羊皮纸。

由于埃及艺术形象具有象形文字的特征，因此要想获得和谐的彩绘效果，埃及艺术只能采用相同的色彩表现方式。这是一种清晰规整的色彩排列方法，与东方艺术中富有旋律感的色彩表现方式完全不同。

第三种典型的空间结构形式最近才逐渐为人所知，这种形式并不比埃及建筑更有趣。

美索不达米亚地区是人类文明的发源地，这一区域的特征与埃及非常
116 相似，对此我仅作简单论述如下。在形成初期，美索不达米亚地区的建筑经历了与埃及建筑非常相似的发展过程，此前我们也的确发现了许多这方面的例证。但埃及一直处于本国贵族体系的统治中，没有受到外界的干扰，其建筑形式也逐渐形成了一种僵化的等级体系。而美索不达米亚地区的情况则完全不同，从古至今这里一直都是外族侵略者觊觎的土地，他们将这些土地占为己有，并分封给他们各自的战友。

征服者接受了被征服地区的习俗与奢华，同时也沿袭了本族部落的全部特征，但当他们还来不及在这种混合状态中建立起新的组织体系时，另一批征服者已接踵而至。这一过程表现了自然现象中普遍存在的规律性。

由于长期与其他国家进行贸易和商业活动，这片土地上的人们更注重现实，生活目标更灵活多变，闪族社会自然也比农业化的埃及部落生活得更加积极。

埃及建筑的基本思想起源于朝圣神庙，而亚述建筑的基本思想来自皇家宫殿。亚述建筑（并不像埃及建筑那样逐渐发展而成，而是从一开始就像统治者的军营那样整齐划一）在规模较大时可以作为庞大城市的基本原型，规模减小后可以作为诸侯或臣属的城堡，即使最小的建筑单元也具有相应的建筑功能。这一事实证实了渐进式围合物所具有的特殊原则，即这些尺度不同而造型相似的建筑单元是如何相互结合成规模庞大的建筑物的。

如果我们调查亚述建筑体系中何种要素具有本土特征，大部分人的答案都会是墩子。在早期的定居点中，墩子是运河、水坝、建筑基础的重要组成部分，并与另一种建筑要素——围栏——一起构成要塞建筑。长期以来，这一地区的居民一直掌握着最优秀的筑墙工艺，这也是他们的主要职业活动和财富来源。

相反，屋顶这一建筑要素在这里却处于从属地位，这主要是受到气候条件以及木材稀缺等因素的影响。当然，木材在制作装饰板、遮蔽物和柱子的过程中仍得到了广泛的使用。

这些建筑要素与祭坛最初的空间关系已经改变。外来民族在这方面的习俗已经彻底改变了早期形成的规则，更不必说拜火的波斯人给这里带来的巨大转变。

亚述人的阶梯式金字塔即可看做是这种外来产物的实例。但在早期的文字描述中，阶梯式金字塔被看做是国家的纪念性建筑，它是阶梯式墩子发展的最终形式，建立目的是为了保护国民免受不断发生的自然灾害的影响。

然而，根据希罗多德和其他早期作者的描述，金字塔只是某些建筑 *117*
物——陵寝或神庙——的巨型基础。在科萨巴德和尼姆鲁德遗迹被发现后，人们在那里找到了与金字塔形式相似的构筑物，这也肯定了上述观点的可能性；同时，人们也接受了希罗多德对这些神庙或陵寝建筑的其他描述，如人字形屋盖和正立面柱廊。我们再次见证了这种最为神圣崇高的建筑形式。

我们至今仍无法理解那些位于方形基础之上顶部建有小型神庙的巨型

金字塔，因为它们缺少方向性，承重结构与支撑结构间的比例也不甚协调；[①] 这些金字塔从艺术感觉上看还算不上纪念性建筑，因为它们周围没有出现丰富多变的墩子体系，顶部的神庙也不是建筑中心而只是某种支点。

这些建筑综合体矗立在巨大的有浮雕装饰的矩形墩子上，周围有多重墙体环绕，墙上开有门洞，建有城垛和室外楼梯。奴隶和携带贡品的朝圣者在最外侧围墙之内搭建帐篷，在内部高地上还有第二道圣殿围墙。高耸的拱门将人们带到由塔楼和城垛围合的区域内，这些塔楼和城垛表面都闪闪发光，就像用金属、雕塑和彩绘的早期墙体一样，这里是贵族青年日常锻炼的场所。贵族们在布满雪松柱的大厅内举行国家性的庆典活动，并向他们的后辈传授各种技能。

这些包含若干独立单元的重重壁垒，在空间方位上强调了王朝统治者的实际住所，而那些由神秘巨兽看守的含意丰富的大门[②]也起到了同样的作用。我们在罗浮宫和大英博物馆内可以感受到这些巨兽雕塑的庞大体量，尽管有些作品的质量并不上乘。重要的 *salambek*，或者礼堂和法庭，多采用列柱大厅的建筑形式，大厅内排列着上百根柱子，正中有高出地面的宝座，周围连接入口厅和侧室。由此，阶梯式墩子的形式在皇室私家庭院中再次出现，它们与绿荫遍布的花园相互独立。两者都是方形平面，并与方形的列柱大厅相连，两者都有通过装饰丰富的台阶到达的独立墩子。当然，这些复杂的阶梯式建筑都是多层的，这一点可以通过浮雕的画面以及希罗多德和狄奥多罗斯的描述得到证实。在支撑各层墩子的厚厚的承重
118 墙之间有像管道一样的窄长通道，其舒适度并不逊色于地面上的房间；这主要得益于通道内丰富的家具，以及在炎热夏季依然保持凉爽的室内环境[③]。通道之上是高耸的阶梯式金字塔，各层墩子上布满植被，其间隐约可见宽阔的旋转楼梯。最顶端是部落的坟墓，埋葬的都是那些被降服者奉为神明的部落先人，他们在神庙中与古老的部落女神梅丽瑟塔（Melicerta）日夜相伴。

建筑之间穿插布置开阔地及花园，植物一直延伸到最上层的墩子，凉爽的通道连通了散落各处的统治者住所。池塘、沟渠、浴室和喷泉等各种水景元素活跃了花园的气氛。

从上述建筑形式中，我们看到了将南方的庭院式建筑与北方的堡垒式建筑和谐地统一成一体的方法，其中还融入对山峦起伏、树木繁茂的故土

---

① 在德语中，没有与法语单词“*sens*”意思相似的词汇，这个单词的意思是：一种我们无法判断正反的形式。——英文版注

② αζ πύλαι，（门）与其今天在土耳其语中的含义相同。他们将这个词理解为统治者的居所和政府所在地。——英文版注

③ 摩苏尔人的夏季住所至今仍位于相似的地下室中。——英文版注

的怀念，这也是他们永恒的文化传统。

基于这些建筑要素（地方臣属将最高统治者的宫殿作为城堡布局的原型），统治者依据相同的基本原理创建了大批城镇：皇家宫殿相当于整个城镇，高起的墩子相当于城镇中的宫邸，尼努斯神庙（Temple of Ninus）俯瞰全城。公建、法院、市场等建筑并未提及。政府的一切社交活动都集中于皇家宫殿内，宫殿周围有三道城市围墙。与外族进行的贸易活动集中在第一道和第二道围墙之间。商队将帐篷搭在兽群中间。在大型的集市和旅馆中，商人们相互交换手中的陶器。城中的街道尺度巨大（一百名骑士可以并排通过，两侧还有空间容纳旁观者），纵横交错，并与宫邸直接相连。因此，我们完全可以理解希罗多德在亲眼目睹这些富丽堂皇和宽广壮美的图景后所表现出的惊讶之情。

内在动因、气候条件、材料的自然属性以及征服者对故土的怀念等因素都会对这些建筑产生影响，但真正的创造性理念仍是专制统治者的独裁产物，并真实地体现了社会中存在的等级体系。

等级化和协调性，即所谓的“*向外秩序*”（*outward order*），是最主要的原则。当然，还有许多其他的影响因素，如内部的适应性以及中国建筑中缺少的灵活性。

前文曾提及金字塔顶部的神庙建筑。它们也许和科萨巴德的石膏饰面 *119*
板上描绘的建筑形象有些相似；因此，它们是νάοι ἐν παϱάςασιν，拥有与爱奥尼柱式关系密切的充分发展的柱式。高高的雕像底座位于倾斜的屋顶上，供奉的祭品用来装饰建筑的墙壁。

独立的柱子此时似乎仍未出现，因为亚述王朝装饰丰富的大理石替代物和珀塞波利斯宫的雪松柱子（尽管已经出现六根一组或更多根一组的形式）只作为墙体的附属支撑出现在建筑外部，而过梁仍然位于承重墙之上。

没有迹象表明这里存在列柱围廊这种建筑方式——在庭院中以及在与倾斜屋顶的连接处都不曾出现这种迹象。相反，列柱大厅的形式却显得相当重要，且使用频繁；它体现了亚述—波斯建筑所具有的室内灵活性。最初只是一种简单的开敞庭院，随后亚述人增添了由木柱支撑的顶棚，最终波斯人用昂贵的石材为列柱大厅的建筑形式定型。

我们在尼尼微古城的宫殿遗址中发现了一些基本形式相同的建筑单元，这种基本形式与我们在珀塞波利斯宫所见到的基本相同，我们也完全可以将其与亚历山大在传记中提到的那些高贵的殿台楼阁联系在一起。尽管大部分关于亚述建筑的图像都不甚清晰，但我们仍可就此进行一些有趣的比较。

在埃及，体现社会人群本性的天然（尽管这种天然中还带有些许兽性）建筑是由高级祭司建造的，整个建筑好像从土地中生长出来的一样，就像自然界中的珊瑚礁。建筑中的一切都指向某种不可见的核心，指向一只蜂王，其含意只能随着数量不断增加的信徒和尺度不断增大的宏伟的空间围合体而间接表现。这种对祭司地位的突出表现，就如同祭司对其创造和供奉之神明的称颂。等级观念在该核心中得以具体化。

幼发拉底河谷中的建筑却在某些方面为我们提供了相反的例证。在这里，我们首次发现了试图将建筑从自然的束缚中摆脱出来的努力。人类必先了解自然之美，才能开创性地在别处进行模仿。埃及法老建造金字塔的出发点与此相同，但他们却被地位更尊贵的祭司诬蔑为亵渎者，金字塔这种建筑形式随后便逐渐消失了。

与埃及神庙相似，在贝鲁斯（Belus）的亚述宫殿中也是精神中心统治
120 着一切。所不同的是，前者表现在强有力的基础结构中，而后者则隐藏于繁复的外部装饰下。相同的是，它们都抛弃了建筑的原始含义，它们体现的并非是对神的崇拜，而是对统治者力量的称颂。

我们也许还要考虑一下闪族腓尼基人和犹太人，他们与美索不达米亚地区的亚述-迦勒底人可能关系更加密切。在犹太人的血缘部落发展为固定的城镇并在赫拉克勒斯①神庙的范围之外建立起殖民地之后，他们仍然长期处于流浪状态。犹太人的建筑形式参考了腓尼基人的建筑，因此，尽管我们对腓尼基艺术的基本组成要素知之甚少，但通过《圣经》对所罗门建造的古代宫殿的描述，我们仍可以对腓尼基人的建筑形式作出一些可靠的猜想。我们有关于所罗门圣殿的翔实的调查报告，在宫殿建筑上还有一些对于这位财富之王的零散记载。这些建筑——特别是神庙——已经引起了我们足够的注意，因为它们在形式上与帐篷有着明显的联系。它们是彻头彻尾的腓尼基建筑，不仅具有马赛克神殿中表现出的异族观念，而且彻底违背了第二戒律的规定。所罗门王不信神，实行多配偶制，而且是一位偶像崇拜者！

摩利亚山高耸的岩石墩子体现了腓尼基人的建筑理念，在提尔②、迦太基③和哈德斯④等地都可以发现类似的构筑物，其形象与贝鲁斯塔有些相似。腓尼基人还是祭司庭院的建造者。祭司庭院围绕神庙而建，只有利末人⑤才能进入，周围由低矮的木栏杆与普通院落隔开，栏杆象征着仅存于仪式中的祭司力量。这就是希腊“τεμενοζ”的原型。所罗门神殿中两根著名的圆柱——杰钦柱（Jachin）和博阿兹柱（Boaz），以及尤其要提到的

---

① Hercules，希腊神话中的宙斯之子，力大无比的英雄。——译者注

② Tyre，古代腓尼基的著名港口，现属黎巴嫩。——译者注

③ Carthage，位于今突尼斯境内的奴隶制城邦，腓尼基人所建，公元146年被罗马帝国所灭。——译者注

④ Hades，希腊神话中的地狱。——译者注

⑤ Levite，利末部落中非亚伦后裔，被选中去帮助祭司管理神庙。——译者注

庭院中的列柱走廊，都是腓尼基人的杰作。他们还通过在周围添加走廊将普通神庙扩大。由此，形成了完全独立的腓尼基艺术风格。这种庭院中的列柱走廊与之后希腊建筑中的柱廊有非常密切的关系，但类似的要素在亚述建筑和埃及建筑中均未出现。一切都在向希腊建筑形式转变；神庙逐渐摆脱了祭司的禁锢，因为在社会活跃的贸易国家中，王权已不能完全控制人们的信仰。最终，腓尼基建筑的结构构建、柱式（很可能是亚述—爱奥尼柱式）和华美的金属饰面与铜管表面都布满了装饰。从很早开始，腓尼基人就与希腊人有贸易上的联系，希腊人借用了腓尼基人的书面语言，并学到了很多有用的发明创造。因此，我们完全不必惊讶于希腊神庙的某些特征在腓尼基-犹太神庙中已有所体现的事实。当然有些特征在希腊神庙中得到了改进，但也足以让我们做出上述判断。

尽管腓尼基的宗教环境与亚述和波斯完全不同，但我们还是可以从建 121
筑形式上看到他们之间存在的显而易见的关联。我们甚至可以想象约瑟夫斯①对珀塞波利斯的描述与所罗门圣殿联系紧密。

★　★　★

此外，还有一个更加古老的伟大种族。他们似乎生活在地下，我们对其知之甚少。这个民族为我们留下了大量古代建筑遗迹，这些遗迹几乎与上文提到的任何一种艺术风格都没有联系。

四处散落的走廊和锥形土台是他们曾在此生活的证据，但这个种族已经在历史中彻底消失了。他们是杰出的工程师和金属工，虽然没有出现神庙建筑，但他们却建造了拱形屋顶覆盖的漏斗状圆形坟墓。他们对圆形和高塔等建筑形式的偏爱（后来他们被称为伊特鲁里亚人）[39]对早期希腊建筑的发展产生过重要影响。②

也许他们是最早在金属矿资源丰富的小亚细亚地区定居的居民和采矿工［希腊神话中的克里特斯（Curetes）③ 和可丽本斯（Corybantes）④］。后来，另一个贫穷的种族［佩拉斯吉人（Pelasgians）[40]］移民到这里。我们在生活于旧（欧洲）大陆的铁匠和吉普赛人中找到了他们的最后一代，他们的生活范围仅限于那些零散分布的边界地带。在这些遗迹覆盖的土地上，我们还发现了其他一些历史久远的谜一样的遗址，而这里正是希腊文化诞生的摇篮。

由于构成部落庞杂，希腊人一开始并没有建立起自由的国家联合体。

---

① Flavius Josephus，37—100年，著名的犹太历史学家、军官及辩论家，著有《古代犹太史》（The Antiquities of the Jews）。——译者注

② 当然，希腊神庙并没有照搬他们某一个建筑因素。——英文版注

③ 用矛武装起来的祭司或僧侣们。——译者注

④ 在祭祀仪式上戴羽饰帽的跳舞者们。——译者注

后来，在战争、海盗和贸易活动等因素的影响下，他们逐渐摆脱了人类传统的精神枷锁。如果民主之火中没有那些偶尔添加进来的耐久性燃料，这些在没有束缚的条件下出现的民主因素可能很快就会消失。

本着规则与秩序的精神，传统中吸收了古亚述和古埃及的影响。当多立克部落将基于形式与秩序的贵族权威从马其顿扩展到希腊时，他们尝试与希腊文化最早的影响因素建立起宗谱上的联系，这种尝试的意义相当重要。

太阳神阿波罗（Apollo，他杀死了尼俄伯①所有的儿子）崇拜取代了亚洲的酒神巴克斯（Bacchus）崇拜。新一代社会领袖所持有的观念与亚洲文化要素完全对立。他们借鉴了埃及社会等级体系中的部分法则，将其作为自身观念体系的基石，并逐渐灌输给具有浪漫的亚洲文化色彩的希腊文化，这是希腊出现神庙建筑的主要推动力。如果这一
122 体系没能成为最终的胜利者，希腊文化就不会体现出如此鲜明的特征，艺术创作也无法从禁锢埃及艺术发展的锁链中彻底挣脱出来。只有自由的爱奥尼精神占据主导地位，给希腊文化增添无尽的活力，这一目标才能实现。

★ ★ ★

在希腊神庙出现之前，各种建筑要素必然已经完成了组合与杂交的过程（其中一些过程刚刚被发现，吸引了众人的关注；另有一些过程略显随意，还没有根据建筑法则做出严格的阐释）。

为了使这种融合成为可能，每一种艺术形式都需要做出牺牲。它们要在自身发展的同时，确保不对整个艺术联合体造成损害。现在，我们来考察一下希腊神庙产生前后的艺术大背景。

神庙所占的整个范围称为圣地（τὸ ἱερόν）。与亚洲神庙组群的布局相似，希腊圣地也是位于坚固石材基础之上的一片宽阔舒展的矩形墩子，通过长长的台阶与周围相连。其位置经过精心选择，以确保圣地高于周围的一切。有些圣地四周有柱廊环绕，但大多数是没有栏杆的开阔地，用雕像、祭品等作为装饰。

墩子之上是一个由墙体环绕的面积更小的区域，墙体与墩子边缘保持一定距离，高度相对平缓；入口处是带柱子和三角山墙的门廊（列柱式建筑），称为山门（propylaeum）；在后来较为奢侈的结构中，墙体内表面也使用了列柱走廊的建筑形式②。再晚些时候，完全开敞的圆柱形大厅取代

---

① Niobe，希腊女神。她的14个儿子因自夸而全被杀死，她悲伤而化为石头。——译者注

② 在罗马建筑之前，将列柱走廊置于圣地围墙之外的做法似乎还没有得到广泛的使用，或者像雅典的奥林匹亚朱庇特神庙（Temple of the Olympian Jupiter）那样，通过扩大由柱子支撑的檐部来获得类似效果的做法也并不普及。——英文版注

了这种墙体。但在上述两种情况中，神庙场地中的围栏都被称为柱廊（stoa）。

通往真正的圣地区域的入口只此一处。神庙（ἡνέως）的位置显得并不重要，建筑基础的四周都有台阶。神庙之前有一片栏杆围合的区域，中间建有祭坛，即τέμενος。

神庙的基础形式是有倾斜屋面的方形建筑，最初只有一个简单的内殿；只在正立面——壁端部之间的门廊部位——装饰着几根柱子。随着基本观念的不断发展以及建筑重要性的逐步增强，像庭院中的墙体一样，希腊神庙中也出现了由列柱走廊支撑屋顶的建筑形式。

尽管这样可以形成最壮观的建筑效果，但人们仍需要通过艺术创作来 *123*
加强神性的权威。与其外部形式相反，神庙内部是列柱式大厅，大厅最里面是挂有神像的圣坛［*sacrellum*①，（ήοηχόϛ）］。

大厅内的墙体和柱间摆放有华贵的雕塑、金属雕刻和绘画等艺术作品，活跃了室内气氛。而在更大型的神庙中，这些地方也都有柱廊环绕。之前需要动用一切艺术手段才能形成的崇高宏伟的室内氛围，现在通过那些金光闪闪的神像就能获得。

这种崇高的气质和富贵的气氛可以通过某些手段得到进一步加强。在某些实例中，圣地中还出现了城堡、市场和医院等建筑，它们与周围环境共同构成了神庙的围墙。我们在庞贝古城和雅典卫城中都见到了这样的实例，罗马和其他地方的情况也大致如此。现代艺术书籍的作者可能因此而将神庙——即“νέως”（*partem pro toto*）——看做是唯一完整的艺术创作。

这种布局方法在不断尝试并取得最佳效果之后突然销声匿迹，为后人留下无尽的猜想（雅典人将巨型的密涅瓦雕像置于雅典卫城中央，她的头盔高过了帕提农神庙的三角形山花）。但是，即使忽视个人作品的质量，我们仍然可以感受到希腊文化和异族文化在这方面的巨大差距。

在希腊文化中，建筑的四要素以一种前所未有的和谐状态融合成一个整体。建筑的基部和庭院中的柱廊只是辅助性的要素，它们维护着所谓的神灵的空家住所；没有这些要素，矩形山墙的住宅就无法区分前后，它会变得孤立无依和莫名其妙。但是，今天那些装饰丰富的三角形山花的重要性已经超过了华美的大厅——这里是神的住所。精明的祭司们不再将神像封闭在神秘的小房间中；他们也不再将高高在上的专横和傲慢当做力量和权威的象征。他们不再服务于他人，而是努力将自己装扮成完美无缺与希腊人文精神的代表。只有一个具有强烈民族感的自由之人才能理解并创造

① 通常只是用装饰华美的神龛作为其物质象征。——英文版注

出这样的作品。①

124 这种创造会受到不同因素的影响。古老的希腊祭祀仪式与献祭有关，献祭活动在庭院的最高处举行。现在，我们仍然可以看到建立在巨型基础之上的古老的墩子，墩子上面矗立着用百牲祭（hecatombs②）的尸骨建立的巨大祭坛。祭坛旁边是一座小礼拜堂，倾斜的屋顶并不是位于柱子上的，而是由墙体直接支撑。起源于山顶的亚述塔楼是否也有同样的祭祀仪式，或者这种仪式是在山地居住的希腊人继承而来的，无论如何，两者中的密切联系是显而易见的。从简陋的棚屋开始，随着外族元素的不断加入，最终形成了希腊神庙的建筑形式。[41]

125 亚洲的封闭式庭院也与棚屋建筑和占有统治地位的墩子建筑有较为密切的联系。亚洲也有使用多柱走廊建筑形式的风俗，这是由希腊首先传入埃及的一种建筑动因。

另一方面的创造是多立克柱式的出现及其在列柱走廊中的应用③、将

---

① 上文曾提到过这一事实，神像地位不断上升的过程被突然中断，这可能会让很多人（现在几乎成为艺术界的陈词滥调）认为希腊建筑本质上是一种外表建筑。这取决于人们对希腊建筑是如何理解的。我认为将其本质上作为精神建筑或外表建筑都是可以理解的。在这方面，亚洲圣地的围墙表现了一种不断出现的基本观念，本质上将外部世界与具有神性的建筑内部区分开来。即使是那些壮丽的柱廊也将重点指向建筑内部，就如同哥特教堂和埃及神庙中的情况一样。对神像艺术效果的不断强调逐渐提升了内部空间的重要性。除了神庙外表，一切都在突出内部空间（包括庭院建筑），即使是列柱神庙也通过庭院中沿墙伸展的柱廊将其转化成强调内部空间的庭院建筑。内墙是神庙"真正的"外部边界，这可以通过柱廊内完整的檐部体现出来。失去了此种含义，檐部的存在也就变得毫无意义。覆盖一切的倾斜屋顶看上去并非如此，但这正是希腊建筑让步于内在"创作意图"的矛盾之一。更突出的是另外一个矛盾，即内殿的室外布局。无论我们对此持何种观点——建筑内部是保持完全开敞还是像巴西利卡一样有突起的屋顶，抑或（如弗格森所言）是通过有角的天窗被照亮——由两种性质相反的要素（屋顶和围栏）相互杂交引起的怀疑一定不会消失。此外（我想引用上文提到的库格勒的一段文字），如果能通过增加列柱走廊将内殿转换为一种庭院建筑，如果设置列柱走廊的目的是为了（除了扩展神庙之外）协调建筑内外及周围环境的关系，我们有理由认为内殿的外墙也覆盖着涂料，就像神庙内廊和周围走廊内的墙壁一样。尽管神庙最初只是粗糙的石材建筑，就像安提库拉神庙那样，但赤裸的内殿周围一旦出现了柱廊，彩绘也会随即出现。

让我们再次回到古典建筑的本质是否就是建筑外观的课题，实际上，一切重要的建筑形式都是从庭院这一原始概念发展来的。上文提到的埃及神庙的发展过程已经证实了这一点，其实哥特教堂采用的也是拱形巴西利卡的建筑形式，即通过高耸于开敞中心之上的屋顶强化空间焦点的一种大厅形式。哥特建筑中的一切都在强化这一特征。如拱廊窗户上的装饰线条，以及拱顶中心用金色星星装饰的蔚蓝色背景。

即使是古老的帕提农神庙和拜占庭穹顶建筑中使用的也是拱形前廊，我们可以从老普林尼的信中了解到这些频繁出现的圆形建筑形式。这就是维特鲁威所说的"*atria testuninata*"和"*testudine tecta*"。——英文版注

② 献给古希腊和古罗马诸神的祭祀，最初由一百头牛或家畜组成。——译者注

③ 荷马的描述中并没有提到过列柱庭院的建筑形式，但他清晰地描绘了亚述的多层列柱大厅。——英文版注

外部的山花造型与室内布局巧妙的融合为一体，以及露天神庙的出现。

同样的动因在埃及和腓尼基建筑中也有所体现，而记录显示多立克柱式的创造者与这些国家都曾有所接触，因此他们不会在与古希腊相互交织的王朝—民主原则保持密切联系的同时，又吸收这些建筑动因以对抗统治者贵族化的倾向。

从山顶下降到人类居住领域中的神很可能会在祭司的室外工程中消失。当爱奥尼的奥林匹亚·朱庇特的地位强大到使其神庙显得过于狭小，当高高在上的帕拉斯·雅典娜从布满装饰的神龛中走到庭院中间时，诸神的权威才从彻底摆脱了束缚他们的枷锁。

当与希腊精神相结合的多立克文化出现在爱奥尼文化占主导地位的阿提卡地区时，那些易受影响的要素，也就是更容易发生变化的绘画和雕刻艺术，都具有爱奥尼文化的特征。可以肯定的是，多立克文化，从音乐、绘画与雕刻，以及它们在神庙建筑中的应用等方面来看，与爱奥尼文化完全不同，我们看到了多立克式的色彩基调，也发现了多立克式的音乐风格。

也许多立克艺术在这方面延续了埃及艺术的传统，而爱奥尼艺术则是基于或至少是从影响更为广泛的亚述原始壁毯艺术逐步发展来的，只是没有发展出楔形文字那样僵硬的艺术形式；由于发展初期的不完整性，这种壁毯装饰为艺术的自由发展建立了一个更好的起点。

这就解释了埃及－多立克彩绘与东方－雅典彩绘之间的差异，这种差异在阿提卡和西西里地区的建筑遗迹中有清晰的体现。这两种彩绘体系互不协调，西西里重建的纪念性建筑与雅典神庙完全不协调的事例证明了两种体系存在的真实性，而不是它们之间的矛盾性——前者让我们想起了背景鲜亮青绿色突出的埃及色彩系统，后者则唤起了我们对色彩丰富气氛严
肃的东方色彩系统的回忆，这种彩绘传统一直延续到中世纪，并成为一种 126
协调的新色彩体系的发展基础。相反，埃及色彩系统与象形文字的原本一起消失在了历史的长河中。

这种差异在庞贝的壁画中依然清晰可见，在埃及对罗马艺术的影响逐渐复兴时（尽管只是表面上的模仿）[①]，这个城市正处于发展的繁荣期。在庞贝的壁画中，埃及风格的壁画装饰色彩鲜亮，很容易与那些色彩丰富的东方装饰区分开。[②]

---

① 彼得罗纽斯，I。——英文版注

② 在上述讨论过程中，我几乎没有提到雕塑这种艺术形式，因为我遵循传统将其看做是与绘画相同的装饰要素。我认为，无论重要与否，雕塑都只是位置经过精心设计的个人作品，其目的是为了获得整体的协调。

此外，除非蓄意抵触，人们是无法否认埃尔金大理石上那些清晰可见的古代绘画痕迹的，尽管它们清洗频繁。

关于古代雕像，我想说明的是，在大部分雕像上发现的纤维碎片都位于寻找营养的根系为树脂预留的位置，有些纤维碎片看起来就像是植物的根部，因为在它们表面有长期掩埋后形成的沉积物（意大利考古学家将其称为“*vergine*”）。——英文版注

Ⅵ. 实际应用

最后，我想以实际应用方面的内容来结束这个题目的讨论。

我们需要重新开始建设希腊神庙么？这一次我们可以更加熟练地使用古代彩绘手法，并可以将新近发现的那些精巧的古代艺术技艺应用于其中。

这绝对是一个可怕的灾难！

一旦墙体材料和结构形式适应了更高级的罗马艺术标准，古代彩绘就失去了它们存在的历史基础。隔墙（*Scheerwand*）所具有的材料和结构方面的次要特征也不复存在；他们开始创造新的形式，或至少是做出一些改变，以适应屋顶从艺术发展之初到现今所享受的地位。在拱门和拱顶等形式出现后，墙开始威胁到屋顶的主导地位。尽管屋顶是对神的一种古老象征，但其重要性和内在含义都开始遭到质疑，或至少引起了人们的争论。

但是，材料本性逐渐不能满足需求，人们开始采取某些外部保护措施；永远存在的舒适、温暖、安逸等方面的需要逐渐成为影响墙体和可见
127 结构上的内部装饰（*Bekleidung*，形式包括抹灰、木材饰面板、绘画、壁毯等一切艺术手段）的主要因素；此时，保护墙体的原始含义就变得越发重要，今天我们就碰到了相同的情况。这项任务将由画家来完成。

具体该如何操作呢？我无法提供明确有效的具体答案，但我想我们应当参考以下做法：

1. 无论附加含义如何，墙体（*Wand*）都不能失去其作为空间围合体的原始含义；我们可以通过墙面的彩绘来保留壁毯作为原始空间围合体的意象。只有当空间围合体以物质形式存在时，这种做法才能被省略。此时，绘画成为追求戏剧性装饰效果的艺术形式，而且很可能创造出很多艺术杰作。①

2. 在选择色彩基调和装饰主题时还要考虑当地的气候和习俗，当然，这已经是老生常谈。

3. 彩绘要适合并强调建筑的一般性特征，同时突出某些局部的创作意图。

4. 我们不能忘记彩绘是最先出现的艺术形式，并曾发展到技术完美的较高水平。如果将其置于从属地位，彩绘就不能发挥出应有的效果。我们应该努力寻找恰当的创作手法，以发挥其最佳效果。

5. 最后，当我们为那些可见的结构部分——如铁柱、铁质或木质屋顶结构等——进行彩绘时，还要考虑这些材料独特的静力学特征。例如，对

---

① 一个实例是通过边界墙体上的彩绘来延伸庭院的视觉感受，这是意大利北部非常流行的一种创作手法。——英文版注

于那些越细越好的铁质构建，我决不会使用明亮的色彩进行装饰，而是使用镀金的黑色和青铜色等色彩。

雕塑既可以看做是对建筑材料的解放，也可以说是与绘画共同构成的某种艺术手法，这取决于雕塑是作为一种外部材料还是作为一种内部装饰。在伟大的文艺复兴时期，人们错误地认为古代雕塑和建筑完全都是白色的，我们很难，至少现在很难，用正确的事实取代这种观念。较为常用的一种方法是，使雕塑脱离金属加工的领域。

外部彩绘的效果仍然保持着开放状态，我们可以使用不同的色彩材料。
如上所述，这种艺术发展过程并没有超出我们的传统，而是与目前的技术状 *128*
态保持协调。装饰形式的色彩的选择并不是由某种与墙体无关的建筑要素
决定（就像亚述建筑中那样），而是由结构自身和材料特性决定的。①

如果不能为日益衰退的事物注入年轻的活力，一切尝试都不能彻底解决问题。我们需要的也许不是米狄亚②的仙草，而是返老还童之壶！

★ ★ ★

请允许我再举一例：

通过希腊神庙我们认识到，在将两种截然相反的建筑观念——体现君主专制的贝鲁斯神庙和体现君主贵族性的埃及朝圣神庙——融合为一个含义更深的整体的过程中，最终成为君主和祭司的人也借此向神明宣扬了自己的力量。

在我们的基督教文化中也出现了类似的对立情况。除了埃及的朝圣神庙之外，哥特教堂中最后一次出现的西方巴西利卡还出现在其他何处？教会挥霍着神庙的财产，教堂变成了上帝的主人；甚至连埃及神庙入口处高耸的塔门（pylon）都一应俱全！除了巴力③的基督教神庙之外，西方的穹顶还出现在别的什么地方？④ 耶稣基督就是拥有绝对权力的统治者的典型代

---

① 在有些实例中，砖砌结构的装饰可以与枝编工艺和石材取得协调，在意大利早期风格的建筑中就有这种优美的实例。——英文版注

② Medea，希腊神话中科尔喀斯国王之女，以巫术著称。——译者注

③ Baal，古代闪米特人所信奉的当地的丰饶之神和自然之神，希伯来人认为是邪神。——译者注

④ 当然，特拉勒斯（Tralles）的安提缪斯（Anthemius，英文版为Anthemios——译者注）和米利都（Miletus）的伊西多罗斯（Isidorus）都不足以创造出一种新的建筑原型，除非某些历史价值的新观念已经出现。信奉基督教的君士坦丁大帝（Constantine the Great）显然持有这种观念，他并没有为新建的首都选择西罗马的巴西利卡形式，而是在他罗马的家史记事室（*Tabilinum*）对面建立了基督教祭坛，那高起的中庭（*atrium testudinatum*）成为所有希腊－天主教“穹顶”的创作原型。这种形式最原始最简单的穹顶成为后来所有穹顶式建筑的原型，我们很容易在其中发现罗马住宅中所有的重要元素：厅堂（*aula*）、门廊（*prothyron*）、前庭（*vestibulum*）、中庭（*atrium*）、翼庭（*ala*）、甚至还有影响列柱走廊庭院和皇宫室内布局发展的过厅（*fauces*）。因此，促使基督教采用新教义的统治者对建筑领域有很多具体的影响。落户新家的耶稣基督也成了一位拥有世俗力量的家庭之神。——英文版注

当社会的力量与活力还不足以创造一种历史价值的新观念时，我们不应该责备建筑师缺少发明创造。首先要有某些新观念的出现；之后，建筑师才能为它们找到适合的建筑表达。在此之前，我们只能满足于旧有的建筑形式。——英文版注

129 表，他在我们的社会中建立起他的帝国，并成为精神世界与世俗世界的唯一统治者！我们在协调这些对立关系的同时也在开启一个崭新的艺术时代，这个艺术时代的发展甚至会超过希腊时期的成就。①

这个新时代从何时开始？皮提亚将做出怎样的回应？希望不是这样的回应：

> 锡弗诺斯，小心城市中公共会堂变成红色的那一天，
> 红色的市场也会同时出现……

① 圣彼得大教堂的穹顶只是这些对立关系中的一个方面，它体现了罗马教皇统治下的教会力量。——英文版注

科学、工业与艺术 130

对民族艺术品味发展的建议，写在伦敦工业博览会闭幕之际

（1852 年）

I

博览会闭幕至今，已近四周。部分器皿仍未装包，散落在海德公园那幢建筑的空旷大厅里。公众的关注，已经从“举世瞩目的盛事”转移到其他或许更能吸引人们的、眼前发生的事件上。曾经在“世界市场”的开放日上热情洋溢地宣布新时代来临的报社记者们，没有一个表达了对这一主题的观点。然而，这一事件在思想界、在成千上万个有抱负的心灵中产生的激荡，依旧未平息。它的推动力产生的深远影响，难以估量。

只要愿意，你可以将巴比伦语言困惑的传说看做是国际法的早期历史认知的神秘法衣，把它所描绘的混乱看做是一个更为自然的秩序的开始：

类似地，一种巴别塔[①]将因 1851 年的那幢建筑而产生——世界各地的人民，将它们的产品带到这幢建筑里。然而，这个显而易见的混乱，却是存在于社会条件之中的某种异数的清晰呐喊。它的原因及其后果，至今尚不能从整体上为世人所看清。

在这里，将展现出此项事业的最重要意义。如果世界不是充满了内部的矛盾，外部的限制（不管它们是什么）无疑就不能干涉它的发展。枷锁将自行跌落，只要驱赶着当下的急迫感对它的目标总体上有着更为清醒的认识。

胜利和自由就在这里！

为了得到这个重要的结果，每个真正的信仰者——不管他的职业是什 131
么，都应负有责任，在擅长的领域内为此作出贡献。如果他了解他的影响范围，并努力为其总体运动设定一个他认为较好的方向，那么真理和进步就能实现。这与他在具体环节上是正确还是错误无关，因为在这两种情形下，他为将来的改正和更深的洞察力准备了材料，为那些更综合、更文化—哲学的问题准备了答案。这些问题是真正的主题，它们证明将如此强有力和高代价的手段付诸实践是正确的。

---

① 《旧约·创世记》记载，为了阻止人类兴建一座通往天堂的高塔——巴别塔（Babel），上帝让人类说不同语言，相互之间不能沟通，建塔计划因而失败。巴别塔寓意混乱。——译者注

插图说明：水晶宫透视图，从南门看。取自《带插图的展览者——向世界工业盛会致敬》（The Illustrated Exhibitor，A Tribute to the World's Industrial Jubilee），伦敦，1851年。盖蒂艺术史与人文学中心提供

只有抱此观点，一名专业人员才敢于直面那些由当今社会提出的问题之一。这个问题是在他的经验范围之内的。在经常参观该博览会的过程中，他反复思考了这个问题。

★ ★ ★

大约在工业博览会开幕的前后，我开始有了一个想法，那就是以系列文章的形式，阐述一种关于它的内容的、比较性的考察，并寻找一个随之而产生的框架。这有三种可能性。

132 第一种，也是最简单的，是从整个套路、由一头贯穿至另一头来思考，并挨个描述不同民族的产品。这个计划太像一部导游手册了。

第二种可能性，是取材于所谓的最高评审团（Head Juries）的指定方式，也就是由皇家委员会做出物品分类。通过这种分类，事物首先从空间上做安排，然后按照评审团的不同部门来分配。这个计划的设想是明智的，对此类事物的未来的理解也是饶有趣味的。所有东西可以分到四个主要区域里：

1. 原材料；

2. 机械；

3. 制造；

4. 美术品。

但是，我也放弃此计划，因为目前它在我看来，是颠倒了事物的自然秩序的。如果你认真考虑，就会发现它和第一种可能性一样，是非常依赖外部表现和材料因素的。实际上，在一个工业博览会里，实用艺术的产品——因为它们来自营养、遮蔽、防卫、空间与时间之度量等的需要，应该和第一种可能性里的一样，是服务于需要考虑的事情的本质项目的。每种类型必须包含子项，其分项依据是物质、材料的属性，以及制作它们时用到的方法。作为进一步的补充，必须找到一个场所——它同时满足了原材料、工具、机械（简而言之，生产的所有要素）的需要。

我就这样反复思量。这些观点，似乎已经被“最高评审团”的矛盾所证实。例如，所有的玻璃器皿（酒杯、镜子、吊灯、花瓶、玻璃织物、玻璃假发）由于材料相同而被归为一类，尽管其用途大相径庭。而其他具有同样用途的物品，却根据其不同的材料被分到不同组内。事实上，许多私人展览为其所在行业的展品分类提供了很有启发性的技术方法，这些方法更符合我的观点。

于是，提出这样一个计划（至少以一种比较的考察方法）就成了问题：该计划可以以更大的连贯性来实施，它与工业展览的概念要契合得更好；为每一件物品都设有展区；最重要的，还是更好地表达物品的内在联系和主题关系，从而提供有用的比较。

我所设想的计划，是建筑学意义的。它基于家庭居住的因素：壁炉、墙、台地、屋顶。第五个主要分区应该包含这四个因素同时发挥作用，包
括纯艺术，以及从象征意义上说的理科（high science）。这个计划应该让 133
以下各项变得明显：物品的来源、因最初动因（德语 Urmotiven）而产生的形式和因环境产生的风格改变。

不过，我所思考的批判斗争（critical campaign）并未发生，部分原因是外部阻碍，但也是因为我犹疑不决。实际上，最高评审团的模式更符合最近的文化观点和人类活动的相互关系。再也找不到为 1851 年这种综合性工业博览会而设计的其他计划了。

★ ★ ★

在油画发明者发现新的方法以前，他需要多长时间，才能用那古老的、已经不再能满足某些目的的方法，费力地完成作品呢？伯纳德·帕里希（Bernard Palissy）花费了半生光阴，去寻求用来制作彩色陶器的不透明瓷釉，直至他最终找到。这些人知道怎样去使用它，因为他们需要这项发明；而且正因为他们需要它，才去寻找并发现了它。就这样，

科学的点滴进步和技巧、如何应用发明以及应用发明的终极目标，结合在一起了。

需求是科学之母。以经验为主而发展起来的带有早期自发性的科学，不久就从业已掌握的狭小知识领域中获得了对于未知领域的自信演绎。它信心满满，从假设中创造着它自己的世界。后来，它感觉受制于它所依赖的应用，并从本质上变为其附庸。于是它进入了怀疑和分析的领地。对于分类和术语的狂热，取代了独创性的或者爱幻想的系统。

最终，天才再次征服了由研究收集来的、数量庞大的材料。在寻求由类比得来的更进一步的实际证据的过程中，纯客观的考察被迫服从于假设的推论，并成为后者之奴仆。

哲学、历史、政治和自然科学的一些高级分支，被过去两个世纪里的伟人们提升到这种比较的认识。而其他学科，因为其材料、推论之丰富与复杂，只是小心翼翼地开始加入到研究行列中。依靠日复一日更为明智地寻找，研究工作取得了惊人的发现。化学结合物理学和微积分，也敢于为古希腊最大胆的猜想和炼金术士长期遗憾的冥想作辩护了。与此同时，科学在无可挽回地向实用性的方向发展，并在目前成为后者高傲的监护人。每一天它都在丰富着我们的生活，依靠着新发现的材料和不可思议的自然力，以及科技的手段和机器的新工具。

这一点已经很明确：发明和以前不一样了，它不再是改变穷困和获得
134 快乐的途径。相反，穷困和快乐为发明创造了市场。事物的秩序已被颠倒。

这么一来，会有什么不可避免的后果？参与者没有时间去熟悉那些带有半欺骗性质的利益并且得到它们。这种情况如同让中国人用刀和叉吃饭。投机者现身说法，将无中生有的、诱人的利益摆在我们面前。投机者制造了上千个或大或小的利益。当投机者想不出新花样的时候，老的、过时的东西就会被召回来哄人。依赖于从科学那里借来的手段，它毫不费力地实现了最困难也最棘手的任务。最坚硬的斑岩和花岗石，像粉笔一样被切割，像蜡一样被抛光。象牙在软化之后被压成各种形状。橡胶和杜仲胶在硬化后用来模仿上千种木材、金属和石头雕刻，花样远远超过这些材料能够呈现的自然状态。金属不再用来铸造或精炼，而是用最新的、未知的自然力来加工，比如以电烙的方式。塔尔博特式摄影法（talbotype）取代了银板照相法，并使后者成为一件已经被遗忘的老古董。机器可以缝纫、编织、刺绣、绘画、雕刻，还深深地侵蚀入人文艺术的领地，让每一种人类技能都感到羞愧。

难道这些不是伟大的、光荣的成就吗？我从不对它总体的情况表示悲哀。这些只不过是无关紧要的征兆。相反，我相信每件东西早晚都会顺利地发展，为了社会的福利和荣誉。眼下，我控制自己，暂不进入由它们引

出的那些更大、更困难的问题。接下来，我只希望指出那些领域里的混乱。在混乱中，人类的才能在美学认知和表现中扮演了积极的角色。

Ⅱ

如果单一的事件就具有说服力，那么半野蛮民族在博览会上被公认的胜利，尤其是携带辉煌的工业艺术品而来的印度，就足以向我们说明：时至今日，拥有科学的我们在这些领域里，只不过取得了非常有限的成就。

类似的、令人羞愧的事实也摆在我们面前，当我们把自己的产品对比于祖先的产品时。尽管我们拥有很多技术上的优势，但我们在美学上仍难
望祖先之项背，甚至在什么是得体、什么是合适的感觉上也比不上他们。 135
我们最好的东西，或多或少都是带有怀旧性的。其他东西则显示出一种值得称道的努力——努力从自然那里直接地借取形式，尽管我们这样做极少能获得成功！我们大多数的努力是形式上的一团乱麻，或是幼稚的无聊之物。我们最多只能做到，让一件有着严肃目的性的东西不至于显得太过浮华，比如四轮马车、武器、乐器和类似之物。有时候，依靠严格规定形式的精确表述，我们可以让它们看上去稍好一些。

尽管事实如我们所说的那样，或者无可争辩，或者仍有争议，但要证明这一点却并不难：目前的情况，对工业艺术来说是危险的，对传统纯艺术而言是绝对致命的。

手段的丰富是第一个危险因素。艺术必须与之斗争。我承认，这种表达是不符合逻辑的（手段并不丰富，只是我们没有能力将其掌握），但是，它却是正当的，因为它准确地表述出我们形势的颠倒状态。

在尝试去掌握材料的过程中，实践（practice）是徒劳无益的，尤其是从思想的角度而言。实践从科学上定义它自己，并准备按照它选定的方式来进行加工，但这是在它的风格经过很多世纪的大众使用而形成之前。一门繁荣的艺术的创立者们，曾经将他们的材料预先塑造好，似乎是依靠着人们蜜蜂式的直觉。他们将更高的意义赋予了本土的动因，艺术化地处理它，用严格的需求和精神的自由来激发他们的创造性。这些作品成为一个真实理念的普遍被接受的表达。这种表达将和他们的脚印或知识一样，历久弥存。

煤气灯的发明是多么伟大！它的光辉让我们的节日变得如此喜庆，更不消说它对日常生活的重大意义！然而，在我们的沙龙中模仿蜡烛或油灯时，我们隐藏起煤气管的气孔。相反，在照明中我们在管子上开了无数个小孔，以便所有的星星、火轮、金字塔、孔罩、铭文等看起来是漂浮在我们住房的墙前，就像是被看不见的手举着。

所有要素中最活跃者的这种漂浮的静止，显然是效力显著的（太阳、月亮和星星为此提供了最耀眼的实例）。但是，谁能否定这项创新已经将房屋照明的普通习惯降低为居住者参与公共喜庆的标志？以前，油灯被放置于屋檐壁台和窗台上，以便光线照射到家里的常用物件和个别角落。现在，我们的眼睛已被火焰那耀眼的光芒所蒙蔽，已看不见它背后的画面。

不管是谁，只要见过伦敦的灯彩和记得罗马城里类似的古式节庆，就会承认照明艺术已经因为改良措施反而走向倒退。这个例子说明了两大危害。我们在进退维谷之际，必须为艺术而努力创新。

这项发明是卓越的。但是，它首先成了传统形式的牺牲品，其次，它
136 的基本目的也因为它错误的应用而被扭曲。只不过，每种方法都能为这项发明增光添彩，同时也可以用新思想来让它更丰富（比如让火焰定型）。

因此，一个聪明的舵手必须是能够避开这些危险的人。他的行动甚至是更加困难的，因为他发现他处于未知的水域，没有地图，也没有罗盘。在众多艺术和科技作品中，太需要一个实用的指导。通过这个指导，我们才能绘制出指明正确航线的地图，图上还标明了应该躲避的悬崖和沙洲。如果艺术品位理论（审美学）是一门完整的学科，如果它的不完整性并未因其含糊且经常错误的理论而变得复杂（大致说来，这种不完整性需要更清晰的表达，尤其是被应用到建筑和建构的时候），那么它正好能填补这个空白。然而，就目前的状态而言，它很少被天才的专业人士们所考虑。这说来也情有可原。这种审美理论的摇摆原则和它的基本规律，仅仅被所谓的艺术家们所承认。他们之所以由此去评估一件作品的价值，是因为他们对于艺术没有内在的、主观的标准。他们坚信，通过成打的原则，他们已掌握美的秘诀。然而，形式世界的无穷变幻，正是依靠不拘一格才获得独特内涵与个性之美。

在这些给表达带来苦恼的艺术品位理论的观念中，最重要的一条是艺术风格的概念。这个术语，就像所有都知道的那样，是一个有着众多诠释的术语。诠释它的数量之多，使得怀疑论者已经意欲否定它有任何清楚的理论基础。不过，所有艺术家和真正的鉴赏家都感觉得到它的整体意义，尽管很难用文字将其表达出来。或许可以说：

> 风格意味着指出基础概念的重点和艺术意义，并且基于整个的内外因素来对艺术作品主题的具体表现做出修正。

根据这个定义，艺术风格的缺乏意味着一件艺术作品的缺点；导致这个缺点产生的原因，是艺术家对潜在主题的忽视，和他从审美上探索使作品完美的可行方法的失败。

正如大自然虽变化多端，其动因却简单寥寥，她不断地更新着同样的形式，依据发展的不同阶段和存在的不同环境而使相同形式产生出千变万化；她让不同部分以不同方式而发展，或是缩短，或是增长。同样地，工

艺美术也是以某些原型（德语 Urformen）为基础，这些原型受限于一种原始理念；后者一再重现，只是因更为紧密相关的决定因素而形象多变。

于是就发生了这样的事情：在一种结合中看起来是本质的部分，在其 137
他部分那里却只被暗示；在第一种结合中其痕迹与萌芽只是勉强可辨的部分，在第二种结合里却可能醒目而且具有统治地位。

这种基本形式，作为概念的最简单表达，其调整是尤其受限于那些在形式发展中应用的材料的，也受限于让它成为时尚的*工具*。最终，还出现了众多对于艺术作品而言是外在的影响，也就是那些在决定形式上卓有成效的重要因素，比如场地、气候、时间、风俗、特殊性质、阶级、立场以及其他很多。如果摒弃武断并且和我们的定义取得一致，我们可以将风格的学说分成三部分。

原始动因（德语 Urmotiven）和由此衍生的基本形式的理论，即风格理论的艺术史部分，为第一部分。

当一件艺术作品中的原始动因像一个音乐主题一样贯穿全局时，无疑是令人满意的，即便它与原点处的状态相比有所变化。当然，清晰而新鲜的观念对于一件艺术作品而言，是令人期待的，因为我们可由此而得到一个立足点，去反对创新中武断、琐碎甚至绝对的指令。新旧结合中，新东西无须成为复制品，并且能摆脱对时尚的依赖。为了说明这一点，请允许我讲一个例子，它证明基本形式对于艺术发展可能有着深远影响。

席子和由它发展而来的织毯，以及后来的刺绣毯，是最早的空间分隔要素。它们因此而成为所有后来的墙面装饰，以及很多其他工业与建筑的相关分支的基本动因。与它们相伴出现的技术，可能有很多不同的发展方向，但它们却一直在风格上表现出共同的根源。实际上，我们从古代（从亚述到罗马，再到后来的中世纪）就能发现：墙的分隔与装饰，其色彩原则，甚至历史上在它上面使用过的彩画和雕塑，还有玻璃彩饰和地板装饰——一句话，所有有关的艺术——都一直以传统的方式依赖于原始动因，不管是有意识的，还是无意识的。

幸亏，即使在我们混乱的艺术环境中，风格理论的这一历史层面也还能发展。在伦敦博览会上被人们记住，并且在文化发展的早期阶段仍有生命力的作品，为我们理解它、比较它和思考它提供了如此丰富的材料。

风格理论的第二部分告诉我们：由动因发展而来的形式，如何因我们不同的处理方法而展现出不同的形状；并且，在我们先进的技术里，材料又是如何进行风格化处理的。不幸的是，风格的这一层面是如此难以捉 138
摸。在贯彻风格理论*技术层面*的基本原则上，有个例子可以说明其难度。

用花岗石和斑石垒成的埃及金字塔，给我们的感官带来一种无与伦比的震撼。是什么造就了如此奇迹！当然，部分原因是埃及不软也不硬的土地。在那里，人们可以用柔软的双手和简单的工具（锤子、凿子）来加工这些坚硬而耐久的材料。它们由此而变为一个整体："到此为止，不要再变，就是这种风格，无须其他！"这已成为贯穿千年的无声誓言。它们的肃穆静止和厚重体量、平坦优雅而又略带棱角的线条、因材料加工难度而展现出来的克制——它们的整体风貌，向我们展现了一种形式美。我们现在可以切割最坚硬的石头，就像切奶酪和面包，但却并非出于必要。

现在，我们该如何来对待花岗石？很难有个满意的答案！首先，这种材料应该只用在需要其坚固特性之处，并从这个最终条件中得出其风格化处理的原则。在瑞典和俄罗斯，巨型花岗石和斑石制品被毫无节制地滥用，这表明我们的时代在处理这一问题上是如此不谨慎。

这个例子引出了一个更普遍的问题。如果允许我将本文扩展为一部书的话，光是为这个问题，我就可以拿出足够写一大章的材料。由于机器、人造材料和众多新发明而带来的材料贬值，将引导我们通往何处？出于同样的原因，劳动的贬值将会对绘画、雕刻及其他装饰工作产生何种影响？自然，我指的并不是酬劳方面的贬值，而是意义和思想上的贬值。难道新的伦敦国会大厦不是被机器弄得丑陋不堪吗？时间，或者科技，是怎样把法则和秩序带入彻底混乱的境地的？我们又如何才能防止情况继续恶化，以致所有传统手工业全面贬值？我们怎样才能不把这些手工业变成过时的、吓人的或古怪的做作？

★ ★ ★

如果说风格的技术理论在决定与应用其原则上是如此困难，那么，风格学说的第三个重要部分，在我们的时代根本就不能拿出来讨论。我的意思是，这部分关系到当地、当时以及个人对艺术作品外在形式的影响，还关系到它们与其他因素（比如特征与表达）的一致——这些问题将在本文中得到阐述。

我们早先已经指出，手段的丰富给工艺美术和整个艺术领域带来的危害——以一种能被接受的表达方式。现在，我提出如下问题：一种被大资
139 本支持并被科学引导的投机行为，将对工艺美术产生什么样的影响？这种不断扩展的赞助，将会导致什么样的最终结果？

"投机，当它认识到它真正的先进性时，将寻得最好的力量并为自己获得这些力量；这样，它将会展示出更多的热情来保护并培养艺术和艺术家，比米西奈斯[1]或美第奇做得都要好。"

这无疑是真的！然而，为一项投机而工作和作为一个自由人而工作，情形却大为不同。为投机而工作时，人是双重依赖的：他是他老板的奴

① Maecenas，约公元前70—前8年，古罗马政治家、诗人，文学、艺术的资助者；美第奇家族，文艺复兴时期意大利佛罗伦萨的贵族，著名的艺术赞助人。——译者注

隶，同时还是最时髦的风尚的奴隶，这种风尚给他的老板提供市场来销售他的作品。人丧失了他的个性，他的“天赋权利”只是为了一碗扁豆汤。先前时代的艺术家们也相当忘我，可他们是将自己奉献给了上帝的荣耀。

然而，我们并不会沿着这一推理再向前，因为投机直接导致一种特殊的目标。现在，就这一目标做些细节上的讨论看来更为重要。

★ ★ ★

斯塔福德郡 H・明顿与伙伴公司（Minton & Co.）的房子备受称赞，原因可以说是它复兴了一种消失已久的、辉煌的艺术类型。他们的陶器不仅从技术角度而言是很优秀的，而且还显示了一种真实的艺术追求。他们推出的产品式样繁多，而这幢房子无疑将使他们收益颇丰。他们的产品一旦在数量上足够，就将被用于建筑和装饰，而且价钱也不会太贵。先前库存的款式会比新设计的产品更为便宜，这必然会影响到建筑。

这是几百个例子中的一个。住宅和装修需要的一切都被很好地制造出来，价格不高，随要随取。家具、墙纸、地毯、窗户、门、屋檐，整个房间的装饰——一句话，屋里屋外的所有东西，包括固定的和可移动的部件，甚至整幢房子，都可以在市场上买到现货。

这种状况完全改变了英格兰的民用建筑形式。在北美洲的美国，这种改变甚至更为彻底。一位德国工程师做出了下述有关美国民用建筑的真实统计。这一统计结果也适用于英格兰的建筑情况，同时它也准确地描述了投机对工艺美术这一最重要分支所产生的影响：

> 将要兴建楼房的场地，基本上都属于有钱人。他们将场地划分成一块块来出租，每块地的临街面宽度为 25 英尺，进深分别为 100、150、200 和 140
> 300 英尺。当有人要建房做生意时，有钱人就租给他一个便利的地点，让他在上面盖房子。当然，租借期满时，这幢房屋已物尽其用，它会被期望自行倒塌。如果房子依旧矗立，这位有钱人就不得不在它身上浪费一笔钱。建筑师的收费通常都很低，所以我们都知道，只有靠多盖房子他才养活自己。
>
> 当一个美国人想要一幢房子的平面图时，他早上就去拜访建筑师，说明他的要求、地块面积和他能支付的预算。晚上回家，他便可以看到草图。如果他对方案满意，便可以跟建筑工人就大概的费用展开讨价还价。三天内开工，六个星期后即可入住。
>
> 绘制这样一张草图，建筑师收取 10—40 美元的费用。不过，他可没法以此为生，除非他能在一个项目中设计一排 10—12 个同样的房子。当然这样的事也常有发生，只是需要建筑师有广泛的交际圈。对于一个新来的，也就是所谓的“生手”来说，他基本上无所作为，特别是因为大部分工匠都是爱尔兰人，他必须说得一口流利的英语才能管好这些工人。所以说，

干建筑这行就得白手起家，从零做起。由于所有建筑地块和住宅宽度都是25英尺宽，因此3英寸厚的木制托梁就在锯木厂切割成只有24英尺长。房屋按如下方式建造。

雇主从工厂或二手市场上买来预制好的窗户和门，之后建筑工人垒好地基和地窖，再竖起一英尺厚、围满场地的后墙和两侧墙，墙高直抵第一根横梁。然后，在后墙上安上买来的窗户；两面侧墙上没有窗户，除非两座房屋之间有一段距离。在这三面墙上，木匠每隔大约15英寸安上一个24英尺长、3英寸高的托梁，不用龙骨。第二层楼的墙还是1英尺厚。木匠再进行铺板等步骤，直至第三层、第四层、第五层。前立面是敞开的。工程结束前，木匠要安上门。他用满满一车的螺栓来做好隔墙，铺上地板，并在托梁上切割出安装楼梯的开口。之后，泥瓦匠根据雇主的预算，用红砂石、大理石或花岗石的面板贴出前立面墙。有时候这面墙装饰得美丽豪华，但经常是简陋而且建筑品味低下的。泥瓦匠还得用钳子和钉子把这些面板安装到侧墙上去。通常，整个前墙都布满丰富的铸铁装饰。接下来就是泥水匠的活儿了，他们用上好的灰泥把整栋建筑变成世界上最坚固的房子。

141 这就是纽约的房屋建造。除了以上观察之外，所有这些房子都更注重舒适，而不像我们的房子只注重做疯狂的修饰。[1]

还得附带说一说的是：到此为止，建筑师的监理任务就中止了。他无须再为这栋房子而烦恼。他把空房子交给了装修人员和家具商，以便房子可以弄得更舒适。我们的工业和整个艺术事业都必将遵循的程序非常清晰：所有东西，都必须依据市场而设计和裁减。

一个销路好的器皿应该具有最广泛的用途，并且不会引起其设计意图以及材料特性允许之外的其他联想。什么地方需要设计？这并不是一成不变的，因为我们对购买者的品性了解太少。这样，它也不应该具有典型性和地方色彩（从最宽泛的意义而言），但却应该有着和谐融入周围环境的品质。

东方的工业产品看起来完全符合这种情形。当它们没有夹杂着已消失的、更高艺术阶段的残余时，这种状况甚至更为明显，无论这种艺术是本国的还是外国的。东方产品一般在家庭式杂货店里出售。就像前面说的，它们并不具备任何超越便利于所在环境的特性。波斯地毯在教堂和闺房中同样适用。一个镶嵌着马赛克图案的印度象牙盒，可以当做熏香架、雪茄盒或工具箱使用，究竟哪种要看使用者的喜好。①

无疑，作为伦敦工业博览会的最初结果之一，这些广受好评的器皿将

---

① 伦敦博览会中展出的印度产品具有三重截然不同的特性。在一些小型檀香柜子上，我们看到了旧巴洛克－印度（old-baroque Hindu）艺术的特征；然后是印度－波斯艺术；最后，是印度－不列颠风格的产品，具有强烈的文艺复兴特征，又略带拜占庭式的复古。只有印度－波斯风格是真正美丽的。古老的意大利和希腊动因，在整体效果和细节方面都被复制到此类风格的产品之中。它们之间是如此惊人地相似，这令我百思不得其解。——英文版注

会很快对我们的工业产品产生明显影响。

然而，即便是在技术美和形式美方面取得了重大成就（相较于现代欧洲的无原则而言），我们仍然看不出这些亚洲产品蕴含有个人表达、清晰性，以及更高层面的语音美和灵魂。尽管以市场为目的的产品是无法取得重大意义的，但在一定范围内，个人表达还是能做到的，只要该产品具有 142
某种用途或意图，而不单单是为它自己而存在。特里同[1]、涅瑞伊得斯[2]和宁芙[3]对于喷泉，维纳斯与格雷斯[4]对于镜子，战利品和战争场景对于武器，都是永远有意义的，不管人们造出这些东西是为了投机还是为了一个特定的场所。[5]

我们拥有丰富的知识，拥有无可比拟的技术性艺术鉴赏力，拥有极其厚实的艺术传统，拥有公认的艺术想象力，还拥有对自然的正确看法。所有这一切，我们决不能以一种半野蛮的方式将其抛弃。我们应当向非欧洲文化学习的，就是那种捕捉形式与色彩中的简单韵律的艺术——这种本能赋予人类艺术品最原始的构成形式。对于这种构成形式，即使我们有着更为丰富的手段，却总是难以领会和加以保持。因此，我们必须学习人类最原始的手工劳作，以及这种劳作的发展历史，要像我们从自然现象中学习自然一样的专注。比如，在博览会上我们可以看到，我们的艺术工业在表面上模仿自然所做的广受好评的努力，会导致什么样的错误后果——当这种努力既非自然本能所引导，也不是被风格的谨慎学习所引导时。我们看到的是许多幼稚的，而不是天真的艺术尝试。

当我们的艺术工业变得漫无目的时，它却在无意间完成了一个高尚的任务：由于其装饰方法而造成的*传统形式的瓦解*。关于这一功能的意义，我将在本文接下来的章节中做出更为清晰的阐释。

III

我听到不同的意见：

“只有在少数国家，科学和投机对艺术实践才有影响；盎格鲁-撒克

① Tritons，希腊神话中人身鱼尾的海神。——译者注

② Nereids，希腊神话中的海中仙女。——译者注

③ Nymphs，希腊神话中的水泽仙女。——译者注

④ Graces，希腊神话中的美惠三女神。——译者注

⑤ 合适的象征俯拾皆是，以至于我们必定会困惑于时常出现在工业艺术中的一个现象，即不假思索地滥用富有表现力的装饰。比如，我们经常看见钟摆上有支撑屋檐的两个士兵，他们正玩着骰子、卡片，甚至在睡觉。艺术家想以此来表现什么呢？“让我们浪费时间、消磨时间吧！让时间就这么睡过去吧！?”这真是奇怪的题字，不过并不是维吉尔（Virgil，古罗马诗人）“vivite-venio”的诙谐说明。——英文版注

逊人原本居住在偏僻森林地带的茅草屋里，这种情形与仍旧鲜活的欧洲古老艺术传统没什么关系。设想一下如果这种情形曾在我们这里得到普及，那么真正的艺术多半已经出现在那些不朽的建筑上，而且更为纯粹，更为高尚，一如几乎没有民用建筑的希腊一样。”

143 我们还是不要自己欺骗自己吧！那些情形在我们看来是全然无错的，因为它们与所有国家流行的情况相符；其次，正是在纯艺术正遭受致命打击这一点上，我们尤其感到痛苦。

纯艺术也曾一度打算进入市场，并非要去那里与人对话，而是要将自己兜售。

伦巴第－奥地利市场充斥着用可爱的、裸体的、戴着面纱的大理石奴隶雕像。漫步在这个市场，谁人心头能不被悲哀与伤痛所占据？难道我们就看不见，它们正在为自己曾经拥有高贵的血统基因而感到羞愧？它们环顾四周，以一种不堪的姿态勾引着买主！实际上，博览会上就有不少于8—10 个排列成串的这种男女奴隶。

相反，在大型的中心画廊，陈列的净是些矮胖的身躯——射箭的，骑马的，还有其他一切可能的运动状态的！他们之中，稍微好点的略有诗意，能勾起你的回忆。少数在表现自持的神态上也颇为新颖，但我们还是会对其中大多数发生疑问：他们的适度性到底在哪里？

一件为市场而设计的艺术作品，是不可能具有这种适度性的。在工业产品中，这种适度性就多得多，因为工业产品的艺术适度性至少是由该产品预期的用途决定的。而为市场设计的艺术品，则只是为它自身而存在。一旦有违取悦并诱惑买主之目的，它就总是不受欢迎的。

胸像和肖像雕塑，看起来属于我们造型艺术最根本的领域。但不管是谁，只要他对这一领域有更深的了解，就会知道现在的情形是多么不当，而且恶劣。为了给懒散的艺术家们一点动力，我们在公共广场上弄了些名人雕像。艺术家们必须受到保护！不过，与希腊的英雄崇拜类似，这种对名人的崇敬既和任务委托人无关，也和公众无关。一旦人们喜欢注视空旷空间的习惯被另一种喜欢观察建筑基座的习惯所取代，人们便会对这些名人雕像视而不见。如果我没说错，在不计其数的过去、现在以及未来的名人雕像中——它们装饰着博览会的建筑，有许多是为纯粹空想而做的。不过，这些人物雕像倒或许还保留着艺术发展中最重要的出发点。

绘画被博览会拒之门外。要不然，市场将会呈现出更多的斑驳色彩。无须多费口舌，上述关于雕刻的话也同样适用于绘画。难道艺术协会和艺术展览者们还没开始安排每年的定期展览与长期巡展，去兜售他们的绘画吗？

“不过，”我听说，“我们那些堆砌着壁画、彩绘玻璃、雕像、山花装饰和壁缘线的纪念碑，将会将真实艺术永久珍藏!”

是的，这会是真的，只要它们不是借来的，或者偷来的！它们不属于
我们。将未经消化的要素仓促捏合而成的东西，形态上毫无创新，也没有 144
什么可以说成是我们自己的。它们并没有变成我们血肉的一部分。尽管现在被费尽心机地拾掇到一起，它们却并未被充分消化。

在一些有益和新鲜的事情发生以前，这种分解现存艺术类型的进程必须由工业、理念和应用科学来加以完善。

★ ★ ★

世界上没发生什么新鲜事。所有都是老一套！根据哲学家的理论，社会发展（如果它的确在进步）是一种螺旋式的上升。当我们以这种观点来看待它时，一个阶段的开始与结束就是重合的。

早在成千上万年以前，奢侈就已出现在粗糙的帐篷里、朝圣者的旅馆里、堡垒里和露营地里。彼时尚未有建筑，尽管人们已经制作出丰富的艺术品。市场、贸易，还有掠夺，为家庭提供了奢侈品，它们包括地毯、布匹、工具、花瓶和装饰。在如今的阿拉伯帐篷内，依旧存在同样的情形。甚至在我们的高级文明阶段里——我们总认为自己是人类进化的极限，这些情形也相差无几。是什么因素，造成了上文提到的美国住宅与中世纪晚期住房的脱节！后者（中世纪晚期住房）就像是蜗牛壳——一个生命曾经居住过的、富有表现力的壳。前者（美国住宅）适合任何一个想要在其中筑巢的人。它不是房子，而是一个放置家具的脚手架。是先进的科技和投机工业，导致了这种状况。

不过，还是让我们来看看在建筑出现之前，这一循环的初始阶段发生了什么吧。有一种观念抓住了源于人类建筑本能的动机，并在造型上将其处理，从而创造出一种社会性的建筑形式。比如，在埃及，就其地方礼法（*nomos*）而言早已出现了市民；在这些市民分布的疆域内，一个著名的朝圣点慢慢形成，占据了这种动机，并为新建立的僧侣权力披上埃及神庙的建筑外衣。在他们推选出一位依赖于他们的国王，来取代村庄之神之前，僧侣的权力丝毫不会丧失。

在亚述，野外营地是建筑的原型。它采取了一种带台地的皇家城堡的形式，四周都是围墙。高高在上的、独裁者的城池，和下面最低等臣民的堡垒，只不过是放大或简化了的皇家营地。皇家守护神就是王朝的建立者，他的祭祀堂位于最后一层台地的最高点：这是一种至高无上的世俗权力的象征。

在埃及，神庙被隐藏在有权有势的僧侣们建造的外围工事之后；而在 145
亚述，神庙作为主要社会基础之上的一个顶点，消失在云端。

希腊是一个原住民和移民的混合民族。它继承了本民族和许多异族形

式的文化，并将其混合成一种本土文化。他们是一个善于贸易、工业和战争的民族，喜好移动，到处有冲突和矛盾。最初，在王权的统治下，他们被划分为一个个部落。在推翻统治者以后，希腊建立了自由城邦，其政府模式因立法者而各不相同。早在发生这一政治剧变的很久以前，分解混杂的民族要素的浩大工程就已经展开了。

爱奥尼亚诗人从传说与神话的合适题材中，创造了一种新的、与原始意义相差甚远的希腊神话。也许，这些诗人是被描绘在武器、花瓶、地毯、布匹、器具上的图画，或来自于传说的图像所指引的。诗人经常在他们的作品中提及这些东西，而这种影响在他们阐释性的描述中也表现得相当明显。

因此，这种半本土、半异族的形式，最初是通过它在手工业产品中的装饰性应用而融合到一起的。于是乎，第三种新的形式也已准备就绪。

多利安部族的神庙建筑和爱奥尼亚人位于山巅的、诗意的祭祀场所，是截然相反的。后者与邻近的亚洲家族式部落在传统上有渊源；前者从埃及土壤中取来了史诗轮回，不包括那些由多利安立法者人为创作的神话故事。

在驱逐了他们的王朝统治者之后，爱奥尼亚人选择了一种民主的政体形式。人民取代了东方的暴君，人民的意志成为法律。多利安人建立了，或者说继承了一种更为稳定的社会形式。他们的哲学家和立法者汲取了埃及的智慧和制度。确立已久的僧侣制度，伴随由僧侣指定的国王，就是他们的原型。

这两者对希腊文化的建立都起到了重要作用。希腊文化的完美阶段，首先出现在多利安形式与爱奥尼亚精神的完全融合上。这时的希腊，君主与牧师是合一的，他们把自己提高到神的地位。完全相反的两极被统一到一个更高的观念和全新的、自由的秩序里。希腊神庙，就是这种统一的反映。神不再为任何人服务，他的目的就是他自己。他是他完善的自我的化身，也象征着希腊人赋予他的荣耀。当这一切发生时，希腊哲学和希腊科学便已取得它解释性的立场。这个理念不再是盲目探索，而是有意识地寻求它自己的表达。人类再一次横穿了同一条道路！

146 罗马继承了垂死的希腊精神的外衣。后者将分裂的各部分重新统一到它最初的对立方，一旦那个让他们和解的更高理念彻底死亡。

多利安要素再一次控制了僧侣制度。西方的巴西利卡，在哥特式大教堂中获得了它最后也是最高级的表达，但却是埃及朝圣者神庙的再版。教堂吸收了神庙之精髓。爱奥尼亚 - 亚洲的民主制，相反却将其意志交给了古罗马皇帝之手。后者最终将太阳神巴力完全带到了君士坦丁堡。皇宫里高高的穹隆中庭，成为所有希腊天主教堂的原型。家史记事室（*tablinum*）① 里放入了家庭守护神。

分离的两极，正等待着新的弥合。圣彼得教堂，一个拜占庭式的穹顶矗立在一个西方风格的朝圣者教堂之上，它不是弥合，而只是教皇凌驾于僧侣制度的生动表达。

我们已经处在一个新循环的起始点上。在爱奥尼亚诗人出现以前，希腊人处于老循环的这个位置。我们的应用科学已经为瓦解老传统而努力了四百年，就像希腊早期的天才和工匠在化解那一半已被遗忘的传统。

艺术家让我们为环境的力量感到欣喜。这种力量对艺术而言，只是暂时似乎不受欢迎的。让那些发明、机器以及投机事业尽最大努力工作吧，这样才能把生面团揉捏熟。由此而诞生的解释性科学［阿基里斯的疗伤刀（the healing lance of Achilles）］，将可以造就新的形式。不过，在这期间，建筑必须从它的宝座上走下来，进入市场，在那里教育别人，也向别人学习。

Ⅳ

我们有艺术家而没有好的艺术。他们在政府成立的学校里，为时髦风尚而接受教育。只要我们忽略大批平庸的学生，高级天才的数量是大大超过需求的。只有很少的人，能见到他们年轻时的野心和梦想得以实现，而且要以牺牲真实为代价，并采用否定现实和妖魔化过去的方式。其他的人，看见的是自己被扔进了市场，整日为生计奔波忙碌。

在这里，再次出现了我们时代众多的矛盾之一。我怎样解释它，才是最简洁的呢？我并不清楚下述问题的答案：当下艺术对手工业的诉求，是否和以前手工业对艺术的诉求是一样的？——因为我决不想以此来暗示现在流行的艺术品位是精致的，抑或是粗俗的。只有让形式高贵化的冲动不 *147*
再受自下而上的指导，而受自上而下的指导时，这种主张才是正当的。不过，即使是这种解释，也是不让人满意的，因为同样的事情也发生在菲迪亚斯和拉斐尔的时代。在古埃及，这种事情甚至更为频繁，而且总是由建筑在等级制度上统治着其他门类的艺术。从本质上说，我们情况之异常存在于这样的事实：上面说的影响，出现在一个不再承认建筑学统治地位的时期。该时期与建造奢华帐篷和豪华农宅的时代，有着十分密切的关联。就这样，每个艺术家都在自行其是。在这样的环境和条件下，很明显，不

---

① 在罗马住宅中，在中堂尽头或在中堂与第二道庭院中间的小屋，用于保存家族记录。——译者注

存在一个不变的态度。

这种稳定性甚至是更为难得的，因为上面提到的纯艺术为影响工业而做的努力缺乏一个真实的、实用的基础。

事实也证明了这一点，因为学院派艺术家或者工艺美术的影响很快就在接下来的道路上背叛了自我。首先，产品的目的很少在艺术上是清晰明白的，除非是为雕塑内容和装饰而提供机会的场合——在此情形下，它只在边角废料上起点作用，而不足以影响大局。其次，在学院派指引下而产生的作品中，经常会出现成果远远落后于目的的现象。而材料，也会在艺术家的意图哪怕只是部分实现之前，就已经被粗暴处理。毫无疑问——这是因为，艺术家虽然在绘画和造型上极为熟练，而且富于创造性，但他并不是作为一名金属匠、一个陶工、一个地毯编织工或者一名金匠来培养的。这种影响的第三个特点是，装饰性的焊缝处理一般是被误解的。它要么和主题过于纠缠不清，要么与之毫无关系。通常，尺度上的不一致是两者唯一突出的特征。另一方面，艺术家又经常鄙视装饰，对它不屑一顾，并将它扔给其他人——由此在作品的处理中，产生了一种令人不愉快的不平等。第四个、同时也是最后一个特点是，在纯艺术屈尊低就的工业产品上，我们经常能见到建筑形式和比例的不确定性；它与传统建筑类型的随意拼凑相结合，却少了份让传统类型的混合变得有意义的天真。

我们必须承认，凡是建筑师施加此类影响之处，与最后两点有关的错误看起来就不那么明显。然而，它们的构成大多是模仿性的，也是意义贫乏的。

这种令人扼腕的情势，在德国尤为明显。它已经为权威人士们所觉察。这些人试图以这样的方式来将其矫正：建立所谓的工业学校，并在此基础上成立美术院校。由于渴望加入后一种机构的年轻人数量庞大，所以入学时金钱的门槛和证明自己对艺术有真正感悟力的门槛已经被提高，还必须受过好的教育——就好像天才在基础学习阶段（对它的指导通常很糟糕）就能被发现，即使你假设考试的评判具有必要的公正性。穷人阶级和
148 所有那些觉得自己缺乏天分的人，被安排进了工业学校。这些学校，即使它们营造出良好的环境，并拥有一个优秀的教师团队，也无法获得人们期望实用教学应该达到的优势。理想与实用艺术的分离，在并立的二元机构中得到充分表现。这是不应该的，但人们已对它难有更多奢望。

实际上，那些纯艺术的院校也比食仅果腹的机构好不了多少，因为教授们的行业组织还需要很长时间才能认识到它与人民的距离有多远。你可能会怀疑并批评我说的话，但这些话过去是、现在也是我真心相信的。未来将使一切尘埃落定。一个真正的、坚强的天才，不管遇到多少阻碍，都一直会本能地、正确地找到最好的位置——在那里他放上操作杆，并驱使

自己不断前进。一位大师与他的伙伴、他的跟随者之间的兄弟般的友爱关系，将会导致学院和工业学校的消失，至少在他们目前的形式上是这样。

V

大多数在大伦敦事业中居于前列的国际、社会和文化哲学的问题，尤其是在这里出现的问题，主要是因为英格兰和法国这两个国家而引起的。因此，我想做一个关于这两个国家工业和艺术状况的简短对比，以便更接近我真正的目的。这个目的就是推进我为英格兰教育的艺术品位而提出的改革建议。

出于我们的兴趣，法国当然在这个对比中排在前位。自从十字军东征以来，法国人就在艺术上执掌牛耳。建筑的中世纪或所谓哥特式的风格，无疑是从法国开始向全欧洲传播的。在那时，建筑仍统领着艺术界，而在这种风格的带动下，它发展出一个影响遍及所有工艺美术领域的全新方向。

后来，意大利的自由城邦、法国勃艮第（Burgundy）和德国的自由城市，在艺术活动上取得了领先地位。传统的古代技法得以复兴，与此同时艺术和工业中的建筑等级制也摇摇欲坠。教堂的情形也是如此。打那以后，就有了形式选择上的自由，而这种令人惊奇的增长就是其结果，它的余波是在我们现代艺术里那条唯一还起作用的原则。

当这种自由开始蜕化为特许证（license）和意大利王储与僧侣在宫廷
上的无序争斗时，法国再次获得了他们在艺术上，尤其是在艺术品制造上
的卓越地位。法国人比其他国家的人都注重坚固性和适度性，并在技术上 *149*
保持着领先。如果任何人对他们重新获得领先的原因有怀疑，他不妨将路
易十三和路易十四对统治下的法国纯艺术，对比于当代的、甚至更早期的
意大利、西班牙和德国的艺术。

我们今天目睹历史重演。当我们考虑当下格调上的混合导向时，法国表现出一种相对清晰的态度，同时在对使命和材料的掌握上也具有最强的信心。

从某个方面说，法国人也许在形式感觉上是迥异于其他民族的。对他们而言，看得见的形式才是最重要的，它必须时常去填补内部节制的缺乏，就像在所有肮脏之地清洁才是最急需的一样。

不过，一定还有更具体的原因来解释：为什么法国人直到现在仍然无可匹敌，尽管在过去法国艺术和法国格调也经常拥有如此高调的判断。

第一件要考虑的事情是：法国人，尽管他们毫无疑问是热衷时尚的、变幻无常的，在许多事情上却固守传统。对于业已成熟的技术程序和传统

材料，他们只会慢慢放弃，因为其他东西对他们的操作而言过于陌生。这部分地解释了在他们的作品中表现明显的自信力和执行力。不过，这只适用于他们工业的某些分支，尤其是他们的陶瓷与金属浮雕作品、铜器与银器，以及家具。从另一方面看，他们的地毯，甚至他们著名的里昂布匹，如今却在构成和色彩上表现出可憎的平庸。尽管这些构成和色彩尚未被其他民族超越，但已经有哥白林（Gobelin）挂毯对其构成严重威胁。然而，说到真实情况，还应该提及的是：他们最奇异的产品是在路易·菲利普时期诞生的，那时的艺术品位完全走错了方向。共和国时期①的哥白林工厂，有少量地毯表现出认真得多的努力，但他们仍旧是与基本动因没有太大关系的。左边一幅塞夫勒艺术部（Sèvres Department）的大型地毯，是 Sallandrouze de Lamornaix 工厂生产的，可作为低级艺术品位以及更差之实现能力的典范。距离哥白林挂毯不远之处，悬挂着阿尔及利亚地毯，其色彩浓重热烈，足以让法国人感到羞愧。

其次，法国人拥有的胜过其他民族的优势，是他们教育方法上的卓越。法国的艺术学院和艺术学校是所有启发性思想的大本营。他们有艺术收藏品和博物馆，有为年轻艺术家提供实践创作的房间（里面有实物，也有石膏模
150 型），还有报告厅，可以举办关于艺术史、考古学、建筑、透视画等的讲座。因为有灯光照明，这些讲座和艺术实践可以进行至夜晚：在白天，学生会和他选择作为他赞助人的大师待在一起。因此，包括实用教育和其他教育方法在内，以及赞助人不总在教室里完成的作品，在这里都有提供。

当然，每个赞助人也会自由地从投靠他的人里面挑选出学徒。这些人中，只有有钱人才能付得起每月总计 20 法郎的工作室、采暖、清洁等各项费用。赞助人又从中挑选出最好、最有天分的人作为他的助手。助手们在开始工作时没有报酬，以后则领取薪水。

学生进入艺术学院是免费的，但此前的经验必不可少。不过，这是比较有学术意味的操作方式。许多有天分的人，来自手艺人和工人阶层，甚至出身跑堂，只在最低级的工作室里服务过。比如，儒勒·迭特勒（Jules Dieterle）先生就属于此类。他是塞夫勒陶瓷制造商艺术部的现任主任（Director of the Art Departments of the porcelain manufacturer），自上次改革以来就担任该职。[2] 在三年的时间里，他完成了陶瓷艺术品位导向的彻底变革。然而他的才华并未只限于这一门行当。从他漂亮的草图里，还诞生出铜器和银器、家具、地毯等。他是一名德国工匠的儿子。他在职业生涯之初，是作为一名壁纸制造者的学徒。之后他在歌剧院工作过，给室内装饰师西塞里（Cicéri）先生打下手。后来，他和三个朋友合伙开公司，专门从事这一行，在工作上却是各自独立。通过这种联合企业，也依靠着另一

---

① 指 1848 年建立的第二共和国。——译者注

个同时成立的公司，法国装饰画得以在短时期内取得之前几乎从未获得的重要地位。

迭特勒进入陶瓷艺术产业时是一名新手。不过，当一个人精通工艺美术这一领域时，他就有可能在另一个领域独辟蹊径。他放弃了为时尚服务的原则，转而为时尚指明一条前进的道路。他并不是孤立无援的。许多其他年轻人，像他一样，在探索自己的道路，现在也都有了影响。而且，青年人也已经蜂拥进入这个可以为雄心和生计提供美妙前景的行业。

非常值得注意的是，仅仅从共和国成立以来，法国在工艺美术上的进步是如此迅速。如果说二月革命已经对贸易和商业造成了伤害（就像它被人们判定的那样），那么，它同时也阐明了这个国家的良好艺术品位。这可能部分地要归因于一些杰出天才的个人的、幸运的努力。不过，还是让我们别再欺骗自己吧。此类宣言或多或少地，总是更为广阔、更为深远的原因而导致的结果。这些天才的艺术家，已经能够完全独立地证明自己的 151
价值，因为他们不再受阻于强权人物的影响。在以前，他们是必须听命于这些强权人物的。从此以后，只有在想象的精神层面上，人们才会为行动寻找理由，除非其他守护王朝的国家机构在此期间把艺术萌芽扼杀在摇篮里。

法国人在家庭装修上并不奢华。因此对世界市场而言，他们的工艺美术品是划算的。有一个关于技艺纯熟的显著例子——他们是这样理解技艺纯熟的：他们深谙英国人的艺术品位，是将自然主题完全照字面理解而应用于工艺美术品上，也就是说，遵循在英国景观花园中发展得最充分的那个原则；于是，他们在机器生产的产品上加了一个大大的外包装，尤其是在铜器和银器上；这种形式最适合英国人的口味（它甚至渗透到了英国人的厨房里）；但他们并没有忘记将自然形式与这种风格相结合（以此防止它们沦为废物），而且不时在对他们使命的理解中显露出一种真正的复古品位。

法国工业的迅速崛起，让我由衷地感到高兴，无论它在多大程度上刺伤了我的民族自尊心（当我将它与德国工业比较时）。在为艺术上的每一个进步感到高兴之余（不管这个进步发生在何地），我也乐于见到那些错误的预言，因为这些事件而被证明属于谬误。政治的变革，尽管具有破坏性，但对个体生命而言，却总是可能引起民族精神的迅猛发展的。只有在政治变革的强行镇压下，此类推动力的后果对民族生命才会是有害的！

在法国时尚风格的雕塑作品中，也有一些优秀的实例。E·L·勒凯内（Lequesne）的“*跳舞的农牧神*”[①]，以及首先要提到的雅克·帕雷蒂耶

① Faun，罗马神话中半人半羊的农牧神。——译者注

(Jacques Pradier) 的“芙莉尼”①，当然属于近期最好的作品之列。“芙莉尼”是用一根帕罗斯大理石的古代柱子切出来的。她被拉长的身段，可能极好地揭示了其根源。正是通过这种克制，其获得一种奇特的风格。对那些熟悉其历史的人来说，其具有更大的吸引力。在现代的大理石作品中，没有哪一件能做到像其这样鲜嫩、柔弱和活泼。我们无须深入目录，就能看出那可爱的、在某种程度上却是慵懒的身影——她是“离不开男人的爱的女人”(the woman accustomed to the love of men)，一个不挑剔的情妇。[3]不过，农牧神却是整个展览中最新鲜活、最健康的家伙。无论从哪个方向看，他都是一件杰作。唯一的遗憾就是他用一只脚站了太长时间!

★ ★ ★

152 被指责在感情上善变的法国人和保守顽固的英国人在艺术上有着令人迷惑而不解的关系。英格兰是改良之地，改良措施一个接一个，其改变速度可能超出了人们健康合理的、某种意义上说是缓慢的艺术品位。每一天都有新的材料、新的好处、新的仪器、新的机械和新的力量被发现，并被兴高采烈地应用。它们真的已经造成了显著的后果，但却以丧失某些能力为代价。这些能力的发展，或许是难以用同样的逻辑推理来获得的。直到现在，这种逻辑推理仍在被科学这一新现实的指导所追求。

英国人从神学、诗歌和音乐上认识到了这一点，却没能从美术上认识
到。这是令人诧异的。我知道英国艺术家们都极为认真。任何在艺术上取
153 得完善却没有经过推理、反思和调查的方法，在他们看来都是毫无价值
的。如果有人认为这需要一个特殊的天才，那么他就是将人贬低为一种只靠直觉的生物。如果艺术的崇高性不是通过人类最高级、最尊贵的力量获得的，那么，我们就应该从根本上放弃艺术，而只关心我们自己。英国人也坦诚，他们在形式美上目前是落后于其他民族的，因此他们必须部分地向法国和德国的工匠典范学习。他们这样做时，毫不愧疚，因为这正是他们比其他地方的人更为先进的地方。

英国人公开承认他们的优秀品质中存在这一缺陷。他们在改进方法的选择上，就目前而言，也表现得准确而老练。这两条足以保证这个缺陷不久即将消失。

所以，英国的银柜中，有两件不输于本韦努托·切利尼②的作品。我想起绘有“巨人之战”(the battle of the titans) 的花瓶和将莎士比亚、米尔顿 (Milton) 与牛顿奉作神明的盾牌。这两样东西都是德国—法国艺术家维克特 (Vechte) 制作的。他是柏林博物馆里那只著名盘子的浮雕创作

① Phryne，古希腊一位名妓的名字。——译者注

② Benvenuto Cellini，1500—1571 年，意大利雕塑家、金银工艺师、作家。——译者注

E·L·勒凯内，“跳舞的农牧神”。取自：《带插图的展览者——向世界工业盛会致敬》。盖蒂艺术史与人文学中心提供

者。[4] 这只盘子，被当做晚期意大利的作品而出售了。有人认为，它是根据拉斐尔的草图而制作的。这个盘子的电烙造型仿制品，也出现于伯明翰的艾尔金顿之屋（House of Elkington）提交给博览会的陈列品之中。[5]

艾尔金顿兄弟展区是非常优秀的，因为它大部分的展品都表现得近乎典范，并努力将功能结合于形式和装饰。我们的同胞布劳恩博士（Dr. Braun），协助艾尔金顿兄弟布置起电烙造型的植物。他的影响似乎是很值得表扬的，也绝不会降低他们在培养和改善工艺美术品味中所起的作用。[6]

几件装饰精良的搪瓷器皿，由莫雷尔（Morel）先生展出。他是一名法国金匠，但在伦敦从业。[7] 在他的作坊里，雇佣的都是才华横溢的法国艺术家。这些人经过艰苦努力，把长期被忽视的上釉术又提高到了之前曾经有过的重要地位。

不过，我们并不缺少真正的本国工业艺术品。这些优秀产品的大多数，出自著名的普金先生和其他几位来自同一个流派的艺术家之手。普金在国外也相当有名。

在普金的展室里，有极为出色的组装产品。它们甚至根本和旧模型没有半点瓜葛。使林荫道生色的那些建筑，比如哥特式建筑的样品和同样风格的教堂模型，说明在采用这些风格时是经过仔细研究和深入鉴别的，但却缺少了这样的内容：它不要精确，要让我们忘记花费在一件事情上的劳
154 动——它甚至将它的不完美转化为特有的魅力。英国浪漫主义流派的这些作品，较之哥特式风格，其尺寸和规则似乎更是算术意义上的。在人们的思考和发明中，它扮演的角色是纲要。

中世纪展厅的展品包括神圣化的工具、纽伦堡的炉以及木制的箱子等。[8] 它们之中，有一部哥特式的钢琴，尽管不完全地体现了上面说到的成就，但已经颇能打动人。这部乐器能弹奏出和它的外观很不匹配的离奇声调。就形式的问题而论，它是整个展览会里最不和谐的东西——这已经说得够多了。

除了中世纪的倾向之外，还可能存在其他两种艺术品位的方向。它们从某种程度上可以说是具有民族性的。第一个是奢靡的洛可可，它主要依

中世纪的庭院，《带插图的展览者——向世界工业盛会致敬》，伦敦，1851 年。盖蒂艺术史与人文学中心提供

靠相当过时的寓言故事或清晰或模糊的绘画。第二个是对田园牧歌式大自然的向往。这两种倾向都突出地表现在家具、容器，尤其是银器上。在这些艺术品上，我们可以看见维多利亚时期（*Victoria regio*）的树叶和花朵、 155
葡萄藤、棕榈树、樱桃树、苹果树、月桂树，以及英国花房里的其他珍贵树种。它们被使用在餐桌中央摆饰、酒杯、枝状大烛台和上百种其他东西上。另外还有绘着野味和家禽的静物、阿拉伯人、土耳其人、骑士、警卫、运动员等。简而言之，有所有对于用途而言最直接、最明显的内容，偶尔也有体现其根源的物件。

你应该知道，这些银器大部分是为了节庆场合而受委托制作的，因此并不属于市场销售品。实际上，在任何时候、任何国家，都不会有太多的原材料供应给银器工艺，但对于银器的需求仍是相当可观的。

就艺术性而言，工业的很多其他分支并不显得好到哪里去。很多例子表明，实用主义的英国人在尝试让一件东西变得漂亮的时候，就完全忽视了它的适度性。英国人更为成功之处是她的技术天赋，尤其是陶瓷工艺品。新式陶瓷种类的数量庞大，包括最粗糙的罐子到最精良的瓷器。对于每一类陶瓷，也发明了几百种加工方式。韦奇伍德的学校（Wedgewood's school）证明它自己是有价值的，它的作品精彩而价格不贵，是最有益于人类的东西之一。这是真的，英国的瓷器和玻璃制品在技术上已经臻于完美。在这些作品中，技术本身已经被提升到艺术的水平。英国人一贯行事谨慎，他们从不染指那些昂贵而不讨人喜爱的陶瓷产品——法国人在硬瓷器上已经耗费了太多精力，却对他们古老而美丽的软瓷器漠不关心（现在他们正努力着尝试要恢复这一工艺）。在将来，还是把如此顽固而缺乏艺术感的材料的处理留给俄国人吧，而且让它只保留在测试釉料硬度的地方，比如就餐的盘子。

英国瓷器的精致工艺的形式发展方向，也部分地掌握在法国艺术家手中。或者，至少可以说有很多设计是从或新或旧的外国图案中酝酿而成的。英国的风格，也出现在艺术家尽最大努力模仿自然的尝试之中。很多设计在效仿古典和中世纪瓷器上惟妙惟肖。在这方面，斯塔福德郡（Staffordshire）F. & R. Pratt & Co 公司的工厂生产的一批仿伊特鲁里亚陶器，是很值得一提的。[9] 尽管有反对意见认为那些黑色线条和色块不是烧制上去的，而是补上去的，但我仍相信，那就是简单的彩蜡。

关于明顿制作的美丽的彩釉陶器以及其他瓷器产品，之前已经讨论。 156

上面说到关于风格的必要限制，在工艺美术的这一重要类型里尤其要牢记。这里还有多少事情要做！我们时代最好的瓷器艺术家们，对于他们行业里这个重要问题仍只有非常模糊的认识。波特兰和华威（Warwick）的花瓶，在瓷器、彩釉陶器或者金属器皿上意味着什么？如果仿制品是好的（也就是说，如果它们具有瓷器、彩釉陶器或金属器皿的风格），那么它们就要显示出用硬石头制作之原物的、乏味的风格概念。目前，我们相信这是一个特殊的优点：变不可能为可能，依靠在材料上做种种误导的艺术魔术手法。是谁想起来要形式表达区分出更好风格的不同级别，区分出陶器和花瓶？玻璃、银器、铁器、铜器、瓷器、彩釉陶器、粗瓷、陶土器皿：所有东西都同样对待，不考虑它们风格有内在和外在的限制。研究古代工艺，研究中国和古代波斯的瓷器、彩釉陶器甚至铜器这些工艺品，是多么具有启发性啊！而且，在这方面，我们可以从祖先那里学到多少东西！

在讨论法国地毯时，我们指出了这一工业类型在完善风格上仍然需要填补的巨大鸿沟。同样的鸿沟也出现在英国纺织品上，尽管苏格兰的设计具有杰出的民族动因。

★　★　★

在雕塑作品中，英国大展厅是极为丰富的。从展品数量来判断，你可能会认为这里的艺术正享受着一个繁荣的时期，尽管如果我们在其中遍寻满意的艺术之作将一无所获。这里的获奖人又是一位外国人。马洛切蒂（Marochetti）的《狮心王里昂》（*Richard Coeur de Lion*），毫无疑问是该展厅内最好的作品，而且显然是最近时期内最好的骑马雕像之一，尽管在它还比不上马氏的另一件作品——宏伟的《都灵公爵》。[10]让这两位十字军东征的国王交换一下位置，或许会更好。尤金·西蒙尼斯（Eugène Simonis）的《布永的戈弗雷》（*Godfrey de Bouillon*），在这个小型的封闭空间内显得有原物的两倍重。如果那位英国国王改放到这样的环境里，他的身材会显得更好。这是因为这些雕像在被创作时，都没有考虑到露天环境有缩小其轮廓线的视觉效果。否则，那匹俊美的马将会是一匹英国赛马。主人公的表情也雕刻得很精彩。简而言之，这是让我印象深刻的少数作品之一，而
157 且我拥有给它命名的特权，尽管这篇文章的目的并不是为某些作品做出艺术评论。

这样，假如我不单独地讨论怀亚特、福雷（Foley）、吉布森（Gipson）、韦斯特马科特、坎贝尔［Cambell，他的肖像画《像缪斯女神的女士》（*Portrait or a Lady as a Muse*）尤其让我高兴］、夏普（Sharp）以及其他很多优秀的英国派雕塑家，我也不会被误解。[11]我关心的是总体结果——而且就此而言，我只能承认尽管也有埃尔金大理石雕，但在我看来英国雕塑自从弗拉克斯曼①以来就没有任何进步。主题的选择是人为的，而艺术家则设想他们可以凭借新奇获得成功。从观念角度而言，作品是有自我意识的，或者是不计后果的，或者是两者兼而有之的。从技术实施角度而

① Flaxman，1755—1826 年，英国雕刻家、素描画家。——译者注

言，它们则是缺少自由的。这种自由只有在对材料最完美的掌握时才出现。不过，自从我在伦敦大学见到弗拉克斯曼的模型（顺带提及，他在英伦大陆主要以发明家，而不是雕塑家著称），我就相信他会成为一名比他的任何前辈都更为重要的雕塑家。卡诺瓦和托尔瓦森，似乎印证了很多不幸总会发生在伟人身上这句话，他们奇怪的行为正因为他们的天才而遭到误解，并以夸张的方式被模仿。因此，此类天才人物就成为一种坏趋势的无辜领导者。

不过，还是让我们坦率地承认，我们在艺术上最低限度的成功还有另一个更深层次的原因。在时代进步精神的推动下，目前的英格兰距离艺术已渐行渐远。她与艺术的疏离程度，和她保持领先于其他文明国家的仓促程度大约成正比。有人预期，她在此过程中将偏离正轨。

★ ★ ★

英国人是讲究自由的。他们在生活的方方面面都习惯于自治，讨厌所有形式的监督。他们不会被剥夺在这一点上的最终判断权（为此他们已奋斗多年）。在英格兰，人民是第一和唯一的艺术判断者。没有哪个行业协会可以在艺术品位上拥有垄断权，也没有哪一种影响力，能强到足以在某一件事上给人民以指导。

不存在由精英组成的最高法庭（areopagus），但指导或购买艺术品的人就是其艺术价值的鉴定者。如果购买者是个人，那么鉴定者就是个人；如果购买者是一个团体，那么鉴定者就是团体；如果购买者是国家，那么全体人民就作为一个整体是艺术品位的最终、最直接的仲裁人。在集体事务中，这种判断自然首先集中在那些个体人身上——社会集体关怀的导向，委托给了他们。以政府建筑为例，一个最高权力机构的委员会接收其 158
管理权。事情是这样，也应该是这样。然而，是什么阻碍了这个自然的、唯一正确的安排，导致它至今未能实现？这是因为，迄今为止公正的鉴定者还缺乏将命令实施的能力。这会导致怎样的直接后果？要么是鉴定者感觉到，并承认他不胜任，要么是他们拥有足够的自信在基于他们自己的观点上去做决定。两种情况，是同样的糟糕！

对自己的判断缺乏自信，后果就是由专家说了算。这是英国艺术赞助人的典型特征。通常，这里头还以相当粗俗的方式夹带着嫉妒，并且着力避免显得缺乏个性。每种新观点的出现，都会导致在判断上出现新的游移不定。依靠着外部环境，这种游移不定最终都会武断地滑向一个或另一个极端。最常见的情况是，当这种或那种影响力散布开来时，就由商业来做个了断。他可能会说：“这个决定打破了商业惯例，最终还不能被公众接受，为什么我要为它如此耗时费神呢？最简便的解决方案，就是委托一个公认的艺术家，给他充分的权力，爱怎么干就怎么干。他的名声将保证通过公共舆论的考验。”大部分委托任务都以这种方式，交给了不值得托付的，但却有大名气的个人，而天才们则依旧默默无闻，愈见憔悴。

在这条艺术权威规则的众多坏结果中，最坏之一是由它产生的极为不合理的劳动力分工。最好的艺术家不再是艺术家，他们一旦陷入委托任务就立刻变成了商人（在英格兰尤其如此，那里所有顾客都希望得到立即实现的服务）。在大城市伦敦，时间最为有限。这里的上班时间占用了一天的中间时段。对金属工艺来说，一天被分成了没多大用处的两半。委托任务重压之下的艺术家们，很快就丧失了创造力，并开始雇佣外人。损害顾客的劳作，同时也把艺术家的助手推入了难以自拔的依赖状态——在更为自由、更有鼓励的环境下的艺术家，将以很不一样的方式成长。

还有另一种由此导致的劳动分工，对艺术而言也是不好的。整个作品中大型而重要的部分，被从整体中剥离出来，交给其他一些艺术权威来自由处理。比如说，建筑师对室内设计师只有很小的影响。后者不从建筑师那里接受任务，也很少与之合作。很多冲突都可归因于这种艺术独裁（authoritarian-satrap）系统。不过，还是让我们赶紧去看看另一种需要考虑的情况，那就是：当一个鉴定者在他自己观点的基础上做出判断的时候（即
159 便他还不足以做出成熟的判断）。总的说来，不胜任的艺术鉴定者具有如下特征：

1. 缺少内在标准的鉴定者，将会设法将他的决定基于一般性的计划和规则，基于风俗和时尚。

2. 他将会倾向于相信反映一件事情真实性的某些偶然、外部的现象或迹象，而不是这件事情的真正卓越之处。比如说，雕版的收藏者能依靠仿制品无法模仿的某些线条和斑点，来识别出原件。

3. 他会让自己被浮华的陈设、动人的效果、宏伟的尺度、整齐的加工所蒙蔽，更容易被“天才”的虚张声势和夸张做法所迷惑。

4. 他将从主观选择，而非艺术家的最初解释，来对对象的新奇性做出判断。

可以说，如果英国艺术中的某些缺陷无法在消费者的这些弱小支持中找到解决之路，我就一定会犯严重错误。

对于具象性的艺术作品，比如绘画和雕塑，错误决策的危险性不如建筑项目这么大。这是因为，只有富有经验的鉴定者，才可以从绘画中读出完成后的建筑实际上会是什么样。为了便于对此类计划做出评判，绚丽巨大的透视图是必不可少的。它基本上是画家的工作，而且直接以该计划为基础。不幸的是，公众要从这些图画效果来做出决定。它通过各种各样的假象——比如错误的比例、迷幻的色彩、浮夸的配景等——制造出令人叫绝的作品。这些作品很少和实际情况相符。

不管是谁，一旦有机会以这样的方式抓住一个重要的委托任务，就会立刻成为一名权威，即便是在这件作品完工并证明其设计人的水平之前。

奇怪的是，英格兰的这些艺术状况和政治以及社会状况竟是如此相符。政治和社会都在艺术上种下了一颗生命力旺盛的种子。这颗种子将不事张扬地劈开一条生路，穿越所有障碍与险阻，成长为一棵繁茂的大树，因为它蕴含足够的能量和必要的手段。不过，那个侧向的横支——艺术——直到现在，还是被茁壮而迅猛成长的主干压得喘不过气来。

VI

众所周知，有两个因素可以解释今天艺术状况之不佳（在英格兰尤为明显）。这两个因素在原则上并不是艺术的敌人，而且似乎也和艺术没有 160
本质的联系。一个因素是科学的层级，如果我可以用一个尽可能简短的词来表达的话。另一个因素是个人或集体在对待他们委托或购买的东西时，具有不可剥夺的艺术品味上的决定权。

这种权力是不可剥夺的，也是未来艺术的守护神。因此，对于将来艺术家之最高法庭（areopagus），或者公共艺术品味的制度性保障，或者纯艺术和工艺美术的二元分隔（与艺术政策和谨小慎微的建设官员无关），我们都将没有发言权。我们必须致力于提高人民的艺术鉴赏力，或者换句话说，人民自己一定要为之努力。他们暂时扮演一下傻瓜，也比他们在艺术品味上听命于别人更好。

让英格兰继续从其他民族那里借取灵感吧，不必打扰她，直至她不再需要他们的帮忙。一个有伊尼戈·琼斯[1]、克里斯托弗·伦[2]和弗拉克斯曼的民族，只有在为境况所迫时才会与艺术疏离。意大利人也在召唤希腊人和德国人。没有艺术的学院和教授，他们也征服了艺术，并在不久之后征服了所有民族。

如果你觉得有必要介绍更多针对目前状况的改革，那么，它们一定是通过在良好的艺术品味中的、合适的、尽可能全面的一种公共指导来实现的。在这里，之前的和实际的指导当然是最基本的，而口头教育则属于第二位。因此，我们首先需要艺术收藏品和工作室，它们也许围绕一个壁炉或中心而布置。在那里到处是艺术的竞争，人民则是艺术的评判员。

---

[1] Inigo Jones，1573—1652 年，英国文艺复兴时期的著名建筑师。——译者注

[2] Christopher Wren，1632—1723 年，英国著名建筑师，负责大火后的伦敦规划，设计了圣保罗大教堂等建筑。——译者注

1. 艺术收藏品①

艺术收藏品和公共纪念物是自由人民真正的老师。它们不只是实际操作的老师，更重要的还是公共艺术品味的学校。

不过，有一点在某种程度上已经得到共识，那就是：关于我们这里关心的艺术问题，是我们在错误的道路上已走得太久。我们只找到那些有学术意义的艺术收藏品。关于此类艺术收藏品，人们以现有的在艺术上的教育水平是无法理解的，而且即使对内行来说它的内容也经常莫名其妙，原因在于它部分地由原物上的碎片构成。为了建立起艺术收藏系统，我们掠来了公共纪念物。这些公共纪念物在它们原本的环境里，是纯艺术的最佳展览馆。

而且，这样的展览馆和美术馆的组织机构与陈列方式，通常不是一个教育系统的成果，也不是为了满足艺术美感而营造一种宏伟印象的成就。不为特定地点而创作的艺术品，远比此类艺术收藏品更为适用。公共的艺
161 术格调必须回到健康发展的路上来，因为只有这样，它们才能体现出那些最早的人类艺术品的鲜活感。在这些物品中，存在两种截然不同的类型，它们统治着艺术的广大领域。也只有在它们的统治下，众多类型与式样才能聚集成群。我指的是陶瓷和纺织工艺。

在人口和制造业的中心地带，陶瓷艺术收藏的建立有多么重要！但它们不应该简单地限定于陶土制品，还应该包括相关的玻璃、石头和金属制品，这样才能对这些种类有一个整体认识，并形成有关风格的关系与差异的一个大家族。此类艺术收藏品的计划，应该结合以历史、人类学和科技的部分。

我知道有两处此类艺术收藏，它们都只包含个别的陶瓷工艺组群，因此只能不完全地实现其主旨。一个在德累斯顿，另一个在塞夫勒。[12]不过，后者作为受人尊敬的里奥克勒（Riocreux）先生的工作成果，可以认为是一个小型制品的艺术收藏。它的高效利用，已经向全世界显示了塞夫勒最近在陶瓷制作上取得的成就。②

① 英文版用的词是Collections，指收藏品。作者的原意，是收藏品能使人民学习艺术，从而提高艺术品味。——译者注

② 陶瓷收藏还应该包括不同组群中所有属于补充工序，或与之相关的一切。这种补充工序，包括以柔软物质来造型、成型、铸造和锻造。以烘烤方式制作的许多工业品，属于这些类型。这些产品自发地组合起来，就好像围绕着壁炉，或围绕着壁炉，以它为共同的聚焦点。最末一种补充工序（锻造）就是这样的，比如蜡烛台、灯具和大量的家用器具。金匠和珠宝匠的作品也是如此。

不过，金属工艺品只有在其材料上是属于上述大家庭的，在其动因上则不是。金属的桌子和金属的屋顶等，属于另一类艺术收藏品，即细木工或木工。另一方面，一些木头的构筑物，就其基本动因而言，却属于陶瓷收藏品。比如木制容器、木桶等。——英文版注

另一个大型的、也许更为重要的工艺品大家庭，是挂毯和纺织物工艺。它们的种类有多少？我们对它们的风格化处理与差异性的了解，又何其的少！我相信，世上没有哪个地方有成规模的此类艺术收藏。它将覆盖一个广阔的领域，延伸至建筑、绘画，甚至雕塑。所有好的艺术品都与地毯制造业有着密切关系，而它们的风格理论也部分地存在于这一产业基础之中。通过建立一个此类工艺品的理性而规矩的艺术收藏系统，一个具有统治性的主体将为它自己赢得遍及全国的最高荣誉。据我所知，没有哪一样东西能与之相提并论。所以，建立一个纺织艺术收藏体系的创意将会为其创立者获得更大的名誉，无论它首先出现在哪里。毋庸讳言，蕴含在原材料知识和工艺品制作中的启发意义，应该成为它陈列的特点之一。

除了这两个类型之外，木工（细木工和大木匠）和石匠（以及工程 *162*
师）都应该有他们自己的艺术收藏体系。上一个注脚里说到的，用它们的基本动因来区分艺术收藏品，并根据艺术收藏品的不同类型来分配布置，在这里同样适用。

这四种艺术收藏品足以撑起整个手工艺领域，包括建筑的要素以及其他工艺。我们应该研究它们在纪念性建筑物上的关系。这种关系，将会在艺术收藏品中以典型范例的方式出现。

我们不久就会观察到，这些在历史学、人类学和科技意义上的艺术收藏品，当它们以最完整的方式、整齐地陈列出来，而且对公众有便捷的可达性时，将会对工业、对艺术的有机成长、对人民艺术品味的总体发展，产生立竿见影的影响。

为免误解，我想有必要回顾一下艺术收藏品的问题。我决不希望对它们的关注会比之前减少。相反，通过合适的组织和完全的收集，通过将它们与工业收藏品进行内在的结合，并通过更为自由的安排，它们将会发挥出更大的作用。

2. 讲　座

关于艺术和工业的讲座，在某种程度上应该是对艺术收藏品的解释，而且应该放在同一座建筑内举行。这些讲座的最为重要的主题之一——它迄今为止还只是得到艺术哲学领域里博学的教授们马虎而不完善的对待，被当做美学中最不重要的一环——就是风格的理论。科技的整个领域，是相当自然地从这一理论衍生而来的。它的范围延伸之远，用几句话难以概括。

这个理论要求有一种特殊的讲座周期，它在某种程度上是那些至今在技术协会里坚持的东西的反面。下面一个脚注，列举了巴黎职业艺术学校

163 的讲座[①]。在这里，我们可以看见科学的很多分支应用于瓷砖工艺和工业。这个系统性讲座应该被保留，但应该用另一个讲座周期来补充。这个补充的讲座周期将教育（用一个大胆的对立面）艺术家们如何应用实际的知识。

这个指导系统在组织上并无难度。五个专业的教授职位应被设立，对应于他们为之工作的四种工艺美术的收藏，即：

（1）应用于（最宽泛意义上的）陶瓷的艺术；

（2）应用于（最宽泛意义上的）纺织工艺的艺术；

（3）应用于（最宽泛意义上的）细木匠和大木匠的艺术；

（4）应用于（最宽泛意义上的）石工和工程科学的艺术；

（5）建筑的比较理论。上述四种要素在建筑领导下的协同作用。[②]

3. 工作室

在大多数国家里，所谓的设计学校已经有效地设法组织起艺术教育，并将教育大纲很不恰当地分门别类（见上文）。经验表明，这是无法让人满意的。我相信，这样的课堂实践不应该成为教育年轻艺术学生的基本途径，而应该仅限于以下场合：在这种场合里，由于教育辅助和训练设备的代价昂贵，导致课堂指导无可避免。可以说，课堂应该只用来填满学生们的闲暇时光。比如，活体写生和石膏临摹应该放到晚上，在特别布置的房间里，点着煤气灯。学生们应该从一开始就知道，绘画总的说来是为达目的而采取的手段，而不是目的本身。为了成为一名开业的画匠，他应该学到对他的职业来说有用的绘画类型。

我相信，在这里我已经用一种容易理解的、尽管显然是笨拙的方法，

---

① 巴黎职业艺术学校（Conservatoire des arts et metiers in Paris）的科学讲座（1851/1852 年冬）：

应用几何艺术……夏尔·杜邦（Charles Dupin）
画法几何……奥利维尔（Ollivier）
应用机械工艺……莫林（Morin）
应用物理工艺……佩里戈特（Peligot）
应用化学工程……佩延（Payen）
应用化学工艺……佩里戈特（Peligot）
陶瓷工艺……艾伯勒纳恩（Ebelrnen）
农艺……莫尔（Mohl）
工程经济……布朗基（Blanqui）
工程法律……沃洛斯基（Wolowsky）——英文版注

② 作者已经在建筑的比较理论上花费了不少时间。该理论所依赖的原则，部分地反映在这份报告中。报告的第一部分将在1852年冬前后，由布伦斯维克（Braunschweig）的 E. Vieweg & Son 出版。也见于 G·森佩尔撰写的一本小册子——《建筑四要素》，1851 年由 Vieweg & Son 出版。（森佩尔关于比较理论的书，从未完成或出版。）——英文版注

指出了我认为是最重要的、导致我们艺术和工艺美术学校中存在缺陷的原因。现在的首要一点，是让被早先错误的理论分裂开来的各个部分，重新结合起来。这是时代的总体需求。这种需求在我们的调查中也有明显反映。

我们将实现这一目标，通过促进工作室指导——它是唯一有益于我们将来的艺术状况的指导。实现这一条的基础是存在的，而且幸运的是，它依然存在于英格兰的、我们所希望和需要的形式之中。不过，不良弊端与之前提到的普遍原因有关。这里对于这些原因的检查并非绝对必要，而是为以下事实负责：在好的土地上，杂草一定比稻谷长得更好。 164

4. 竞争、奖励

除了上面提到的艺术收藏、讲座和工作室这三种手段之外，还有第四种可供考虑：以组织的名义奖励技术和进步。这种方法既是有效的，也是危险的。直到现在，它都是这样一个途径——依靠它，其他国家的职业等级制已经宣传了它们的系统，并支持了它们的控制地位。在所有竞赛中，尤其是事关艺术品味决策时，依然存在这样的难题：谁来做评判人？只有人民，也即公众评价，才被认为可以担当此任，如果它涉及公共项目和抉择。这是发生在希腊的情况。

最近有人争论说，在英格兰和北美此类问题的决定应该交由艺术家圈内解决。我认为这是严重错误的。

我敢再次断言，更好的方式是：暂时让公共判断继续犯一些错误（就像迄今在很多重要事情上已经出现的那样），也好过让公共判断把主权交给一个学院派艺术家的团体。一旦获得批准，这些艺术家总会想方设法地让他们自己不朽，这样会导致良好的艺术品味和艺术意愿完全被抑制，并被推上一条不能回头也不能改变的道路；或者也可能会这样：在学院派艺术和时代需求之间，很快就会产生冲突，它将导致令人不快的意志出现。英国人合理而独立的精神就证实了这一点：那些影响，由于法国人已经为消除它们而做了长期不懈的斗争，不可能在这里生根发芽。

公共的奖励和生命显赫的标记，还有其他有问题的方面。在使用这些特定的和物质的竞争刺激时，它们要求有杰出的预见力。

关于如何使用水晶宫，目前有种种建议。实际上，没有什么事情比给出此类建议更容易了，因为不管你想放什么东西到这个玻璃罩着的容器里 165

都是可以的。[①] 海德公园尚未揭开的部分，在所有用途上也同样是模糊的。

如果我再次用我的提议来试探公众耐心，或许我是会被原谅的。我不设想它会有何新意，但它将从前面的讨论中获得某种独特性。

四种技术－艺术的收藏品——它们在培养实用公共艺术格调上的作用是显而易见的，会要求有相当程度的空间规模。这幢建筑正好提供了这样的空间。如果它被这样使用，那它就回归到它最初的目的上去了。

在这幢建筑里有舒适的空间，不止对艺术收藏品，也是对上面讨论的其他四种教育辅助手段而言。底层展览馆的一部分（如果用防火墙来划分的话），可以用作艺术和工业工作室；其余部分用作讲演厅和绘画室。不过，对防火安全的关注，将会使它看上去是大胆冒进的——但在附近建起特殊的防火车间并不是件难事。

无轮十字交叉的两翼是用作壁炉还是用作其他教育设施环绕的中心，它都不会导致任何风险。这里是论坛，关于问题的选择和决定可以在此举行。这里是展览的场地，是分配奖品的法庭。

VII

一个教育组织——它与为英格兰制定的计划所依赖的原则是相一致的，在没有旧的艺术传统需要克服，而且有最自由的制度存在时，将更容易实现，也更有效力。我想到了北美的自由联邦。

这个信仰——坚信在那里会出现第一次真正民族的、全新的艺术繁
166 荣——可能会遭遇嘲笑和怀疑，但事实终究是：在上一轮国家之间的大型竞赛中，这种年轻的艺术品味以它的艺术作品来反抗旧世界的国家，并取得了令那位留心它的观察家感到惊诧的成功。与此同时，这位观察家也成为人们关注的目标。

如果说有什么事情可以在这一点上对北美的未来产生怀疑，那就是大西洋彼岸的学术影响力。这种影响力明显是受完全属于新意大利学派（neo-Italian school）的权力部门所推崇的。[13]

还必须提及的是，欧洲纯艺术的失业流动人员已经在和纽约和波士顿做着大买卖。据说他们的目的是乘船穿过大西洋，一同上路的还有很多其

① 我决无贬低这种表达之意。建筑师的任务是竖起一个玻璃罩的容器。这个建筑从某种程度上说，象征着一个我们的时代将被抹去的发展趋势。正是在博览会期间，出现了关于这个发展趋势的讨论。我将不得不重申本文前半部分说过的内容，如果我想表明这一观点。

玻璃覆盖的开放空间的原则，实际上明显是被水晶宫的技术发展所提高了。它有特殊的建筑学意义，因为它将允许未来的人们把盎格鲁－撒克逊的民间陈设与宫廷建筑相结合。或许，这种动因的统一将会获得成功；而通过它，一个个撒克逊住房可以围绕一个社区中心组合起来。我们要感谢类似的、为所有显著的建筑空间而做的、年代更久的结合。——英文版注

彼得·斯蒂芬森，《受伤的印第安人》，取自《带插图的展览者——向世界工业盛会致敬》（*The Illustrated Exhibitor, A Tribute to the World's Industrial Jubilee*），伦敦，1851 年。盖蒂艺术史与人文学中心提供

他东西和装饰了那座展览建筑的大部分雕塑，包括那些病态的奥地利—意大利劳什子。如果不是乔纳森老弟的大胃口已经广为人知，那这次他的病态就是个严重问题了！

不管何时，只要我踌躇着质问此类事情，我总是会回到波士顿的彼
得·斯蒂芬森的《受伤的印第安人》（*The Wounded Indian*）。这位年轻的
雕塑家从未到访过欧洲，但他的作品却可能是博览会里唯一在动因上让人 167
彻底满意的。它显示了最高级的形体上和道德上的努力和运动。人们总是
希望，这样的努力和运动是经久不衰的，因为紧随那之后的必定是死亡。
这尊雕塑背后暗含的是长长的悲剧——和他一同死去的人类种族的悲剧。
死刑是原初的，它总能实现它的目的。

我从英国人和法国人那里了解到，大洋彼岸的摄影术目前已经发展到完美的最高水准。不过，让我感到异常吃惊的是，美国的银板照相大部分在光的安排和选择上是充满艺术感觉的。在技术的应用上，你也可以发现原创性。据我所知，这种技术——即定型的舞台摄影（fixed *tableaux vivants*），在欧洲尚未应用。它有一个标题——“过去、现在和将来”。所有这三个，都是年轻而鲜活的少女；只右边一个比其他两个更严肃、更黑。她是未来，还是过去？我无法判断，不过我很高兴就其思想之精华而询问了那位艺术家。

费城的兰格海姆（Langeheim）先生——从他的名字看是位德国人，为魔术灯安装了蛋白玻璃幻灯片（hyalotype）。[14]我发现，这种透明材料的发明和应用是如此重要，以至于我无法理解它为何以这样有趣的方式来呈现。在应用于达盖尔①的发明的很多种材料中，它可能是使用时间最长的，而且在建筑学中也将十分重要。

同样轻松的心情，或者我应该说是同样负面的欺骗行径，出现在本展览单元的各个角落。它是无知的报社通讯员在一开始就如此狼狈地处理本展览单元的原因。然而，当它隐含的意义（开始并不为人关注）在博览会的后半段变得更明显一些之后，同样一批帮闲文人们（literary hacks）并不能找到足够的词语来将它们公平对待。这种情况，出现在“美洲”号纵帆船赢得著名的帆船比赛之后。

美国人比很多其他国家的人都更好地理解了博览会的意义，因为他们只展出了本土生产的、不用温室大棚培育的东西。除了前文说过的那些之外，只有很少的几样东西表现出工艺美术生产的特征。美国展厅的旁边就是华而不实的俄罗斯展厅。它的角落里陈列着更好的本土产品，却披挂着从别处借来的漂亮外衣。光是这一点，就足以挨批了——即便批评者是《十字架报》（*Kreuzzeitung*）。这两个共和国在适中性上，都表现出很相似的、良好的公共艺术品味。

① Daguerre，1781—1851 年，印版照相法的发明者。——译者注

简介《比较建筑理论》 168

（1852 年）

以此为标题的一部新书将会出版。它将给我们一个尽可能广泛的评论，是关于纪念性建筑的整个领域的。作者贯穿整本书的观点，表达在作者给出版商的信件之中。此信复制于后。

与材料相一致，本书分为十一个部分，它们各自独立。文中有大量精美的木版画插图。全书由两卷组成，8 开。第一部分将大约在 1852 年的复活节前后发行。

森佩尔教授致爱德华·菲韦格先生的信，1847 年 9 月 26 日[1]

尊敬的阁下与朋友！

我一直在看您 7 月 30 日和 9 月 12 日的两封尊函，几无间断。这样，如果您将我至今保持沉默理解为对您竭尽谄媚之建议的漫不经心，就该是错怪我了。一个艺术家试图成为一名作家，在他觉得可以为已经汗牛充栋的建筑学著述里作出一点点新贡献之前，岂能不再三思忖？

实际上，我们在建筑著述上之富有，恰如在建筑作品上之贫瘠。换句话说，这样的作品是真正属于我们自己的，也是真正的艺术品。这令人烦恼的偶合，让人怀疑这两件事之间是否有着互反的关系。尽管这一偶合的两面都是由于更深层的原因而产生的，但同样也属真实的是：学术材料已经增长到这样的程度，以至于它对我们来说太多了，导致我们不再可以认识到我们真正的承载力，导致我们见木不见林。

为重返正轨，我们将无穷无尽的材料划分成不同主题，并针对每个主
题指派了一个特定的原则。只有极少数的作者尝试显示出这些专横分割的 169
教条之间的联系。这些极少数的人，一直遵循着为他们所熟悉的、时代潮流的轨迹，以至于他们在不知不觉中便被引向远离为他们预设的目标，就好像是走上了一条规定好了的道路。

法国人杜朗最接近这个目标。但在为理工学校的学生创作一部《艺术纲要》（*compendium artis*）的影响之下，他经常在毫无生气的机械中迷失了自我。这一回，他可能也受到拿破仑时代的大趋势的影响。他把事情肤浅地结合、排列起来，并以一种机械论的方式，得出一种各部分的统一，而不是展现它们围绕基本的、动态的观念而形成的有机组成。尽管有着这

些缺陷，他的著作仍然是值得关注和重要的，因为它们包含着比较原理。[2]

在与建筑学工作之设计及实施有关的所有学说中，龙德莱（Rondelet）的工作属于纯应用科学的。尽管龙德莱的时代以后又有进步，他的手册对执业建筑师而言仍然是最完全和有用的。[3] 然而，他所教授的要素如何与更为理论的思考结合，以得出一个有机的、艺术的创造，则是超越了他咨询的领域之外的、真正的建筑理论。

即使比不上法国人，我们德国人也有可以自豪之处：我们已经在更为综合的工作上展示了思想的结合。这种结合应当与建筑学说融为一门学科，除非我们把维贝金（Wiebeking）的书当做指向那个终点的东西。[4] 相反，我们是被赋予关于专门科目的大量书籍的。建筑史是第一个受到我们较为严肃对待的。我们建立了所谓的审美的科学。建筑科学的科学技术和后勤管理的部分，在我们国家也有着数不尽的，而且经常是优秀的著述，尽管我们缺少实际的经验，又离不开英国、美国和法国的昂贵实验的支持。

在英国，有一些现代的作者，像弗格森和霍斯金（Hosking），他们试图从更为整体的视角来理解建筑的理论。不过，在他们身上经常发生的情况是，一旦从事实事件向思考领域深入时，他们就在古怪和幻想中迷失了自我。[5]

我们的学科显然已经设定了一个与大多数其他学科类似的视角。它不可能从批判与分析提高到比较和综合。比如说，化学（目前关于它的看法的一个特征，是它也被称为分析化学）只可以在开始阶段从思想上被唤醒，而如今又回到了古代的、长期被嘲弄的假想之中。这是每一门科学的发展过程：它们在其发展的第一阶段就得出结论，依靠着对事物不容置疑
170 的接受；然后，它们过渡到批判并分裂为一百个学说；最后，它们努力要抓住并形成一个更为综合的概念，这个概念将赋予专门化的研究以价值和方向，并解决由批判显露出来的冲突——现在，它们不再只是分割，却同时也是统一的了。

在它年轻时的、英雄主义的阶段，科学依靠着富有创造力的想象，掌握了如此之多的东西。它又通过类比于已知的知识，整理了未知的知识，并建立起它自己的感知世界。于是，随着科学的古代形式变成无知的守护神（the palladium of ignorance），更好的思想便进入了怀疑和试验的领地。只有这些用手可以抓住、用感觉可以掌握的东西，才是被承认的，然后缺乏一致性或原则性的、混沌的事件和经验才能聚集。跳出混沌的笛卡儿、牛顿、居维叶、洪堡和李比希（Liebigs），在一种世界观（德语 *Weltidee*）的激励下，创造了一种新的、所谓比较的科学形式。

我在巴黎做研究时，有到植物园散步的习惯。而且，似乎被一种魔力所吸引，我总是从阳光灿烂的花园进到一个房间里。在这个房间内，史前

动物的骨骼与化石遗迹，和现在制作的骨骼与外壳一道，被排列成一长溜。正如这里的每件东西都在发展，并可以用最简单的原型形式来解释一样，正如自然在无限的多样性里却有着简单和稀少的基本概念一样，正如其根据生物达到的形式阶段和存在的环境、用修改它们一千遍的方式来不断更新着同样的骨骼一样，部件在不同的道路上发展，有的缩短，有的加长——同样，我对我自己说，我的艺术创作也是基于某些受控于原始概念的标准形式的。不过，这些原始概念允许一种无限的现象多样性，根据影响它们的特殊需求或改造其外部环境，抑或是根据将它们精炼并转化为象征符号的更高级观念。追踪这些建筑的原型形式和它们蕴含的内在理念，以及它们逐渐发展到最高阶段的过程，无疑是重要的。与指引伟大的居维叶从事比较骨骼学类似的，但应用在建筑学上一个方法，对于推进该领域的整体观无疑是必要的。同时，它也允许在其基础上产生的一个建筑理论。这个理论告诉我们一个自然的途径，避免毫无特点的机械主义和欠缺考虑的怪念头。

一旦基本形式建立成概念的简单表达，它就会根据其地点、时间、风俗、气候，以及在实现它时可用的材料，甚至客户的特质，与其他许多情
况，来做调整。于是，这样的事情就发生了：在结合中本来作为核心的部 171
分，反而是从属的，就像只是暗示的、第二位的、有关系的条件；在前面结合中几乎不见痕迹的其他部分，相反却获得了主导和意义。

艺术中重要的事情是：从基本形式出发来考虑这些背离；清晰而明确地强调一件作品的基础概念和在形式变化背后的动因，以及以此种方式来呈现与其自身、与其周围所有一切皆和谐的独特整体。因此，比较建筑理论表现出一种具有创造性的逻辑方法。在比例的法则和美学的朦胧原则中，我们依稀能见这一点。

天才之能，或许在无意识中便取得了这样一种微观世界的创造。但有思想的建筑师，其任务应该是以跟随暗示路线的方式，去探索他的艺术领域，应该是在视野中保持特定的目的，即为他自己和他人建立起旨在创新的、明确的参考点。他将遭遇最大的困难，他将最多只能获得满是缺陷和谬误的成果。不过，在他努力的过程中，他将被迫从数不清的材料中选择出那些最显著的，以组成最有关联的集合，并减少对其原始而简单的艺术品味来说是旁枝末节的东西。因为这些理由，他的努力将不会是完全的无意义。

尊敬的朋友，尽管我不觉得自己能胜任以上述方式来创造一个比较建筑理论的使命，但我仍然相信，从我作为一名教师和一名执业建筑师，在我行动的过程中思考、观察并收集到的东西来看，我是可以对此任务有所贡献的。我这样做时，将不会过于强调这一领先的理念，而会时时提醒这是一本具体的手册。它首先应该是实用的，旨在为建筑师和建造工人服

务。而且对于那些渴望从个案中得到实用建议的人来说，也是有裨益的。附上的计划，是基于我在德累斯顿研究院（Dresden Academy.）的演讲而整理的。

你忠实的

戈特弗里德·森佩尔

目 录

序和前言

第一节

住房。一般情况，在城市和在农村，它们如何以不同的方式设计，根据不同时期与不同国家，以及客户的情况、其职业、社会地位等。

172 第二节

宗教建筑和它们在古代与现代的不同形式：圣所、庙宇、教堂、礼拜堂、清真寺、修道院、祭坛等。

第三节

教育建筑和它们迄今之历史发展。它们的设计是因不同的基本动因而定的。古代的教育机构、基督教的教育机构、学校、体操馆、神学院、学院、大学、图书馆、博物馆、展览建筑、实验室、植物园等。

第四节

医疗机构。古代的医院（在庙宇范围内）和基督教的（修道院）。宗教秩序。育婴堂医院，孤儿院、残疾人之家、养老院、军事医院、工人安置所、较大的客栈（旅馆）、宿舍（商队旅馆）。

第五节

政府支持的作品。公路和桥梁、火车站、邮电局、礼堂和市场。浴室、公共洗衣房、水房、水渠、港口、灯塔、码头、交易所、银行、屠宰场、仓库、公墓、太平间等。

第六节

为政府和国家管理服务的建筑。皇宫、古代的共和制机构、市政厅、社区集会厅、国家集会场所、国会大厦、部长大楼、档案馆、国库、铸币厂、海关大楼、印刷厂等。

第七节

司法建筑。法院、警察局、拘留所、不同级别的监狱、刑事机构等。

第八节

军事机构。要塞，从最古老的到最现代的。营地、瞭望塔、大门、兵工厂、军械库、兵营、操练场馆、护卫所、岗亭、弹药库、战神广场[①]等。 173

第九节

纪念性建筑。坟墓、纪念馆、战争纪念馆、纪功柱、凯旋门、喷泉、钟表馆、万神庙等。

第十节

公共娱乐和庆典建筑。剧场和舞台、音乐厅、宴会厅、俱乐部、花园。

第十一节

城镇规划。古代城市。中世纪城市。现代城市。定居点。农业定居点。军事据点。

① 战神广场（Champ de Mars），位于法国巴黎七区的埃菲尔铁塔和军校（Ecole militaire）之间，现在是一个大公园。其名称来源于罗马的战神广场。18 世纪下半叶之前，这里是一块被遗弃的空地。1765 年建军事学校，该地用作军事训练场所。法国大革命期间的 1791 年 7 月 17 日，巴黎民众在此地请愿废除路易十六的王位并建立共和体制。政府出动武力镇压，造成 50 人死亡，上百人受伤。史称“战神广场大屠杀”（Champ de Mars Massacre）。1900 年，奥林匹克运动会在此举行。后来战神广场还多次举办过世界博览会。——译者注

174 # 简介《技术与建构艺术（或实用美学）中的风格》

（1859 年）

本书由六节组成，分三卷。每一节都是自成一体的，但依循一个总体纲要，以便结集成书。第一卷将以此书名出现。

纺织艺术

它自身的风格。对所有具象派艺术，尤其是建筑学而言，它最初和权威的意义。附序和前言。

A. 序言

艺术与艺术教育的现代状况。它们的缺陷。审美作为风格理论的实际任务。来自纯美学理论（假定已被读者所知）的论点。

B. 前言

在艺术总体象征主义中的前建筑学的（prearchitectural）和史前的传统。它的技术根源。根据原材料特性而划分的工艺美术类型：

1. 纺织艺术；
2. 陶瓷；
3. 建构；
4. 石头切割术；

175 5. 金属工艺。

这些艺术活动的定义。它们的解释。

C. 纺织艺术

可以说是一种原始的艺术（德语 *Urkunst*）。它独自发展了它的类型，从它自己，或从自然界的类比。所有其他艺术，包括建筑，都从这门艺术里借取类型。

I. 总体功能的 – 形式的

风格依赖于使用。任何纺织生产，都只有两个目的：

a. 黏结

b. 覆盖

它们的形式意义是放之四海皆准的。这种意义中的对比（所有围入的、封入的、覆盖入的东西，都表现为一个整体、一个集体；所有黏结在一起的东西，都表现为一个接合的复数体。）

以此为基础的，是实用美学的重要原理。这些原理对所有门类艺术而言都是正确的，没有例外，尤其对建筑学。这与材料和加工方法无关，也和社会影响无关，因为它们在所有时候和所有环境下都一定是相同的。

将这些原理应用到 *hyphantik* 自身之领域（纺纱与纺织），并应用到建筑。

II. 技术的 – 历史的

纺织真正的原材料。制作它们的工序。两者都是风格的重要因素。过去风格的实例和基于目前状况的批判性评论。

服装。它们和建筑的文化历史的和美学的关系。

建筑中的穿衣服（德语 Bekleidung）原理。因为该原则在建筑风格的历史发展中具有的显著地位，本节后半部分是最为重要的。理解真正的关键点，关于古代建筑风格的，关于这些风格相互之间的关系的和关于这些风格与后世建筑之间的关系的。[1] 从这一观点出发的对整体建筑史的考察。

最后的观察。回顾文中探讨过的、关于古代色彩范围的观点的差异 *176*
性。关于同一主题的两份材料：

1. 奥伯鲍德雷克特·申克尔（Oberbaudirektor Schinkel）给作者的信(1834 年 7 月 19 日)[2]；

2. 由 W·森佩尔完成的关于几种古代建筑色彩的定量分析。

附 125 幅木版画和 15 幅彩色板。

★ ★ ★

第二卷包括

Ⅰ. 陶 瓷

遵循类似的计划，即

a. 功能的 – 形式的

器皿的分类，根据其使用，不涉及材料和加工手段。

b. 器皿各部件和它们的结合

在它们风格化的处理中的功能因素。影响它们形状的原理在建筑中也是正确的。

c. 技术的 – 历史的

陶瓷材料。陶瓷在其风格化美学（stylistic-aesthetic）应用中的加工。

陶器最古老的（印度 – 日耳曼的）造型风格，在陶工转盘使用之前。它在亚洲与欧洲的总体分布。陶工转盘和尤其受其限制的希腊风格。

意大利保留有真正的古老传统。在陶工转盘的帮助下，其发展了印度 – 日耳曼风格。罗马陶器扩散至整个罗马帝国。

制陶工艺被东方的奢侈行为转化为用昂贵金属制作的器具。

古代制陶业与建筑的平行发展。两者间的重要关系。彩色的器皿和纪念物。

最近的陶器。

彩釉陶器、中温瓷器（*stoneware*）、高温瓷器（*porcelain*）、玻璃。陶器对建筑风格的现代影响。

177 Ⅱ. 建 构

遵循类似的计划，即

a. 功能的 – 形式的

结构、格子（德语 trellises）、支撑、框架。它们的意义和象征。

可变结构和纪念性结构之间的对比。希腊人有意识地利用这些对比。在建筑学上被忽视的作为艺术形式的拱券和扶壁，也在此阐释。

b. 建构的 – 历史的

木材，最重要的建构材料，可以说是最初级的材料。木材的性质和加工它的过程。两者的风格化使用。

c. 古代的施工。古代的木质建筑

伊特鲁里亚的神庙。英雄时期的中庭和中央大厅[①]，带有室内木质结构。在法诺（Fano）的巴西利卡，一件混合了木材和石材风格的作品。后者对于我们时代的意义。

拜占庭的东方主义。回到外贴金属板及其他昂贵材料的木构的古代原理。

（穆斯林国家的）会议室（Divan）。

基于古日耳曼（或亚洲的）木雕艺术传统的中世纪建构。

斯堪的纳维亚、德国、法国、蒂罗尔、瑞士、意大利。

从文艺复兴时期到最近的建构形式。

Ⅲ. 石头切割术

并无属于其自身的最初的功能 – 形式领域。它在艺术风格上的影响，是建构 – 结构性质的。真正的纪念物建造技术。

古代的石头结构。

巨型围墙（历经数次变迁），圆屋（tholi），用石材和最古老方法建造的地下隔间及其他遗留物，属于亚述人、埃及人、格雷珂 – 意大利人（Greco-Italians）、凯尔特人。

砖。古代的构筑物。

石头的建构。柱式的重要理论。

在石头切割术和拱顶引入之前，石头建筑对于古代建筑风格的间接影响，以及建筑艺术形式中的拱顶。 178

亚历山大时期和罗马时期的建筑风格与石头建构相关的两个因素。

拱廊和壁柱，桶形拱顶，十字拱顶，穹顶。排列材料的原则。

---

① megaron，古希腊和小亚细亚建筑的中央部分，由敞廊、门厅和大厅三部分组成，大厅即 megaron。——译者注

中世纪。

中世纪早期风格上的混合与混淆。拜占庭风格，罗马风。衰落期的石头建筑。11 世纪，建构－结构的原则开始意识到它的目的。

它起源的前提。

它在 13 世纪的最终胜利和古代建构风格要素的减少。

哥特式。横肋、半球穹顶、扶壁、飞扶壁。

石头建筑统治了所有中世纪艺术的风格，并且将它的装饰主题赋予它们。新风格的迅速衰落。对古代艺术觉醒的反应。

文艺复兴时期。穹顶结构。

关于新学派的具有结构倾向的审美，及其与古代否定材料的审美之间的冲突。新理论的唯物主义。

Ⅳ. 金属技术

a. 功能的－形式的

金属因其属性，是适于所有技术功能的。它对风格产生限制，对工艺美术和建筑的所有分支有影响。不过，我们可以认为加鞘（sheathing）这种技术是有其自身的（功能的－形式的）领域的。

金属制的带子、锁和鞘。古代和中世纪（东方的和欧洲的）的加鞘与制锁工艺。来自文艺复兴时期的同样的东西。

b. 技术的－历史的

金属的锤打、塑形、锻造和切割［其他次要的加工，比如铸币（冲压）、上釉、镀金等］。

179 金属加工中的特殊风格，受制于这些加工手段。回顾与金属因其目的而产生之用途有关的技术的所有分支。金属－*hyphantik*、金属容器的工艺、金属建构、依照石艺原则的金属构筑物。

金属附件。作为装饰材料的金属。所有时期的历史案例。

★　★　★

第三卷关于建筑。

A. 目的

所有与建筑风格问题有关的功能的、材料的和结构的因素，在前五篇关于工艺美术的论文中已有详细讨论。所有这些工艺，在以纪念为目的的建筑中共同发挥作用。

不过，在这些之外，还必须加上的是建筑风格中最强有力的因素——社会结构和时代条件。它们在艺术上做出表达，并以纪念性的方式永远成为建筑学中最显要的任务。

将比较理论应用于艺术史的研究，是获得关于纪念性风格的这些重要因素的真正知识和正确评价的唯一途径。一旦我们努力将我们社会需求的艺术化使用当成我们建筑风格中的因素，一个具有独创性的广大领域就将在我们面前展开，就像过去发生的那样。不过，只通过新材料和新建造方法，是几乎不可能获得建筑中决定性的和长久的改变的；依靠一个妄想着所谓新风格的天才的浅薄力量，就更不可能。

B. 书的内容

a. 古代艺术

四种文化实体：西亚［迦勒底、亚述、米底（Media）］、东亚（中国）、印度、埃及。它们在文化历史关系上的对比。在正被讨论的文化中心里的建筑风格中这些对比的表达。

180

b. 希腊艺术

希腊精神与希腊艺术。希腊的山花顶神庙，一方面对比于贝鲁斯神庙（the Belus Temple），另一方面对比于埃及的朝圣神庙。古代社会对立的调和，指在两者纯功能—艺术的概念上。

c. 罗马

世界的建筑。比希腊更有适应力，更客观。科林斯柱式。带拱券的建筑。罗马风格的现实主义。风格的结构因素。

d. 基督教的罗马

基督教时期。巴西利卡和新的东方穹顶教堂。后者作为君士坦丁的神权政治观念的表达，与巴西利卡的对照。这种对照的意义。

e. 中世纪

在东方。伊斯兰教建筑。拜占庭风格。在西方。罗马风。13 世纪的大教堂，代表教会的胜利，代表牧师和朝圣者的教堂。中世纪拜占庭与西方神权政治的对比，前希腊时期亚洲与埃及的对比，两种对比的并行不悖。

f. 文艺复兴

文艺复兴是否与中世纪的这些社会趋向有关？希腊的纯粹艺术（absolute art），对于亚述人和埃及人的有倾向性的艺术而言，意味着什么？文艺复兴的艺术是否已经获得它原本想要的东西？对我们而言，一个新的时代是否已经展开？或者，我们只不过是站在文艺复兴的起始点？我们如何认识并利用当前以真正的风格化与历史化的理解而为我们提供的社会动因与创新？从这个方面来说，什么是当下最重要的任务？到目前为止，它们是如何被解决的？

g. 现代情形的批判

建筑学中新的中世纪倾向还有将来吗？

苏黎世　　G・森佩尔

技术与建构艺术（或实用美学）中的风格

一部技术员、艺术家和艺术赞助人的手册

（1860年）

序

夜空中闪烁着隐隐约约的星云，在耀眼的恒星奇观之中。它们或者是散落在宇宙之中的古老的、死寂的系统，或者是围绕核子刚刚形成的宇宙尘埃，又或是介于毁灭与再生之间的一种情形。

对于艺术史地平线上的类似现象而言，这是一个合适的比喻：艺术世界的痕迹，滑入无影无形，却又预示着正在形成新形式的一个阶段的到来。

艺术的这些衰落的现象和起源于老传统解体的新艺术生命的，如斯芬克斯般神秘的诞生，对于我们来说意味深长，因为我们可能正处在一个相似的转折点。我们处在它中间，却因此而缺乏一个清楚的整体观去猜测和判断。

至少，这一观点能找到许多拥护者。也的确有迹象表明它是对的。尚未确定的是，这些迹象是否由源于社会因素的总体衰败所导致，它们是否指向了一个平常健康但偶尔混乱的状态——这种状态会影响人类认知和表现美的本领，而且就此而言，它迟早会通往更幸福的状态，通往人类的福利和尊严。

第一个命题是徒劳无益的，因为它抹杀了支持它的艺术家的成就。阿特拉斯神[1]的力量不足以支撑起一个坍塌的艺术世界，也不会限制它自己去协助摧毁腐朽。这并不是在建筑中寻找快乐之人的任务。

第二个命题，从另一方面来说，是切合实际和有意义的，不管它有无根据或正确与否。无论谁，只要相信它，并且不抱成为未来艺术之创造者与拯救者的企图，他就可以从最低限度来理解手头的工作是创造过程中的一个部分，或者从更普遍意义的角度而言，是成就艺术的过程。这样，他就可以为自己设定如下任务：去探究成为显露在外的艺术现象的过程中的内在秩序（德语原文 Gesetzlichkeit），并从中推导出普遍原理，和经验艺术理论的本质。

本选集中的所有插图来源于《技术与建筑艺术（或实用美学）中的风格》。盖蒂艺术史与人文学中心提供。

① Atlas，阿特拉斯神，希腊神话中的一个擎天神，被宙斯降罪，用双肩支撑苍天。——译者注

这样一个理论将导致艺术实践没有实用手册，因为它展示的不是艺术 183
形式的制作，而是其形成。它使得艺术工作成为卷入其形成过程的所有因素共同作用的结果。因此，技术将成为一个需要考虑的重要主题，当然这只是在它作为艺术形成之法则的条件之一。这样一个理论，也不是纯粹艺术史的：在贯穿历史领域的过程中，它不会将不同时期、不同国家的艺术成果当做事实（facts）来理解和解释，而把它们当做本该如此发展的事件（events）。它将标记出由许多变异系数组成的一项功能的多重价值，并首先抱着揭示一种内在需要的目的来做此事。这种内在需要统治着艺术形式，正如它统治着自然。

换个说法：正如自然界有无限的丰富性而其动机却很简单，不断重复着同样的基本形式，却能适应千万种变化，它根据生物所达到的阶段以及不同的生存环境，弱化某些部分，强化其他一些部分，发展对其他部分起引导作用的部分；正如自然界有其历史发展过程，其间旧的动机在每个新形式里都清洗可辨别。同样地，艺术也基于几种标准形式和类型，它们从最古老的传统中生发，不断重现，提供了无限的多样性，好比自然界的种类有其历史发展过程。因此，没有什么是独裁专断的，每件事都以环境和关系为前提。

艺术的经验理论（艺术风格），也不是纯美学或抽象的美的理论。后者是这样考虑形式的：它将美视为多个个体形式为获得整体效果而造就的一项成果，这种整体效果使我们的感官获得愉悦和满足。因此，形式美学的所有审美性质是一个集体的自然，像和谐、音律舞、比例、对称等。

风格的理论，与此相反，将美视为一个单元、一个产品或者一个结果，而不是一个总和或者一个系列。它寻求形式的结构性部分，*不是形式本身*，而是一种观念、一种力量、一项任务和一个方法。换个说法，即形式的基本前提。

这种贯穿艺术领域的方式，将遭遇最大的困难，而且最多只能通向一个充满苍白、空洞和谬误的结果。不过，分类与比较的方法，对聚合相关事物，并减少原始简单意志之派生物的努力而言，是必不可少的。它至少使得获取一个广大领域的整体观更为容易。这个广大领域的大部分仍旧是处女地，还在等待人们去耕耘——只因为这个理由，该方法就不会是完全空洞的。

我们的任务也包括你们的鲁谟说的*艺术之家*（*household of the arts*）。不过，他用这个词汇只限于指在雕塑和绘画这些纯艺术创作中扮演从属和
组织者角色的建筑。[1] 建筑将会成为我们考察的首要主题，因为它自身的理 184
由，也因为它与美术之间的总体关系。然而，这些艺术的更高领域只代表了我们将要考察的范畴之一端。在该范畴的入口，我们遇到那些简单的艺

术作品，它们是艺术本能的最初体现。我指的是装饰、武器、纺织、陶瓷和家具——一句话，工业艺术，或者我们也可以说是工艺艺术。① 我们的任务也包括这些，而且实际上首先应包括这些。原因在于：（1）在那些最古老和最简单的艺术本能的创造中，美学需求的问题看起来是最明晰和最容易了解的；（2）在那些简单的工作中，实用艺术的一套规则在纪念性艺术诞生之前即已成形并被阐明——正如后面要讲到的，从这些简单工作中发展出来的纪念性艺术，除了在其他方面直接受其影响之外，还采用了一种确定的形式语言；（3）最重要的，还是因为那些次要艺术（minor arts，评论家们如此分类）被我们目前的教育系统和20世纪的潮流所深深伤害，因为没有什么比反对这些强权更重要（如果我们还想从总体上改善艺术品味，并以此来改善艺术），尤其是在工艺艺术的领域。毫无疑问，身处漩涡之中的艺术，已经迷失方向，步入歧途，也失去了最关键的东西——它的前进动力。在论述的过程中我们将有机会回顾这些问题，而且关于总趋势的信息已足够多，而本书接下来的计划将在前言里阐明，所以让我以几项有关的观察来作为本序言的总结。

在人们接受艺术教育的时代里（我们的哲学家将这些时代视为陈旧过时的），他们的基础教育是唯心主义的。而在目前，情况恰恰相反，是现实主义的。精密科学已经统治了教育。尤其是对于那些身处工人阶级的和那些献身艺术的人而言，指导不再是为了教育人，而只是为了培养专业人员——这是一套和最早的学校教育同时开始的系统。这套系统有效地弱化了感知能力，而且在同样程度上也降低了艺术创造力。我想，有创造性的理性和纯粹的人类冲动正在走向末路，而对于艺术家和人们感知艺术而言必不可少的天赋，则指导着直觉思维。②

185 幸运的是，中学及其分支、技术协会等机构还没有存在那么长时间，它们也还没有就原则问题达成妥协。因此，纯现实主义的基础教育的后果，只在一定程度上显现为阻止对公共教育进行再次修订的过早绸缪。不久前，从中学进入技术学校的学生们必须修满一大堆不必要的、狭隘的基础科学的规定课程。这些课程并未以恰当的方式和针对学生们的特殊情况来讲授。

不过，因为年轻人认为并感觉到，“实用”是一个从他幼年就开始系统灌输的结果，所以他会努力寻找科学和他源于早期教育的特殊才能之间的联系。如果没有这种联系，他会对课程丧失兴趣。这种兴趣是可以被替代的，无须考试之施压或恐吓。从某种程度上说，他这样的要求也属正

① 冗长的表达说明现代艺术状况的反常。根据这种状况，一个巨大的、对于希腊人而言不会知晓的鸿沟，划分了所谓的小艺术和所谓的纯艺术——它完美地说明了鸿沟，这正是我保留它的原因。——英文版注

② 鲁谟关于独立精神活动的表达，使艺术中无须评论作为中介的、美的理解与消化成为可能。——英文版注

当，因为教育系统的程序并不允许为知识而知识的追求。而且，许多学科（当然还有那些最适合影响和丰富心智的东西）是被排除在课程之外的，因为它们被认为与实用无关。

以前，在艺术兴盛之时，当每位工匠都是一位艺术家或至少努力成为艺术家的时候，当意志至少像现在追求所有可以想象得到的结果或观点一样活跃的时候，学校教育（很大程度上是宗教性质的）和实际应用是毫不相干的。当它们有关系时，它以实用为起始点，而非理论。创造性的冲动被激发和培养，要早于学生接受陌生的科学知识。他因此趋向于靠自己去寻找他必须知道的事情，以便延续其创造性；对知识的渴求，与他终生相伴。这引导他走向科学研究。这种科学研究通常是缺乏系统性的，但掌握研究的特点并拥有活跃的创造性，则可作为补偿。

以这样的方式集结起来的知识及其科学解释，成为学生自己的财富，而且是有高额利润的财富。这不是加诸于他身上的一项投资——这项投资系统地存储于不成熟学生的头脑之中，未来的回报也未可预期。生活的学校就是这么一种，其参加者大多是艺术领域内以发明创造获得声誉之人。而且一般说来，此前的公共教育非常相似，即使在其他方面看来它是贫乏的。

尽管上面提及的这些安排不会为直接模仿而沾沾自喜，因为制造它们的方式具有不系统性，但作者仍然怀有如下之拙见：公共的技术机构，至少为了满足部分人们对它们的期望，必须尽可能地遵守此项原则，因为它是大自然的原则。因此，让我们首先设立一种人文主义的预备学校，其主 186
旨只在于教育人、发展人的智力与体格能力。这与我们之前说过的中学和工业学校正好是对立的。[①] 跨越社会所有阶级的预备学校，应该在这一目的下设置，尽管它们可能会很不一样——它们也必须不一样，因为人文教育的范围和多样性。这样的教育指导并不排除古老语言和古典文学的传授，但与它们的目的显然不同。

所以，让我们首先拥有人文主义的预备学校；其次，是传授手工技艺（*Können*）的工坊；第三，有足够的机会让学徒不被强制地去满足求知的渴望，受他自己要为自己工作的鼓励。还应该有公开讲座，就像巴黎那些最杰出的科学家提供的讲座，参加者均为行家，尤其还有法国巴黎美术学院各画室的学生。

法国正声望日隆，财富激增。这更体现在这种最自由的教育方式，而不是那些著名的、特殊的、在其他国家的卖弄学问者看起来是财富典范的学校——现在，正是法国人开始思考重新组织的时候。在大多数工业艺术

---

① 巴伐利亚有个法令（我不知道它是否强制实行），是艺术赞助人——路德维希国王制定的。按照它的规定，没有通过高级学校考试的工程师和建筑师不得参与工程事务。——英文版注

的领域，他们已经获得了荣耀和毋庸置疑的卓越优势；他们的美术也无可匹敌。然而，在化学、工程学和机械学方面，他们的领导地位至少已被英国和美国超越。而在这两个国家，还没有工艺学校！

特殊的科目，比如上面提到的科目（这里需要一种很综合、很严密的知识），可能要求有特殊的机构。我现在要宣布的是：一个看起来适于教授这些特殊科目的课程，不应该是所有分科和技术科学的范本，也不应该是包括建筑和工业艺术在内的艺术类科目的范本。

这一点，已经被前面说过的法国教育系统内的矛盾所证实。这套教育系统是片面的，却在德国和其他国家的新学校划分中被模仿。当然，在这些国家，老的艺术院校已被允许继续开设所谓的工艺学校，除此以外还出现了所谓的中等专业学校、星期日学校、艺术学校等。这些学校的成立，是为了指导匠人和技工。然而，这种安排被证明对艺术而言是弊远大于利的。在这套体系的指导下，艺术不会繁荣，只会分裂，而且缺乏来自底层的前进动力。

187 为减少重复这些话题以及其他紧密相关的内容，作者在此向你推荐他的一本小册子——《科学、工业和艺术：对民族艺术品味发展的建议》（*Science, Industry, and Art: Proposals for the Development of a National Taste in Art*），Vieweg. Braunschweig 出版社，1852 年。

这些情况不会表现得很紧迫，若非某种不幸的更高级的需求——在这种需求中，它们连同在其他领域内伴随出现的观察结果，生根发芽。

比如，精密科学闯入当今社会，以比之前远具决定性的方式。之前，它只是作为一种主导性的力量，或者说是思辨世纪里的精神密友，而出现的。科学使日常生活变得富足，也扩展了商业世界的活动范围。商业世界志在利益，依靠着发现和发明——这两位不再像以前那样是需求的女儿，它们现在主动助力需求，以提高销售和信用。刚刚推介的产品，在它能够做工艺上的发展之前，转眼就从市场上被当做废品而清扫。让艺术靠边站。但求最新，不求最好。①

现实之人已没有时间，也没有闲暇，去习惯由它几乎是强加而来

---

① 在中世纪末的伟大时期，杰出的匠师们要花多长的时间，才能学会用亚麻油粘接绘画颜料。与老工艺相补偿的是，他们对行业有严格限制。在西方世界重新发现不透明釉（波斯人和阿拉伯人可能很早就知道）的秘密之前，时光流过有多漫长。那时候西方世界的科学毫无荣耀，不过范·艾克（van Eyck）、卢卡·德拉·罗比亚（Lucca della Robbia）和帕里希仍然知道如何使用他们自己的发明，以及如何艺术地利用它们。

比较起来，我们当今的画家在绘画中掌握的手段和精致程度是如此捉襟见肘，尽管化学为他们提供了巨大的丰富性，比如（省去具体的艺术方面）通过颜料的变性、漂白和只需几年时间便可发生的裂变。然而，老的意大利和荷兰大师们的画作——它们在纯技术感觉上也是不朽的——依然保留着它们的风采，即使变得发暗，并且覆满几个世纪的尘土，却还能随时光流逝而愈加精彩。——英文版注

的好处。对于天才的艺术技巧而言，时间与闲暇都是前提。消费和发明已经臣服于实用和工业的考虑，以便按它们喜欢的方式来调理和开发。这里头并没有数以百万计的大众使用者——依靠他们，一个独特的风格才得以发展。对于所有新鲜事物而言，它都要求有一种高水平的艺术感觉。相比之下，我们产业工人中的一员只是靠偶然机会，才能发现好的艺术形式。而且，在没有足够时间浸淫的情况下，他也无法做到让他的自由劳动看起来就是大自然的必需品，是一个观念在共识理解下的形式表现。

实际上，投机活动在不遗余力地让美术自乱阵脚，一如它从科学研究中盗取技术手段。它已经设计出劳动力分工，这是一种容易理解的、 188
用来对付大规模生产的必要策略。不过，从某种程度上说，那对于旨在成功的结果来说是非常有害的。比如说，它以纯机械的方式，从艺术的形式技术方面分离出所谓的装饰。这种分离马上显露出在知觉上的丧失，以及对于不同功能（艺术家以此设计出作品）之间真实关系理解的缺位。

很多天才的艺术家长期被英国和法国的公司雇佣。他们显然受到了双重奴役。一方面，他们服务于*雇主*，后者不会将他们平等对待，而是将他们视为爱制造麻烦的艺术品味与形式顾问；他们很少得到好的报酬。另一方面，他们服务于*时尚*，后者是销售的保证——依靠它，公司实现其目的，并在竞争中生存；换句话说，一切都指靠它。

在工业生产中，艺术家与主动性完全脱离。他似乎更是制造商雇佣的特殊工种中的一个门类，就像预备黏土需要一台特殊的揉面团机，或者控制火炉需要一名烧炉工及其副手。唯一的不同在于，制造商了解自己的技术知识不足，于是允许这些雇员放手去干——尽管是蠢人都认为自己懂点艺术。当艺术家与制造商的品味不符，或者只要一个工头表达出对技术可行性、收益率、投入成本或其他任何方面的忧虑时，艺术家的方向将立刻被批评、篡改和扭曲。

对此，还必须加上工业艺术家的沦落的地位：首先，这与故意怠慢他们的*学院等级系统*有关；其次，这与声称自己有成功荣耀的*公司*有关——出于嫉妒，公司很少或根本不将荣誉授予真正创造出成果，或至少在智力劳动上使该成果有所拓展的艺术家；第三，这与*公众*有关，公众与学院派一样有偏见，对于所谓的装饰艺术嗤之以鼻。

这样的事情一而再、再而三地发生。那些和纯艺术有关的人——出了名的画家、建筑师和雕塑家，被号召加入艺术工业。比如，韦奇伍德公司著名的彩釉陶器，就是部分根据弗拉克斯曼的模型和绘画而制造的。塞夫勒的瓷器制造商，也雇佣了杰出的艺术家，后者在某种程度上没让时尚和销售考虑影响到他们的工作。然而，这种来自高高在上的学院派艺术的影响，总的来说是缺乏实用基础的，因为熟练的、技术高超的设计师和模型制造者既不是脑力劳动者，也不是制陶工人、地毯编织工或金属匠。这不是学院派与艺术分离之前的情况。根据这些艺术家的指导
189 制造出来的产品，通常对工业艺术的进步贡献甚微，因为其结果背离艺术家的意图，工匠又不得不违反材料的原则去勉强满足艺术家的要求——这种要求，对材料来说是不可能的。因为这一点，产品达不到艺术家们雄心壮志的期望。

建筑界也存在类似的状况，因为投机活动和机械学已经以同样的方式将它统治，它已经向工艺美术屈服。建筑师通常比在艺术品味问题上小有名气的顾问好不了多少。在完成任务的过程中，他也不能指望得到多少尊重和实际好处。①

如果说科学的改变导向的影响在宣告它以上述方式塑造着我们现代艺术的状况，那么我们也可以说，作为真实物体的存在，科学正以前所未有的方式将自身融入艺术。依靠科学和研究（表现为数量不断增长的关于艺术的文字和图片）装配起的材料，已经超出我们能应付的范围，导致我们在丛林中难觅出路，也迷失了方向。

为了让事情变得简单，我们将种类繁多的材料分成了许多不同类别，每个类别都自有一套完整的理论。于是，就产生了汗牛充栋的书籍，它们是关于美学和艺术史的，而非其他学科。有关特殊学科，尤其是建筑学的书籍，数量十分庞大。关于民族和乡村建筑、教堂建筑、木、砖、石构建筑手册等，我们德国人有数不尽的研究成果。英国和法国，与我们不同，它们在艺术的实际手法上有更多成功经验。

这些成果包含绝不可少的知识和经验的财富。然而，这种材料分裂成众多学科和理论的现象是基于一个原则：分离胜过统一和比较。我们的艺术家被寄望掌握所有这些信息，但这只会使现代艺术的状况更为混乱，或者也可以说，多才多能对于我们和我们的艺术成就而言，是绝对必不可少的表征之一。

从上面所说的内容和建筑固有的性质往前推，我们可以从众多方法中区分出三种主要流派。与这三种流派相应，科学应用于艺术的方法有：

a. *唯物主义*，在自然科学和数学的影响下；

190 b. *历史主义*，在历史学和考古研究的影响下；

c. *系统主义*、纯化主义等，在思辨哲学的影响下。

---

① 保持竞争的习惯在当今社会是如此普遍，它极大地推动了建筑学（作为艺术之一种）与实践之间的、无法让人高兴的脱离。这种脱离是导致建筑学走向衰落的最有效因素之一（至少在目前的情况是这样）。——英文版注

唯物主义者

我们现在的艺术态度已经在极大程度上受到这些理论的影响：它们指导如何在建筑和结构的任务中掌握材料。

这些理论和我们时代的总体实践趋势相一致，并受到大型建筑企业（尤其是那些不时参与铁路系统的企业）的支持。通常，唯物主义者会因过于束缚在物质观念上而受到批评。他们错误地相信建筑形式的积累是单单由结构和材料状况决定的，而且这些东西为进一步发展提供了手段。实际上，物质是服从于观念的，而且毫无疑问，它是将现象世界之观念具体化的唯一的而且具有决定性的因素。尽管形式——观念因其可见——不应该与根据它而制造的材料相矛盾，但材料并不因此而必然成为艺术外现的附加因素。当前工作的首要部分，将包括关于这一重要点的细节，将使人们关注材料在建筑学中扮演之角色的历史根源与发展进程。

在唯物主义者之中，必须提到的是那些喜欢所谓装饰的自然主义风格的人。他们经常对装饰的基本风格和结构原则表现出不屑一顾的姿态。

历史主义者

历史主义流派，由互相攻击的不同团体组成。它渴望将很久以前的或者外国人的某些艺术作品当做模型，并用最大的可能性和风格上的精确性将其模仿。他们努力让现实的需求适合于这个模子，而不是采用更为自然的方法，让完成任务的解决方案从现状提供的前提自由地生发，并考虑到传统的形式是经过长期发展和历史考验，才成为绝对真实的、特定空间和结构形式的概念的表达与类型。

从某种意义上说，历史主义者是唯物主义者的另一极，尽管他们都倾向于传统和反现实。

这一流派有众多倾向（这是我们的时代特征），它们的出发点基于众 191
多书籍——那里贮藏着所有国家在考古遗迹上的发现和研究，有中世纪的，也有现代社会的。它们的拥护者相信，一个历史主义的正确观念和模型的再造，是他们成功的保证。而且，他们的成就，如果经过苛刻的、理性的模仿的考虑，是站得住脚的，比起此前用这种方式做过的尝试。

这是一个极端学术的、十分苛刻的方法，是最勤奋、最谨慎的编纂，是为了艺术家名字、成立日期、风格标准、结构、图像、礼拜仪式以及其他所有信息而对所有研究资料（包括图书馆、档案、纪念物和艺术工作室）进行的最细心考察，以少量真实的艺术感觉或竭尽所能的模仿来做保证，因此对创造性几乎没有任何推动。这些都是最近的艺术历史和考古文献表现出来的特征，它们在历史主义流派的艺术成果中有所反映。

新哥特式建筑的类型，是时下的主流趋势。它首次出现大概是在50年前，最初是在德国受歌德和浪漫主义运动诗人的启发。他们的第一次尝试，是模样可怜的公园亭子和小型乡村教堂。也就在此时，出现了更大范围的尝试，比如放置于苏黎世敏斯特大教堂（Minster）塔楼顶上的两个哥特式尖塔。不过，它真正开始流行，是在保存老哥特式纪念物的情趣兴起并被大力扶持的时候。建筑物的修复，被浪漫古迹运动的结果所支持，并培养出一大批工匠。这些工匠有机会将这种风格应用于新建筑之上。

历史主义的发展历程，表明新哥特式在其根源和本质上是倾向于复原的。它的信奉者在技术人员和外行中颇为可观。前者中的绝大多数是相关的修复工作者。以哥特式风格为基础的《简明艺术》（*compendiaria artis*），对他们来说是一部不错的手册。在唯物主义者和产业工人中，它也有不少追随者，因为这种风格遵守的结构原则是最极端的逻辑推理，也因为它的各部分可以轻易地为市场而机械生产。英国尤其是这样，在那里这种风格已经成为传统，尽管受到了最具系统性的影响。

不过，这个流派也受到天才艺术家的支持。他们中的几乎所有人，在
192 接受艺术教育并在不同风格上展露他们的才华之后，都皈依到它门下。法国尤其是这样，在那里艺术家们采用了一种更早期的、更有发展潜力的哥特式风格。但在德国和英国，艺术家们追求的是已经僵化的风格。

新哥特风格的更为杰出的人士和政治－宗教的政党保持着紧密联系[同样的政党，也引入了堕落的耶稣会风格（Jesuit style）；这种风格利用了当时人们喜欢卖弄夸耀的风气，并成为宣传目的之杠杆；他们正为此展开论战]。这个政党在法国最为活跃，原因可能是巴黎人的艺术品味对其他国家具有影响力。不过，这种努力看起来是值得怀疑的，因为巴黎人的观点有着不确定和易变的本质。这个具有倾向性的政党的艺术家中的狂热分子，将欧洲西北部和北部视为异教徒的国度，为了基督教需要将它们征服、改造，并采用同样的新教的手段——这一手段之前曾在法国达到同样的目的。[参看（8月份）的《莱亨斯伯格的暗示》（Reichensperger's *Fingerzeige*），《教堂艺术的需求》（*auf dem Gebiete der kirchlichen Kunst*），莱比锡，1854年。]

这种趋势特有的深思熟虑而且成竹在胸的方式，以及在由牧师和考古学家草拟的程序中清楚而果断地表达出来的服务原则，是这些观点的正确性的最好保证。持有这些观点的人，否认这一趋势有未来。不过，以这种风格好好建造的建筑，是可以设想的，其计划也是可以考虑的。

由于相反的原因，所谓正统的流派仍然阻挠着对新活动的憧憬。考古

学家可以如此敏锐而灵巧地梳理过去，但最终仍会给艺术家留下占卜的感
觉——艺术家据此从文物残毁的遗迹里重建一个整体。在这里，考古学家
的批评确实处于不利的地位，因为它不够主动。这部分地要归咎于那种毫
无批判力的方法，归咎于因为信息缺乏（为了小心翼翼的修复工作）而需
要发明。所有古代艺术的复兴，都伴随着一些新东西。它们决不像20世纪
初开始出现的那些新哥特式建筑那么糟糕。即便是路易十六时期的精致的
小型文艺复兴风格（little renaissance）和最近的希腊风格运动（其主导者
即申克尔），它们在开始之初既是有创造性的，其成果也无愧于它们所属
的时代。① 不过，由于截然不同和深层次的原因，文物的传统对我们而言
将是一个常新和永葆活力的力量。它将比我们这个五花八门的时代诞生的 *193*
所有奇怪和异类的东西都长寿。

纯粹主义者、系统主义者（schematists）和未来主义者

哲学希望定义美的概念，划定其从属概念的范围，并根据其品质详细分析美。如果哲学可以将这些结果焊接成有效的艺术理论，它将完成它的任务中的美学部分。哲学不愿要现在已经遍布艺术领域的混乱和分裂，而要建立起意图的统一和实施的和谐。

然而，哲学应用于艺术，正如数学应用于自然科学。数学可以精确地计算非常复杂的功能的微差，但很少在综合上取得成功。这种现象在物理学上最为明显。在物理学里，一个复杂的力的相互关系发生，与之相关的定律必须被阐明。但数学至少在尝试着综合，实际上还将其当做最重要的任务。现代的美学，相反，回避了艺术物理学（art-physics）的同样的任务和问题（如果我能用此类比来表达自然和艺术的作用之间发生的事情），而且宣称该观点幸亏是过去的一件事。只有莱辛和鲁谟这样的审美家（这两位在各自的领域内都相当了解艺术及其实用方面），才相信它在教育艺术家上是正确的。

艺术哲学家只不过关心如何解决他自己的、与艺术家毫不相干的问题。“谁会把现象的世界当做他活动的意图和目的？然而，对审美家而言，这个观念就是出发点和终点，就是一切事物的细胞和种子，就是让所有创造性（包括美）拥有其自身存在的繁殖力。”②[2]

---

① 文艺复兴建筑难以持续的原因，和16世纪意大利艺术（它本身并不完善，就像哥特式风格，因此不能为进一步的发展提供可能性）的绘画与雕塑难以超越的原因，在于这样一个事实：它只能经真正的艺术家之手来实施。如果仓促造就，就像今天所要求的，它很快就会堕落为粗俗猥琐的形式。所谓的哥特式风格，从另一角度说，表明了一种丰富之中有统一的原则。这种丰富允许多样性的存在，从高贵到庸俗，都不十分突出。而且，与此特性相适应的格调，因为其新颖，对这种风格来说还是很不被接受的。——英文版注

② 蔡辛（Zeising），《审美研究》（*Aesthetische Forschungen*），导言，第3页。——英文版注

在审美家看来，艺术及其欣赏是一项智力的操练、一种哲学的愉悦，存在于追寻从现象世界回归到观念的美，和探究其概念之核心。①

194 于是，从这一观点出发，艺术看起来也是孤立的，要逃避到一个注定特别为它准备的地方。在古代，事情完全相反，所以这个地方也是相同领域的一部分——在该领域，哲学具有统治地位。哲学，似乎自己就是一位艺术家，是引领其他艺术的向导。不过，像艺术一样，哲学在成长变老的过程中也转向了分析，而非转向它有着绝对分类（dead categories）的真实类比。同样地，哥特式的结构成为12世纪和13世纪经院哲学的石头化身。

解剖学的研究对艺术也是没用的。它的成功依赖于再次唤醒人们对艺术及其中愉悦感的专心而直接的感知力。

不过，思辨美学对我们艺术状况的存在方式还是产生了显著影响。它释放自己，以所谓艺术鉴赏家和赞助人作为媒介。这些人在美学的帮助下，已经收集了一套基于奇思怪想的艺术的简明清教徒式（schematic-puritanical）系统。不管在哪里这套系统都是被接受的，即使它制造出艺术形式的沉闷贫瘠。这在德国南方某建筑学校的作品中就有反映。该作
195 品融合了唯物结构主义的倾向和美学的清教徒主义。[3] 虽然在建筑的有效利用这一领域内，它是值得称颂的，但方法上的不充分说明它难以成为

---

① “思辨的美学，是最常被实践的。对于塑造和建造者而言，和对思考者而言，它是同样徒劳和有害的。这种类型的美学，缺少任何真正对美的理解。它催生了一大堆关于艺术的，却对艺术麻木不仁的花言巧语。在探寻形式美的根源上，它毫无建树。而且大体上，它一定自满于从整园的葡萄里蒸馏出一点思想的渣滓。”

“由于艺术已经服从于投机控制，所以它对美丽空间的感觉也已不再苏醒，神经对崇高之美（vis superba formae）也不再敏感。直觉的思考已经不能由这种美学来推动。它（这种美学）在普罗大众的无能无才中寻得支持，以便同样地享受美。它鼓励这种无能，并且依靠着驴唇不对马嘴的解释，将艺术变为不艺术，将形式变为概念，将美带来的愉悦变为上帝才晓得的愉悦，将艺术的俏皮和幽默变为一本正经。如果形式、色彩和数量只有在它们被升华到范畴（categories,）的一个试管里，才能被恰当地欣赏，如果感官不再有道理，如果身体（就像它在这种美学里）必须先自杀才能显露其珍贵之处——这难道不是为了艺术的独立存在而剥夺了它的根基吗?”

“关于艺术期刊，可说的很多。它们或多或少都是思辨美学手册的模仿。它们也培育了一种本不应有的唯物主义的兴趣。在它们身上，*什么（what）也控制着如何（how），观点也左右着知觉。*”

“因此，思辨美学在若干方面都响应了自然哲学。由于自然哲学将被精密科学所代替，所以思辨美学也将被经验美学所取代。”

话说一首诗与艺术鉴赏家

（Words of a poet and connoisseur）

［布鲁诺·凯撒（Bruno Kaiser）把这“话说一首诗与艺术鉴赏家”看做是与乔治·赫尔韦格（Georg Herwegh）一类的。见：布鲁诺·凯撒编，《自由的小巷：乔治·赫尔韦格的生活与工作》（*Der Freiheit eine Gasse*：*Aus dem Leben und Werk Georg Herweghs*），柏林：Verlag Volk und Welt 出版社，1948年，第441页。赫尔韦格是一名诗人，参加了1848—1849年的革命，19世纪50年代在苏黎世是一名新闻记者。森佩尔在苏黎世题为《装饰的形式法则及其作为艺术象征的含义》（Ueber die formelle Gesetzmässigkeit des Schmuckes und dessen Bedeutung als Kunstsymbol）的演讲，就是献给赫尔韦格的妻子艾玛（Emma）的］——英文版注

真正的纪念性艺术。这些方法——它们被现代的原理癖好（mania for principle）剥离于艺术，在很大程度上被错误地描述为堕落时期的发明，就像是艺术品味的死敌，抑或表现为反建设性。在这种错误指控的审判下，它们被判定有罪。实际上，在这些方法中，有些是最古老的建筑传统。这些传统总体上与建筑逻辑和艺术创造相一致，具有比历史更久远的象征价值，不可能被新东西所取代。在本文展开的过程中，将有几次机会来说明这一点。

思辨哲学在艺术界的另一效应，明显体现在倾向主义（trendists）和未来主义的肖像艺术，体现在新观念的寻求，体现在思想、深度、丰富和意义等的大胆展现，以及其他方面。这种通往非艺术的兴趣的引导（应该在艺术的心醉神迷的解释中得到回应，也经常反映于鉴赏家与考古学家的滑稽狂乱的解说），不管在野蛮时代还是在堕落时代，都是典型的。最高境界的艺术讨厌解释，因此它有意地不强调重点。它将它们隐藏在最普通的、纯人文的动机之后，并刻意选择简单的、已经广为人知的主题。它认为这些正如它用来创造的材料一样，是黏土或石头，是单单为了达到取悦自己的手段。

我用大地创造出天空
天使，从一张女人的脸上出现
物质最初实现它的价值
是通过艺术创造！

★　★　★

本文作者认为美学的一些基本观念是不证自明的。因为这些观念的解释对他而言是独特的，所以他要将论文中那些术语的简短解释，作为前言的附录献给读者。

通过“美感”（sense of beauty）、“美的愉悦”（delight in beauty）、“审美享受”（aesthetic enjoyment）、“艺术直觉”（artistic instinct）等词汇，我们所指的是一个更为高尚的领域，类似于本能、快乐和满意这些反映普通地球居民的生活的词汇——如果严格考虑，这些词汇还可以追溯到痛苦及其瞬间之消除、麻木或者忽略。正如饥饿之牙刺入肉体只是为了消除生存之虞，正如严寒与不适迫使人寻找遮蔽之物，正如这样或那样的需求导致 196
他以种种发明作为反馈，并以他的苦干来保证他本人以及他的同类可以长久生存和繁荣。同样地，我们被注以精神的苦难，它总体上是人类生存、人类智力与精神之所以高贵的前提。

我们被一个充满奇迹与力量的世界所包围。这个世界的法则，人类也许能察觉，也许想去理解，但从未将其破译。它交给人类的，只是一些残碎的和声。它将人类的灵魂悬提到一个持久的、无法解决的紧张状态。人类自己，则在可笑地用魔法来召唤业已丢失的完美。人类为自己制造了一个微小的世界。在这个世界里，宇宙的法则显然受到严格的限定，但从这个角度来说它自身是完整而完美的。在这样的玩笑中，人类满足了他的宇宙进化本能（cosmogonic instinct）。

他的幻想创造了这些图像，依靠着随心所欲陈列、拓展和调整现身于他面前的大自然的个别场景。它们是如此井然有序，以至于他自信能在单项事件中洞悉整体的协调，并在片刻间产生逃离现实的幻觉。确实，自然的这种享受不同于艺术的享受，一如自然之美（因为它诞生于人类的认知范畴，甚至是填补不完整的幻想之中）在艺术之美的整体中属于较低种类。

然而，自然之美的这种艺术享受，决不是艺术直觉的最天真或最早的宣言。相反，前者在人类还处在简单而原始的阶段时，是尚未开化的。不过这时的人类的确已经乐于接受自然的创造性法则，因为它的微光穿透了一系列富有韵律的空间实体。而时间的运动，也再次出现在与之伴随的花环、珠子项链、卷轴、圆圈舞、合拍音调以及打桨声之中。这便是*音乐和建筑*产生的初始。两者都是最高级的纯粹宇宙的（非模仿的）艺术，其法律支持（legislative support）居于其他类型的艺术之前。

但这些自然的普遍现象，连同它们壮观的恐怖场面、它们令人眩晕的魔力、它们难以理解和不容违背的特型，是更为活跃的结合力量。这些力量紧抓住我们的灵魂，并使它接纳艺术的幻想。

一场永不停止的战斗和强者恒强的可怕法则——借由它，人吞噬他人，以免自己被吞噬——扩展到自然的所有领域，但宣告了它在与我们比邻的动物世界里的彻底残酷和无情，并形成了我们自己的俗世存在与历史。这个存在于活着的人之中的、永不停歇的消灭的过程，既无终点，也无预先谋划。摇摆于仇恨与怜悯之间的灵魂，以下面这句令人沮丧的话来将自己麻木：*瓦片之所以被创造，只是作为供给品服务于整体*。

而且，在沿着世俗的道路每前进一步时，我们都会遇到一种意外、一种愚蠢和一种荒谬。这种荒谬，与我们习以为常的法则是相抵牾的。之
197 后，还有一种深奥的、难解的、激烈的和私密的精神世界，还有一种与自己、与命运、与意外、与惯例、与法律作战的激情合唱。想象与现实是仇敌，荒唐跟它自己和宇宙都相冲突。艺术从我们这里只能得到不和谐，一旦它封锁住这些战斗和冲突，将它们关进一个封闭的牢笼，或者把它们当做最后赎罪的要素。从这些情感，激发出了艺术的热情主观的（lyrical-

subjective）和戏剧性的表现。[①]

那种魔术——依靠它，形式和表现最多样的艺术在灵魂上打下所有烙印，以至于它完全被艺术作品所迷惑——就叫美。这与其说是作品的特性，倒不如说是一种影响。在这种影响下，遍布于被认为是美的物体内外的最多样的要素（the most diverse moments）同时活跃起来。这些要素并非发源于美的物体本身，它们还必须在它身上得到反映，并限定它特定的结构。

而且，这些要素必须从自然法则中产生，并与之相一致。这是因为，尽管艺术只与形式和图像，而非与事物之本质有关，它在创造其形式的过程中却只能跟随自然现象之表现，即使它遵守的只是通行于自然每个领域的一般法则。该法则有时发展不充分，有时则有着相对成熟的形式。

自然界中构造（configuration）的总体法则（*Gestaltungsge-setz*）与艺术之间的这种类比，显然在思辨美学所说的纯粹美学的形式要素中最常出现。

一个现象只能说明它自己，一旦它使自己像一个单独的物体一样脱离于总体。

然而，这种与总体的分离，是绝对只出现在构造的初级阶段的。发展更为充分的植物和动物形态，有两个限定它们构造，并似乎在它们身上得
到反映的标志性因素：其一是它们与总体的关系，这是它们的基础和根 198
源；其二是它们与特殊的关系，这使它们像主体与客体一样互相对抗。

既然，在宣称完美的每个现象里，个性化的原则都被某种部件的安排清楚而突出地符号化，所以就出现了三种构造（*Gestaltungsmomente*）的要素，它们在形式产生的过程中十分活跃。不过，在低级的形式形成中，这些是合成一个单一的要素的，或者其中一个要素臻于休眠。在三个要素都活跃的案例中，这些构造的要素对应于三种空间尺度：高度、宽度和深度。

说到这三个构造要素，形式的多样性必须将其自身置于三位一体的整

---

① 艺术和宗教有着同样的目的，那就是存在之不完整性的救赎，即远离现世之痛苦和为求完美之斗争。但是，就这个目的而言，两者又是相反的。穿透奇迹之神秘的信念，将它自己消融于无法言说的情境之中，从而也变得无影无形。而艺术，恰恰相反，给无影无形以形式，并使艺术作品中的奇迹显得自然，甚至必需。知识和探索真理之渴望，是同样为完美而拼搏的第三个形式。然而，在这里，最终目的是难以达到的。未知领域矗立在已经探索的范畴的对面，不能为后者提供形式上的支持和定量的标准——这两项被认为是艺术创作中的外围项目。因此，科学作为形式总是不完美和无结论的。它不是知识，而是为实现知识而做的奋斗。而在艺术中，从另一方面说，崇高（the sublime）一旦表露出缺乏技巧和无法实现意图，就必然比不上最缺乏创见的艺术品，如果后者与完全达成为完美观念而进行的艺术奋斗的目标相一致。这种完美的观念，存在于每一件艺术作品的心灵。宗教和哲学都放弃了它们的领地，甚至舍去了它们的真实本质，当它们接受艺术形式之时。不过，如此三种精神斗争的统一，却为艺术创作提供了最令人喜爱的状况。这便是希腊的情形。——英文版注

体（*Einheitlichkeit*），之后下面三种形式美学的必要条件就会出现：

1. 对称；
2. 比例；
3. 方向。

正如空间的第四尺度是几乎不可想象的一样，我们也不可能增加与上述美学特性相匹配的第四个品质。下文的讨论将使这一点更为明显。

为了完善的构造原则，与外界无关的自维持形式

这些形式直接而且只与它们自己有关。因此，它们的要素围绕一个似乎代表着整体统一的核心或者中心而布置。围绕这一核心，各部分或者循环出现，或者按规则的图形从它向外发散，或者以一种混合的、周边放射状的布置将它包围。以这样的方式，可以和构造的多样性取得一致。在矿石领域，我们遇到了这种现象的最完美的构成：有时是平面图案，比如多边形、星形、混合形（经常富于创造性，比如雪花）；有时是立体造型，比如从六面体到球体的多面体。分子引力的统治法则，是不受干扰的、独自的、包括一切的，同时与外界发生的事物无关的，或者换句话说，是抗拒所有外来影响的。这个法则在这些晶体状构成中寻得最完美的表现，它们是严谨的规律，笼罩一切。在作为无限多边形的圆形和无限多面体的球形中，这种规则性成为绝对的、囊括所有的匀质物。因此，这些形式自古代以来就被视为绝对和天生完美的象征。

A *A* *A*

A *A* *A*

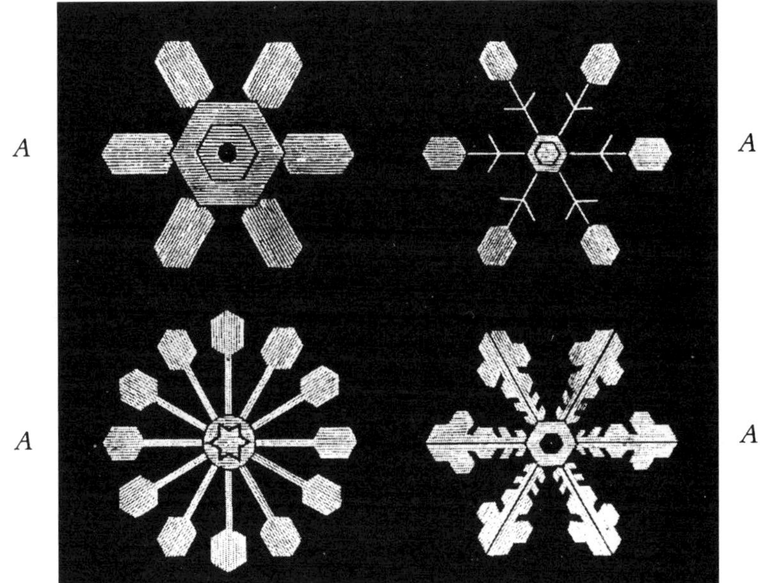

这些规则而封闭的形状，只有一个构造要素。其能量核心就是圆心。由这里出发，构造的过程在任何一个方向上发生。它们是自我完善的：对称、比例和方向融为一体。它们是全方向的，因此也就是没有方向的。 199

比例的法则，只有在整体的各部分分开考虑时，才会出现，而且很明显是辐射的形状，比如雪花。 200

在这里，辐射形状及其分支已经表现出比例的发展。它们暗示了一种旨在分离和隔离于雪花的小宇宙的努力。它几乎是两个力之间的两极分化：独立发展的正向力，如图中 A 所示；和图形中心的、依赖于整体的负向力。沿着辐射线的原子的排列，遵从上面提到的两种影响，它是两个力的结果：能量中心相互抵消，相互镜像，同时在辐射状的均衡的组织中相互妥协。不过，对于观察者，辐射形状似乎有一种独立的形式存在，只有当它：

1. 在完全分离（孤立），而非整体之部分考虑时；
2. 相对于水平的平面或代表水平的一根线，是竖直位置时。

以同样的方式，对称的原理已经出现在一种隐约的形式中，这种形式存在于雪花、花朵等非凡的小世界当中。在这里，对称的形成，源于外轮廓的规则性；造型的和谐，源于有秩序地成串围绕着晶体中心的分子。这类似于上面说的比例如何追溯到构造的辐射状规则。

如果我们将这样一个规则形的花环打碎，并孤立地将它考虑，那么，
只有当它的各部分在数量上和位置上都被平等对待时，我们才会对它的外 201
观感到满意。换言之，a—b 线（垂直于代表地球水平面的水平线）的右边和左边，存在着一种不相等部分之间的平衡。如果存在一个完全的要素特

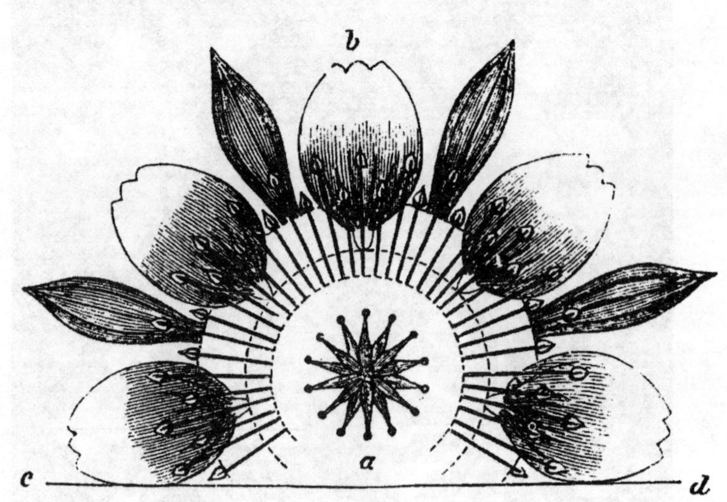

性，呈现出垂直线 a—b 的左边与右边，那就叫强对称性（*strenge Symmetrie*）。如果它只是一种总体上的对称，那就叫弱对称性（*Ebenmass*）。

原子的对称布置沿水平线 c—d 出现。后者好像是一根不可见的平衡杆，使形态获得稳定。它可以被称作对称轴，与 a—b 线形成对比。a—b 线可以被称作均衡轴（*proportional axis*），因为沿着这根线各部分均衡布置。

节奏，框子

节奏是封闭的对称，在观察者看来是没有方向性的，当然只是对中心点而言。围绕着中心点，正则弧形的各要素沿外围排成串。

为了建立起与节奏图形之间的和谐，观察者必须设想自己位于不同关系的中心。因此，垂直和水平不是节奏图形的基本要求，它的本质是围绕。它象征性地表达环绕的绝对概念，并因此而暗指被环绕的物体是节奏秩序的中心。

于是，举例而言，门框和橱窗布置就是这样的节奏式围栏，和画框极为相似，除了在第一个例子里框起来的内容是进门或向外看的人。这些框子的实例清楚地表明，在属于这样的框子并受制于节奏法则的那些部件和部分在对称性上有效、部分在均衡感上有效（由此，框子及其内容与作为物体的观察者——包括山墙、操纵台及其类似附件，产生对抗）的框子的那些成分之间，存在着差异和区分。框子是艺术最重要的基本形式之一：没有什么是没有框子的；没有它，就没有尺寸的度量。只有带上框子，节奏才会开始起作用，才会形成围绕加框物体和形成封闭图形的形式要素的规则性同心结构。

节奏秩序的修正

节奏图形的组织，是用节奏和停顿、升起和下降的手段，将明确的法则加以重复的结果。当这些手段被联结时，从它们身上便产生了封闭图形。就此而言，音乐的图形（旋律）和视觉的图形是服从于同样法则的，除了耳朵比眼睛更能跟踪和解决复杂得多的秩序（眼睛对于整体没有即刻的直觉力）。因此，在节奏序列的无尽变化中，对视觉图形组织的修正很
少有超过三种的。毋庸置疑，希腊人为节奏设计出了经典，其聪明程度正 202
如他们为音乐和诗歌所做的那样。在多立克柱式各个部分强有力的组合中，在柱顶檐部的凹凸中，在类似装饰部件的重复循环中，我们都能感觉到它的存在。所有这些都能起到刺激和安抚作用，使人消除疲劳。这条规则在罗马时期已经被人忘却，因为维特鲁威混淆了节奏和比例，而且不由分说地，把所有形式美的概念搅成了一锅粥。他可能从中捡起了一些概念，以曲解古希腊创造者的方式。关于这位作家的段落（引文Ⅰ，第2章），根本不是给出古希腊创造者的信息，而只是散布混乱。

节奏的组成，是由连贯起来的、统一的空间片段形成一个封闭圈。

这首先可以在平均间隔上得以实现。因为间隔平均，所以每个要素都是和其他要素相同的。此类简单系列有齿状装饰、凹槽饰、圈状物、最简易的珠状线脚（不带圆盘）以及其他几项。

其次，是此类序列交替出现，当我们在上述提到的实例中用其他中间成分来划分成分。举例而言，当简单的环状物，比如一个叶状饰物，变成两片叶子交替出现的一个序列，或者当卷轴被插入珠子之间。带有所谓矛尖的卵锚饰，是另一个传统的交替序列的实例。同样的交替原则，也出现排档间饰（metope）和三垅板（triglyph）上。形式、图案以及色彩的对比，对于造成清晰的交替序列的印象是必要的。在节奏的韵律中，不相似部分的重复出现就是交替原则。

除了简单的和交替的这两个序列之外，还有第三个，那就是最丰富的序列。它由简单序列或交替序列被周期性的停顿打断而组成。这也为希腊人所知晓，尽管他们只在附属部件上少量地将其使用。

其实例有：带有两个或三个轴的珠状饰，它是不相似部件的一种容易理解的交替出现；希腊柱顶檐部檐口上的狮头和面具，打断了花环装饰；文艺复兴风格的栏杆，也流行于野蛮民族的建筑风格，流行于印度建筑、
阿拉伯建筑和哥特式建筑。[①] 这种植入（*Intersekanz*）是有益于形成浪漫气 203

① 基督教建筑直到很晚才放弃古代建筑物的简单柱式排列，并改用柱墙交替。这既有美观的原因，同样也有结构和礼拜仪式的考虑。——英文版注

氛的，而且有一种美术－音乐的效果，当简单和交替的节奏与造型美相一致时。

因为植入的效果更接近于绘画而非雕塑的效果，所以它在彩饰表达中作为一种表面装饰尤其备受推崇，像地毯、陶瓷作品、金属镶嵌、木工等。

只有得到一种丰富的混乱或混乱的丰富时，更为精致的节奏成分才是适当的。后者的例子如：在看起来过于干巴和僵硬的建筑里装上窗帘、刺绣、布料和披巾。

本文第一部分关于纺织艺术的讨论，将为已经提到的观点以及其他相关内容提供详细的材料。此外，它也将比较打算收录于其中的木版画和收录于第一卷中的所有彩色板，以显示出所有节奏序列的变异之处。

对　称

节奏不是和比例，而是和对称有着非常接近的概念关系。这是因为，从严格意义来说，对称只是回归到它自己的节奏整体中的一件或一个碎片。设想一下，如果你切开地球，其截面将会是一个圆盘。在它的外边缘，地球上的物体以辐射状分布，都朝向圆盘的圆心。地球的一根子午线——在有建筑学倾向的头脑中，它呈现为节奏式的排列——是一个对称的序列。它是令人满意的，因为我们认识到它与总体之间的关系。这种总体将静态支持提供给个体现象。不像那些规则的晶体（它们将自身孤立于世界，而且是真正的微观世界的），对称的形式本身并不是一成不变的，它们有表达其超越世界之存在的可能性。因此，它们并没有低级秩序的那种形式上的完美。这种低级秩序，对于规则的、封闭的图形而言是独特的。不过，在这些图形中，有机自然为她自己穿衣打扮，从而遵照一个更高级的、统一协作的法则。因此，对于理解对称的法则，那些优美的、严格的、对节奏法则而言是如此具有启发性的雪花晶体，以及它与对称法则之间的关系，已不再令人满意。

就此而言，有一点是值得关注的：植物生命的起点和终点，其呈现都依赖于独立的微观世界，即地球仪般的植物细胞、花朵和果实。但植物在
204 其成长过程中有一个宏观联系；与此同时，植物发展为与这种宏观联系相冲突的生命。宏观联系在起到构造原则的作用，也就是说，比例的原则。

在流行于植物生命之中时，对称法则在这里最好区别对待。

从种子开始，植物沿着地球的辐射线竖直地生长，不管是作为单体，还是作为整体。为了保持这个方向，树枝、叶子、花朵和果实的质量让它们自己环绕着茎干分布（否则的话，这里环绕包含着重力中心的竖直线的质量就是缺失的），以此获得整体的平衡。因此，这个秩序就是一个节奏

的秩序，其法则来自于地面的平面图形。这种平面和星状晶体构成有着相似性。只有在竖直方向的发射中，也就是在观察者眼里的视网膜上，那是对称植物的图像。在一个竖直方向上的构造的各部分的分布（也就是一棵树上的树枝的分布），是与平衡的法则无关的，因为平衡不受一圈树枝与树干分叉的影响，不管分叉点是高是低，也不管是在平衡面之上，还是平衡面之下。这圈树枝在相互间找到平衡，以树干为轴。

由此往前推，在所有植物和所有遵从同样法则秩序的自然与艺术的构成中，对称不在竖直外延线的方向上发生。

然而，植物作为整体而对称，只是出现在视觉中。它实际上是节奏的。真实的对称出现在植物的个别部件上，根据一个需求的法则。该法则非常有启发性，但在细节上并不容易分辨。

一根树枝从树干上长出来，沿着直角（不向水平方向上弯曲）。然后它伸出小枝，小枝上又长出叶子。叶子如蕨类植物般分叉，其各部分又由小叶子组成。植物的这些不同部分的每一件，当孤立或个别看待时，表明了它的较小成员在对称分布中对整体的服从。

树干，当被作为一个整体考虑时，对分支而言就如同大地之于树干。这也是一种最密切的宏观关系，在树枝分叉的统一分配和树杈上叶子的聚集（与树干有关）中有明显反映。与此同时，还存在一种树枝与大地中心的直接关系。树枝在其更小成员聚集的安排和分配中，应该遵从这种关系。水平的分叉，作为满足这种双重条件的结果，在其分布中不再是围绕树杈的节奏（就像和大地中心只有简单关系的主干），而是对称，而且有一根水平的对称轴垂直插入树杈。对于枝条、树叶以及叶子等部分来说 205
（所有都以它们自身来考虑），同样的动态法则在哪里都是活跃的。就此而言，对称的形式要素具有双面性：特定地说，是让个体部分发芽的关系；总体而言，是依靠物质引力和地心引力的关系。① 这些部分的每一项，都只有一根对称轴。这根对称轴总是水平的，垂直于它从中生长起来的部分。比如叶子的对称，当它作为一根线从一个截面上发射出来时，与叶茎垂直相交，并平行于主树干（也就是说，垂直的）。同样地，根据植物的种类，很多叶子以不同方法来将自己排列，但总是对称的，围绕着枝条，而且一样是根据水平和线性平衡的法则。由此可推出，枝条连同其树叶必然形成一个类似于单片树叶的表面。

水平分叉的树，比如雪松、合欢和榉树，显示了这种对称的分布。不过，当一个不同的辐射原则出现在植物之中时，自然法则会变得更为复杂。比如树杈从树干上以锐角长出，像松树和柏树。

---

① 这一法则在初级世界（*Urwelt*）的植物和它们存活到现在的后代中表现得尤为生动。这些后代包括蕨类、刀片草（shave-grass）、棕榈等。后来出现的违背该法则的植物变异类型，经常表现出一种质量的平衡性，而非对称性。——英文版注

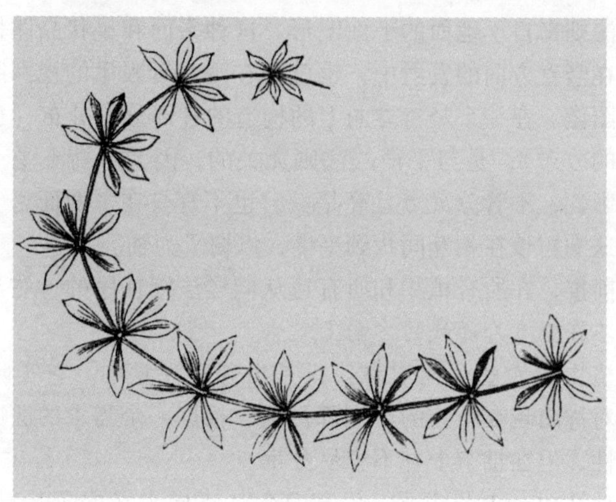

在这里，再一次地，树杈及其枝条与叶子的对称性接近了主干的平面节奏，尽管没有表现出严格的节奏表象。为求得质量平衡和在此种错综复杂环境之下的对称性而做的努力，促使了植物世界里创造形式的种类趋于无限变化。在这里，我们尊崇（超过尊敬）对称的法则，因为它或多或少地突破了均衡性而崎岖向前。这部分地造就了浪漫的魔力。在我们心中，植物世界将这种魔力激活。

206 尽管在创造性上动物王国要比植物世界自由得多，也丰富得多，但就它们的要素而言，植物世界的形式品质是更为明显和更为独特的，相比于动物王国。

到目前为止，我们讨论的对称性都是平面的。它在动物界的应用，只限于珊瑚和发散形态的动物等。高级动物的对称性，绝非平面的（像植物），而是线性的。就高度发展的动物而言，穿过或投射到空间尺度的三条轴线中的任何一条的截面，决不是完全规则形的。脊椎动物和人类的线性对称轴，是一根水平线，与方向轴线（下文将对之讨论）垂直相交。不过，动物的形式并不服从于对称法则，不管是在自下而上的方向上，还是在由前至后的方向上：前者是由于和植物界同样的原因，后者是出于类似的理由。

追求对称法则是可能的，即使是在外太空。它和宏观天体相互之间不同的依赖程度相关。但愿这不会导致我们离题太远。

比例和方向
（运动的统一）

比例的法则首先在辐射结晶状构成中可以被观察到。在这种构成里，个体的半径有时看起来是拼接的。这种拼接方式遵循一个明确的法则，该法则又根据固化流质的特点和主要的环境而有不同表现。在此前讨论的一些雪花晶体中，我们可以观察到此类构成。

然而，比例的法则似乎发展得远不止于有机构成。我们不禁要假设，在植物和动物的有机体的发展中，存在着一个明确的活跃力量。在某种程度上，它自我运行，包括针对自然的普遍力（物质的引力和斥力）和针对活有机体的意志力（德语 *Willenskraft*）。尽管这种力量与两者都是冲突的，但有机构成的存在还是只出现在这种冲突的幸福结局上。

在有机生命力（德语 *Lebenskraft*）反抗物质和意志力的这种斗争中，自然展现了她最光荣的创造性。它体现在棕榈的美妙弹性曲线上，其大型叶冠精神抖擞地竖立着，又因重力法则而弯垂，既有整体，也有局部（树冠的叶子）。

这种斗争，也体现在更为活跃的、有意志天赋的有机物上。比如古代艺术创造的月神阿耳特弥斯（Artemis），或者太阳神阿波罗。在这里，意 *207*
志和运动的自由是与物质和生命的环境相一致的——在一项统一的、各种力量同时存在的工作中，人们有可能接受最大的多样性。

生命力（首选是成长的体力），尽管在所有方向上都是活跃的，却倾向于遵循一个方向的原则。对于大多数植物而言，那就是抵抗地心引力而向上。在动物界，描绘它的是脊椎。在大多数实例中，脊椎是水平的，与意志的方向相符。不过，在人类，它又变成竖直的。它和人类意志的方向并不相符，而与之形成直角。因此，在有机构造中，存在着两种或三种活跃的力。它们依赖于生物体的成形阶段。因为它们，我们（符合力学）可能要以特殊的力学中心为前提。

在这些力之中，大体上最活跃的是*质量效应*（*the effect of mass*）。它最为明显，部分作为重力，部分作为*惰性力*（*vis inertiae*）。在正常情况下，总是与这些力作对的是其他两个力：*有机的生命力和意志力*。

植物扎根于土地，没有意志力，只有生命力。这个生命力的中心，可以设想是在形成植物生命轴线的一根竖向线的通往无穷远的顶点上。我们将重力射入地球中心。在重力作用下，形成了一对力，它们作用在同一根垂直线上，但方向相反。

这种冲突（即使在质量平衡已经实现时，它依然存在）部分地①受控于植物的*比例*。这种比例与平衡法则无关，因为（如我们之前所述）平衡是不受与树干相关的、彼此保持平衡的物质综合体影响的，不管它从树干分叉出来的点是高是低，也不管是这一点是在分叉的平衡面之上，还是平衡面之下。

---

① 之所以说部分地，是因为植物各构成部分，以及它们的反作用，首先是被它们作为营养和繁殖工具的功能决定的。——英文版注

如果静力平衡因此在植物的比例形成上没有直接影响，那么从另一方面来说，稳定性对植物而言就是一个重要因素。对应于稳定性法则，圆锥体是最好的形式。稳定性法则起源于植物生长的内部原则，而且被它和其他非常复杂的、大部分尚未考察的因素调整。以无穷无尽之变化，大自然在植物王国里尽情展露。而这种通往圆锥曲面（火焰式）终点的趋势，的确总是值得关注的。

在动物世界，较之在植物世界，比例法则甚至是更不易理解和更为复杂的。在这里，比例是双面性的，因为每种动物形式都有比例，先是自下
208 而上，然后是由前到后。

至于植物，比例首先必须表达冲突的解决。冲突的两端，是重力和相反的、有机生物通向竖直构造的趋势。

由前至后的比例，显示出一种类似的冲突，同时也是由相反两极的分解力组成。这种冲突发生在作为*自由意志、质量阻力、惰性力*之宣言的运动和媒介的阻力之间。

同样之物质，与构造之各部件——因为重力，它们是有重量的，从而与成长的垂直力相抵抗——也和由惯性产生的意志方向相抵触。这种意志方向，依赖于意志是否倾向于启动一个系统的运动，还是将其停止。此外，还有材料阻力的第二宣言：媒介的阻力——运动在其中发生；这里的媒介，可以是空气、水、土地、木材或者任何适于阻止动物动起来的东西。这些事情的影响总是出现在运动的方向上，但与之相反。在某种条件下的特殊的动物形态，最能弱化和缓和这两个（阻力）。抵消地球力，就是最好*控制*的一个。

就此而论，在运动的方向里①（方向要合适），对称平衡与比例之间的关系是显而易见的，类似于植物里依赖重力的对称性和垂直比例之间的关系。

惯性和媒介阻力必须围绕运动的轴线来获得平衡，这样就不会因质量在运动轴线（通常假设为水平的）上的不平衡分布，而出现方向一致性上的偶然偏离。然而，运动方向上的各部分的分布，将根本不会受到这一法则的影响，理由与上面所说的一样。在这里，稳定性被另一个形式适合性的基本条件所取代。那就是*运动性*，或者说，与运动速度联合的*运动的能力*。②

---

① 在运动或意志的方向上的这种比例，基本上不同于垂直构造的方向上的比例。后者是造就形式美学的一个特殊种类的原因。然而，显然有一种更为亲近的关系，存在于它们中的任何一个与对称性之间。[基于牛顿《自然哲学》里的一张插图，森佩尔文中的脚注在这一点上继续扩大到分析一个彗星尾巴。这段表述得并不很明确的分析，有一个明显的观点，即彗星尾巴在靠近近日点的过程中，由于阻力作用，获得其圆锥曲面或火焰式的形状，并在其后发生改变。]——英文版注

② 关于这一非常复杂的题目，它不便在此展开，可以看我的论文——Ueber die [bleiernen] Schleudergeschosse der Alten，Suchsland，美因河畔的法兰克福，1858 年。——英文版注

对许多低级动物形态而言，比如蠕虫，生命轴线完全与自发性的轴线 209
一致。因此，这些动物，像植物一样，只有两种形式属性：对称性和运动的统一。前者在截面上表现为平面对称（节奏）。它们几乎完全缺乏垂直比例。

在这一系统和人类之间，有较高级组织形式的动物，比如四足动物和鸟类，形成一个相当复杂的、中间的阶层。在人类中，构造的所有三个轴线——对称、比例和方向的轴线，是显然互不相同而且互成直角的，顺应着空间的坐标。

艺术，像自然一样，表现出类似的组合多样性，但并不能超出自然之边界一分一毫。它的形式构成原则必须严格地和自然法则相一致。

关于自然和艺术形式构成中的权威的原则[4]

权威（*authority*）① 是一个术语，维特鲁威在好几个地方（可能取自于一位已被人遗忘的希腊作者，他将他的术语体系尽可能地翻译成拉丁语）用它来表达德语中没有相等含义的内容。那就是强调一个现象的某种形态的成分。这种现象迥异于其他现象，并因此成为它们领域内的领唱者，就好像一个统一原则的看得见的代表。这个复合体的其余要素，统一在一个形式美之中，与作为共鸣、调整和伴唱的音调（对应于基调）的权威有关联。根据上面讨论过的理论，有三种形式的权威，即：

1. 节奏 – 对称的权威；
2. 比例的权威；
3. 方向的权威。

作为第四权威，一个更高的秩序可以添加到上表。这由同时起作用的三种美学调整中的一个主导者构成。

关于节奏的权威

如前所示，节奏要么是立体的对称，要么是平面的对称。在立体对称中，规则形是球体和所有正多面体（最少的是四面体），各向对称，但没
有对称的权威。后者出现于严格定义的某种尺度的不等面体，比如椭圆体 210
和卵圆体，六面体或底部相连的对偶四面体，棱柱，金字塔等。

雪花晶体、花朵和树，总体上表现出平面的对称（严格说来是节奏）。在这些自然的形态里，权威法则的效应明显体现在各部分的集合上。它们

① 此处似译为“法则”更符合中文习惯，但为保持原文含义起见，仍用“权威”一词。——译者注

尽可能地接近于秩序井然的图形的中心。围绕这个中心，它们旋转、辐射，或者局部旋转、局部辐射。最靠近中心的部分与其他部分的色彩对比，强调了这一效果。

纪念物（德语*Das Mal*）

最早有朦胧艺术感觉的人类，已经理解分离的统一是对立于环绕它的节奏序列的，是权威和精华的象征。并且，他们以一种令人惊异的直觉将它应用到恰当之处。

装饰自己的最初级努力，部分源于这种朦胧而神圣的权威原则。不管装饰什么，都是装饰物的记忆。[1] 经常伴随以这样的记忆的，是持有（德语 *Haltens*）和团结（德语 *Zusammenhaltens*）的观念，它既是物质上的，也是象征性的，比如开头讨论的实例。

纪念物很早就以纪念碑的方式，用来指定一个神圣的场所。它原本是个墩子。此类纪念物大多是陨落之勇士与领导者的埋葬地，它们是地球上几乎所有地方能找到的最老的纪念碑。在弗里吉亚[2]的西庇罗斯（Sipylus）附近的盖吉斯与坦塔罗斯之墓（the tombs of Gyges and Tantalus），纪念物已经发展为一个建筑物。类似的工程也出现在希腊、意大利、撒丁岛等地。它甚至进一步发展为中美洲和亚述的阶梯状金字塔，石化成埃及的金字塔，精炼成奥古斯都和阿德良（Hadrian）的陵墓。纪念物也在竞赛中使用，作为一个象征和目的，装饰着适当的暗示物。

一个有趣的表现是两个要素的结合：倍数序列和单一纪念物。它们出现在一个整体的纪念性效果之中，方式是用节奏布置的石头圈——一个不证自明的、复数融入整体的图案——围绕着单一的要素。这样一种结合说明，纪念物是与复数对立的整体观念的反映。依靠着外围节奏序列，复数成为一个整体，同时有力地强化了纪念物的权威。带有史前竖石纪念碑
211 （menhirs）[3] 的石头圈实例，包括卡纳克、阿布里（Abury）、巨石阵（Stonehenge），以及其他一些地方。

关于对称的权威

如前所述，线性对称显著出现于：树叶和树枝（当在它们自身内部考

---

[1] 见作者关于装饰物的论文——《装饰的形式法则及其作为艺术象征的含义》，苏黎世，由 Meyer and Zeller 出版，1856 年；作为小册子，共 3 册，在苏黎世的《科学协会月刊》（Monatschrift des wissenschaftlichen Verein）分别刊登。——英文版注

[2] Phrygia，小亚细亚中部一古国，位于今土耳其中部。——译者注

[3] 同时作为陵墓与表演性纪念碑（*Spielmäler*）。封闭的石头圈是马戏场、体育馆、露天剧场和其他竞技场的原型。——英文版注

虑时），动物和人类，以及大部分的艺术品，尤其是纪念物。它由一个整体的各要素的分配（受平衡法则控制）组成，遵守水平秩序，围绕着一根被认为是与运动方向成直角的垂直轴线。这根轴线就是线性对称的权威的起点。它被强调，靠着规模、起伏和高度，靠着丰富的装饰，靠着色彩的对比，或者靠着所有这些要素同时起作用。这样，伴随着被强调部分的、对称的其余部分，就与整体发生了共鸣。被强调的部分，在某种程度上对其余部分而言，代表着各部分绕之旋转的大地重力中心。通过对称权威的此类仔细筛选，艺术经常成功地忽略包含所有部分的严格对称，因为它的强制力在很多情况下与目的和特征之要求是相矛盾的。

比例的权威

这条权威从不单独出现。它要么和宏观的权威一道，要么伴随以宏观和方向的权威。

与宏观权威一道时，它表现为放射状现象的特征，或是直接以地心为基点向外长，或是从主干上向外分叉。

这些放射状布置的现象，显示出沿着结构之同一垂直（或更普遍的说法，放射的）轴线的两个相反力的两极分化效应。两项活动，或者说两个力，是互相冲突的。这种冲突应该反映于如下现象：随之产生的动态的平衡，同时也变得很明显。（见上文）

作为宏观活动的反映和代表，比例系统首先表现在此类现象。

作为个体驱动力（比如在植物中）的反映和代表，该系统的主导部分 212
突出在比例现象的顶盖附近。基座和主导部分之间的媒介，是一个中立和支撑性的中间部分。它与上面说的两种权威平等地享有共同特征，并且消融着对立。

基座符合地球的（通常是宏观的）统一要素。这种要素的反映，要么是通过惰性的物质、简单的结构、暗的颜色，要么是通过柱状的复合体、承重的能力和实质的弹力。

主体部分则符合相反的，即微观的统一要素。它的表现是通过丰富的结构、装饰，还有它的个性和华丽鲜艳之色彩的特点的集合。在体积和（尤其是）高度因素中，它是两者中较小的那个，而且总是表现为悬置和至高无上，就像原则。

中间部分有支撑与被支撑的双重特征。从它的承重和色彩来说，它是一个混合体，或者说是基座与主体部分的形式特征和色彩的双重反应与化解。至少在实质上，它形成介于两极之间的比例之中项。这样，基座就在实质上被放置到对于主体部分而言的中间部分。

自然地，只有脱离于严格的法则，才能使比例拥有特征。比例有无数的答案，恰如自然本身。①

当比例之轴线不是扎根，而是沿其自身方向的轴线（它是前文说过的一个条件，被称作第二种可能的结合）自由移动于一个媒介之内时，事情变得更为复杂。这是大部分水平向移动的动物都有的情况，包括地面的、水里的和空气中的。鱼类，是此类结合的最简单的实例。鱼游动的目的，是追击猎物或其他任何渴望得到之物。正是这一点，吸引它发出力量，就好比地心在树上发出的力，或者任何其他竖直方向上的构造。不过，重力抵抗着树的生长力，而对鱼来说意志的方向和生命（脊柱的）的方向并不是相对立的：它们一致向前。因此，在这个实例中，没有力量的对抗发生，三分法的法则不再适用（参见上文）。[5] 这里的权威是双重的：鱼头代表着微观的、统一的个体存在的原则，与此同时也代表着鱼的运动。

迄今，鱼的比例是划分不明朗的两部分：头部和延伸向背部的、卷轴状的附属物。

不过也存在着构造的其他因素，它们在不完整的现象上打下统一与自
213 持的烙印，也就是惯性定律和媒介（运动在此发生）阻力的普通法则。鱼的外形必须符合并反映这些宏观的影响。事实正是如此，就像假想的剖面群垂直穿过方向的轴线，它们由前至后逐渐变大。它们所依据的法则，不能在此处考虑，而要继续提高到方向轴线上的一个点，在那里它们达到最大值。根据另一个法则，在该点以上的剖面群逐渐变小。和鱼头不一样的地方，是鱼的最大直径是这些宏观影响的反映。

不过，重力也影响鱼的比例构造。它的剖面——不管在哪里都是垂直穿过纵向轴线的，在宽度方向上是对称的。但在高度上，它遵照竖向构造的原则，形如纺锤或火焰。这样一种宏观的影响，比起那些竖向构造的实例，相对而言则不甚明显。②

关于方向的权威

像比例原则一样，这个权威自身是从不起作用的，只有在与宏观-对称的权威，或者同时还与比例的权威发生联系时才会起作用。后者的实例已在前一节讨论，前者在人类中最常见。

就像鱼头明显而清楚地镜像了生命轴线和方向轴线这两条原则轴线之交会，人类的头部也清晰地表明了这两条互相垂直的主要轴线的正常位置。它是绝对自由意志的高级象征，与自卫本能和物质限制都无关。

---

① 关于这点，请看上面关于装饰的论文。——英文版注

② 见已经引用过的论文中关于水生动物的部分。该论文题为“Ueber die [bleiernen] Schleudergeschosse der Alten”。——英文版注

关于内容的权威

上述三种权威，代表着低级秩序的三种统一的原则。它们又形成了应该在更高级的统一体里同时起作用的三组更高级的秩序。这就是目的（德语 *Zweckeinheit*）的统一，或者内容（德语 *Inhaltseinheit*）的统一。它依赖于自然和艺术可以达到的完善程度。它是规则性、类型和特征的表现，是表达的最高境界。

为了实现一种更高级力量的一致性，服从（或权威）的原则再一次被表述。它主要在创造性的低级区域发挥作用。

这样的事情发生在艺术领域，就像发生在自然界一样——如今是通过 *214*
晶体的规则性，通过对称性的统治，通过异常比例的显示，最后通过给予方向性特殊的强调——这条观念表达得清晰而独特。

有某些建筑作品，在那里晶体和自然界其他完全规则形的节奏性分离是再次会合的。其实例如坟墓墩［即凸丘（tumuli）］、埃及金字塔和类似的纪念物。它们是各向一致而发展的，没有真正的比例和方向性组织。正因为这一点，它们给人的深刻印象是完全微观世界的（或者说是只知道自己的世界的象征），同时也是闻名于世或统治世界的领袖的纪念碑。

在同时也属于纪念物类型，但却有前部和后部的建筑作品中，对称性很流行。在其他建筑作品中，比例权威起主导作用，比如高穹顶，或者表现得更明显的高塔——其对称性和方向性完全臣服于向上升起的形式的比例性。因此，作为努力通向上天的象征，它们是意义非凡的。同样地，在许多工艺美术和建筑的作品中，一个方向性的组织是显著的原则。一个实例就是船。出于运动能力的考虑，它可以被认为代表了艺术发展的一个特殊的高度水平，是一个在古代、中世纪和文艺复兴时期都完全有反映的因素。同样的情况，也见于有翼战车（winged war chariot）。

在纪念碑式建筑中，无论古今，方向性原则都甚至超过了其他的美观和封闭的条件。其实例如埃及的游行神庙（processional temples）和类似的 13 世纪天主教会的巴西利卡。

然而，在希腊神庙中，在它最完美的辉煌和伟大的自由中，有意地统一是显而易见的。这与它在人类中的作用相似——最纯粹的和谐！雅典娜无与伦比的山花，有如这位女神的面容，是比例的统治地位、对称的精华的具体表现，是行进中的祭祀游行队伍的反映。

215

纺织艺术

考虑其自身及其与建筑之关系

（摘录）

B. 关于风格受材料处理之限制的方式[6]

§46. 预备的评注

这是让一位制造业者大大受益的一个题目。这位制造业者将彻底的技术知识结合到科学和艺术教育之中。对于他来说，人们（尤其在生产者中）不断增长的对美的接受力与工业生产的切实进步是不可分割的——无论是在一般意义上，还是在物质层面上。

就我而言，已经说明我在这样一件困难的任务上是不称职的，我只希望以给出建议的方式来激发讨论。以我个人的观点，这些建议是关于：在对待未来如此丰富的主题时，什么是有益于主要考虑事项的。此外，这个主题引起了与我自己的领域有更直接关系的问题。对于这一点，我相信我有更好的准备。

纺织艺术品中的所有操作，都寻求用合适的工具将未加工材料转化成产品。这些产品的共同特征，是高度的柔顺和可观的绝对强度，有时候作为绑带和扎结在线状和带状图案中使用，有时候作为柔性面材起到覆盖、固定、环绕等作用。

§47. 带与线，此类艺术品之初级产品

此类艺术品最初级的产品似乎是直接来源于对大自然的最简单操作。它们可以分为主干和原茎、树枝、动物筋腱和内脏等类型。配制这些东西时，有一道加工程序是必不可少的，那就是拧（*twisting*）。通过拧，产品获得了一种截面为圆形的形态，它更好地满足了强度和弹性的目的。下一个类型是切成带状的兽皮和其他不太受关注的产品——比如用树脂类植物
216 的材料做成绳索，它对于一些原始部落来说是早就熟悉的，但对我们而言只是最近的时代才变得重要。

这些物品的风格，当它依赖于生产它们的加工方式和工具时，并不难

解释：这些物品中的一部分具有或者接受了一种圆形截面；其他的，比如皮带，可能首先是带状风格的，但之后就被拧扭，形成螺旋形。

橡胶绳模仿了皮革带子，但也能形成光滑的圆形绳索或者呈现为螺旋状。由橡胶的众所周知的特性带来的是，它没有特定的风格，而是总体上弹性的。

用于制造这些产品的技术方法和工具，自远古以来就没有变化。底比斯墙上的绘画说明，埃及鞍匠用的新月形刀具，和现在我们的皮革工人用来从一张兽皮上切下长螺旋带的工具是一样的。用这样一根从牛皮上切下来的皮带，蒂朵（Dido）赢得了迦太基的一片土地。

皮带上的装饰部分地依赖于它的带状形式，它也应该与这种形式相一致。首先，它应该保留表面的装饰，而不打断皮带的意向。它应该模仿它作为带子的功能。

§48. 纺纱

纱是一种人工线，由许多自然线组成。在自然线准备就绪之后，梳理、拉拽、捆绑和拧扭的方法在其制作中使用。通过细梳，线被缕得尽可能顺溜。依靠缠绕在一起的、短短的原材料，这种操作经常被粗梳取代。粗梳的方法让线获得某种程度上像毡子的外观。

自远古以来，拉拽、挤压和拧扭的操作就离不开黏湿的手和旋转的纺锤的帮助。在这里，新的纺纱工具在原理上并没有变化。它们只不过复制并简化了用来取代手的生产方式。机械加工让许多纺锤同时启动，它们取代了手的角色。质量最好和强度最高的线，至今仍在印度生产。在那里，老的纺纱方法持续至今。

每种材料都要求有它自身的处理方法。这影响到纺纱的风格。当然，这种风格是尤其受限于制作它的用途的。关于这个重要的主题，可以说的还有许多。有关这一点，只有专家才能够在更多细节上发表言论。

§49. 拧纱 217

拧纱是和纺纱相关的一种产品。它是一种高强度的人工线，由两根或更多根线组成。相比于纺纱，拧纱的加工步骤较少。拉拽、挤压和捆绑都是不必要的，它只需拧扭，这在飞轮或类似的设施上更易于操作。一根根线在拧之前，它们被缠绕到圆柱状的纺锤或滚筒上，之后通过一个圆环运转，然后就是拧。以同样的操作，几根缠绕的线可以束成一条较粗的绳索。不同材料、不同直径和不同颜色的线，可以拧在一起。根据不同的目的，这种加工甚至可以是变化的。比如，人们可以制作一根宽松而高强度的纱，或者设法实现双重拧扭——或者顺着拧，抑或是反着拧等。如果要美观兼顾有用，这种简单的技术为风格化的考虑提供了最丰富的原料。它是所有具有艺术—哲学修养的缝纫工的看家本领。关于此类操作，我们也有着比我们的书写历史更早的图例。①

§50. 打结

打结可能是最古老的技术符号。而且，正如我已展示的，它表达了在国家层面上的最早的宇宙观念。

首先，打结是将绳之两端系在一起的方法。它的强度主要取决于摩擦的阻力。当两根绳在相反方向上沿着长度方向被拉伸时，以侧向压力产生摩擦力的系统最为坚固。另一种情形是这样出现的：当压力在绳上不是沿着长度方向，而是垂直于其延长线起作用时，尽管在这里牵拉之合力完全可以被认为作用于绳的纵向。在所有结中，织布者的结是最强和最有用的，也可能是最老的，或者至少是最先在工艺技术中被提及的。绳索制作者和航海者晓得很多打结的方法。关于这一点，很不幸，我只能作为一个门外汉说上两句。有关此类系统的描述，对我们的解说而言是有趣的其他事情，但这些应该留给更为专业的行家里手。

结的一个极为聪明而古老的应用，是导致了网的发明。即使是最原始
218 的部落，也知道如何在打鱼和打猎中制作和使用网。这里有网的结的插

① 见J·加德纳·威尔金森，《古埃及人的风土人情》，卷Ⅲ，第144页。——英文版注

图。网眼具有这样的优势：一个被损坏的网眼并不会影响整张网，也容易修理。[①] 与此同时，这就是网状物的标准：从其他方面来说它允许最多样的变化，但就在这一点上它是永恒不变的。西班牙大麻（Spanish hemp）被认为是古代最好的制网材料。可米安大麻（Cumean hemp）在这方面也很有名。古人织网来抓野猪。它是出色的工具，以至于一个人就可以将它背上，去围堵一整片树林。而同样一张网眼较大的网，也可以用作盔甲。在这样一张网里，每一根线是由300—400 根纤维织成的，尽管这根线本身已经很细。这种工艺在埃及似乎特别发达。[②] 埃及人也制作装饰性的网，比如玻璃珠项链。有几件这样的实例留存至今。这种装饰在希腊、伊特鲁里亚和罗马的妇女中也很流行。在印度，网被广泛用作头饰和项链，它们在网眼改造和花饰与垂饰的分配上令人赞叹。中世纪[③]的人们也喜爱网状 219
物。西班牙人就一直保留着历史悠久的习惯，他们将精致的网状物——一种极为轻巧的头巾，用在头发的装饰上。

在建筑上，在陶瓷工艺上，以及总的来说在所有艺术种类之中，网被用作表皮的装饰。它也经常以结构象征物的方式，作为伸出来和突出来的装饰物而被应用，比如花瓶上的突起。有关网的考古，可以比较伯蒂格撰

① 更进一步的考察表明，这是典型的纺织工的结。——英文版注

② 对比普林尼《博物志》[Natural History] 第19书，I和希罗多德。——英文版注

③ 在艾伯纳的《服饰》（Ebener's *Trachten*）中，在作品《文艺复兴的莫希亚时代》（*Moyen-âge et Renaissance*），和文章《服装》（Costûmes）中，有中世纪的网的令人叫绝的插图。肯星顿的实用艺术与科学博物馆（the Museum for Practical Art and Science in Kensington），保存有印度的网和网状形态的装饰物。——英文版注

写的关于古代装饰的大量文章。[①]

§51. 圈绣

圈绣（loop stitch）是一种交叉的流动（*noeud coulant*）——这种结一旦松开，就解开了整个系统。它是长袜制作、针织和钩编的要素。它特殊的构成原理，依赖于所使用的工具以及人们制作它的目的。我承认我没有足够能力去深入分析这种工艺的本质，我只能说：它是极为精致的，能制造出其他方法难以企及的产品，而且这些产品在它们的构造中携带有最丰富的装饰要
220 素。弹性和延展性是这些产品的特殊优点。因为这些优点，它们尤其适合于贴身的衣服，不用折叠就能包裹并铺满全身。衬料和接缝使这些边织和钩编的产品具有一种特殊类型的装饰效果——在这里，幸运的是，无可避免的装饰动因在几乎所有时代里都保留了真正的意义和恰当使用。

我不知道古人在这项工艺上发展到什么地步。但是，我不怀疑它曾经用来缝早先讨论过的亚麻盔甲。埃及人用一种编织方法做假发。在西班牙古代，这项手艺享有最高水平的艺术发展。在德国北部斯堪的纳维亚，它是一个传统而古老的爱好，人们十分珍视这项制作保暖物、外衣（*Hosen*，或者德国低地地区的现代说法叫 *Hasen*）的工艺。在制作它们时，特别要用到北部地区一种有弹性的、长毛的毛线。[②] 在这里，机器也带来了一场革命。这场革命部分地摧毁了编织的审美—装饰特性，或者说使它沦落为一种乏味的单调。

§52. 编辫（辫子、编织、缝合、藤品、席子）

在纺织工艺中，编辫或许应该在打结之前就被提到。几乎和拧纱一样，它是在制作纱线中使用的产物，但也用于制作覆盖物。编辫提供了一个强度大于拧纱的系统，因为，当处于拉力状态下时，构成该系统的单根弦其自然方向上，比起在绝对强度的方向上，发挥着更大作用。它也有这样的优势：它不能轻易地被“拆开”，也就是说，不能轻易地使它的基本要素线松弛。对于编辫而言，至少三根绳是必要的，它们交替地编织在一起（参见插图）。绳索的数量可以任意增加，尽管在做一个辫子中从未有超过三根的基本而重复使用的绳索在同时发挥作用。根据一定的法则，起作用的绳索被挨个连续

---

① （C·A·伯蒂格），《阿尔多布兰迪尼的婚礼》（*aldobrandinische Hochzeit*），第 150 页。——英文版注

② 很奇怪，不管在哪种语言里，这根纺织物中的技术性表达是源于日耳曼民族的：针织（stricken），在德国低地是 *knütten*，在英国是“to knit”，在法国是 *tricoter*；还有针线（Masche），从它又演变出 maglia、“mail”、*far lavori di maglia* 等。——英文版注

地放下和拾起。圆辫做出的花托，在马具中很有用。在缝纫者的工艺中，它
也用作穗带。而且正如前面提到的，对于强度最高的纱线而言，它总体上也
是很常用的绳索，比如在制作起锚的缆绳时。如果用最硬的材料，像金属
线，它是将多根线结合成一根的最佳办法。绳索这一系统可以有装饰最丰富
的发展，而且几乎必定是优美的。因此，有很好的理由表明，人类的母亲很
可能选择它作为头发的装饰。并且，可能正是通过这一中介，辫子成为建筑
从工艺美术中借来的最早和最有用的符号之一。辫子也同样很好地启发了圆
柱形和圆形的表面，而捆绑的概念总是代表着联合的思想。对于辫子的使用 221
和恰当应用，这具有决定意义。带子的形态和强度，在某种程度上也可以由
实用装饰辫子的类型和力度来表达。例如，最大强度是用丰富的带状网格来
表达的，这种网格可以在雅典的爱奥尼克柱式以及其他地方找到。

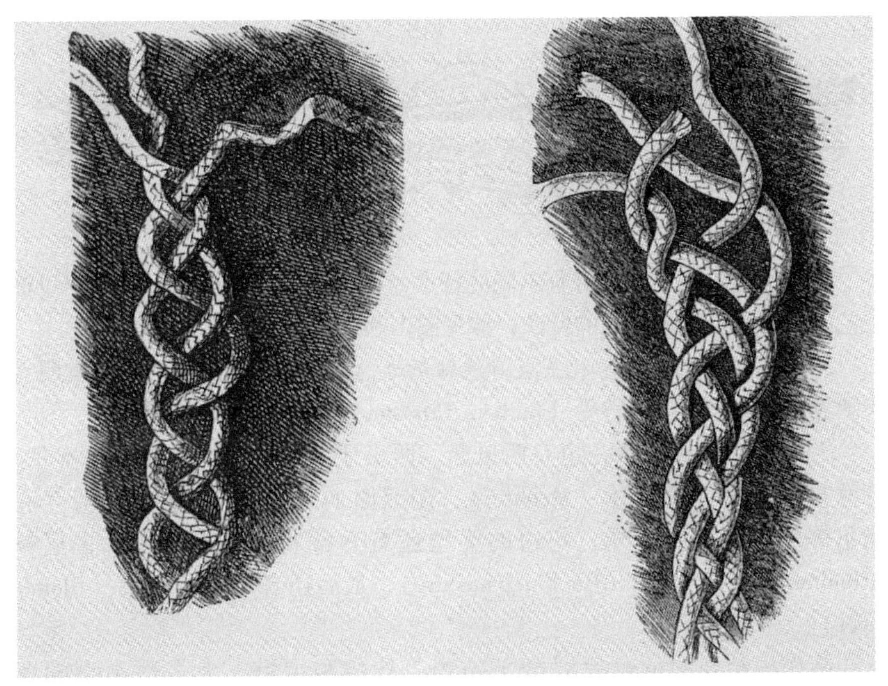

我必须把更进一步的细节——它们关乎这些有趣的纺织工艺产品的美学，留给有教养的缝纫工、鞍匠，最重要的还是要留给发型师。实际上，发型师在辫子的技术完善上已经做得尽善尽美，并由此主导了整整几个世纪的艺术品味。

依靠其绝对强度，辫子不仅在沿长度方向拉伸时是卓有成效的，它还能作为接缝，连接起一件衣服的两个部分——这时它便在垂直于延伸方向上起

作用。[1] 作为接缝，辫子在所有手工艺品，甚至建筑中形成一种极为丰富的装饰效果，这一点在前面已经说过。

222 由接缝产生了辉煌而奢华的花边工艺——它是现代装束的荣耀，是古人不晓得的纱线或丝绸中的透空织物；或者，即使有，也只能算是花边工艺之雏形。花边工艺［花边（lace）、针绣、花边（法语 *dentelle*）、花边（意大利语 *pizzi*）、蕾丝（意大利语 *merletti*）］可以被分为两类：针绣（凸纹花边）和线轴花边。[2] 前者是手工用针做的，后者是在线轴的帮助下做在枕头上。

1. 凸纹花边是最早的花边工艺。它有很多变化：玫瑰针绣、葡萄牙针绣、马耳他针绣、阿拉松针绣和布鲁塞尔针绣等。最后一种的底面在枕头上有不错的表现，缝针依靠着巧手实现了设计意图。其他上面提到的花边，自始至终都是用手工完成的。

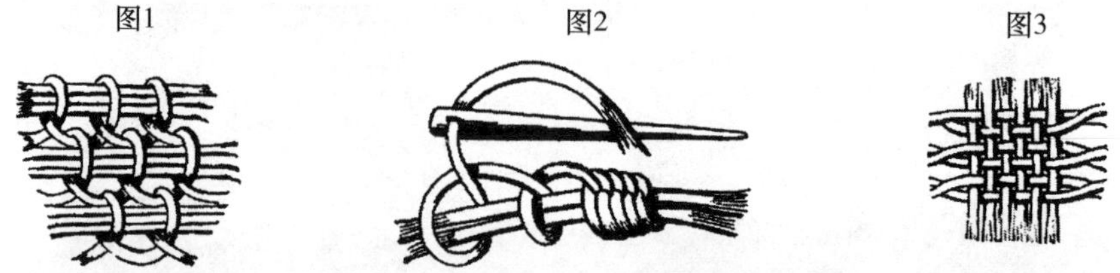
图1 图2 图3

这些类型的每一种都有着不同的特点，但它们总体上是明显区别于线轴工艺的。两种工艺有不同的针法，参见图 1 和图 2。

2. 机器编织的花边、枕头或者线轴花边，是最近时代的发明。其发明者为萨克森的芭芭拉·厄特曼（Barbara Uttmann），时间是 1560 年。

人们能够辨认出的花边有西班牙、西班牙殖民地、萨克森布鲁塞尔、芬兰布鲁塞尔、梅希林（Mechlin）、瓦朗谢讷（Valenciennes）、荷兰和里尔等类型。除此之外，花边的类型还有香蒂莉（Chantilly）、霍尼顿（Honiton）、白金汉郡（Buckinghamshire），最后还有布隆迪花边（Blonde laces）。

制作梭结花边的过程混合了纺织、拧扭和编辫。大多数类型的图案是用交织线制作的，和亚麻布的纺织一样。底面（图 3）却是用编辫线制作的，或者说，是用简单的拧扭制作的其他类型（图 4 和图 5）

而且，在这些实质上构成梭结花边的特点的处理中，也有着变化。

---

① 接缝与褶边的关系，在前文已讨论。在这方面，褶边也是花边加工的基本动因。——英文版注

② 见奥克塔维厄斯·哈德逊（Octavius Hudson）先生的备忘录。他是伦敦科学与艺术系研究纺织品的教授，于1854 年发表《科学与艺术系的初次报告》（First Report of the Department of Science and Art）。在这里，我将再次请大家注意肯星顿部门漂亮的纺织品收藏，它也有一系列系统陈列着的花边样品。——英文版注

目前所知最老的花边，是缝在一块大亚麻布上的。线被抽出，洞里补上针 223
线，如图1。亚麻线用针纺织（图2）。这种方法总能制作出几何形的图案。我们看到它用在最古老的瓦罐盖布和其他教会祭台布的接缝和边缘上。

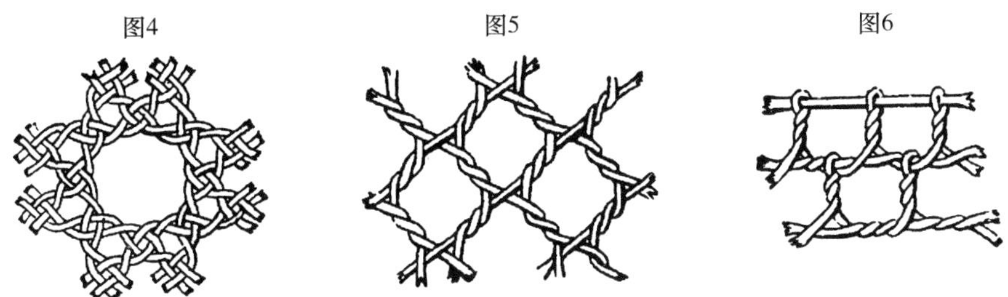

最古老的针绣，是绣在一张羊皮毯上的。在这张羊皮毯上画有图案，缝有引导线。作品完成时，羊皮毯与花边分离。

这些最古老的针绣，大部分属于意大利人和葡萄牙人。威尼斯是最有名的制造中心。直到科尔伯特（约在1660年），才将花边制作传入法国。

大致上，法国针绣（阿朗松针绣）和老葡萄牙针绣及现代布鲁塞尔针绣是一样的。图6显示了底面的针法。图7显示了图案或填补物的针法。

布鲁塞尔针法（*points à l'aigulle*）显示出基本针法的多样性（图8）。后来，底面或网是加花边的。再后来，就用机器制造了。

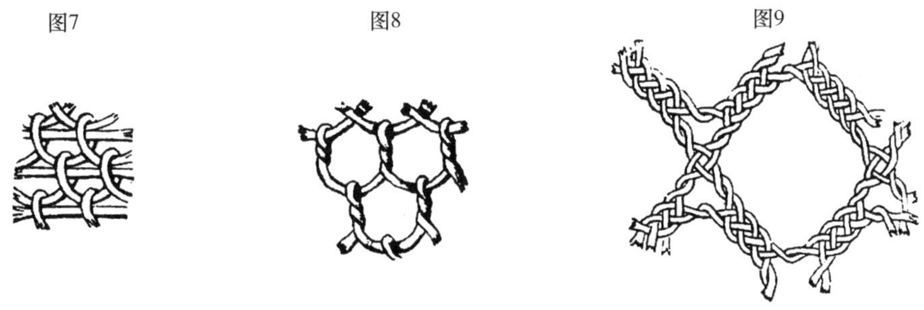

编辫花边经常是很难和那些用在亚麻底面上的花边区分的。最早的梭结花边就是这个类型。

西班牙的大花花边经常绣在由拧纱组成的网或底面上，拧纱由两根线结合成一根辫子（图9）。

瓦朗谢讷花边是平的，图案里没有那些出现在布鲁塞尔花边和梅希林花边上的，其底面由一根辫子形成的线形轮廓线。这种图案用衣针绣在底面或网上（图9）。

梅希林花边的突出特点是环绕图案的轮廓线。轮廓线是用织工的针绣 224
成的，底面是编辫的。

布鲁塞尔梭结花边的突出特点是图案的浮雕化处理。

具有特殊特征的一种产品是爱尔兰花边，它由一种不规则的、中间点缀着节点的网格组成。这种网格模仿自植物纤维，看起来就像是放在放大镜或显微镜下的一片薄薄的干树枝切片。

丰富的图案也可以绣在类似的底面上。这便是霍尼顿花边的非凡效果。人们也可以用钩针来模仿爱尔兰花边。

丝绸绣和梭结花边被称为布隆迪花边。最好的来自法国；其次为厄尔士山区（Erzgebirge）的，据我所知。

关于 *hyphantik* 的这些精致而灵巧的产品，我们已说得够多了。它们风格的基本原则，在考虑功能和产品所提供的理想服务的条件下，似乎是世上最简单的，而且完全限于此范围：这些产品应该是装饰性处理的褶边或接缝。因此，它们的风格应该首先决定于它们所围绕或装饰的材料，然后是穿上它们的人和选择它们作为华服的场合等。要做出任何关于它们风格的理论，都要困难得多和复杂得多，一旦考虑到实际操作——这些操作已经或者可以根据它们的构造而设计。

编辫已经出现在上一种产品中，作为表皮艺术创作（*surface-creating*）。在实际的席子（编辫覆盖物）中，它更为有效地达成这一目的。

编辫覆盖物比纺织更有优势的一点在于，纺织的线必须是正交的，编辫所采用的绳索要素则不一定正交，而是可以以任何角度织成织品。编辫的这个优势，应该被尽量保留，并发扬光大，甚至成为标志性的特征。

用藤条制作覆盖物的工艺很古老，而且自法老的旧王国时期以来就没有本质上的技术改进。然而，在其动因的美学理解上，相比于我们有着巨大机械威力的现代欧洲人，那时候的埃及人，就像现在的北美洲易洛魁族人（North American Iroquois）和许多其他原始或半原始的部落一样，是更为自发、更为幸运和更有独创性的。

柳条席子创造出最丰富多样的几何图案，尤其是当要素在颜色和尺度上有变化时。在埃及和亚述，它总是表面装饰的丰富源泉。埃及和亚述的最晚期的釉面砖墙上，经常有模仿柳条席子的图案，特别是在亚述
225 帝国的晚期王朝［科萨巴德和库云基克（Khorsabad and Kuyunjik）］。在这项历史悠久的传统之后，同样的动因也盛行于亚洲－拜占庭风格（Asiatic-Byzantine style）和阿拉伯风格的不同分支。在摩尔的哈里发统治下的西班牙，它发展到最高阶段。所有的矮墙表面都贴上了这样的图案化釉面砖。①

① 对比欧文·琼斯（Owen Jones）的阿尔罕布拉宫。欧文·琼斯以极大的耐心来对待这些图案的构成中互不协调的不同原则：它们建立在方形或正六边形平面上。施用于它们身上的色彩体系，用的是这层镶板之上的墙的多彩体系。前者倾向于用冷的第二和第三副色调，后者由暖的主色调构成。——英文版注

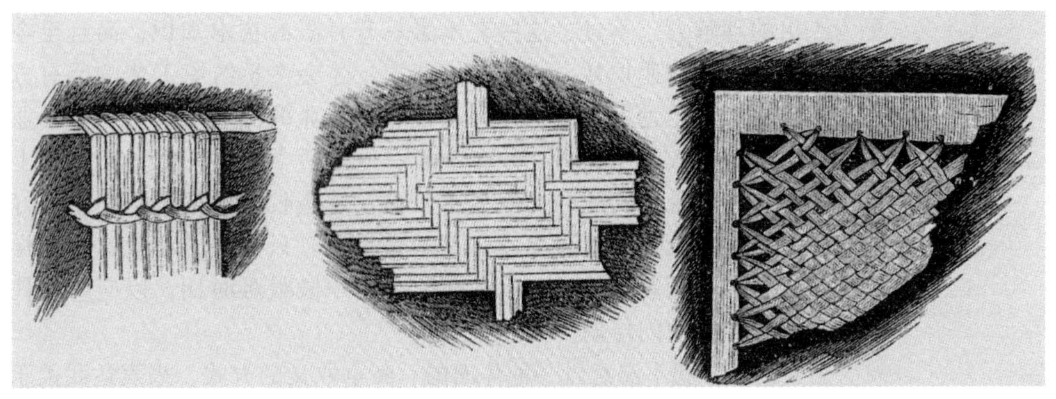

埃及折布

文艺复兴回归到这种阿拉伯动因，尤其在手工艺品（陶器、嵌木细工、金属制品）中，也在彩绘装饰中。此前在 11 世纪和 12 世纪的浪漫主义时期，这种阿拉伯动因曾经被偶然传入欧洲［比如西西里和诺曼底的诺曼底教堂，萨克森的浪漫主义风格的几种动因，威尼斯的总督宫（Doge's Palace）］。眼下，我们将讨论中国人和印度人对于枝编工艺的偏好，以及它对于建筑与风格的原始历史（*Urgeschichte*）的重要性。

§ 53. 毡制品

所有毡子都是天然的覆盖物，比如动物皮和树的内层皮。人类很早就偶然产生了模仿这些东西和制作毛发缠结物的想法。毛发缠结物具有惊人的弹性和密度，能很好地御寒、防潮，甚至可以疗伤，同时还非常之轻。就此而言，亚历山大时代的后期是极为奢华的，人们用紫色羊毛来做毡子。罗马人的羊毛袍子，甚至更轻的希腊人的短斗篷，是用毛纺材料制成的。依靠漂洗工的手和脚，这种毛纺材料变成毡子状。在早期，毡制品用 226
来做帽子、便鞋和袜子。我必须把这一有趣部分的关于技术—风格层面的更进一步讨论留给其他人，在这里我只能大致地说，我们人类的帽子的硬毡料，品味是相当差的。

§ 54. 织物

如果一定把这段话说得公允，它自己将成为一整本书！这里可讨论的东西是如此之多！每个沙龙、每个新的时装秀，每个展览会、每个工业展览，都证明了我们艺术纺织者这门行业的混乱、沉闷和毫无魅力，仿佛充满冗余的资源。它的艺术品味和创造力是如此低下，比起印度和库尔德人曾经并且今天仍在织机上生产的东西。后者的手段要简单得多，传播范围也广得多，尽管在几个世纪里工业水平都较低，对艺术却有着更为杰出的理解力。不过，这些艺术家只有有限的技术知识，而且至今都没有接受艺术和通识教育。只有工业家，才会熟悉纺织工艺的所有方面，熟悉机械，熟悉染色工艺，同时也熟悉行业的商业层面。一名工业家同时也是一个人文主义者、一个学者、一个哲学家，一个真正意义上的艺术家。他有受他支配的纺织艺术收藏，这些收藏根据风格史来好好布置和安排，成为普及其思想观念的教育手段。只有他，才能胜任这样一个位置。拥有所有这些之后，他还要度过一段艰难时期，以应付时代的精神和工业界的同伴们。

就我而言，我不愿意以一种片面的、断章取义的方式，来表达我关于该主题的观点。那样只会违背最基础的技术常识！或许，关于这一点的最好的讨论，已经包括在雷德格雷夫广泛被引用的《关于设计的补充报告》[7]之中，尽管这个讨论缺少一致性，细节上也不够完善而且过于僵硬。风格，一直到它依赖于一件事物的目的，才可以更容易地表述成原则，而不是形式的探索性理论。这种探索性理论是在此类领域中演绎的：在这里，形式必须被视为起作用之技术手段的一种功能。

人们本应系统性地处理所有纺织工艺，从最简单的十字绣到最精巧
227 的尼龙和高密织锦工艺，概括出它们的历史，展示它们叙述的材料和目的，说明它们在艺术和形式意义上的手段和界限，指出不断改善的过程，甄别机器制造对于产品风格的影响，严格审查时代的艺术品味，并考察这种品味如何影响到（或受影响于）工艺技巧。人们应该强调，什么是可以更好而实际并未做到，什么是造就品味的土壤；不阻止好东西作为绝对典范流传后世，不是要因此而看低当下及其发明，而是将其作为一个实例，说明如何从时代的特定条件出发，来得到真正的艺术鉴赏力，并正确地完成任务。这样，紧随这一典范，我们必须参与到当下的现实，为类似的任

来自瑞士 Sitten 的罗马丝织品

务给出解决方案。最后，人们应该展现出这一点：所有我们发明的技术、机械和经济的手段，赋予我们超越过去的优势，却将使我们走向粗鄙，而非指明真正工业艺术或文明的前进方向，只要我们无法成功地、巧妙地掌控这些手段！所有这些，都是其他事情中没有触及的，它们是一名纺织工艺教授必须在理论和实践指导上给予启示的原则性问题。

§55. 针、刺绣、用针刺绣（*acu pingere*）、压平（*pinsere*）、刺绣（*pugere*，*γράφειν*）

刺绣是线的一种排列：人们用尖形的工具，将其排列到一个自然或人工制造的、柔顺的表面上。以这种方法制作的图案的要素，叫缝线。可与 228
之相比较的是马赛克的装配单元（鳞片、痂皮）。实际上，刺绣是线做的一种马赛克。它的总体特点、它和绘画与雕塑的关系，都由此决定。就像马赛克一样，两者都具有表皮表现和浮雕表现（哪个更高级并不清楚）①，所以就有浮雕刺绣和表皮刺绣，它们是从不同而且毫无关系的原则发展而来的。

这种对比在缝线的形式和组织中显露。在两种刺绣中，缝线都是发生性因素。两种类型的缝线都是可能的：1. 平线绣；2. 十字绣。

平线绣的界限，或者如果你愿意，平线绣的抽象观念，是线。十字绣的界限是点。

平线绣似乎在两者中年代更老，因为它为大多数原始部落所熟悉。他们将它用在动物皮和树皮上，以创作出各种各样的、多种品味的多彩图案。他们有时用鱼骨，有时用裂开的鸟羽茎，或者其他天然而色彩明亮的线。这些图案凸起于表皮，而且实际上包含彩色浮雕的基本雏形。打猎的工具、鹿皮靴（mocassins）和北美印第安人的其他服装款式，装饰有这些风格恰当的丰富图案，尤其是在线缝和接缝部位。平线绣作为刺绣的一个要素，是最原始的。从它在缝纫中的使用来看，这个事实很清楚。接缝的线缝产生出平线绣，它同时也起到装饰的作用。

通过一系列平线绣，图形随之产生，有边的和没边的。这一系列首先产生在缝线会合的结点之处，其次是用缝线局部或连续沿着长度方向做成连接的地方。依靠一个线头越过另一线头而形成的凸起，覆盖着平行线的

---

① 最古老的马赛克可能是在沃尔卡（Warka）的墙面装饰。它也形成了浮雕般的凸起效果。在希腊 - 罗马的马赛克之中，是浮雕马赛克展示了明白无误的、古老的希腊风格。除了奥林匹亚宙斯神庙门廊的马赛克地板，和几个年代不明的碎片之外，实际上所有的马赛克绘画都来自晚期罗马时期。对比德西雷·劳尔·罗谢特的《新发现的古代绘画》（*Peintures antiques inédites*）（关于希腊、罗马神殿与公共建筑装饰中绘画应用的研究，此前从未发表过的绘画作品）第 393 页。——英文版注

面层的一个阶梯状边界就此形成。这样，描绘出任何图形的可能性就产生了，不管它被一根直线限定，还是被曲线或者两者之混合限定［参见提洛
229 尔（Tyrolean）的羽毛装饰画（右图）］。

提洛尔的羽毛装饰画

通过紧密并排双线和全部使用织线做垫衬，人们可以得到或多或少像浮雕的图案。这项工艺很早就已出现，它在浮雕状工艺上的总体影响将在后文讨论。这种工艺的风格可以说是线性的，对比于接下来要说的第二程序的点式风格。这同时也是一种休闲的风格，从底面的质地对风格没有直接的、控制性的影响而言——这种风格必须是可以观察到的，就像十字绣方法里的情况。在讨论完十字绣方法的最重要之处后，我将回头讨论这个特点，并探讨一个事实——即特殊的考虑仍必须给予平线绣的底面。或许是因为羽毛最早用于平线刺绣，它在拉丁语中被称为 *opus plumarium*，阿拉伯语中称为 *rekhameh*，意大利语中称为 *ricami*。①

十字绣是一种小型方块状的填补物，一定是用在表面上的（在大多数实例中表现为织物的纹理），形成人们说的网或者画布。因此，它的首次出现是在最简单的织布发明之后，或者同时，而不可能和兽皮、树皮以及其他天然提供的覆盖物出现得一样早，因为它们没有网格，或者换句话说，因为它们是很厚的、不规则的网格。

比起平线绣，十字绣较为拘泥，从一开始它就只限于几何图形，而且这些几何图形只能从正交变化而来。因此，它们都有一个共同的对位关键点（contrapuntal key），这个点使人们观察到一个确定的构图经典。十字绣并不适于浮雕化的处理。

230 从这一情况出发，一种风格上的对立自然产生，它的两端分别是十字绣工艺的装饰特征，和平线绣法与实现阐释性主题（illustrative themes）的不可分离性。从某种程度上说，这些主题也并非不可以用十字绣在一张画布上制作，但总是会严格按照传统和保守的方式，受正交网格的限制。②

值得注意的是，十字绣是埃及人的刺绣方法（有许多此类方法做的残

① Seneca, *Epis.*, *Avium plumae in usum vestis conseruntur.* ——英文版注

② 路易十五时期以来的挂毯上，一种适于这种处理方式的风格是依稀可见的，在那个时代自由而放纵的艺术品味中。——英文版注

物留存至今)①，而亚述人则相反，使用至今仍在印度和中国盛行的平线绣刺绣。从这个差别上，难道你没发现它是一个范例，说明了缝针和织机的工艺对于风格和所有艺术门类的发展过程的重要和早期的影响？

从留存至今的图画上的不完整网格，我们知道古埃及人制作墙面上的网格并将图案置换成方形的方法。埃及雕塑和绘画是一种十字绣的刺绣，施于墙上，具有十字绣风格的所有特征。与此相反，在亚洲，自远古时代以来，绘画和雕塑的技法是共同的，与平线绣的风格完全一致。

在最古老的或神圣或世俗的书籍中，考古学家们已经花费了无数的篇 231
幅，只用来描写人工纺织术，而未提及刺绣。这些描述提到带有修饰性表现的材料，它们的制作也被一再地描写，或至少被简要提及。考古学家还由此得出结论：刺绣是相对较晚的发明。② 我不同意这一点，而且怀疑这

---

① 既然古代的刺绣（拉丁语 *opus phrygionium* 或 *opus phrygium*）必然是十字绣，我们可以得出结论：这种技术，与十字绣相反，在小亚细亚也是最普通的。彼得罗纽斯（Petronius）谈到过一种巴比伦的十字绣（*a plumatum Babylonicum*）。附随的木刻（同类型而精致程度不亚于此的许多实例之一）是一种亚麻刺绣，缝在一件束腰外衣上。这件衣服发现于埃及塞加拉（Saqqara）的墓穴内。该墓穴甚至是旧王国时期的，所以这件刺绣可能已有6000余年的历史。

从萨尔马修斯（Salmasius）在 Flavis Vopiscus 各地的考察报告中，你可以发现几处地方提到了在古代使用的刺绣类型。——英文版注

② （C·A·）伯蒂格，《（希腊）瓷瓶彩绘》[（Griechische）Vasengemälde]，Ⅲ，第39节；（安东·狄奥多·）哈特曼[（Anton Theodor）Hartmann]，《坐在化妆台边的犹太女人（犹太新娘）》（*Die Hebräerin am Putztische* [*und als Braut*]），Ⅲ，第141页；（安托万—伊夫·）戈盖[（Antoine-Yves）Goguet]，*De l'Origine des loix*（*des arts et des sciences*, *et de leurs progrès chez les anciens peuples*），Ⅱ，第108页；H·A·萨勒马（Salmas, H. A.），第511、126、127、224、311、394、894、858页；（约翰·戈特洛布·）施奈德[（Johann Gottlob）Schneider]，*Scriptorium Rei Rusticae*（*Veterum Latinorum*），索引，第360—361页。——英文版注

个推理是对这样一段模糊表达“έμπάσσειν，έμποιχίλλειν，γράφειν，ύφαίνειν”的片面解释。这段模糊的话可以指纺织或刺绣，甚至可以指绘画，以及其他所有可能的表达手段。刺绣工艺显然要早于纺织术[①]，假如你依靠布上以线做成的修饰性和说明性构图来加以理解。不过，杂色纺织术有可能会早于杂色刺绣出现，也就是说，早于简单的刺绣图案。这些图案可以被视为纺织图案的模仿，并且受制于纺织网格。在这个问题上，亚述的浮雕对我们来说也是重要的，因为其较早的实例就是生动的、用十字绣制作的绣花服装。但在后来的浮雕之中，我们只看见正交的、用多彩的纺织材料制成的服装（其图案丰富，但讲究规则）。我们知道，中国最古老的产品是用光滑（朴素，无图案）材料制成的，这些材料最初是用羽毛做出的多彩刺绣。

然而，对于在某种程度上属不说自明的情况，我们很少需要这样的历史文件。我重复我的观点：缝纫早于纺织；前者导致刺绣观念的产生；刺绣出现在羽毛和树皮上，要远远早于人工织布。因为这一点，织布本身以及它们后来的比喻性图案的根源，要晚于刺绣覆盖物。

这个问题对于实践而言似乎是重要的。但对于认识到各种艺术门类之间有密切关系的人和将艺术观念视为实践之缩影的人来说，它就无关紧要。不过，还是让我们回到其他需要考虑的事情上，它们和实践直接相关，也更为明显。

232 我不希望简单地重申这一事实：刺绣的风格必须与材料统一；只有存在并依靠于材料，刺绣才得以成为刺绣。比如，红色鹿皮裤子或者黄色枫树皮做成的烟草袋上的刺绣，必须不同于羊绒或白色透明薄纱上的刺绣（尽管关于瑞士人尤为自豪的这一艺术类型的现代文章，和最近时期里糟糕透顶而且乏味之极的 acupiction[②] 的其他无数实例，并没有完全认识到这些特性的局限），因为这里流行的法则更属于依靠材料和目的的风格领域——关于这一点，前文已从两个方面来讨论如何对待风格问题。我只希望加上关于这些特性的内容。这些特性在一定程度上是受限于旧的制作程序的。坚硬而粗糙的材料，需要用相对较大的针和线来缝。线的强度要与底面相一致，因此对这些材料而言，一种厚厚的、满满的刺绣是合适的。然而，对纱状的纺布来说，一种宽松的卷须式的工艺、质量好的条带、小

---

① 马歇尔十四世，《警句》（Epigrams），第 150 页：*Haec tibi Memphitis tellus dat munera; victa est pectine Niliaco jam Babylonis acus.*

英译文：[（This present the land of Memphis makes you; now has the needle of Babylon been surpassed by the sley of the Nile.）Loeb trans.]

[这是孟菲斯的土地赠予你的礼物；如今巴比伦之针已被尼罗河之筘座（sley）超越]，洛布（loeb）译。——英文版注

② 英文版用该词，译者未查得其含义。——译者注

树枝或者类似的东西，则更为恰当。[1] 但愿我们有一些用长叶莴苣（Cos）做的布匹，以便研究真正的纱的风格！

不过，让我们抛开这个问题（并把风格的其他混合性因素搁在一边； 233
在刺绣的广大领域之内，这些因素的数量之多，正如存在于实际应用中的，并且每天成倍增加的各种材料和手段），还是来关注自由发挥的因素。对所有平线绣方式的手工刺绣而言，自由发挥是一个共同的特点。它也几乎将手工刺绣提高到一种自由艺术的水平。这种风格的力量就是手工刺绣，既不屈从于严格的对称，也不屈从于几何图形——实际上，它应该宣告它的风格就在于漠视这两者的限制，宣告它自由的、艺术的安排正好像后者与其他风格保持一致。

装饰动因的设计越自由，形式与色彩的平衡（根据某种品味的更高法则安排的）分配与物质的分配就越发变得必要。就此而论，每件任务所导致的材料的、空间的和实际的需求，对于概念上的如何问题（*how*），是决定性的。在风格的这些限制之内的自由，就是纯艺术（high art）的秘密。纯艺术，尽管仍是很受束缚的，却第一次在刺绣中张开它的翅膀起飞了。有人会反驳说，东方的自由艺术从未超越这开褶（unfolding）的水平，它一成不变地死守刺绣风格的界限。但是，如果这是真的，那么下述说法也同样是正确的：没有一个地方，能够如此完美地抓住刺绣风格的精髓；因为这一点，东方的休闲装饰，尤其是印度和中国刺绣，对于我们和我们的艺术产业而言，

---

[1] 在这里给出一段雷德格雷夫经常引用的报告里的摘录，可能是恰当的。关于薄细棉布帘子，他说道：

当然，这些织物应该有完美的平线绣处理，不管是纯粹装饰性的形态，还是用作装饰的花朵。对于边界而言，最好的效果是用流动线的对称性排列而得到的。这些流动线在图案上可以是很大的，由于材料之轻盈。对于它们的装饰而言，菱形图案的处理，或者小枝蔓间安排以覆盖中央区域的大型整齐空挡，是简单的规则。在为此类容许有小变化的织布做设计时，似乎是不可能犯大错的。厚厚的刺绣和薄薄的底面之间的对比，成为装饰形式之源。色彩很少使用。但也许，在整个展示中，没有比这些东西的装饰更扎眼的错误了。在瑞士的薄细棉布中，这种努力似乎已经将注意力导向手艺上的奇技淫巧，而非设计中的品味。一些最昂贵的东西，有着你能想到的最恶劣的品位——巨大的羊角倾吐出水果和花朵，以及棕榈树，甚至建筑物和景观也用作装饰。即使只有花朵时，它们也是模仿的和透视化的，有一片片折叠的叶子，在一些例子中还尝试着水果的真实浮雕。尽管同样的错误也出现于英国的制造者，但整体上这些是略微倾向于较好的品味的……然而，（大致而言），在这个阶级里，并不需要好的设计。

因此，比英国的情况更糟糕的是——那是强势的！总体而言，我当然同意这些关于刺绣的现代艺术成就的最终判词，并部分（而非全部）支持作者关于它们可能具有的风格法则之简洁性的观点。比如，我发现，作为结束部分的帘子的尺寸和用途影响了图案的特点，这种特点应该符合这种条件，也应该符合看起来截然相反的条件。后者规定了一种精巧而透明的材料。所以，好的枝蔓装饰是几乎不适合这个位置的，就像正菱形装饰在这里出现会令人不快一样，因为它在平线绣的方式中是完全不适于徒手刺绣的。它更符合于纺织和印刷的材料，也可能更适于十字绣方式的刺绣。不过，关于这一点，我们在文中将给出更进一步的细节。［引自：R·雷德格雷夫的《关于设计的补充报告》，《评委会做出的报告》（Reports by the Juries），第730页。从森佩尔翻译的引文最后一行开始，“尤其是某些来自诺丁汉的纺织帘子，和乌德勒支公司展示的织品（第19课，第570页）”一段话被删除。森佩尔加上了“总体上”这几个字。］——英文版注

仍旧是模范。依靠这个模范，我们应该将我们对于风格的品位和感觉付诸实施，这种风格关乎它们的形式，也关乎在它们身上观察到的填色原则。

对于休闲装饰的刺绣，卷须状图案和（大致说来）能够无尽重复的植物主题是最为合适的——是最优美而且最新鲜的创造力的一个取之不尽、用之不竭的源泉。不过，在这里，艺术超越了这些主题，并引入了比喻的、象征的或者甚至有倾向性的主题。它应该首先提防因对称性和类似主题的周期重复性而引发的令人厌恶之感。单调永远是让人反胃的。中世纪的刺绣和针织材料，尤其是那些 14 世纪和 15 世纪在意大利和其他欧洲的
234 工坊制作的产品，经常受此风格错误之折磨。我们可以看见举着一个圣杯的成群天使、圣母马利亚和所有的圣徒，还有其他神秘的象征物散布在规则间隙的表面。这些象征物不断重复，而且——取代了亚洲古老的、寓言中的野兽。我们可以如此坦然地忍受这些野兽的装饰性复制品。一个小型而强大的聚会，本可以让我们今天再次捡拾起这种哥特式的苍白，但我们没有被它根本不纯粹的艺术趋向所欺骗，我们要与我们的马拉科夫塔（Malakoff towers）、太阳神庙以及其他挂毯主题保持一致。它们即使不是有鉴赏力的，也至少是无害的。在手工刺绣和纺织材料及挂毯中，这种单调绝对该受谴责。在前者，它是可以避免的。在后两者，当人们想要这么做时，它就是无可避免的。

帆布刺绣的较为简单的工艺，对我们的女士而言是最普通的（尤其是毛衣刺绣）。前一种刺绣的特征，对于毛衣刺绣来说就是没有风格。正因为这一点，我们的古怪品味和用最自由的方式来最大胆模仿自然的叙述一拍即合——最荒野、最自然的观念，加上首先要反其道而行之的技法。跟它斗气是毫无意义的。刺绣图案的设计出自粗劣之手。对于真正的艺术家来说，今天是很难像古代诚实的雕刻家希布马切（Siebmacher）[8] 那样获得成功的——他为帆布刺绣出版了一部真正的图案著作。① 不过，这位大师及其同事阿尔特多费尔（Altdorfer）、阿尔德格雷夫（Aldegrever）、彭斯（Pens）、贝恩（Beham）、维基里乌斯·索里斯（Virgilius Solis）、西奥多·德·布莱（Theodor de Bry）、让·克雷尔特（Jean Collaert）、埃提艾纳·德·劳尔内［Etienne de Laulne，也叫史蒂芬（Stephanus）］、彼得·沃里奥特（Peter Woeriot），还有其他准大师们（petits maîtres），已经属于一个实用技术的时代。他们不再像前辈那样，设计自己的作品。工艺已经将自己分离于手工业。在这种分离出现以前，我们的祖母们不是艺术学院的真正成员，不是相片收藏者，不是美学讲座的听众，但是在设计一件刺绣时，她们知道要做什么。这便是症结所在！

---

① 在雷纳德（Reynard）对于准大师们的复制品中，有部分希布马切的复制作品得以出版。一位时尚杂志的记者，应该为它的订户使用或者最好拷贝下它们，以便取代现在提供的差劲玩意儿。——英文版注

§ 56. 印染

制革和皮革染色是值得注意的一组发明。它们来源于纯粹的心愿，而非必需。将其列入早期发明，是因为这种出于愉悦的本能，似乎启发了人类。因色
彩而高兴，是比因形式而高兴更早得到发展的。就算是机理简单的昆虫，也喜 235
欢享受太阳或火焰的辐射，喜欢灯的光芒，喜欢田野里灿烂的花朵。

最简单的染色材料，也就是最靠近手边的，是植物的汁。没有哪个地方的原始人类看见过自然色彩的涂层，但任何一个地方的颜色都是和它渗透着的形式不可分割的。*比起涂层和绘画，染色更为自然，更容易，因此也更为原始*。这篇论文阐述了一个对于风格理论而言非常重要的因素。关于它，我将会在进一步讨论古迹美术的多彩观念时多次回顾。

制革工艺在早期阶段是和印染关联的，因为得到持久快乐的努力和快乐一样久远。

我们的化学家可以很好地解释和用实验手段说明，某种盐和碱会与染色材料起反应，与此同时，它们会改变颜色，提高其吸收率和色彩牢固程度。最近成立的从事于染色业的公司，已经从这些先进的科学中获得巨大的潜力。但就这个方面来说（我指的是从染色的纯技术层面），以下问题是尚未明了的：对于染色的神秘性和染色材料的牢固性，最早期的人们——埃及旧王国时期和古迦勒底的染色者，比起我们最有名的制造商和蒸汽缸染色人员，所不了解的东西是不是也没多多少？同样不清楚的是，所有我们已经解开并已彻底付诸应用的自然界的神秘现象，对古人来说是否都是未知的？他们又是否已经很好地将其利用，即使古人为他们操控的化学反应给出了（在我们看来似乎是）最滑稽的解释。普林尼明白地告诉我们，埃及人知道将不同的杂色斑点施于纺织材料上，以此形成看得见的图案；如此配制的材料，便有了不同的、明亮的颜色，当它们从只浸泡了片刻的染缸中提起来的时候："*mirumque, cum sit unus in cortina colos, ex illo alius atque alius fit in veste accipientis medicamenti qualitate mutatus, nec postea ablui potest. ita cortina, non dubie confusura colores, si pictos acciperet....*"[9]①

类似的东西——印染结合以最多样，同时也最自然而且关系密切的颜色，也还需要让我们的色彩艺术家去设计出来。

不过，古人之精通于印染布匹与其他材料（在我看来，他们值得我们给予最高的尊崇），并不在于实践上的改进，而在于风格上某种简洁原理的清晰操作。依靠这一点，他们谱写了色彩的乐章。这部乐章与他们的形式乐章是完全协调的，它的和弦对于后者具有最非凡和互补性的影响。

---

① 普林尼《博物志》第 35 书，xlii，第 150 页。——英文版注

236 我们现代的染色艺术家，似乎是在配制羊毛、亚麻、棉花或丝绸的彩色纱线中表现最佳。这就把许多预制纤维的选择和用法留给了纺织工或制造工人。而且，染工设法最大限度地提取绝对纯度的颜色，以获得涵盖所有深度和所有过渡性深浅与色调的选择。这一系统的绝对本质在于，它完全不知道材料可以发挥同样的影响，即使在较少使用的物品中。它最多认识到，某些材料（比如棉花或亚麻）的颜色是不如其他材料（比如羊毛和丝绸）受人喜爱的。

于是，即使有困难，染色制造者也通过化学上的种种技巧和窍门，来设法给棉花或亚麻染上浅浅的猩红色或橙色，让它们像在羊毛或丝绸上染色时那样纯粹和退晕。简而言之，风格是不被考虑的，只要它依赖于原材料和商品的使用。但是，当它与操作过程的工序有关时，当它与化学和物理学展现在我们眼前的手段与材料的超级丰富性有关时，风格就是没有限制的，是无边无际的，因此根本就不存在风格。

即便如此，即便我们的知识和勤奋在发挥巨大作用，我们仍然不能复制某些色彩。这些色彩是印度、中国和库尔德斯坦（Kurdistan）的家庭主妇们用最简单的方法制作的，没有用到任何化学知识，但它们的深度、华丽和难以言说的自然色调，却令我们感到愉悦而尴尬。其原因在于，那些颜色是真正的自然色调，没法列入我们的抽象色阶，而用来染色的原材料也和所使用的染色媒介一样起作用。但更为重要的，还是染色人员对风格的自然而自发的感觉。

那些由一种共同氛围的调子统一起来的自然而且极为和谐的色彩，不是，也不致力于成为纯提取的色彩。它们至今只在东方，以其古老的传统工艺仍在生产。古代的色彩体系，是由自然的气息来统一的（因此是难以言说的）。这种自然的气息，只有在通过一种自然的明喻（simile）来指出其重要性时，才能获得表达。而一旦有过多的暴力加诸于自然，或者自然被一种化学的过程所取代时，它就会消失。或许，我们将在以后继承这一点。但在今天，科学尚未在大自然的工场里扎得够深，还不足以用它的产品将其取代。

古人给原材料染色是在将其纺织之前，或者是相反。纺织之后才将织物放入染缸的例子，如加工一件做好的衬衣（chiton）或女式长外衣（peplos）。

在埃及，给活绵羊的毛染上一种昂贵的紫色，更是一个习惯，尽管我
237 们并不清楚他们是否只在外表上染色，或者在加工时用他们饲养绵羊的草料做辅助。无论如何，我们从中看到，他们给自然的、原色的羊毛染色。这一定赋予材料一种特殊的“色调”，一种用其他方式就无法模仿的自然气息。他们认为，用这种相当巧妙而自然的方式来使最丰富、最纯粹的颜料变得柔和，是有必要的。同样的作法也用在了棉花和丝绸上。即便是白色，也被认为是一种特殊的色彩。它可能从未被纯化到极致，但像黑色一样，接受了一种偏向一侧或另一侧的颜色。他们相信，在稀释杆中白色是

所有颜色中不可企及的一端；而黑色是浓缩杆中的极端。在两种杆上，所有颜色排列在一起，但他们并不希望达到这一点。因此，白色和黑色都分类在紫色调中。

普林尼列出了几种绵羊，它们以其毛色天然而出名。西班牙绵羊是黑色的；阿尔卑斯山的绵羊是白色的；红海和拜提加（Baetican）的绵羊是红色的；卡努西（Canusian）和塔伦特（Tarentian）的绵羊是黄色的。当地人将他们的羊毛用在昂贵的织物上，只有黑色羊毛不用染色。

染色的媒介也保留着它们的特点。染工用不着费尽心思去提取纯色，而是在媒介中使用自然赋予它们的色调和它们的膻味（*goût de pierre à fusil*）。与此同时，最简单的染色方法被采用，尽管正如上面给出的例子所显示的那样，酸、盐和碳酸钾的化学反应已经为人所知而且付诸实用。

实际上，早在史前时代开始，两个主要的音调或色彩的关键点就统治了古代所有的半音体系。这些主要的染色基团中的一个，可能是基于碘酒形成的。它以最多样但却最自然的方式——用海洋的多种有机物晕染，形成华丽的染色。它部分地转化为对比最鲜明的色彩，比如红、黄和蓝。然而，这些颜色却集中到了一个家族之中，依靠着拥有同样惊人温和的，但却深沉而严峻的典型特征。在穿过一个贝类的展厅时，我们可以对比数百种色调，从最纯的红色经过紫色到蓝色，从蓝色经过海绿色到海藻黄，从黄色经过所有渐变色到白色（这也可以通过从蓝到红而得到）。这最后一种颜色，总是保持着它海白色的“色调”，其荣耀尤其体现在珍珠身上。珍珠捕获并镜像了所有三种基本色，以及介于它们之间的所有颜色。当有人靠着自己的双眼，看见了所有这些海产品的辉煌的色彩和谐，或看见由这些海产品造就的海底下更加伟大的、永远在变化的辉煌色彩时，他就会立刻明白紫色对古人意味着什么，明白黑色、紫罗兰、红色、青绿色、黄色甚至浅白色是如何与紫色分类在一起的。

在配制这些颜色时①，古人基本上采用了三种染色媒介：多种海生植 238
物混合和两种海贝。第一种海贝叫峨螺（*buccinum*），或称希腊使者（*Greek keryx*），出没于暗礁和岩石之中。另一种海贝叫骨螺（*purpura* 或 *pelogia*），可以用诱饵在海中捕捉。这两种螺在整个地中海地区，甚至大西洋以及波斯湾都大量生长。染料的质量和颜色会有变化，根据它们被找到的地点。大西洋的贝类生产最深的红色。意大利和西西里的海岸出产一种紫罗兰的色彩。腓尼基和南方的海，则出产一种深深而略带红色的紫色。

腓尼基人据说是这种染料的发明者。拜其所赐，整个欧洲、非洲和亚

---

① 普林尼《博物志》（第9书，ix，第127页）：Sed unde conchyliis pretia，quis virus grave in fuco，color austerus in glauco et irascenti similis mari？〔……但，什么是导致紫色贝壳的价格的原因？这种贝壳用作染料时，有一种不健康的气味。它那阴沉的色调，仿佛怒海在膨胀。洛布（Loeb）翻译〕W·A·施密特设想，普林尼这里说的色彩的恶臭——应当由读者来做出评判。——英文版注

洲都充满了对紫色的喜好。他们绝对不是此项工艺的唯一实行者，而是恰好处在一个为社会环境所喜欢的位置上，得以将它提高到一个完美的高水平，还保持了它的突出地位。羊毛是最适于染成紫色的材料，尽管古人也成功地将亚麻、棉花和丝绸染成紫色。他们首先将峨螺汁拌入羊毛，然后滴入骨螺汁，使其具有著名的紫水晶色。或是采用相反的工序，得到鲜艳的血红色，这是提尔染匠的名声与荣耀！这样染成的材料，就叫紫色(*purpurae dibaphae*)。贝壳色——包括所有浅蓝色和黄色调，与这些皇家的、神圣的紫色是相反的，与错误的峨螺色（不混合，几乎难以模仿）也是相反的。从普林尼讨论它的主要段落①[10]中可以看出，染色的工艺相当简单。不过，也有很多额外的操作，尤其是那些决定染色温度（在这个温度上煮染料）的操作。

239 为了制出黄色、蓝色和绿色贝壳的颜色，他们结合了多种多样的海藻以及其他带有紫色汁的海产品。这一点，在上文引用的普林尼的备注中得到了证实。

与紫色不同的第二种染色的主要基群，是植物基群（草本颜色）。它可能用另一种表达更好——普林尼说的“土地的”（terrene），因为这里的动物（比如蠕虫）也用作染料，也因为用这种方式做的染料明显不同于前面说的用海产品做的染色基群。土地的染料也保持着它们的自然色调。古人不会在从自然产品中提取纯染色媒介的同时抹杀掉它所有的个性。

古人也尝试混合两种类型的染料。比如，他们将小千果混入提尔紫，以此形成 *hysginum* 色。② 不过普林尼批评这是一种过度的精炼。

这样，人工的染色材料和两种方式有关：与彼此的，与自然的。后者在材料和颜色上都保持其典型特征。用这种方式，并不难避免不协调。最理想的色彩平衡和色彩对比，都容易做到。

染色的这种分类原则，清楚地反映在流行于服装、地毯以及其他东西的色差命名上。针对色彩的抽象的名字，比如红色、黑色、黄色、蓝色、

---

① 关于古代的紫色，可对比：阿玛蒂·帕斯夸里［（Pasquale）Amati］的 De restitutione purpurarum liber［第三版，塞瑟纳（Cesena）编，1784 年］和卡佩里（Capelli）的 de antiqua et nupera purpura 的附录论文，以及《书信论文》(dissertanione epistolare，1786 年）中唐·米歇尔·罗斯（Don Michele Rose）的 Delle propore e delle materie vestiarie presso gli antichi；还有赫林·阿诺德·赫尔曼·路德维希［（Arnold Hermann Ludwig）Heeren］的 Ideen (über die Politik，den Verkehr und den Handel der vornehmsten Völker der alten Welt)，第 1 部，第 2 节，第 88 页，和安东·狄奥多·哈特曼（Anton Theodor Hartmann）的 Die Herbraerin am Putztische 等（第 1 部，第 367 页），和威廉·阿道夫·施密特［（Wilhelm Adolf）Schmidt］的 Die griechischen Papyrusurkunden der können Bibliothek zur Berlin（柏林，1842 年）。普林尼关于各种紫色染料及其配制的文字，是相当零散的。关于这些文字的解读，我不完全同意 W·A·施密特的观点。不过，这些问题和我在文中提出的美学原则无关。我只关心这些美学原则的解释，因此，我在此不提及这些操作，而将在本节的最后备注部分再回来。——英文版注

② 土耳其红，或类似的颜色。——英文版注

绿色等，数量是很少的。色彩总是有一种作为原型的具体而自然的现象。这方面的典型，就是下面奥维德（Ovid）关于台伯河畔的罗马隆尚宫（Roman Longchamps）的描述：

在路西塔尼亚（Lusitanian）温和的天空下，在最美丽的春光中，装饰台伯河畔的大地的那些颜色，是最丰富和最美妙的，当春天引诱着我们的女士们到此漫步。我们缺少词汇来区别所有这些颜色。帕福斯的香桃木（myrtle of Paphos）或黑色橡树叶、杏树、蜡，将它们的名字和颜色给予了毛线。白玫瑰必定看见它自己被超越。在这里，空气的颜色是可见的，当没有云使它变暗；之后，眼光可以从这个颜色上浮起，穿过水的颜色。这里突然出现了浅红色，仿佛晨露之女神，让一切变得模糊。它唤醒了金羊毛色和浓浓的紫水晶色。闪烁的微光，胜过了身着长袍的仙女之舞——参加舞蹈的，还有所有女神，以及来自海洋、溪流与山脉的、由它们自己和自然赋予的颜色。①

关于今天东方的染色工序，可继续讨论的东西还很多。大致说来，它 240
与古代传统是相差不远的。与之相反的是，关于我们现代欧洲在工艺美术上的色彩和谐及其原理（如果能用这一词汇来形容），我们还可以说很多很多。然而，由于上面已经说过的原因，我将它留给更有资格的人，这里只提一下：染色工艺对美术中的彩绘的影响，和对古代纪念物的影响，将无疑在接下来的篇章中考虑。

在雷德格雷夫讨论“外衣面料”的《补充报告》第4篇中，有很有用的备注，是关于不同材料的装饰性与多彩装饰物，以及就此产生的流行趣味之混乱。

C. 关于礼仪——在其中，风格变得专门化，并在贯穿整个文化史的、不同国家的服饰中得以发展

α. 服装的本质

§57. 服装与建筑的关系

以弗所的德谟克利特（Democritus）写过一本关于以弗所神庙（Temple of Ephesus）的书。在导言中，它提供了一份关于以弗所人奢侈服装的报告。这段话被阿忒纳乌斯（Athenaeus）记录并呈现给我们：

---

① （约翰·海因里希·路德维希·）迈尔罗托［（Johann Heinrich Ludwig）Meierotto］，《关于罗马的风俗与生活》（*Ueber Sitten und Lebensart der Römer*），Ⅱ，第213页。Thes·A·R·格雷夫，Ⅷ，第1310页及其后。奥维德（Ovid）的《de arte am.》，第3章，第173页。［森佩尔关于奥维尔这段话的德语翻译，源自拉丁文，有多个版本。］——英文版注

爱奥尼亚人有紫光蓝、紫色和橘黄色图案组成的内衣。这些图案的边界，用无数蔓藤装饰着规则形的间隔。他们华丽的毛织布是苹果绿的、紫色的和白色的，有时也会是像海一般的深紫色（ἀλουργειζ）。*kalasirei*① 是柯林斯人的创作，它们中的一部分是紫色的，其他有紫罗兰色的，也有紫
241 蓝色的，很多还是火焰色和海绿色的。波斯人的长袍也是共同的，它们最为美妙。人们也可以看到所谓的披肩（*aktaiai*），它在所有波斯围巾中最为昂贵。它编织得很厚，也以经久耐用和质轻著称，还点缀着金片。每个金片都固定在长袍的内层上，靠紫色的线穿过中间的眼。[11]

这是非常值得关注的一段话。在我们认为是希腊最鼎盛时期的所有著述中，它也许是涉及建筑的唯一段落。从这段话我们可以推测：德谟克利特将以弗所人奢华的服装，和柱式上总体反映出的彩绘的流行系统，以及他所描述的宏伟建筑的装饰丰富性，联系了起来。这段话的前后文里，只有一点更多的东西留给了我们：几个世纪以来，我们可能怀有一种很不一样的希腊建筑观，我们现在将不再背负过时的美学偏见——关于希腊纪念物的彩绘，这种偏见依旧广为流传。

紧接着这段话往下，首先是爱奥尼亚的希腊人对多彩事物的喜爱，和对他们衣服中渗透着浅紫色的喜爱。这是我们已经知道的事实。不过，在接下来的段落里，我们还要将它记在心上。这些段落是关于服装和美术的紧密相关性的，它同时也明显地表现在多种方式里，尤其是服装和建筑的相互关系。② 这种相互关系，一部分是一种直接的、具体的和物质的关系，一部分来源于指示着总体文化环境的事件的类比。因此，只要你愿意，它们就是间接的和总体上属于人种学的。

比如说，服装和雕塑之间存在着一种直接的、物质的相互关系，这是一个明显的事实。正是古代的着装习惯——反映于带有实际装束的木制礼拜图像，导致了着装的雕塑人像的出现。这种相互关系的另一个最明显的实例，是这里图示的埃及柱头，它装饰着嵌入式的荷花。恰恰以同样的方式，埃及的女士们将带枝的花朵附在头发上，或者置于耳后，作为头饰。在其他柱子上，这种类比的最为物质性的转化是：伊希斯女神③的女祭司的整张面具以及她装饰性的假发，被用作柱头。几乎所有的结构象征物——我指的是线脚（*moulures*）或所谓的部件（在带有绘画或雕塑性装饰的建筑中使用），都是动因，就像那些埃及柱头上的装饰物。这些装饰物直接从服装领域，尤其是华美服饰中借来！

---

① 英文版用该词，译者未查得其含义。——译者注

② 既然不期望在下面的段落中展示更多，我在此提出一个问题：在像以弗所这样有着喜欢炫耀服饰的人民的城市里，是不是白色大理石神庙更容易被接受？——英文版注

③ Isis，古埃及司生育和繁殖的女神。——译者注

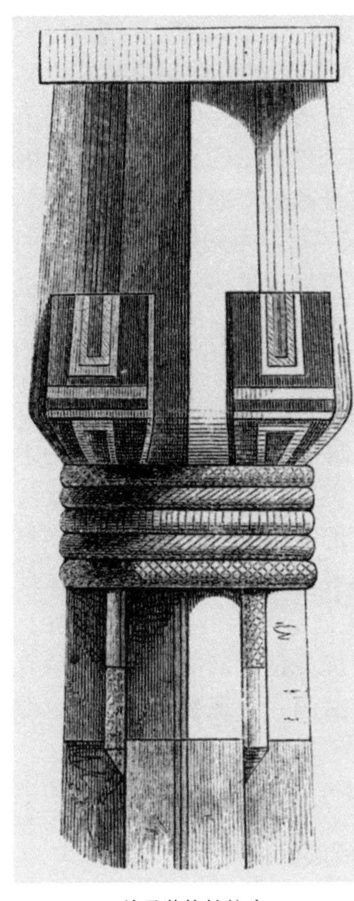
埃及装饰性柱头

埃及妇女的头发装饰

如果衣服的这种直接影响，及其相关的美术中的彩色装饰与服饰，对于艺术中的风格历史是很重要的，而且对于服装的研究有裨益，那么，这两者的比较就变得更加有趣，当我们从一个总体的、文化历史的角度来加以考察。 242

于是，艺术和衣服，连同民族的所有成就和特点，就似乎是从一个特定的文化观念发展而来。这种观念是一以贯之而且清晰地表现在他们身上的。

对服装的描述，或者换句话说，在民族的传统书写记录中对它们的简单提示，只会提供关于他们典型的服装、武器、仪容打扮和装饰的模糊信息，并不是雕像、纪念物、器具、容器和其他东西上的关于身体崇拜（对我们而言）的这些物件的表现。① 所以，就此而言，关于它们的研究，是紧密结合于各民族的工艺美术，尤其是建筑的研究的。考虑到服装和纪念性建筑之间的这些成倍增长的、最密切的联系，也为了避免不必要的重复，所以我将把流行于各个国 243
家的不同建筑风格和不同社会条件的并行发展路线，推迟到本书的第三卷。[12]此外，关于这一点的几条关键性指示，已经在序中交代。②

在古代服装史领域，我们的老研究者伯蒂格取得的成就已经超过了任何写过这一题目的人。他关于该主题的文章（有极为丰富的相关知识），表达出对文物古迹敏锐而准确的感觉。这些文章的写作时间，是在我们熟悉埃及的纪念物之前，也在尼尼微的考古发现之前。这一事实提高了它们

① 这是真的，不只对古代而言，也适用于中世纪和所有历史的服装。如果没有在艺术作品中保存下它们，我们将只有模糊而混乱的概念。——英文版注

② 也可对比森佩尔的论文——《装饰的形式法则及其作为艺术象征的含义》（苏黎世，1856年），发表于苏黎世的《科学协会月刊》（*Monatschrift des wissensch*），分别由苏黎世的 Meyer 和 Zeller 出版。——英文版注

的价值，对于它们内容的重要性也只是稍有削弱。

打那以后，专门的研究变得活跃起来，尤其是在中世纪服装这个领域。最近，我们研究服装的水平已经得到显著提高，因为更准确地了解了埃及的纪念物和文化历史，与（尤其是）亚述和巴比伦的文物古迹，还因为有了全面反映波斯的书籍。在这些最新研究资源的帮助下，柏林的赫尔曼·魏斯（Hermann Weiss）先生已经着手出版一本关于从最早年代至今的服装、建筑和工具的历史的手册。[13]它的章节安排揭示了那些公认的精制材料的灵巧使用，尽管我认为他的计划是过于庞大的，而且他会拒绝承认建筑是民族生命力的一种表达，拒绝将其与美术，而不是与裁缝业分到一类。考虑到制定正确而全面之计划的巨大难度（正如本书有许多篇章的打算），我很愿意做相反的事情，并将我自己限制在此类民族的艺术活动之内：它们主要与建筑有关，并且只和明确的、由这些活动所阐明的风格法则相关。对于重要的那部分——它是我们时下的关注点，我将选择上文提到过的方法，也就是说，将我的思想结合到那些民族的建筑风格的总体反映上。这些思想，是关于古代和公元前后那些创造艺术的民族的服装的。因此，当提到上面那本书时——它更为杰出的优点是为该主题提供了研究资料，我将把自己限定在和服装的总体风格有关的一些观察上，此外也会稍微提及魏斯先生已经出版的论文中的一些段落。

§58. 希腊自由服饰与蛮族粗放服饰的对比

244 关于历史绘画的最新趋势，很多都是错误的，但最大的错误还在于历史描述中对服饰精确性的可恶追求——那是南辕北辙的发展方向。由于法国入侵阿尔及利亚这场灾难，下面这些事情变得时髦起来：在贝多因人（Bedouins）的服装中描绘《旧约》主题，搞清楚亚伯拉罕是不是一位身穿呢斗篷（burnoose）和戴平滑头巾的阿布德尔·凯德人（Abdhel Kader），利百加是不是卡尔比族的提水人等。不过，所有现在流行于东方的宽褶而自由摆动的服装，比如卡尔比妇女的独特服装［魏斯，《服装历史手册》（*Handbuch der Geschichte der Tracht*），第152页，插图102］，还有贝多因人的“阿巴斯”（abas）和呢斗篷，甚至非洲阿善提人（Ashanti）托加袍[①]状（togalike）的外套，都明显是后来传入的，是格雷珂-意大利文明（Greco-Italian civilization）的反映。这种文明初次在亚洲和非洲被广泛接受，是在亚历山大之后的整个罗马帝国时期。纪念物确凿地表明，即使在希腊，自由闲适的服饰（比如长袍）——作为装饰它可以有规律地导致所有三种美学因素（即比例、对称和方向）发生并加以强调，也是在波斯战

---

① 托加袍：古罗马男性公民在公共场合穿的宽松的由一块布制成的外衣。——译者注

争之后才开始形成的。[①] 戏剧艺术和剧场首先为希腊人在这个领域提供了有意识的艺术展示。我们从阿忒纳乌斯那里知道，埃斯库罗斯（Aeschylus）发明了柔美而得体的长巾（stole），而在这方面第一批追随他的人是祭祀仪式中的牧师和火炬手。希腊人早先在他们的服装上是粗放的，完全不知道休闲服饰。从考古学图画和瓶饰画中，我们可以看出这一点。在关于前些世纪（决不会早于亚洲的实例）的奢华服装的古代报告中，我们也可以知道这一点。[②] 在维尔纳（Vernet）、肖邦（Chopin）以及其他人的那些绘画中，我们不难发现对亚述打结披肩状如戒指的洞疤的粗俗对称（barbaric symmetries）的精确服饰模仿。它——正如我们今天所知道的那样。我们更愿意在历史绘画中看见的是，服饰中折叠之自由垂落和物质之平衡的概念。它是古代亚洲人所不知道的，尽管它会使我们在看见这项原则被奴役般对待时心生厌恶。这种对待，或是以化装舞会服装的方式，抑或是执着于模仿肖像画式的、毫无历史准确性的，而且是让自造的枷锁依据美学之绝对法则来束缚住服饰之自由操作的方式。如果米开朗琪罗把他的主教和先知变成贝多因的酋长，把他的女预言家变成来自大马士革的现代犹太女人或者来自内图诺（Nettuno）的渔妇，他将成为什么样的人？

如果不算头部和脚部的遮盖物，每个民族和每个年龄段的服装都可以 245
回溯到三种基本形式或要素，即：最早期的缠腰带、衬衣和外套。

在服装的所有动因中，缠腰带是最缺乏弹性的。它很早就被格雷珂－意大利人放弃。不过，在埃及，它一直是神圣的服装，出现在最高级的形式发展阶段。在这个阶段，对称的秩序原则是可以做到的。原始简陋的遮羞布不能满足礼仪的需要，它们向上并向下延伸，发展为缠腰带，同时形成了松垂的形态。如果进一步向下延长，它会被一根带子控制。如果向上延长，它会被绕过肩部的一根带子固定，或者被一双绕过双肩的背带固定。后来，那双背带被一条披肩取代，披肩的端头在胸间打成一个结。当缠腰带的端头也打成同样的结时，缠腰带就被提了起来。在伊西斯雕像上，我们可以看见埃及缠腰带的贵族形式。它甚至被希腊和罗马的雕像艺术所采用和模仿。[③]

“我们欧洲妇女的裙子上端只过臀部，并在臀部上被带子绑住。毫无疑问，这是一种和希腊及罗马妇女服装完全相反的装束，也源自埃及。女士裙子的原型是从伊西斯发展而来的。”[④]

---

① 阿里斯托芬（Aristophanes），《努比斯》（Nubes），第 987 页。——英文版注

② 阿忒纳乌斯，《餐桌上的健谈者》（Deipnosophists），XII，第 512 页。对比伯蒂格的 Griechische vasengemälde，第 2 节，第 56 页［也见于伯蒂格的《绘画考古思想》（Ideen zur Archäologie der Malerei），第 210 页］。——英文版注

③ 女士长外衣（peplos）是雅典娜女神的一种围裙状外套。——英文版注

④ C·A·伯蒂格的《短篇文集》（*Kleine Schriften*），第3卷，第260 页。J·J·温克尔曼的《艺术史》（*Storica delle arti*），罗马，1783 年第四版，第 1 卷，第 98 页，附费阿的笔记（Fea's note）。——英文版注

现代欧洲男士的服装，也就是裤子，也从缠腰带变化而来。在埃及，缠腰带已经变得松垂，有时还在腿部形成开叉，甚至很像我们的宽型马裤，只是带有一个很特别的、对称褶皱的加强带子。[①]

在埃及，衬衣是用有弹性的绉纱状材料做的。它紧贴身体，像紧身衣。一件用很薄的帆布或棉布做的衬衣式衣服，被上流人士当做外衣。不过，在这两种情况下，衬衣都避免具有褶皱自由垂落的效果。

这种动因在埃及显然没有进一步发展。不过，它在亚述人手中却充分展示了它所有的辉煌。亚述人的服装主要是从这一基本形式发展而来。他们身穿几件衬衣或束腰外衣，不同材料，不同颜色，一件套着一件，最里边是帆布的，最外面是羊毛的。[②]

246 亚述人的衬衣（chiton）同样是紧窄的，没有褶皱的灵活处理，有的短，有的长及脚踝，甚至拖到地面上。它在小亚细亚的爱奥尼亚希腊人中更常被使用[③]，并在阿提卡那里获得了最完美的艺术形式，尤其是作为女式服装的一个要素时。另一种甚至更为原始的动因，是多立克衬衣（Doric chiton），两侧或一侧开襟，或局部缝合。意大利束腰外衣与这种衬衣的差别不大。亚洲人的双重衬衣，在天主教牧师的服装中被完美地保留。

第三个基本形式——外套，在某种程度上是被排除在埃及人的衣柜之外的，因为在那里似乎形成了一种超过了衬衣的缠腰带（由此可归入缠腰带之列）。希罗多德将其称作埃及 *kalasireis* 的衬里。

在亚洲，外套也只是部分得到了发展。从用途角度而言，它一直就是披肩：一种长而窄的外套，用最好的彩色羊毛材料织成和绣成，紧紧地盘绕在身上好几圈。不是外套本身，而是刺绣，尤其是富贵的（通常是金的）边缝，成为人们看重的装饰物。想知道呈现这种服装的最佳方式，只需看看我们女士们的羊绒披肩和外套。它们就像亚述人的那些披肩一样，可能在材料上是讲究联系的，和希腊的大长袍及短斗篷形成了明显对比。两者都与它们的形式及装饰方式有关，也和它们的穿戴状况有关。

亚述人用 *kalasireis* 包裹身体的风尚，伴随着双重衬衣和对富贵的束腰与戒指的偏爱。这是十分典型的特征。正如我将说明的那样，这些特征完美地表达了民族精神，它们在民族建筑中也有类似的表现。

只有在格雷珂 - 意大利人手中，外套才得到了最自由的发展。这种发展可能在最古老的民族传统中酝酿已久，但正如我前面说的，它出现得相当晚。这种向自由服饰的转变，是艺术美学的顿悟和认识的结果——它的突然出现，就像希腊文化的整体上升（希腊原本是长期落后于邻近文明的一个国家）。

---

① 我相信法老珍贵的三角形缠腰带是一种宽的裤子。——英文版注

② 希罗多德，Ⅰ，第 195 页。——英文版注

③ 哈尔皮埃之墓，在大英博物馆内。——英文版注

β. 在所有民族的所有历史阶段，穿衣服的原理极大地影响了建筑以及其他艺术的风格

§ 59. 总体评论

第三节将在几个地方指出，建筑中使用的大多数装饰的象征符号，都在纺织艺术中有其根源与滥觞。它将为我们后面的内容做好准备，也即： 247
纺织物、遮盖物与捆绑要素对于艺术，尤其是建筑的风格与形式本质有着深刻而全面的影响。

这似乎是难以置信的：在整个文艺理论里，并没有认真努力地对待这一有着极端重要之后果的问题。在它里面，蕴含着解答许多艺术理论之谜的钥匙，以及大多数我们在艺术史中发现的形式与风格之本性的对立和矛盾的本质。不过，对于这个问题，如果离开最近的发现和研究，是不容易得到一个总体答案的。这是学者和艺术家之间的矛盾，最初由卡特梅尔·德·坎西提出，直到今天仍几乎丝毫未有解开之迹象。最近关于古代建筑与雕塑的五彩缤纷的观点，就是因它而产生。根据这些观点，此类作品对我们而言不再是赤裸裸的，而是披着彩色外套的（呈现所使用材料之颜色）。这些是重要的挖掘和发现，地点在曾经辉煌而如今已衰败的古代亚述、米堤亚和巴比伦王国。这些是最精确的图片说明和已知最早的、重要的文字描述，和后来波斯、小亚细亚、埃及、普兰尼和非洲的纪念物的发现。最后，对于中世纪的艺术而言，不管是基督教还是伊斯兰教，这些拱券都是过去 20 年里重要程度不亚于上述那些发现的研究。

这些艺术史上最新的战利品的最显著结果，就是过时学术理论的坍塌。这些理论曾经阻碍我们对古代世界的认识。根据它们，希腊艺术被认为是希腊土生土长的，尽管它是古代形式原理的辉煌发展、终极目标与最后成果；而这些形式原理的根基，可以说广泛而且深深地扎入了所有田地的土壤；在古代，这些田地是社会系统存在的场所。

对古典艺术的正确理解，是深受这种古代社会的分裂性和孤立性之伤害的。这种分裂性和孤立性，源于整个古代社会呈现出的灿烂而完整的图画。在这幅图画里，经典的古代傲然独立，但似乎只是作为原则性的中心。如果没有了周围的世界，它将一事无成。实际上，正是这周围的世界，维护并阐明了它的真实本质。缺少了上下文，缺少了围绕并形成其舞台（装饰性附件）的、被肢解了的图画的各部分，就失去了一致性。这解释了为什么很多古典主义的崇拜者对于美学的庄重和多样缺乏一种先天的感觉。这些崇拜者只经过长期的、带有偏见并缺乏自身品味的研究，从而陷入对所谓蛮族艺术的完全鄙视。他们根本没认识到希腊人［比如希罗多德、色诺芬、克特西亚斯（Ctesias）、波利比乌斯（Polybius）、狄奥多罗斯

248 和斯特拉波］为这些蛮族艺术的伟大与和谐作出的贡献。

最鼎盛时期的希腊作家，对于亚洲和埃及的纪念物的评价非常一致。这本应启发我们：就它们的价值而言，因为我们缺乏自己的判断，这种希腊的仲裁法庭就必须作为评价这些艺术作品的标准。不过，我们是比希腊人甚至更有希腊之心的，我们把蛮族过分地野蛮化，与此同时又将其描绘成改良的食人族，尽管“野蛮”（barbarism）一词只是指出了一种对照。这种对照，原本并不存在于希腊与非希腊民族之间，而是在一个普通的、未展现于希腊土壤上的古代文化在经过长期酝酿而形成的繁荣中首先传入的。希腊语言中并无这个词汇，因为相应的概念在此后并不存在。只有在相当晚的时候，希腊和野蛮民族之间的对立才形成。希腊的艺术，就其本质而言也是蛮族的。我们必须做好准备，去深入研究那些蛮族的因素。从这些蛮族的因素发轫，希腊艺术得以成长。我们必须再一次从“母亲”那里，用魔法召唤出海伦，召唤出她的化身，召唤出活生生的人，召唤出真实。[14]

另一种对比对我们来说也是意味深长的：中世纪和古代。大致说来，现在为我们熟知的中世纪，以及它浪漫的建筑与艺术，引导着我们再次回首并穿透罗马的媒介，回到古代的形式原则，尽管此时我们看见它深陷于与该原则之间最有决定性的冲突。从两个方面来说，中世纪对于正确理解古代是关键的。而就其本身，它完全只有通过与古代的对比，才能获得即使是不充分的解释。

希腊具有创造力的天才们，有着更为高贵的责任和更高的追求，相比于新的艺术类型和动因的发明。这些新的艺术类型和动因，将取代那些从祖先手中传下的，并且对他们来说始终保持神圣的艺术类型和动因。他们的使命存在于其他事情上，即：理解这些类型和动因，从本质上，并且联系其所在之上下文——也就是说，以更高理性的大地（telluric）符号和观念；以形式之象征主义的方式——在这里，处于蛮荒之中的互相排斥和打架的对立物与原则被统一到最自由的合作和最美妙、最丰富的和谐里。我们怎样才能抓住这种更高的理性？如果没有先前那些在他们大地意义（telluric meaning）上的传统成分的知识，没有那些从某种程度上说是受自然法则支配的成分，希腊的形式（次要的、合成的）如何才能被理解？

249 在希腊艺术的这些古老而传统的形式要素中，没有一个像服装与覆盖物的原则那样深刻而重要。它控制了所有前希腊的艺术，也绝没有让希腊风格有半点褪色。不过，它的精神长久留存，却是只服务于美学和形式的，更多体现了结构象征意义，而不是结构技术意义。

关于这种对立，本文还会有另外的细节，来准确地评价这种作为一个美术要素的穿衣服和覆盖物的重要原则。

法国最杰出的艺术研究者和文物专家卡特梅尔·德·坎西为《奥林匹

亚·朱庇特》所做的工作，已经接近于解决这个对于从整体上理解古代艺术来说极为重要的问题。实际上，他部分地给出了答案，尽管对于他的特定主题，即希腊雕塑而言，还不足以称得上是原则性的或总体性的。

承担此项工作的这位著名的作者，已经在以下两者之间建立起密切联系：一是对希腊黄金年代的色彩和黄金象牙巨型雕像的偏爱；二是也流行于希腊的古代遮盖物的总体原则，它不仅主导了雕塑，同时也主导了建筑（实际上不仅受制于装饰，也受制于这种艺术的本质）。他已经说明，在其他用于做遮盖物的材料中（比如木材、金属、陶土、石材、灰泥等），彩色象牙如何也能从最早期开始，就应用于同样目的；更进一步说，黄金象牙雕像是如何从这种材料的应用中，发展为大尺度的雕像的。之后，他又指向了比现在他精彩的论文中囊括的内容更为重要、更为综合的结论。实际上，他遵循了一个逆向的过程，证明用象牙或类似不能用来制作大件东西的材料做成巨型肖像的意图，是有必要回溯到古代的技术的。对这些技术进行描述和再现，是他工作的主要目的。①

就此而言，即使这项工作难于让我们感兴趣，它也是极为重要的，尤其是在它的实践倾向上。与此倾向相符，这项工作似乎并不在我们面前将形式炫耀成根据美学理想课程而完成的作品，而是让我们看见寓于其中的艺术形式和高级观念。它考虑并显示出这两者和材料与技术的操作是怎样密不可分，而希腊精神又是如何将其自身表现为这些因素的最自由的技巧，就像那古老的、神圣化的传统。

和《奥林匹亚·朱庇特》大约在同时，或者稍早些时候，关于埃及的伟大工作出现了。它是那些参加了波拿巴远征的学者和艺术家们的劳动成 250
果[15]。这项工作包括有多件彩色插图和包壳纪念碑。对于我们来说，比那些大多不可靠的、格式化的、错误的插图更有启发意义的，是附录在这些插图之后的几段相关的文字。不过就整体而言，这项工作对于古代艺术技法的总体观念是没有影响的，因为在当时流行的偏见下，埃及与希腊艺术之间的联系还不被承认。后来，探讨古时神秘土地上的纪念物的重要出版物也遭遇同样之命运。从让我们感兴趣的角度考虑，它们是毫无用处的。将埃及看做古董版的中国已成惯例，它与古代的文明世界毫不相干。这种做法是双重不公正的：在文化史，尤其是艺术史总的相互关联的事件中，埃及和中国有着重要的联系。

在这些失败之后，设想一下庞贝的美妙工作是合情合理的。它于稍晚些时候由马祖瓦开始出版，在马氏早亡后由高乌完成。[16]就建立起在其总体框架内的、关于古典艺术的一种新观点而言，它本可以更有影响，但事实并

---

① 《奥林匹亚·朱庇特》：*l'art de la sculpture antique considéré sous un nouveau point de vue*，据卡特梅尔·德·坎西（巴黎，1815 年），《先锋言论》（Avant Propos），第 10 页及后文各处。——英文版注

非如此。这是因为，尽管在这本书里壁画和其他接近于艺术的、珍贵的文物作品被当做一个整体来呈现，尽管古老的希腊艺术和新兴大希腊城邦（Magna Graecia）地方城市的纪念物之间的关系是无可否认的，庞贝的绘画却被看做只是特定的、来自一个动荡时期的罗马技法的表现。比起埃及纪念物的壁画和其他珍贵作品来，它与古老的古典艺术之间并无更多的联系。

有人说，埃及是艺术的童年期。庞贝属于再次变得幼稚的艺术的衰落区。两者中任何一个和被承认是真正的希腊艺术之间都没有联系。

然后，大约在1830年，由希托夫发表了一份真正的希腊纪念物的彩色修复。它惹起了文物研究界的一阵喧嚣，激起了一场令人难忘的、艺术家和学者都参与其中的口舌之战。这场争辩对于我们今天关心的主题非常重要，因为这个特殊的问题被直接触及，尽管只是出于偶然。

你可以读到最具体的关于这次讨论的过程。在此过程中，作者部分地参与了希托夫最近的著作——《建筑彩绘》（*l'architecture polychrome*）。[①] 我们在这里提到这本书，但在以后还会频繁地回顾它。

251 这场口舌之战的最重要情节，不必在此提到。它关注的是一场辩论，关于早先由伯蒂格提出的主张[②]，并且基本上建立在对普林尼的评论上。根据这些评论，鼎盛时期的希腊人只在木板上绘画；真正的壁画既不在高贵场合，也不在普通场合用于纪念物的装饰上；壁画是绘画走向没落的原因之一，同时也是其征兆之一；并且，只有在后来的罗马帝国时期，它才被广泛使用；它是一项被错误地归入古代希腊鼎盛时期的实践。

这一观点最热心的主张者是劳尔·罗谢特。在几篇零散的小论文和一部在学术上竭尽心智但却索然无味的著作——《新发现的古代绘画》里[③]，罗谢特勇敢地支持这一理由，义无反顾。他的反对者是M·列特罗讷（M. Letronne）。列氏关于该论题最重要的文章，是他的《古代艺术信函》（*Lettres d'un antiquaire à un artiste*）。[④]

以同样的学术性和更纯粹的精神（但这种精神从未导致他变得幼稚；我们经常在他的对手身上发现这样的幼稚），列特罗讷拥护这矛盾的观点。根据这一观点，那些最有名的、装饰着希腊纪念物墙面的绘画中有更多的例子，还有那些来自与伯里克利同时以及稍早的严谨绘画学派的作品，已

---

① 《塞林努斯恩培多克勒神庙复原；或希腊的建筑色彩》（Restitution du temple d'Empédocle à Sélinonte, *ou l'architecture polychrome chez les Grecs*），J.-I. 部分，希托夫（巴黎，1851年）。——英文版注

② 也见其《绘画考古思想》（*Ideen zur Archäologie der Malerei*），德累斯顿，1811年。——英文版注

③ 《新发现的古代绘画》*faisant suite aux "Monumens inédits"* par M. Raoul Rochette.（Paris, Impr. royale, 1836.）。——英文版注

④ 《古代艺术信函》（*Lettres d'un antiquaire à un artiste*），M·列特罗讷（巴黎，1836年）。——英文版注

经真正地成为壁画，而非版画。敌对的双方都已经考虑过该主题。根据艺术史的一般立场，它划分了他们的阵营。他们已经准备好以希腊和罗马的方式，来承认一项属于所有古代社会、所有民族的古代建筑原则，那就是用绘画来装饰墙面［这项原则以自己的方式在建筑上发展，只出现在古典的土地上，并且变得精神化，丝毫不用否认它的“前建筑的”（prearchitectural）根源］。顺此形势往下，之后，他们带来了和谐。这是古人处理绘画的手段和留存至今的早期希腊壁画残片，以及罗马艺术的遗迹，连同艺术的原始历史，所教给我们的东西。然后［面对波利格诺托斯、米孔（Micon）、帕纳厄努斯（Panaenus）、奥纳图斯、提玛戈拉斯（Timagoras）和阿加萨霍斯（Agatharchos）[①] 的纪念物的壁画，它们不是画板（panel），而是壁画；尽管在某种更高理性和在风格上，它们属于画板壁画这一类型］，他们将携手迈入中立的立场。调和是可能的，因为这些作品属于同一时期。在这个时期，希腊人的建筑也遵循古代的传统穿衣原则（不再是物质上的，而只是以一种象征性和更为精神的方式）。然而，在这之前和这之后，尤其 252
是在亚历山大之后，同样的原则却以更大的野蛮现实主义（barbaric realism），宣示其自身的存在。在罗马帝国时期，甚至造成了和新的建筑原则之间的冲突。根据新的建筑原则，石头建筑物作为既定形式的因素而出现。这毋宁说，敌对的双方都遵守了他们各自的信条。劳尔·罗谢特在所有地方看见的绘画，都只绘于木材上。这些木材或者悬挂于墙上，或者在别的什么地方。在他看来，历史学派的最大型绘画都没有区别。他迟疑地做出了让步，只对一些例外情况：在那里，它们被人为地插入到墙内。或者换个说法，是他本来应该说明：真正的壁画，包括特征上和它们在墙面空间安排的方式上，都是木板绘画的（即使在它们的本质上和实际上不是）。更为正确的说法则是，它们都是画上去的墙的衣服。

只在他书中的一段话[②]，劳尔·罗谢特指出他是意识到了希腊版画原理和古代东方艺术传统之间的联系的。不过，我怀疑他是否看到了这种情况（他简单地称之为一个“考古学上的奇怪之处”［*point curieux de l'archéologie*］）的重大意义。在这种场合下，他提到了他的《古代艺术通史》（*Histoire générale de l'art anciens*）——一篇据我所知从未出现过的文章。[17]

不过，列特罗讷对于他任务的理解也是很有限的，甚至还可能不如他的对手。因为，与其把在墙面装饰内实际版画（可在木材、石头、陶土、石板、玻璃、象牙或金属上）的经常出现看做是例外情况，他倒不如乘机强调这种现象（它在早期和晚期的希腊艺术中都是普遍的）和古代墙面装饰原则的本质之间、和古典艺术的真实本质之间的联系。他本应把这种给

① 英文版为 Agatharchos，疑有误。——译者注

② 《新发现的古代绘画》等，第 346 页，注脚 4。——英文版注

墙加上版画外壳的、广泛使用的方法联系于一件甚至更为值得关注的事实：所有用来装饰古代纪念物的雕塑（它们并不是实际的装饰物），原则上都是，而且实际上大多数是嵌入式的画板。基于这个事实，他本应继续发展他的观点。

加壳的传统，实质上在希腊艺术中首先是作为建筑的真正本质而普遍应用的。它从未将自己简单地局限为一种有偏见的、带有雕塑和绘画的表面装饰物，而是从本质上、总体上受控于艺术形式。在希腊建筑中，艺术
253 形式和装饰是如此紧密联系于表皮穿衣原则（*principle of surfface dressing*）的这种影响，以至于它们中的任何一个都不可能被孤立地看待。就此而言，希腊建筑也形成了一种和蛮族建筑之间的对比。在后者中，同样的结构和装饰要求，根据其发展水平，也走到了一起——作为一种物质上的宣誓。这一过程，或多或少是无机的，也就是所谓的“机械的”。

风格理论的这条重要法则的更为充分的发展——我认为它不只是“考古学的奇怪之处”，必须保留到关于建筑中所有艺术之结合的那一节。不过，因为它总体上的正确性——不止对建筑，而且对所有的艺术——它所导致的重要思考不应在此忽略。由于它所依赖的技术加工过程，也即穿衣的过程，它也自有其逻辑与自然之处。

我很怀疑，在《古代艺术通史》宣布出版的1836年，劳尔·罗谢特是否已经得出了我们在这里讨论的问题的普遍答案。让我产生怀疑的事实是，只有在这之后，由博塔和莱亚德做出的对亚述和巴比伦纪念物的发掘才变得著名。[①] 它们首次让我们认识到在其文化历史联系中、带有其变迁联系的这些特殊现象，也让我们建立起属于它们的法则。同属于这一时期的，是波斯纪念物的最新而且改良的图画（它们是关于小亚细亚的古代土地的更具体的知识，点缀着更古老文明的、非常引人关注的痕迹），和那些最近的、部分让人惊讶的考古发现（地点包括意大利、普兰尼，甚至从未停止过发掘的埃及）。这些我相信是最具重要性的、已长期萦绕我脑海的问题，在我撰写的小篇幅论文中已经提及。它们一部分是德文的，一部分是英语的。[②]

---

① 《尼尼微的纪念物》(*The Monuments of Nineveh*)。取自奥斯丁·亨利·莱亚德先生（*Austin Henry Layard Esq.*）的实地绘画（伦敦，1849年)。《尼尼微的第二系列纪念物》……取自第二次考察亚述的实地绘画，71幅（横幅对开，伦敦，1853年)。《尼尼微和巴比伦遗迹的发现》等，附地图、平面图和插图（8开，伦敦，1853年)。《尼尼微及其遗迹》，附参观迦勒底的基督科迪斯坦（Christians of Curdistan）的说明等，第五版，两卷本（8开，伦敦，1850年)。《尼尼微发现的通俗说明》（8开，伦敦，1850年)。J·弗格森，《尼尼微与珀塞波利斯（Persepolis）宫殿的复原》，关于古代亚述和波斯建筑的一篇论文。——英文版注

② *Die Vier Elemente der Baukunst*［布伦斯维克（Braunschweig），1851年]，“关于建筑中色彩的起源”，收录于欧文·琼斯著《希腊宫廷色彩的辩解》（*An Apology for the colouring of the Greek Court*)，作为古典遗迹的附录，第三卷［1851年7月，伦敦，约翰·W·帕克父子基金会（John W. Parker and Son)]。——英文版注

§ 60. 建筑学最原始的形式原则基于空间的概念和结构的独立性艺术中真实的掩饰 254

给裸露的身体穿上衣服的艺术（如果我们不算前面讨论的某人自己皮肤上的装饰画），可能是晚于营地帐篷和空间围栏而出现的一项发明。

世上有这样的部落，他们的野性看起来是最原始的，他们对服装也一无所知。但他们对皮毛的使用，对因营地设施和安全而多少发展起来的纺纱业、编辫手艺和纺织业，却并非一窍不通。

也许，气候的影响和其他的环境足以解释这种历史文化现象。也许，并不能由此推出文明的普遍而且放之四海皆准的进程。然而，这一点依然是肯定的：建筑之始，即是纺织之滥觞。

墙是建筑的要素，从形式上代表了围合的空间，同时使其变得可见。它似乎完全用不着有第二种概念。

我们可能会承认，用木棍和枝条绑在一起的围栏和编织而成的栅栏，是人类发明的最早的竖向空间围合。它们的结构要求一种似乎是由自然交到人类手中的技术。

从编树枝到为类似的家庭目的而编树皮的转变，是容易而且自然的。

这导致了纺织术的发明，最早是用草刃（blades of grass）或自然植物的纤维，后来是用植物或动物材料纺成的绳索。草刃的自然色彩的变化，不久便使人们将其用在交替性的排列上，这样就产生了图案。很快，人们就超越了艺术的这些自然资源，依靠着材料的人工配制。彩色地毯的染色和编织，因墙面涂料、地板面层和天篷之需要而被发明。

这些发明逐渐地发展，不管是以这样的秩序，还是以其他对这里的我们而言了解甚少的方式。显然，以围栏开始的粗糙编织术的使用，作为制造“家”的一个方法时，它使得内部生活就此和外部生活分离；作为空间观念的形式创造时，它毫无疑问已超越了墙，即使是最原始的、用石头或任何其他材料建成的围栏。

用来支持、保障和形成这种空间围合的构筑物，是与空间及空间分隔完全无关的一项需求。它不关乎原始的建筑思想，从一开始就不是决定形式的要素。

用未烧结的砖、石或其他任何建筑材料建成的墙，也一样。就其本质 255
和用途来说，这些材料和空间概念绝对无关。它们用来保卫和防御——或者保证围合的持久性，或者用作上面说的空间围合的基础和支撑；也用来存放货物和其他东西；简而言之，都是为了和空间围合的根本概念无关的理由。

就此而论，有极为重要的一点必须提到：不管在哪里，这些次要的动因都是不在场的；在每个地方，尤其是在南方温暖的国家，纺织物实现了它们古老的原始功能——作为明确的空间分隔物。即使在实墙变得必不可少的地方，对于空间概念的真正而正统的代表而言，它们依旧只是内部的、看不见的结构物：也即或多或少是人工织成的，并且缝合在一起的纺织物墙。

这里，再次出现了值得关注的情况——艺术的最早期历史是靠发声的语言（*phonetic language*）协助的，这些语言阐明了在原始状态下的形式语言的象征物，并证实了赋予它们的解释的正确性。在德国的所有语言中，墙壁（Wand）一词（和 Gewand 有相同的词根和基本含义）直接让人回忆起古老的根源和看得见的空间围合类型。[18]

类似地，覆盖物（*Decke*）、衣服（*Bekleidung*）、栏杆（*Schranke*）、篱笆［*Zaun*，与衣服缝边（*Saum*）相似］和很多其他的技术性表达，在某种程度上都不是后来那些应用于建筑行业的语言符号，而是这些建筑部件的纺织物根源的可靠指示。[19]

所有这些说过的东西，与前建筑时期（prearchitectural）情况的关系是如此遥远。对于艺术史而言，这些情况的实际利益是值得怀疑的。现在的问题是，在经过神秘的变形之后，什么成了我们的穿衣原则：作为居住的完全物质的、结构的和技术的原型，发展为纪念物的形式，由此而诞生了真正的建筑。

在这里，我将不深入讨论纪念性建筑如何起源这一最为重要的问题。不过，马上要探讨的纪念性艺术品的最早期历史的几个事件，将使这个问题更易于理解。我首先要指出的是，使一个节日或宗教活动、一件世界史意义上的事件或者一个重要的政府指令变得不朽的愿望，依然为纪念性事业提供了外部条件，而世上也没有什么可以阻止我们产生纪念性艺术的思想（它总会设想出一个已经存在的、相当高水平的甚至奢侈的文化）。

喜庆的设施，即身披所有特殊光彩与装饰的临时脚手架——它更为准
256 确地指出为欢庆而设的场合，强化了节日的辉煌感——覆盖着装饰品，悬挂着毛毯，穿戴着树枝和花朵，点缀着花彩和花环，还飘舞着旗帜与奖品。这就是永久纪念物的动因，它旨在为下一代人叙述节日的活动和著名的事件。这样，埃及的神庙兴起于临时准备的朝圣者市场的动机。即使在后来，它们都的确是经常绑在一起的，以极为相似的方式从木支帐篷式遮盖物发展而来。不管在哪里，这位尚没有为他而建的固定神庙的本地神灵，已经因为特殊的奇迹而闻名，而且已经吸引了数量超乎预计的埃及朝圣者来加入他的庆典。

另一个说明这一点的例子，是那些著名的利西亚人（Lycian）的坟墓。

它们中的两座现在陈列于大英博物馆。这些奇特的、木脚手架搭起的石头建筑，在椽子间装饰着绘画浮雕板；它有一个上层，或者说一个上层结构，像是一个充满雕刻的石棺状纪念物，带有突起的节，其尖拱屋顶上有一个冠状的东西。我认为，这些所谓利西亚独特风格的木构建筑的模仿物，和葬礼上的火堆并无两样。这也是罗马的风俗：它们是人工堆起的木头，顶上挂着毛毯；在涂上金色的囊（καλυπτὴρ）的覆盖物下面，是棺材（φέρετρον）。[①]

还有一个令人惊诧的实例，那就是《旧约》对所罗门神庙的纪念碑式 257
的赞颂。它的辉煌是前所未有的，与想象或实际中的神龛原型一致。这一点，将在以后讨论。

这样，剧场的高度个性化的建筑风格就应运而生了。它在历史上的出现，和木板的、装饰丰富的、“穿好衣服的”（*dressed*）的表演舞台一样晚。[②]

我介绍这些实例，主要是为了让大家关注结构脚手架的外部装饰和“穿衣服”的原理。这个脚手架，对于临时准备的庆典用结构物而言是必要的，而且不管在哪里都总是自动地传达着事物的本质。由此我推论，除了拉伸于原型脚手架的结构部件之间的帐篷覆盖物和毛毯的纪念性表达之外，面纱结构部件的同样的原理，也一定是同等程度的自然的，当它在建

① 狄奥多罗斯，《世界史》，xviii，第 26 页。在书中，他描述了亚历山大的石棺。在 Panticapea［英文版词，疑为潘提卡彭（Panticapaeum）——译者注］的一处墓穴里，一个类似的、带有绘画的木制灵柩台被发现。《学者杂志》（Journal des Savants），1835 年 6 月，第 338—339 页。——英文版注

② 罗伯特·沃波尔（Rob. Walpole），*Itiner*，第一卷第 524 页提到一通来自小亚细亚帕特拉（Patara）的碑铭：τὴν τοῦ λογείον κατασκευτὴν καὶ πλακῶσιν。根据普林尼和维特鲁维的记载，罗马临时剧场的舞台上丰富的外层装饰，是很有名的。——英文版注

筑的早期纪念性阶段中得到表现时。①

258 ## §61. 出于纪念碑式目的而形式化（德语 bildlich）使用的材料[20]

说了所有这些离题甚远的话之后，有一点不再有疑问：人类回忆所及的、主要用于围合空间的、在条件与最早的社会类似而幸存至今的并且在所有地方依旧扮演着同样角色的技术［筑墙工匠的前建筑（prearchitectural）的技术，语言从这里借用了大量建筑行业的术语］②，一定对正确建筑（architecture proper）的风格化发展具有最持久的影响。可以说，它能够被看做是原始的技术（德语 Urtechnik）。下文对与此事实相关之建筑史现象

① 我认为，服装与面具是和人类文明一样古老的，而且两者蕴含的快乐和驱使人们成为雕塑家、画家、建筑师、诗人、音乐家、舞蹈家——一句话，艺术家——的那些事情所蕴含的快乐也是毫无二致的。每一次艺术创作，每一次艺术享受，都预示着一种明确的狂欢节精神，或者用现代人的话来说，是表达了自我——狂欢节的烛光之晕，是真正的艺术氛围。拒绝现实、排斥物质是必要的，如果形式要显现为有意义的符号，显示为人类的独立自主的创造。让我们忘掉那些在渴望得到的艺术效果中需要用到的方法，不要大声地宣布它们，以免悲惨地迷失我们的角色。在所有早期的艺术实践中，纯洁的感觉引导原始的人类走向对真实的否定。在每个领域，伟大的、真实的艺术大师们都回归到这一点——只有这些在艺术高度发展的时代里的人，*才给物质也蒙上了面具*。这导致菲迪亚斯产生了帕提农神庙上两处山墙装饰的想法。显然，他将他的任务，也就是双重神话及其演员、其神性的表达，*看做是要对待的主题*（就像那石头，他在其中造就了它们）。他尽最大的努力，去隐藏这一主题——这样，使它们摆脱了非图像与宗教象征符号本质的任何物质上的和表面上的表达。因此，他的神反抗着我们，启发着我们，既在个体上也在集体上，首先是作为真正的人性美与人性庄严的表达。“赫邱芭对他意味着什么？”［赫邱芭（Hecuba）是希腊神话中特洛伊城的王后，所有亲人皆惨死，是“悲哀女王”——译者注］

由于同样的原因，戏剧也只有在一个民族的初始阶段和教育高度发展阶段，才是有意义的。最古老的花瓶绘画告诉我们一个关于希腊人早期的、具体的假面舞会的概念——以精神上的方式，就像菲迪亚斯的那些石头戏剧，古代的假面舞会再次被埃斯库罗斯（Aeschylus）、索福克勒斯（Sophocles）、欧里庇得斯（Euripides）捡起，也被阿斯托里芬和其他喜剧剧作家捡起。舞台前部装置是用来形成人类历史的一个高贵场景的。这种场景并不是在某些时候出现，而是发生于随时随地，只要人类的心脏依然跳动。“赫邱芭对他意味着什么？”面具的精神被吸收进了莎士比亚的戏剧。在莫扎特的《唐璜》，我们体会到面具的幽默和烛光的余晕，以及狂欢节的情感（这并不真的总是快乐的）。因为，即使音乐也需要一个拒绝现实的手段。对音乐家而言，赫邱芭也不意味着任何事情——或者说，应该不意味着任何事情。

不过，当面具*后面*的东西是虚伪的，或者面具是不好的时候，化装并无好处。为了让物质的、不可缺少的东西（以通常意义上的表达）在艺术创作中完全被拒绝，对它的完全掌控就是必不可少的前提。只有在技术上做到完美无缺，只有根据其属性做出明智而正确的处理，而且只有在创造形式时将这些属性纳入考虑的范围，材料才能够被忘却，艺术创作才能完全获得自由，一个简单的景观绘画才能提升为艺术的一件高级作品。这些都是关键点，引导着艺术家在其审美中藐视象征主义者和理想主义者。在此大胆学说的指导下，鲁谟在其写作中相当正确地展开争论。

对于上面的讨论，希腊的建筑师又是如何判断的？它如何受我曾经试图阐明的原则支配？——根据该原则，艺术作品在其理解中使人忘记了方法和材料（依靠此方法和材料，它存在并发挥作用，而且作为形式变得自我满足）——去表明这是风格理论中最艰难的任务。对比：莱辛，《汉堡戏剧评论》（*Hamburgische Dramaturgie*），第 21 篇，及书中各处。——英文版注

② 见下面关于希腊建筑的文章，在本书第三卷及各处。——英文版注

的评论，将使其材料变得完善。

同样重要但要困难得多的，是下决心转化——通过这种转化，正确建筑与美术总体上在形式化材料的使用中传递——和确定这些使用过的方法中的哪一个是较早的，哪一个是较晚的。这里的讨论，只集中在材料本身，而不是它们如何使用。

这个问题对于风格史的意义是显而易见的。每种材料限定了它自身形式的特征方式。它的属性使它区别于其他材料，也要求一种适合于它的技术处理。当一个艺术动因屈服于任何一种材料处理时，它的原始类型将被改良，要求获得一种它自己的明确气质。类型不再蜗居于其发展的原始状态，但已经过了一个或多或少独特的变形。如果是由于次要的修改，或者 259
根据环境而有所不同地逐渐发生的修改，动因现在形成了一种新的变形（德语 *Stoffwechsel*），那么由此而产生的形式将会是一个混合的结果，既表达了它的原始类型（*Urtypus*），也反映了最终形式之前的改良的所有阶段。设想一个正确的发展过程，将原始表达的艺术概念与各种派生物联系起来的媒介链接的秩序，将会是清晰可辨的。

我认为，掌握材料变化在艺术及其衍生法则中的这个问题的充分意义，是如此的重要，以至于我相信，用一个具有启发意义的实例来将其说明是必要的。一个最合适的例子，是由希腊雕像艺术提供的，因为它允许我们在材料的发展中相当清楚地遵循阶段的序列。

用真实的衣服做节日性打扮的木质神像（δαίδαλσ, ξόανα），可能是雕像艺术最古老的动因，也或许是如今可以见到的最古老的以纪念物方式制作的铜质雕像的原型。[1] 最古老的铜质雕像，由核心及其外包金属壳组成。用于制作这东西的技术，被称为浮雕（ἐμπαιστικὴ τέχνη）、包壳工艺或金属薄饰工艺（裱衬、薄饰面）。亚述和巴比伦的最早巨型雕像，正如希罗多德、狄奥多罗斯和斯特拉波描述的那样，就是此种类型。它们“里面只有泥土（或木头），没有黄铜”，《彼勒与大龙》（*Bel and the Dragon*）如是说。[2] 来自尼尼微的浮雕工艺的不同部件，即大英博物馆通过奥斯丁・莱亚德得到的古代亚述浮雕——公牛蹄和其他断片，是非常相似的：木头、泥土，或者在薄薄的黄铜覆盖层内外含有沥青的物质。[3] 这种

① 因此，在这个例子中也有同样的基本动因形成出发点：“穿衣服”（dressing）这个词的真正意义。——英文版注

② 《彼勒与大龙》，《新约》第七节。——英文版注

③ 见：荷马，《奥德赛》Ⅲ，第425—426页。其中写道，内斯特（Nestor）命令金匠莱耳刻斯（Laërces）给祭祀用的公牛角覆上一层金箔。对比《奥林匹亚・朱庇特》（Jupiter olympien），第160页。含有沥青的核心可用作柔软的底层，对于文艺复兴时期的金属细工而言。在这个底层上，他们打入浮雕工艺。本韦努托・切利尼（Benvenuto Cellini；约1500—1571年，意大利雕塑家、金银工艺师、作家，文艺复兴时期风格主义的代表人物。——译者注）在他关于金匠工艺的论文中描述了这一加工过程。——英文版注

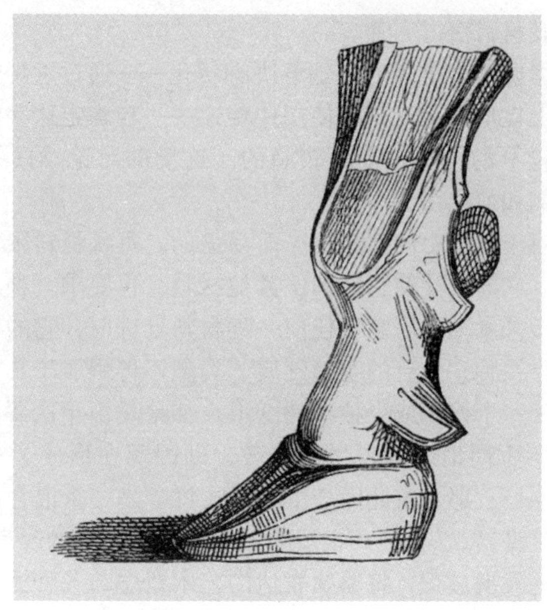

中空的浮雕工艺，古人称之为 sphyrelaton① 或 *ouvrage ou repoussé*。它被认为是此种技术的进一步发展。我们在希腊最早期的铜像中，可见其存在。《荷马史诗》中讨论的所有金属工艺，我们知道的所有古希腊盛期的巨型铜质雕像，都是浮雕的、中空的，并且用铆钉将各部分固定在一起。只有在后来，焊接术才被发明，或者换个说法（就像艺术领域里希腊的大多数其他发明一样），从有着更古老的文化的民族那里借来，并且应用到希腊
260 雕像上。帕萨尼亚斯形容斯巴达大本营的至尊宙斯神像是浮雕金属的，用螺钉铆固在一起的，并且认为这件克里尔克斯地区（Klearchos of Region）的作品是最古老的（希腊）铜像。② 在美索不达米亚和埃及，从现存的残片看，当时有许多用同样方式制作的作品。希腊人将此种工艺称为金属雕塑细工的分支。

青铜铸造是在此项工艺之后出现的技术。不过，它首先是作为浮雕工艺的一种模仿而出现的，也就是说，是包着铁心的一层薄铜壳。大多数引人注目的此类作品，又一次可以在大英博物馆的亚述古代文物中发现。③ 只有在相当晚的阶段，它才出现在希腊，并取消铁芯，代之以一种当完全铸成时可以碎成小件移出来的构件。这种方法和更为古老的方法之间的关系，正如 sphyrelaton 之于浮雕术。最古老的古希腊中空铸件，仍然是用厚

---

① 一种简单的金属加工工艺，用锤子把把金箔附于木头表面。——译者注

② 帕萨尼亚斯，《希腊志》Ⅲ，第 17 页。卡特梅尔·德·坎西，《奥林匹亚·朱庇特》，第 156 页。——英文版注

③ 见铁牛蹄的附图，覆盖着铸铜，在大英博物馆，根据我自己的草图绘制。这里的另两幅插图也是在大英博物馆绘制的。一幅是覆盖着已消失的木质或乳香树脂芯体的四叶立交顶部浮雕，另一幅是亚述柱头的浮雕外饰。——英文版注

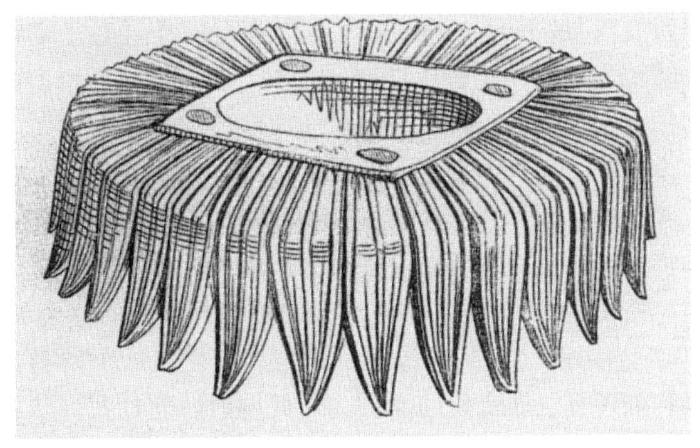

厚的金属制作的。此类作品的一个辉煌的例子，是也陈列在大英博物馆内的、古代风格的最好的一个英雄头像，其铜壁至少有一英寸厚。最早时期的埃及人，已经将铸造工艺发展到相当高的水平。

大理石雕像和黄金象牙雕像成为时尚，与铸铁工艺一道，甚至一直持
续到希腊艺术发展的最盛期之前。黄金象牙雕像显然是最原始技术，也即
木工镶嵌与浮雕工艺的一次复兴与变形。不过，希腊的大理石雕像，以及 261
埃及的石雕像，依然是与古老的、中空的，和穿衣服的技术相类似的。依
靠这种风格上的关系，古代石雕像的许多奇特之处都可以得到解释。只有
当我们追本溯源，穿过所有阶段直至原始类型时，我们才能充分将它理
解。然后我们就会相信，雕像从不会裸露着白色的石头，依照某个系统它
一定表现为彩色的。铜质雕像也一样。

然而，带着雕塑的东西，也即用泥土塑成的艺术，如何才是正确合适的呢？它对于希腊雕像艺术的风格是否没有任何影响？这与帕西特利斯（Pasiteles）的观点会是相抵触的。帕氏将塑造（modeling）称为雕像艺术、雕塑和镂雕术之母。在他的年代（罗马时代的662年）里，它在所有这些

事物中是第一个不用去支撑任何东西的，如果没有第一次制作一个黏土模型。①

262 实际上，雕像造型是一项古老的格雷珂－意大利传统。伊特鲁里亚人对此很是擅长。他们的作品装饰了古罗马帝国。从很早的时候开始，这门艺术就在雅典和科林斯走向繁荣。然而，相比于在雕像艺术的整个盛期里，雕像造型显然是从 *torteutics*② 那里采用了更多的东西。因为，根据古代亚洲的镶嵌术加工过程③，所有古代的造型工艺品都是覆盖着灰泥和色彩的。在它们的后面是芯体，就像在最古老的浮雕工艺里金属衣幔围绕着木纸核心或未经烧烤的黏土一样。与此相反的是，我们只知道一个造型术施加于高级雕像艺术的、在其他材料上的间接影响，是通过提供模型以便工作可以完成的方式。只有在希腊雕塑的最盛期之后，这项劳动才变得普遍，假如我们可以相信普林尼那经常不严格的叙述的话。普林尼将吕西克拉特——利西波斯④的 brother-in-law⑤，说成是第一个让黏土模型的使用成为时尚的人。[21]蜡是较早用于做小尺度的木头、石头等雕像模型的，由这些模型后来制作出实际大小的雕像。类似的，巨型雕像的芯体可能是这样做成：在小型模型干了之后再覆盖上薄薄一层蜡，然后在蜡层上再塑模。而且，在裂成碎片时，这个模型还可以用在象牙工艺上。⑥ 在金属铸造中，蜡壳在形体将其完全覆盖之后必须被融化。

对雕塑风格史的简短回顾（关于它的更多细节，将在合适的场合展开），在这里应当像前面提到的那样，只是为了提供一个说明艺术动因贯穿不同材料和处理方法而变化的实例。与此同时，它让我们认识到，当一个人试图去描述一项技术对另一项技术的影响，并将它们置于真正的秩序之中时，会遭遇怎样的困难。正如我们所看到的，黏土雕塑与古代雕像艺术的其他分支之间的关系，是很成问题的；而就风格来说，它在它们之中所占据的地位则毋庸置疑。

比这里略微提到的调查研究甚至更为困难的，是建筑领域的类似事情。相比于雕塑，建筑所经历的材料变化要多得多。不过，建筑的技术发展过程总体上与雕塑极为相似。这是一个不会让人惊讶的事实，因为两者之间有紧密联系，也互相限制。

263 现在，让我们来讨论建筑史——或者换个更确切的说法，与我们主题

---

① 普林尼，《博物志》第 35 书，xlv，第 156 页。——英文版注

② 英文版词，疑为 toreutics（金属细工，或金属浮雕工艺）。——译者注

③ 见印度，第 34 段。——英文版注

④ Lysippus，公元前 4 世纪的雕塑家。——译者注

⑤ 可能是：1. 内兄、内弟；2. 姐夫，妹夫；3. 连襟。——译者注

⑥ 卡特梅尔·德·坎西认为，彩色巨型雕像的模型是预先制成的。（《奥林匹亚·朱庇特》[*Jupiter olympien*]，第 397 页）。但我认为，另一个方法更为简单而且自然。关于古人这一方面的考察，还很不确定。——英文版注

相关的总的人类文化史——中的一些个别现象，看看关于古代艺术通史中几个悬而未决的问题，它们能为我们提供什么样的信息。我介绍它们的次序，是必然决定于它们从中兴起的环境的原始性的，而不是决定于考察报告与纪念物的真正历史阶段——通过这些考察报告和纪念物，它们变得为人知晓。这样，比如说，尽管古埃及人的纪念物毫无疑问是保存至今最古老的人类杰作，但他们决不是映象序列的开启者，而是占据着一个相当晚的位置：在中间。[22]

论建筑风格

——在苏黎世议会厅（Rathaus）的演讲

（1869 年）

戈特弗里德·森佩尔，1878 年。由瑞士联邦理工学院 Hönggerberg 校区建筑历史与理论研究所提供

早在 1852 年，我发表了题为《建筑四要素》的一篇小论文，探讨某 265
些足以传世而且普遍正确的因素的历史发展过程——通过这些因素，建筑为其自身表达出总体上清晰的象征主义。

这次尝试没有得到多少关注。如果不是幸运地在文中添加了一些尖锐的意见，来质疑当时一位著名的、在艺术领域具有统治地位的艺术评论家，这位作者连同其论文也许难逃被遗忘的命运。

实际上，这位作者受到尊重，正是因为那位被攻击的评论家认为他的小册子值得给予特殊的答复——目的只为反驳他关于古代建筑和雕塑的彩绘用途的观点。小册子的真正核心，表现在一条姿态谦逊的评注意见上。这条意见使用了当时极为典型的、流行于艺术评论家和艺术家中间的语调。我将其逐字引用如下：

"森佩尔的小册子中讨论的第二个主题"，库格勒在他论文的结语中为反对我而写道，"是十分特别的，有文化历史的和诗一般的趣味。作者回顾了最远古的人们的原始状态，从他们和他们各异的历史情境里发展出建筑的基本要素，以及后人必须遵循的方向。这是一次愉快的经历：在一个充满想象力的艺术家的指引下，去探索世界历史中那些黑暗地带。"[1]

在以前，我并不敢设想出版一部郑重宣告而且准备充分的关于古代彩绘的著作，因为上面提到的那位评论家撰写的同样主题的著名论文已经出现[2]。同样地，我在小册子中间接提到的关于该主题的细节，几年来也未有进展，其原因也在于上文引用的一段话。[3] 我不再坚持我的信念——它是错的！每件事、每个现象都有其根源，因此在所有的知识领域，调查研究都是发现真理的前提，从头到尾都是学习的过程。这种探寻事物根源的冲动，于人类而言是先天具备，它也引导着人类的创造活动。每种宗教系统，都有其自身演化基础；或者也可以说，导致每种政府形态产生的主要方式，都是基于普通社会条件及其根源。

处在建筑学霸权主义之下的各门艺术，实现了主流社会、政治和宗教 266
系统的象征意义，其方式是用以这些系统的基本概念做链接。它们也总是最有效的手段，因为它们的系统有着清晰的发展步骤、稳定性和扩展性。与此同时，不管在哪里，它们都被公认就是这样的。

因此，寻求建筑风格的根源与发展，正如在自然科学领域或比较语言学领域里做类似的考察一样，是正当的。只是它尤其受到这样一件事实的鼓动：艺术中的此类诉求，催生了对新的创造性活动来说最重要的原则和标准。其结果之一就是，这位自然科学家必须在他崇高的领域里和他物种起源的理论永远断绝关系。那些树立了这一目标的人们——即使可能，一种基于这些探索传统艺术类型之起源、转变以及意义的考察的艺术主题或艺术创作理论，似乎也是野心过于巨大的——必须至少要承认：它为我们提供了一条安排某种指导原则或边界线石标的途径，就好像促进了对某些现象的生动丰富性的逐项回顾（review）；我们在人类创造的小世界里，会遇到这些现象。此外，他们还必须承认：这些考察在更精确地评估目前艺术家所处环境和我们现代的艺术趋向上是更有用的；而且正因为这一点，它们有着突出的实践重要性，而不只是凭空妄想。当我们亲眼看见一系列所谓新建筑风格发展的起步时，我们会被引导着，甚至是被强迫着去做此类比较，并深入考察建筑风格的历史与根源。那些据称是它们的发明者的人认为，解决这一难题（即建筑风格如何产生）是他们的使命，而采用的方式是将其紧抓在手中并以纯实用的方式来将其化解。这是因为，我们生活在一个发明创造的时代，而我们的建筑师又不愿在无法创造出一种新风格这件事上让这个时代蒙羞；当然，他们也并不缺少赞助和机会。

难道我们没注意到：路易·拿破仑在里夫塞纳省（*préfet-de-Seine*）的奥斯曼（Haussmann）的协助下，完全推平了法国古老的历史首都，为的是根据一个全新的计划将其重建；他还废黜了法国的过去，以便将他的名字和他的王朝附在她的未来之上？他力图成为一个合格的继承人，继承过去那些伟大而强权的国家统治者：尼努斯[1]、尼布甲尼撒[2]、秦始皇，还有尼禄！他是否真的为他的王朝方案作出了贡献，将来自会做出评判。但在下面一点上，答案是存疑的：他数以百万计的建筑工程项目，是否让建筑学前进了哪怕是一小步？在革命时期造就的艺术领域里，并没有哪一个趋势是新的、独特的。而在这些建筑物表露出的对新奇的狂热追求中，这段时期被打上了彻底缺乏原创性和缺乏富有成效之新动机的烙印。

267 法国的艺术动力和艺术活动绝对没有松垮，但已经退步到远离不朽艺术的境地。观察资料表明了一种不健康的状态，和即将（或已经）出现的建筑学堕落。

然而，一种保守的部署，一种对过往形式的尊重——这是法国人特有的标记（尽管还有轻浮），也总能在巨大的摇摆之后再次寻得平衡点——仍然保护着法兰西，使她的不朽艺术免于出现全盘崩溃。而且，在经过若干世纪之后，巴黎这座大都会的人民已经有机会，也有闲暇，去培养一种在艺术事物上的相当理性的判断力。这种判断力在现代的其他地方并不容易发现。

新希腊式的平淡而单调的做作，新哥特式的虚伪而妖冶的浪漫，还有其他同样格调的创新，在它们诞生之处，在一个很短的时间内，就已沦为明日黄花。今天，只有在外国人那里还能找到它们的模仿者。那座新建起的歌剧院[3]，连同它夸张的布景，已经耗资三四百万；还有同样令人讨厌的新司法宫（new Justice Palace），它的立面是轻飘、矫饰而虚伪的——它

---

① Ninus，尼尼微城的建立者，历史上有名的暴君。——译者注

② Nebuchadnezzar，古巴比伦国王，也是暴君。——译者注

③ 指1875年重建后的巴黎歌剧院。——译者注

们早就陷入了一片嘈杂混乱。[4] 它们不是模范，却可供艺术家和外行们当做梦呓、当做不要去如此建造的参考。

同样类型的陈列出现在其他国家。它们有着不那么宏伟的尺度，尽管由于相反的原因它们是更有威胁性的。让我们稍微了解一下德国艺术的情况吧。

最近的一段时间内，这里在风格制造上做了更多的事情，也比其他地方表现得更急切。这些事情部分是基于皇家指令，部分是基于建筑师（假定他们是天才人物）的智慧。在慕尼黑，在国王陛下最亲切的命令下，产生了著名的马克西米利安风格（Maximilian style）。它是基于以下深刻思想而诞生的：我们的文化是一个混合物，由所有更早的文化构成；因此，我们现代的建筑风格也应该是过去可想象到的所有时代、所有民族的建筑风格的混合物。文化的整个历史，就应该这样在建筑之中得到镜像！如此推理的结果，在那座伊萨（Isar）河畔的文艺之城的最近发展里是得到明显印证的。

除此以外，还有我们所说的私人风格发明者的合唱。这些发明者发挥他们廉价而有创造力的精神，在每一个或大或小的住宅、火车站以及其他地方。在大多数案例里，他们从一个不正确的假设出发：风格的问题，主要是一个建设的问题，不必考虑艺术象征的过往传统。他们照此推理而获得的成就，只不过是那可疑的特点——为流行的巴比伦之乱（Babylonian confusion）① 尽自己的一份力量。

另一种风格主义者出现在那些所谓旅行建筑师之中。他们在每年秋天都会借考察之机，从远方为家乡带回一种新的风格。 268

最后，我们应该提到那些人，他们寻求回到中世纪（或所谓哥特风格），寻求民族建筑的未来，以及他们自己的未来。就后者而言，他们几乎是永不犯错的。

对于这些关于风格问题的实践性答案，并不存在完全相反的观点。就此而言，建筑风格是根本不可能被发明的，但会根据自然选择的法则以不同方式演变。演变的方式是基于原始类型（*Urtypen*）的继承和调整，就像是有机生物领域内的物种进化。米开朗琪罗的门徒赫曼·格里姆（Herman Grimm）说："突然变异出现在建筑风格上的说法是稳妥的，这些建筑风格被描述成不是受到更久远的模型的影响，就是转化联系时出现了缺失。"[5] 关于这个问题的非常类似的观点，也被艺术史的其他一些权威所表述。

"自然不会跳跃"是一个著名的公理。对我们来说，如果从历史遗迹

---

① 《圣经》记载，为防古巴比伦人建高塔直通天上，神把人们的口音变乱，使其语言不通，无法合作，最终无法成功建塔。——译者注

研究所显示的结果来分析，关于它和达尔文的物种起源理论——针对的是人类创造的一个特殊世界——的应用，似乎在一定程度上是值得质疑的。这些历史遗迹通常表达了民族文化的纪念性象征符号。而那些民族文化的延续，是以特意保持对立的方式并列前行，或逐个紧紧依随。

我们可以相当正确地描述那些古老的纪念物，它们是消失了的社会结构的化石见证。不过，这些纪念物并不像蜗牛背上的壳那样，生长在社会的背上，也不像珊瑚那样，在毫无踪迹可循的自然过程中累积而成。它们是人类的自由创造，表达了人类的理解力、人类对自然的观察、人类的思想精华、人类的意志、人类的知识和人类的力量。

所以，富有创造力的人类精神的自由意志，是探寻建筑风格之根源的第一、同时也是最重要的因素。当然，人的创造力是受某种更高的传统法则、需求和必要性所限定的，但的确是人类，选择了这些法则并将其应用，为了他自由的、主观的理解和开发活动（德语“*Verwertung*”）。

在这里，艺术史的事件是和人的总体文化史相匹配的。最早的艺术形式只有从属地位，但它却是后继者的一个有机部分。

人类的历史将只会与混乱的社会状况发生联系，如果不是在特定时刻出现了干涉。这些时刻的产生，或是因强烈的外力，或是因强权人物或实体——它们以超强的智力，将普罗大众引向沸腾和动荡，并使他们聚集在
269 一个普遍意识形态的核心周围，同时步入一个界定清晰的路线。历史是这些人的持续工作，他们理解他们所处的时代，并能为当代的所有要求找到形式上的表达。

一个新的文化思想，不管在哪里生根并被吸收入总体社会意识，都存在为它服务的、作为一种思想的纪念性表达的建筑。建筑的强烈的文明化影响，总会有所体现，而且其结果总会打上当时流行的宗教、社会和政治系统的烙印。

只是这种新的动力，并非来自建筑师，而是来自那些伟大的、出现于成熟时机的社会改革者。如果缺乏对纪念物的认知（以及关于人种学的总体概念），要证明这一点将会十分困难。此外，对于比较建筑史中具有重要地位的某些事物，时间再长，也不见得比匆匆一瞥更有意义。

然而，请允许我以一个简短的解释作为开头。这便是，如何理解“风格”这个词。

风格，就是艺术品与其根源相一致，与其形成（德语“*Werden*”）的前提及环境相一致。当我们从风格的角度来看待这件物品时，我们不会把它当做完全的物品，而是一个结果。风格就是一支铁笔，一件古人用来写和画的工具。因此，对于艺术形式与其起源史之间的关系而言，它是富有启发性的一个词汇。开始时，工具受手支配，手又被意念指挥。然后这些又暗指了艺术创作中的技术和个人因素。于是乎，以金属锤打为例，它要

求有一种不同于金属锻造的风格。你也可以说，多纳太罗[1]和米开朗琪罗在风格上是相互关联的，诸如此类。两种说法都正确。

除了工具和手引导着它之外，材料也需要处理，从无形变为有形。首先，每一项艺术品的创作都应该反应它的外观，要把材料当做是一种有形的物质。于是，以希腊神庙为例，用大理石做材料时的风格，是不同于那些典型的用多孔石建造的神庙的。由此而推，我们可以列出木材风格、砖材风格和方石风格等。

不过，以材料为前提，我们还可以从更高的位置来理解事物，那就是艺术应用的主旨或主题。下文中，我们将讨论艺术形成中的主要因素，因为它是最重要的，最具决定性的，同时也是我们今晚要讨论的主题。

从最广义的角度来说，什么是所有艺术实践的材料和物质性的本质？我相信，那就是与世界有着各种关联的人。人有着三层含义：

1. 作为个体，形成家庭； 270
2. 作为集体，形成国家；
3. 作为人类，人的理想是艺术主旨的最高形式。

在这里，人们可能会被吸引着，走向思考人类早期文化历史的苦旅，并纠缠于亚里士多德说过的一句名言——人是社会动物，国家先于人而存在。我们不是依靠真实的环境，而是依靠传统的主观意识来理解事物。这些环境已经成为这样一种物质，它因人类的创造力而开花结果，并被赋予形式。然后，根据这些传统的观念，我们来讨论。

作为个体的人

当作为个体的人有意识地将其自身脱离于地上的（tellurian）存在时，就被认为是人类的起跑点。至少，这个概念在建筑学中已经作为所有传统的基础。

我们被导向这一概念，是因这样一个奇怪的事实：所有参加进建筑的装饰要素——在某些实例中，是强调部件在一项工作中的恰当关系；或者，是指示它们的分离和它们的协作；又或者，是突出艺术创作和宇宙的关系，这层关系正是它（装饰）的基础和它存在的环境；最后，或者是作为旨在为服务于整体或个体的象征——所有这些艺术象征，要我说，都归功于它们的根源是身体的装饰，并且采用最原始的家庭手工业的技术手段，将其紧紧贴附。它们保留传统的正确做法，直至最近。尽管它们在过去的世纪里已经经受了时代变迁，但并没有发生任何根本性的改变。

---

① Donatello，约 1386—1466 年，意大利文艺复兴初期的雕塑家。——译者注

实际上，装饰是一个显著的文化历史现象！它属于人类的特权，并可能是人类使用的最老的东西。没有动物为自己装饰。骄傲的乌鸦身披假翎毛阔步前行，只是个寓言故事。这是通往艺术的第一步，也是最重要的一步。在装饰中，它内在的秩序（德语"*Gesetz-lichkeit*"）包含在完整的艺术美学法则之中。

在装饰中，人会趋向于表达个人的奋斗，表达他内心中本能的，并且是人类发展的两个主要动因之一的分离倾向。无论我用什么装饰，它要么是活生生的，要么是死气沉沉的，或为部分，或为整体。我赋予它存在的权利，通过使它成为只为它而存在的关系的中心。我相信它标志着人的阶层。

271 在这里，还有另一个相关的重要观察。游牧民族的家用壁炉，连同其原始的盖顶构造，一直到现在都是文明的神圣象征。我们可以从祭坛和神庙内堂中，找到它的最高形式的宗教宣言。从埃及的塞克斯（*sekos*），到迦勒底—亚述的金字塔形构筑物和犹太人的神殿，穿越所有的文化阶段，直至基督徒会堂（Christian Tabernacle）和麦加圣殿（holy Kaaba）。它们都有着同样的基本形式。

如果我们给这些要素加上空间围合和保护中心的结构物，那么，我们就已经用少数原始的、从最早的人类夫妇那里借来的动因，表达了建筑所创造的每一样东西。

作为社会存在的人

服务于宗教和政权的建筑

独立和个体存在的离散趋向，在集中化的社会生活中找到了平衡的力量。导致或强化这种集中化社会生活的原因，是引人注目的外部环境和在两种力量结合时才会遭遇的危险中为求生存而进行的斗争。根据最古老的信仰，这两种动力——离心力促使自治而集中力导致服从——始终都是活跃的，但却相互远离。就好比最古老的文化中心，也是在不定居的游牧民族的住所之中成长而来。对艺术而言，人们同样需要这样的对立物。

或许，是某些可怕的自然力导致离散的人们聚集到一些安全的地点。比如，这种观念在中国就很流行。她的历史开始于在尧帝统治下的黄金时代的一次特大洪水。这次洪水之大，后世无可匹敌。[6] 同样的安全观念，也出现在尼姆鲁德的传说和巴比伦塔的建造之中。[7]

根据另一个信仰，人类群居的组织过程，有点像蚁群形成于其辛勤劳作的土壤。埃及新王国的贵族—僧侣式政权，是建立在血统和土生土长者拥有天然而不可剥夺的权力的基础上的。

与之相反的信仰，是在一个有着尚武根源的，并有相应制度的社会中分配权力。这可能是最正确的一种方式，因为所有人与所有人为敌几乎是所有人类的自然状态。在这种状态下，当人们打算联合力量并建造堤坝和水渠，以便从大地母亲那里求得福祉时，就会体会到纪律和统一行动的优 272
势。尚武制度的余韵至今可见，而且几乎在每一个地方。它的痕迹，在埃及不完全神权的古王国中清晰可见，甚至延续到新王国时期。奴隶制、农奴制、种姓制和绝对君权，显然都带有尚武制度的标记。

因为这个原因，我们将首先讨论尚武的政权。在那里，武装营地和城堡为纪念碑艺术提供了基本的动力。它是神庙、宫殿和私人住宅的原型，同时也是城市规划的原型。这种动力在古代整个亚洲有着支配性的地位，在其中的某些地方，至少从原则上而言其合法性还保留至今。

在这一点上，关于美索不达米亚景观纪念物的历史和考察，提供了最有启发性的物证。美索不达米亚的南部（迦勒底人的地盘）在某个时代已经成就一种文化。在这个时代之前，纪念物和历史收藏已经得到保留。那些最古老的记录表明，不同种群、不同语言的人已经聚居在一起，比如闪米特人、阿里乌斯派的人、突雷尼人和库希特人——所有这些人都混居杂处。因此，不管在那时，还是更为久远的年代，这片肥沃的土地一定已经成为持续不绝的众多入侵者的目标。他们同时也形成了对于后来这个国家的历史最重要的事物！高原上的亚洲人，派出了热心于掳掠的子弟。他们在一位勇猛领导者的旗帜下，以武力保证他们获得富饶河谷地的继承权，并征服被奢侈生活腐蚀了的居民。他们建立的国家，拥有军事共产主义的基础和封建社会的制度，其统治者即为法律和财产的独家代理人。

曾经有一段时间，这种新兴的政权显示出一种强大的活力。然而，这种突如其来的改变，伴随着与生俱来的粗糙结构和后天形成的奢靡生活，软化了征服者。杰出的封建领主使他们自己获得了独立，国家分崩离析，愈见羸弱，最终沦为另一个幸运的征服者的战利品。考虑到此类事件的一致性，我们也许可以从这个国家后来的、更为人知的历史阶段总结出一般的正确规律。

色诺芬告诉我们，小居鲁士（Cyrus）将帝国的行省分封给众心腹，在他们出发就任之前，他告诫他们要在一切事情上尽可能以他为榜样：开始的时候，他们要成立一个骑兵与战车团，其成员选自跟随者中的波斯人，以及辖地中的居民；接下来，他们要命令各自领地内的大地主们定期来到王宫的门口，接受领地内的法律条文，并让贵族的儿童在其眼皮底下接受教育，因为这是当时帝国王宫内的习惯；成年人则经常受邀加入城堡的打猎队伍。小居鲁士还嘱咐：“你们中的任何人，谁要是最有效地保留了数量最多的战车和最多的骑兵，将会得到我的特别恩赐。并且，不管是你， 273

还是我本人，一定要让最值得尊敬的人坐在最尊贵的座位上，还要让你的桌子跟我的桌子一样摆满显示宅邸华丽的各色物品，如此便可使你的邀请成为尊重那些自视甚高者的一个象征。要让野兽远离他们的圈子。在进餐之前，要他们和你的侍臣举行打斗操练。在训练你的马匹之前，不要给它们喂食。”最后，他指示他们要让那些有声望的人以他们为榜样，正如他希望他们要做的那样。[8]

波斯帝国建立者对于侍臣们的这些指令，也清楚地反映了质疑它们的正确性的一条内在真理。在演讲的最后，我已捎带着谈到这一点，因为它是第一个范例，说明立法者如何也能成为一种明确的建筑风格的创始人，或者至少作为其重建者或拼装人。既如此，它就是一个严守条律的和成熟的家庭系统，非自下产生，也非从简单向复杂发展。恰恰相反，它的最小形式就是皇家住宅的袖珍版。

小居鲁士还详细说明（根据色诺芬的描述）了这种皇家住宅的平面形式，它在本质上很可能是和亚洲人营地的传统布局相一致的。小居鲁士的营地由四圈方形城墙组成。最里面的一圈城墙包围着真正的皇家住宅，后者又划分为几个部分，住着皇家护卫、仆人以及最忠实的敢死队。往外的一圈城墙里，有战车和骑兵。第三圈里是轻骑兵。第四圈，也就是最外围的城墙里，驻扎有重型武装部队。[9]

如果我们将这一首层平面联系于一个向中心倾斜的台阶型塔的立面，我们就会得到一个适用于所有迦勒底—亚述人的城堡的固定类型。因为古代作家和最近的考古发掘，这种城堡现在已为我们所熟知。一个武装的营地，是从统治武力系统中成长为一个完整类型的。它不可扩充，也不能内部发展。它是一个防御的结构，自我维持，拒绝外面的世界。

当两支罗马的地方军合作时，他们会互相靠拢。这条黏结原理，对于所有基于武装营地的理念的艺术风格而言，是一条成长的法则（the law of growth）。它不止出现于迦勒底—亚述人的艺术风格，也出现在波斯、中国甚至印度的艺术风格之中。它可相比于突雷尼的语言句法，还可能是突雷尼—蒙古人（Turanian-Mongolian）的一项发明。

防御工事艺术的另一项原则，是从统治性位置中寻得支撑。作为整个防御系统的关键，这一位置完成了对边远要塞由内而外的、逐渐提高的掌控。在迦勒底人和亚述人手中，最高点的这种支撑是一项人性化的工作：台阶型的塔直冲蓝天，它同时也是神圣的王朝建立者和神庙牧师的坟墓。
274 在塔底下，是高高的城堡台地，用晒干的砖人工建造。在台地的突起处，矗立着王宫，也建成台阶状，它们分布零散，相互之间没有联系，就好像牡蛎懒散地附着于坚硬的礁石上。

这样一个集中的、高级的统一体，如同一个自我维持的根据地、一个军事堡垒，洞察着围墙外的一切。

除了强力的防御设备之外，这些设备所保护的对象也要有其建筑学的表达。作为第一座至高无上的帕拉斯神像[①]，它位于台阶型塔顶上一个前面已经提到过的、高高的神庙内殿里面。然后，在王宫的荫凉花园和植物台地中，掩映和散布着为数众多的聚会场地（它们为王子们而设）及亭台。最后，在城堡区的最外围，有侍臣与农奴们的住房、服务于外国人的旅社、交易市场以及用来容纳贡品和游牧商人的露天场地与帐篷。在这座壮丽的迷宫上，裹着鲜艳色彩的台阶型城堡在骄傲地俯瞰大地。

在这些要素之外，统治者又下令建造了住宅。尼尼微、巴比伦和博尔西帕[②]就是这样兴起的。人们也以此来解释它们之所以尺度巨大，而且辉煌（常被古人称赞为史无前例）。总体而言，它们是不断强化的统治力的极端体现。目空一切的皇家城堡及其贝鲁斯神庙，是为整个市镇而建的，正如王宫最高的台地是为总督而建。

这套系统已成为过时的玩意。贝鲁斯神庙业已沦落。当它从波斯征服者手中接受一个新动力以及一个全新方向之时，不过是个象征物。这套系统的某些基本特征得到更显著的表达，但主要特征却被它隐喻性的使用有意地转换成一个符号，象征着反抗倒塌的旧秩序，也象征着新的波斯帝国。

在其他事件中，我们观察到的第一个改变是清晰适度的。帕塞波利斯（Persepolis）正是以此规划：一方面要分隔，另一方面形成王宫整体的各单元要有主有从。各部分的基本布置是相同的：方形的圆柱大厅，环绕以外围工事，从最简单、最小的四柱建筑物逐渐过渡到最大的百柱大厅，也就是说，柱子的数量都是平方数。

在上文提到的两个变化中的第二个（同时也是更为重要的），是对自
然观的支持取代了迦勒底—亚述人轻视结构的人为观。著名的波斯帝国大 *275*
本营，依靠着拉美特山脉（Mount Rahmet）的金字塔状山脚。这显然是模仿了巴比伦的台阶型塔。实际上，其碑文说道：“我们阿契美尼德人（Achaemenids）不是拒绝上天的宁录[③]之子，而是善神的忠实仆人。在善神高高的火焰祭坛保护之下，我们才感觉到强壮。”

波斯建筑的一个特点是它依赖并融入环境的统治性面貌。这也解释了它为何相对于迦勒底建筑的厚重结实而言，有着较为轻巧的外观（关于迦勒底建筑的厚重，因时间久远之关系，已不允许我们做出详尽解释）。不过，这种依赖关系，是源于一种确定的文化观念，而非简单地将住宅从平原搬到山区之后的自然结果。这一点在埃克巴塔纳的米堤亚（Medes，Ec-

---

① Palladium，希腊智慧女神帕拉斯的塑像。——译者注

② Borsippa，苏美尔文明的一座重要城市。——译者注

③ Nimrod，圣经旧约中的一个英勇的猎人和史那之王，是海姆的孙子，诺亚之曾孙。——译者注

batana）的老城里得以体现。根据可靠的记载，它分毫不差地模仿了迦勒底的模型，尽管它也坐落于多山之国。甚至，在为尼尼微选址时，其创立者也曾有过靠近山坡的选择。

不过，这种新观念[1]直到大流士统治时期才变得流行。其典型代表即小居鲁士的陵墓，它是一个尼努斯的巴比伦坟墓，同时又是放大的阿契美尼德人的岩石坟墓。

上述例子表明，在人的艺术行为中，再创造可以是向前跳跃，也可能是向后退步。这驳斥了早先讨论过的、应用于建筑风格的进化论思想，同时也肯定了新风格总是诞生于新文化观念的主张。这些新文化观念，形成于个体的、有组织的头脑。

让我们看一看两个杰出的亚洲文化实体：中国和印度。它们截然不同，却有着相似的文化根源，即尚武的政府系统。

中国在官僚体系的影响下走向僵化。这个官僚体系在早期还是有活力的，而且一直维持到了今天，少有改变。其方针是绝对维持现状，即保留它认为理想的文化舞台。在此舞台上，形成了早于我们的、自尧帝统治以来至少有三千年历史的中华帝国。

因为这一点，该王朝的最后同时也最伟大的帝王——禹的王宫，成为
276 中国建筑的原型。它包括一个用作市场，并有着法庭和公共尺度的前院；前院之后的第二进院，其尽头为矗立于草坪上的、尺度很小的帝王宅邸。轻质结构的柱子支撑着茅土屋顶。屋顶因气候原因长满了苔藓。因为时间和承重原因，屋顶轮廓线呈弯曲状。这便是设想中的弯曲、绿色和光滑的中国屋顶的根源。早先柱子只是树干，屋顶只是茅草顶，墙只是竹编泥墙和长满绿草的斜坡墩子取代有宏伟台阶和围墙的台地时，这个国家的建筑风格就已经固定了。

在此类情境下，这种风格绝不会有纪念性的发展，但它并不排斥宏伟的布置，还会产生一种混合的丰富的多样性，尽管只是一种玩笑式的、要素很少的处理方式。这里和其他任何地方一样，政治和法律统治着建筑。它没有丝毫的渐进而有机的发展。

就其他方面而言，这里有一种和西亚（城墙、台地以及散布于台地上的建筑单元）的纪念性风格有关的，但却以更为对称和更为系统的方式安排的基本联系。这里也有庙宇式陵墓，作为住宅的最后的支持点（比如，北京的故宫）。

另一个奇怪的现象，是整个中华帝国的堡垒式布置。它和古时的禹帝有关，他将帝国划分成五个同心的区域。最里边的方形区，是王的私

---

① 实际上，它并不完全是新的，而被认为是较早的，并且以一种类似的方式被象征性地使用。巨大的金字塔形陵墓山，在西边向着埃及底比斯的位置上，高高耸起，这种站位关系正如埃及低地人工建造的旧王朝金字塔向着巴力塔（Tower of Baal）。——英文版注

宅。外圈住着逃犯。在两者之间，是罪犯、大臣和平民的住宅。在今天，同样的图式出现在中东的帝国，巴比伦的楔形文字碑铭也有着相同的意义。

对于中国，我不能不提到一位史上最残暴的艺术风格的改革者。大约在公元前 3 世纪中期，分离成很多个诸侯国的帝国被一位年轻的英雄重新统一。他来自秦国，称为秦始皇帝，是中国的拿破仑。[10]他把中国南方纳入帝国版图，边境直抵西藏和交趾支那。① 诸侯分封制瓦解后，他开始全面重立中国的法律、行政甚至风俗的伟业。他焚书坑儒，毁灭了旧帝国所有的法律书籍和年鉴。他大兴土木，导致民不聊生。距离他王宫不远的河畔，有一座荒山，体现了他的野心。他下令仔细测量和描画所有诸侯国的王宫，又将所有值钱的家具运到他的都城，包括被他消灭的对手们的寡妇和女奴。根据绘画，他在山上建起巨大的宫殿，由诸侯国王宫的完全复制品组成。它们美丽的前主人及其珍宝，被重新置于其中。这些建筑填满一 277
个广袤的区域，它们的多样性被巧妙而和谐地放到了一起。一个柱廊，一个此前在中国无人知晓的手法，联系着这些宫殿，并由此形成一个壮观的、四季皆能提供荫凉的双层画廊。

尽管这些建筑本身已非常巨大，但他随后还是添加了其他建筑。这可能是一个因极度专制和疯狂而导致的行为，而并不是为了歌颂皇帝的一切。大臣李斯建议并采取了最冷静的计算和高度政治化的考量。

像尼禄一样，秦始皇将其首都夷为平地。新城的规划模仿布满星斗的天空。每一颗固定位置的恒星由一个宫殿作代表。帝国的每一位贵族和权贵都必须在周围建起一座建筑，而且要建得最辉煌灿烂。总共有 900 座宫殿，每两座宫殿之间有 7 万个从外地迁徙到首都的家庭。皇帝本人的宫殿，自然是让别人都黯然失色。它与先前说过的妃嫔后宫有带屋顶的走廊相联系。

他最伟大、可能也是最疯狂的杰作，是中国长城。它横跨五六百个联盟地（leagues）。

然而，即使是这位巨人，他试图动摇使中国沉迷五千年的魔罩的努力也是徒劳的。他英武的精神随他远去。古老的习惯和文件随古物出土而再次出现，从它们的隐藏地。甚至直到今天，它们依然拥有统治地位，几乎毫发无损。

至于印度，我们在那里看到了一种风格源自印度人部族（the Hindu tribes）的建筑。人们沉醉于自然，喜欢自由畅想，同时向自我妥协并融入集体。建筑的风格完美地体现了这一点。不过，这里的建筑是精心建造的艺术杰作。和它们相比，即使马基雅弗利（Machiavelli）也像个感情脆弱

---

① Cochin china，印度支那南部一个区域，包括富饶的湄公河三角洲。——译者注

的政治家。

在面对来自外界的强权时，有两种截然不同的方式来确立并保持国家政权以及印度种族的独特精神。

一种方式是遵从佛教信条。它把那些外力当做绝对有害的东西来反对。它拒不接受吠陀经或婆罗门教经书的权威，并使真正的知识对所有人
278 开放，不论其种姓，也不论其种族。它不承认婆罗门和其他贵族种姓的优越地位，并保持自由原则和个体存在权利的立场。它的建筑风格趋向于清醒简洁，不同于梵天（印度教的最高实体）追随者的繁缛丰富。像基督教一样，佛教有一种普世的倾向。然而，尽管传遍整个东亚，它在印度令人陶醉的天空下却未能持续长久。

婆罗门走的是相反的道路。他们用竖起屏障的方式，努力把不能征服的力量引入一个明确的方向。这个方向导致他们部分转变成无害化，部分转变成支持国家机器的强大推进力。比如，在面对生存本能的自我意识时，婆罗门鼓励人们服从它，而不是与之斗争，所以他们鄙视其他国家鼓励个人野心的策略。婆罗门追求的这种政体原则的纪念性表达，就是那些庙宇、宝塔、修道院和朝圣者旅店。它们有时用石头建造，有时凿入岩体，有时沉入地下，都有着丰富的、植物般的复杂装饰。这些装饰的唯一目的，就是作为装饰！由无数忏悔者和僧侣创造的这些作品，是自我禁欲在石头上的不朽化表现，同时也是石头的禁欲。这道丰富得令人眩晕的、表面上似乎藐视任何法律的视觉大餐，其实在建筑上是连最小的细节都遵守《工巧明艺》[①] 这部神圣的婆罗门法律的。通过这些令人赞叹的创造，印度教徒的自虐式狂热（否则就是一贯贫瘠）证明其自身有巨大的生产能力——这又是一个反映政治家智慧的成功纪念物。

埃及也是一个史前时代就可能已经形成好战基础的社会。这个国家最老的建筑是与其环境相一致的。这一点至少表现在金字塔上——它们是如此接近于亚洲的阶梯状高塔，还表现在古王国的艺术和政体上。

但是，长期不受外界入侵的安全环境，可能使得这个社会适应并且深深扎根于土地。土生土长的观念在埃及人心中是根深蒂固的。长达数千年的时间长河里，它是埃及统治系统的根基。在这套统治系统中，操纵埃及命运的是拥有土地的贵族，凭借着神权政治形式（theocratic forms）的控制。

世袭业主的住所与他的财产一同成长，但是发展缓慢，仿佛一粒种子的萌芽。大住宅是从小住宅扩展而来。在亚洲，我们看到的是相反的过程：小住宅是从大住宅蜕减而成。

279 这种对比在埃及新王国的神庙式宫殿中得到体现（底比斯的伟大的国

---

① Silpa Sastras，一部有关庙宇建筑设计及雕刻的吠陀文献。——译者注

家纪念物，既是庙宇，也是宫殿）。此类建筑的本质特征，只有在和亚洲不重视结构的建筑做比较时，才会显而易见。

底比斯最大的国家纪念物包括著名的卡纳克和鲁克索（Luxor）神庙，以及尼罗河畔的一系列神庙式宫殿。它们不同于那些最小的、还用作避难所的建筑。后者只是简易工棚的复制品和扩展物，或者是内院加盖屋顶之后的衍生品。神庙的内殿是整座建筑中最重要、最本质的部分，它在尺度上和形式上都没有变化，但在外围工程的遮蔽下却变得越来越晦暗，并在数量和规模上不断增长。与迦勒底建筑对统治性的焦点具有依赖性相反，这里的重心总是在最远处的外围工程。这些工程以庞大的体量统治着一切，但并不提供一个明确的终点。同样的建筑从后至前不断地累加，又反过来激发了继续无限增长的想象。长达一英里的、中间穿插以独立塔门（pylons）的斯芬克斯林荫大道，指明了它可能延伸的道路。这也与迦勒底的工程相反，后者是自我的，一次建成，不再增加。

实际上，留存至今的几个实例的确是逐渐扩展而成的，就好像是自己慢慢长成那样。不过，扩展动机的象征意义在很早就有所体现，并有意识地在艺术上定型。甚至很老的纪念物——以及后来所有的纪念物——很明显是根据这一原则规划的，而且可以说是根据同样的模型制作而成。

这些简单组装起来的庞然大物，似乎是从土地上生长出来的，如同环绕并遍布尼罗河谷的沙石河岸。这座纪念物的所有东西，都隐隐指向一个不可见的核心，或者说一只蜂王。该核心的影响只会间接体现，或是在信徒和朝圣者的数量增长时，或是在越来越大的、越来越宏伟的、更多地体现强力牧师而非他们创造的上帝的空间增加时。在上帝那里，等级被人格化了。不是上帝的住房，而是他的崇拜机制，形成了法老神庙布置的本质而清晰的特征。

为永恒而建立的这种政体形式，实际上存在了数千年，直到它步入终点。它早在第十八王朝末期阿孟和蒂四世国王（King Amenhotep IV）的统治下便已动摇。这位国王试图用太阳神崇拜取代老的多神崇拜。很久以后，到
公元前7世纪，老的神权王国被一个封建制的政体取代。后者在那座著名的 280
迷宫里找到了一种奇特的建筑表达，它是一项与此前讨论过的中国帝国改革者的宫殿相类似的作品。在一个巨大的、方形柱厅的三个面，安排有十二座政府的宫殿①，每座宫殿都附带有塔门（pylons）、前院、多柱大厅和其他房间。每个要素又都被外面的围墙环绕和联系。庭院的第四个面被一个源于更早期的金字塔所占据。于是，一个更为亚洲的观念——中央集权化和依赖于令人回想起更早期文化环境的纪念物，便在此流行；这一关于十二政体（dodecarchy）之创立者的暗示，显然不是偶然的或无意识的！[11]

---

① 古代作者对宫殿的数量曾有质疑。——英文版注

不过，这种古老的僧侣政体的中断，只是一个短期现象。它甚至在波斯、希腊和罗马的外族统治下仍在持续，直到基督时代的纪元之初。

人类，自由的艺术

迄今为止，上面引用的所有实例都表明，艺术服务于社会，或服务于那些支配社会命运的人，因此它并不被视为自由的艺术。艺术的解放，只能是自信被唤醒之后的结果，而这种结果还得侥幸地反抗着融入集体和服从于极权监护的感觉。

古代艺术也为自由观念创造了合适的建筑符号。迦勒底的贝鲁斯神庙，正如法老的朝圣神庙一样，含有一种精神上的参考要素。不过，对前者而言，它受制于一个强大的下层结构；对后者而言，它隐藏在无边无际的外围工事之后。自由的希腊人民，是他们自己的牧师与僧侣。

下层结构、环绕柱廊和其他外围工程，只不过是初始和辅助性要素。可以说，它们是神的家室！

聪明的牧师不再死抱隐藏在笼子里的神性，也不再服务于那高高在上的、作为他们权力之象征与威胁的专横傲慢。他不为任何人服务，他只有一个目标：成为他自身完美的和希腊人文精神神化于其自身的代表！希腊围柱式建筑的发展历程，自前希腊时期不起眼的原点（屹立于山巅的简单的神庙殿堂）开始，就存在许多不确定性。但是，我毫不怀疑它的新文化
281 历史的意义及其相配套的发展，尽管它的基本形式与要素不是有意识地体现相同的组织意志。这种组织意志被号召起来，是为了形成希腊城邦的国体，并建立起他们的法律。在希腊的柱状建筑中，建筑获得了一种完美形式，但尚未达到它最高目标。

菲迪亚斯已经意识到神庙对他的奥林匹亚宙斯而言过于拘束，于是他从镶边神龛里请出了雅典娜，并将她高耸的神像放置于雅典卫城的庭院中心。

一个新的推动力来自小亚细亚，并在不久之后以这样的方式宣告它的存在：根据为整体效果而仔细算计的严整规划来布置整个城市和城市各区域。谋求宏大膨胀之结构的情绪，取得了优势地位。因为它，跨度有限的柱撑过梁不再使用。缓慢的改进变化，最先是由亚洲的马其顿征服者而引发的。他的强大意志，导致了亚－非－欧的普世君主观念。在他大胆的建筑师狄诺克拉底（Dinocrates，或者也被称作 Dinochares）的协助下，他敦促为该观念赋以纪念性的表达。他成全了亚历山大大帝，建造了那些伟大的纪念物。尽管这些纪念物无一能留存至今，但它们在历史上是永垂不朽的，因其伟大，因其高贵，因其辉煌。历史也证明，在大空间的产生过程

中，拱顶，尤其是穹顶被广泛地使用。

亚历山大之后的若干世纪，罗马人继承了他的遗产——世界君主政体的观念，又从他那里借来了空间创造的强大艺术表现力。这种空间表现力与希腊建筑之间的关系，就好比交响乐与竖琴弹出的赞美诗。它如交响乐般完美，并像交响乐一样（不受功能、政治和宗教的奴役）向一种自由的、自信的理想主义发展。

罗马帝国的建筑风格，即石头材料中表达出来的统治世界的观念，在我们的艺术评论中颇不受待见，尽管它正如我所说的那样，也蕴含着建筑的普世未来。很难用几句话来定义它的真实本质。它表达的是两种看起来互相矛盾的文化力量的综合体，即为个人奋斗和融入集体。

在罗马建筑中，很多尺度不同和重要性各异的个体空间是围绕一个大型中心空间而布置的，其原则是调和与胁从——在此基础上各部分相互支持，相互鼓励。每一个个体要素对于整体而言都必不可少，但并不丧失其个性，不管是在外观，还是在内部。它的各部分都安排妥当，而且如果需要，它们可以独自存在——至少它并不会为了物质支撑而暴露其自身需要。

随着罗马帝国的衰落，这种强大的亚历山大 - 罗马风格也分裂为诸种 *282*
要素。其中两个最显著的要素，应该在这里讨论。它们是原始的埃及巴西利卡和亚洲中心式建筑。

巴西利卡为西方祭祀教堂之滥觞，其最终与最富逻辑的表达形式是哥特式教堂。后者与埃及朝圣神庙有何本质区别？古希腊的城邦会堂（Ecclesia），已经吞噬了神庙；教堂，也即神职人员，已经成为上帝的主人。当教会神职人员将这种继承来的教堂基本形式向神权—学术的方向发展时，他明白自己在做些什么。

君士坦丁大帝则另有主张。伴随着基督教的凸现，他并没有为西罗马帝国新成立的拜占庭首都选择西罗马的巴西利卡，而是为他的基督教上帝设立了一个祭坛，位于其王宫高高的龟壳状中庭（*atrium testudinatum*）之上。它成为后来所有拜占庭穹顶的模型。就这样，致使他采用新教义的帝国观念在建筑学上获得了体现。耶稣基督搬到了新的宫殿里，作为现世王权的家神。将此概念完整体现于圣索菲亚大教堂（Hagia Sophia）的，是查士丁尼一世（Justinian I）。这座教堂靠什么区别于一座基督教的巴力神庙？如果没有一个新的重要的宇宙历史观做开路先锋，特拉勒斯的安提缪斯和米利都的伊西多罗斯将不会创造出这座教堂——它正是这种观念在建筑上的表达。

一个相同的，或者说相近的观念，也存在于圣彼得大教堂的穹顶之后。这座第一圣徒的大教堂，并未采用古老的巴西利卡。它是多位教皇努力的结果，这些教皇主张罗马教廷对神职人员的等级制度以及对俗世领导者拥有绝对控制权。在对教皇、神职人员和帝国都不甚关心的米开朗琪罗眼中，这项任务只是他达到目的的手段。他想用穹顶创造一个摆脱束缚的、理想的艺术品。然而，紧随他之后的继任者们却把此事搞砸。他们在它前面放置了一个巴洛克的巴西利卡——即便是在这里，他们也没有遵从他们自己的创造，而是服从于新成立的耶稣会（Jesuit）的权力。就这样，华而不实、过度繁复、装饰过分而同时概念上又极度贫乏的基廷会（Theatine）和耶稣会建筑就产生了。它谨慎仔细地吸引着人群的感官。他们不假思索，即被宽广的空间、艳丽的形式和耀眼的闪光点所迷惑。

同样，在今天身着礼服和长袍的耶稣会士们又在为 19 世纪的教堂（*ecclesia militans*）提供武装。他们借助了哥特式建筑的构架，并将其作为监控器，以便用现代设备重燃那从未停止的反知识进步和反科学的战火。他们不再呼吁天真的感受，但却追求在人群中流行的科技物质主义。

283 如果时间允许，我将讨论路易十四，他是另一种风格的杰出而清醒的创立者。

他让一句大胆的话永垂不朽：朕即国家（*l'Etat c'est moi*）。这本是黎塞留的政府观，其意在于粉碎棘手的、反对专制主义的封建贵族政体的残余势力，并以宫廷服务（an ennervating service at the court）的方式将其驯服成君王的左膀右臂。凡尔赛宫就是此类观念在建筑形式上的最高级表达。其尾随者有那些城堡和巴黎的旅馆，它们决定着上流社会的外在表现。

贵族阶级进行了一次可怕的报复，将王朝推向毁灭。摄政统治期间，在路易十五的支持下，“身后洪水，与我何干”（*après nous le déluge*，意为及时行乐，不管后果）被转译为洛可可风格。

这样，女士们、先生们，我们马上就要对简要概括的风格全景做最后总结。我将以这样一句明确的话做结束（当然这是你们所期望的）：我们苦心孤诣之学术成果的实际应用，是为了判断艺术的现代处境，也为了若干不错的理由，尽管它会给我造成一些尴尬。

不过，我还是要冒险将我的研究应用于一个特殊案例的评论。这个案例对于建筑界而言，是当今的头号大事。我正在考虑，在柏林新建一座哥特风格的、新教的、圣彼得大教堂的穹顶。[12]它将会是一座宣教性的教堂，其室内尺度（须以一人之声所能传达为限）将会扩展到涵盖一个 120 英尺的炮塔，其高度也将达到 250 英尺。亚洲 - 罗马的三重主教法冠，将转变成一个巨大的中世纪尖头盔（德语 *Pickelhaube*）。设想一下这个藐视结构的迦勒底观念的化身，一个自立、自持的圆形大厅，一个真实绝对的象征物，一个世界之卵。设想一下它的结构部件，横向肋条和拱壳，由桥墩和飞扶壁支撑，由一座座尖塔环绕！如此一来，哥特的经院哲学就转向了它

E·克林根贝格，柏林大教堂竞赛入围方案，1867—1869 年。盖蒂艺术史与人文学中心提供

古代的、传统意义的对立面，也就是说，变成了一个自我依靠的巨大象征物。它需要支撑，因此也需要信赖！

实际上，我们早先风格的反映，不正是为我们提供了正确评价现今种
种现象的指导吗?[①] 如果俾斯麦伯爵（Count Bismarck）对建设部有点兴
趣，我们相信他迟早会为他的国家纪念物的理想找到灵感。他不妨将之前 284
讨论过的秦始皇帝的建筑，或者埃及十二柱式的迷宫式政府宫殿，作为模
型，也比只盯着圣彼得大教堂强。

请允许再讲一个关于该寓言的实际应用！有人责备我们建筑师缺乏创造性——很严厉，因为到处都看不到具有普世历史重要性的新思想，也没

① 这是柏林一座哥特式新教大都会教堂的平面。真幸运它未被采用。感谢那位国王及其王室。他们是如此英明，所以没有做任何与之无关的事情。——英文版注

有强力而自觉的追求。我们确信，不管在哪里，这样的思想都将会推动前进。我们年轻一代中的某个人，将会证明他具备这样的能力，适合穿上建筑学的这身外衣。

但是，到那一刻来临之际，我们必须让自己接受这一点：老的东西要好好利用（to make do as best we can with the old）。

注　释

导　言

1. 威廉·狄尔泰，《现代美学三纪元及其当代使命》（Die drei Epochen der modernen Aesthetik und ihre heutige Aufgabe），《狄尔泰全集》（*Gesammelte Schriften*）第 6 卷（莱比锡和柏林：Teubner 出版社，1924 年），第 244 页。迈克尔·内维尔（Michael Neville）将其译为《现代美学三纪元》（Three Epochs of Modern Aesthetics），收于《威廉·狄尔泰作品选》（*Wilhelm Dilthey*，*Selected Works*）第 5 卷（普林斯顿：普林斯顿大学出版社，1985 年）。狄尔泰在文中毫不吝惜对森佩尔的溢美之词。他曾对艺术史学者忽视森佩尔的著作表示惋惜，“20 世纪的艺术史学者完全忽视了森佩尔的价值。”我非常感谢 J·邓肯·贝里（J. Duncan Berry）让我注意到这篇文章。
2. 这段时期对森佩尔的广泛关注始于康拉德·费德勒 1878 年发表的《关于重要历史建筑的评论》（Bemerkungen über Wesen und Geschichte der Baukunst），此后有关森佩尔的文献不断涌现。将这些文献全部开列于此，几乎是一项不现实的工作。汉斯·森佩尔曾分别对 19 世纪 70 年代、80 年代和 90 年代关于森佩尔的著作进行过统计，并列出了一份详尽的参考书目。这份书单见于《瑞士艺术家百科辞典》（*Schweizerisches Künnstler Lexikon*）（弗劳恩费尔德：Huber 出版社，1913 年；Kraus 出版社再版，1967 年）一书中，附于汉斯关于其父亲的传记草稿之后。

   19 世纪 80 年代末，芝加哥的森佩尔信徒相当有名，这其中特别要感谢罗泽玛丽·哈格·布莱特（Rosemarie Haag Bletter）的努力。参见《论马丁·弗洛里希的戈特弗里德·森佩尔》（On Martin Fröhlich's Gottfried Semper），发表于《反对》（*Oppositions*）第 4 期（1974 年 10 月）；以及《迈克米兰建筑师百科辞典》（*Macmillan Encyclopedia of Architects*）中收录其文章。最近有两篇涉及森佩尔在该地区之影响的文章，分别是鲁拉·杰拉尼奥塔斯（Roula Geraniotas）的《芝加哥的德国建筑理论与实践：1850—1900 年》（German Architectural Theory and Practice in Chicago，1850—1900），发表于：《温特图尔集刊》（*Winterthur Portfolio*）第 21 卷，第 4 期（1986 年），第 293—306 页，以及鲁拉·杰拉尼奥塔斯（Roula Geraniotas）的《伊利诺伊大学与德国建筑教育》（*The University of Illinois and German Architectural Education*），发表于：《建筑教育学报》（*Journal of Architeaural Education*），第 38 卷，第 4 期（1985 年），第 15—21 页。在维也纳，森佩尔的思想对奥托·瓦格纳、阿道夫·路斯（曾在德累斯顿求学）和卡米洛·西特都产生了巨大的影响。西特对森佩尔的关注在乔治·R·科林斯和克里斯蒂安·克拉泽曼·科林斯合译的《卡米洛·西特与现代都市规划的诞生》（*Camillo Sitte*：*The Birth of Modem City Planning*）（纽约：Rizzoli 出版社，1986 年）中有详细的论述；在第 339 页注释 15 中，特别开列了西特关于森佩尔的论文详单。除上述两国之外，森佩尔的理论在法国和英格兰也引起了广泛关注。1886 年法国出版的《建筑杂志》（*Revue générale de l'architeaure*）就对森佩尔进行了详细论述。更有趣的是 1884—1885 年冬季在英格兰展开的激烈讨论。这场争论是由森佩尔在瑞士联邦理工学院（ETH）的一个著名的学生劳伦斯·哈维（Lawrence Harvey）引发的，他于1884年12月15日在英国皇家建筑师学会面前朗读了《森佩尔关于建筑装饰演化的理论》(Semper's Theory of Evolution in Architectural Ornament)（载于：《学报》第1期，新增系列，1885年）。他的开场白是这样说的："也许我的英国同事们还没有听说过森佩尔这个名字，但在德国，他是与瓦格纳齐名的人物。"哈维的观点引起了激烈回应，在此需要特别提及的是《建筑师与建筑新闻》（*The Architect and Building News*）。G·鲍德温·布朗(G. Baldwin Brown）也参加了这场讨论。J·邓肯·贝里正在着手准备一篇关于森佩尔在
286 19世纪80年代至90年代的影响的论文。

3. 理查德·瓦格纳，《自传》(*My Life*)，授权译本（纽约，1911年)，第379页。据瓦格纳所说，当他成功地说服森佩尔使其相信他所追求的音乐本质与森佩尔追求的建筑本质是相同的之后，森佩尔改变了他最初的判断。(Tannhäuser：瓦格纳的三幕歌剧——译者注)
4. G·森佩尔，《技术与建构艺术中的风格》(*Style in the Technical and Tectonic Arts or Practical Aesthetics*)（美因河畔的法兰克福，1860—1863年）第60段（本书有收录）。
5. 阿尔托纳，易北河右岸汉堡西北部城市（1937年并入汉堡)，有时被当做是森佩尔的出生地。森佩尔传记的主要作者——他的儿子汉斯，在一些文章中将汉堡作为其父亲的出生地，而将阿尔托纳作为他的洗礼地。
6. 关于森佩尔曾在加特纳手下学习的证据并不充分。沃尔夫冈·赫尔曼在盖蒂艺术与人类历史中心（Getty Center for the History of Art and the Humanities）所做的演讲中曾提到，森佩尔在这段时期内的兴趣点是土木工程学，而非建筑学。在雷根斯堡逗留期间，森佩尔和他的朋友西奥多·布劳（Theodor Bülau）一起研究了哥特式教堂。
7. 鉴于我们对高乌开办的学校知之甚少，这所学校的规模一定不大。大卫·范赞滕（David Van Zanten）认为丹麦的M·G·B·宾德斯波尔（M. G. B. Bindesbøll）曾在1823年期间跟随高乌学习，参见：《建筑彩画：建筑中的生活》(Architectural polychromy：life in architecture)，载于：《美术与19世纪的法国建筑》（*The Beaux-Arts and nineteenth-century French architecture*)，罗宾·米德尔顿（Robin Middleton）编，（马萨诸塞州坎布里奇，麻省理工学院出版社，1982年)，第209页。感谢卡尔·哈默（Karl Hammer）与我共享他在这所学校中的调查资料。根据这段时期保存下来的（藏于苏黎世的瑞士联邦理工学院）森佩尔的作品，我们可以将高乌的方法论概况为"杜朗式的"。
8. 在这段时期内，圣西门对社会主义的热情被埃米尔·巴罗（Emile Barrault）的一本小册子所吸引：《成为艺术家：未来美术之路》(*Aux Artistes：du passé et de l'avenir des beaux-arts*，1830年)。埃米尔·巴罗在书中指出了艺术衰落的现状，并倡导开创一个像希腊早期和哥特时代一样的崭新的"有机时代"（*époque organique*)。在这场革命中，社会主义理想将取代教堂在人们心目中的地位，公正的社会环境和卓越的艺术创作将成为新时代的标志。

   该思想对这段时期学院中的学生产生的影响，参见大卫·范赞滕的《巴黎美术学院的建筑构成：从夏尔·皮埃尔到夏尔·加米尔》（Architectural Composition at the Ecole des Beaux-Arts from Charles Percier to Charles Gamier)，和尼尔·莱文（Neil Levine）的《建筑易读性的浪漫思想：亨利拉布鲁斯特与新希腊主义》（The Romantic Idea of Architectural Legibility：Henri Labrouste and the Neo-Grec)，载于：《巴黎美术学院的建筑作品》(*The Architecture of the Ecole des Beaux-Arts*)，阿图尔·德雷克勒斯（Arthur Drexler）编，（纽约：现代艺术博物馆，1977年)，分别在第111—324页和第325—416页。另见尼尔·莱文的《1824年国际汽车大奖赛竞赛》(The competition for the Grand Prix in 1824）和《书籍与建筑：雨果的建筑思想与拉布鲁斯特的圣日内维耶美图书馆》（The book and the building：Hugo's theory of architecture and Labrouste's Bibliothèque Ste-Geneviève)，载于：《美术与19

世纪的法国建筑》，分别在第66—123页和第138—173页；大卫·范赞滕的《杜邦的新教神殿》（Duban's *Temple Protestant*），载于：《建筑求索：献给亨利－罗素·希区柯克》（*In Search of Architecture*：*A Tribute to Henry-Russell Hitchcock*），海伦·西林（Helen Searing）编，（马萨诸塞州坎布里奇和伦敦：麻省理工学院出版社，1982年），第64—84页；罗宾·米德尔顿与戴维·沃特金（David Watkin）在这一时期内的讨论，载于：《新古典主义与19世纪建筑》（*Neoclassical and 19th Century Architecture*），（纽约：Abrams出版社，1980年），第207—237页。

9. 汉斯·森佩尔在为《瑞士艺术家百科辞典》（*Schweizerisches Künstler-Lexikon*，Frauenfeld出版社，1913年；Kraus出版社再版，1967年）撰写的传记草稿中，注意到了这场家庭冲突。另见《德国传记概论》（*Allgemeine Deutsche Biographie*）（1891年），及《戈特弗里德·森佩尔：描绘其生活与工作》（*Gottfiied Semper*：*Ein bild seines Lebens und Wirkens*）（1880年）。戈特弗里德·森佩尔从早年即接受古典文化教育，他的私人藏书中有很多古典主义的著作。他将部分藏书带到了英格兰，见148号手稿（瑞士联邦理工学院Hönggerberg校区）。
10. 阿诺尔德·赫尔曼·路德维希·黑伦（1750—1842年），19世纪初期杰出的古典历史学家，因其对历史遗迹的经济分析而出名，著有《关于古代世界最高贵的民族的政治、交通和商业贸易的见解》（*Ideen über Politik*，*den Verteetlr*，*und den Handel der vornehmsten Völker der alten Weht*）（2卷本，哥廷根，1793—1796年）；《科学复兴之后，古典文学的研究史》（*Geschichte des Studiums der klassischen Litteratur seit dem Wiederaufleben der Wissenschaften*）（2卷本，哥廷根，1797—1802年）；《古代国家史》（*Geschichte des Staaten des Altertums*）（哥廷根，1799年）。卡尔·奥特弗里德·穆勒（1797—1840年）在23岁时被任命为哥廷根古典主义研究的教授，他很快就让自己成为世界上研究希腊的领先权威。他主要的著作是：《多利安人》（*Die Dorier*）（1824年）、《科学的神话绪论》（*Prolegomena zu einer wissenschaftlichen Mythologie*）（1825年）和《考古艺术手册》（*Handbuch der Archäologie der Kunst*）（1830年）。还应该指出的是，在哥廷根逗留期间，森佩尔是A·H·L·黑伦的儿子的密友，而且实际上他于1826年与小黑伦一道，离开巴伐利亚，前往巴黎。 287
11. 关于希托夫的研究成果很多：卡尔·哈默（Karl Hammer），《雅克·伊格纳茨·希托夫（1792—1967年）：一位巴黎建筑师》（*Jakob Ignaz Hittorff. Ein Pariser Baumeister*，*1792—1867*）（斯图加特：Anton Hiersemann出版社，1968年）；大卫·范赞滕，《19世纪30年代的建筑彩画》（*The Architectural Polychromy of the 1830s*）（纽约和伦敦：Garland出版社，1977年）；唐纳德·戴维·施奈德，《雅克·伊格纳茨·希托夫（1792—1867年）的作品与学说：法国建筑的结构创新与形式表达，1810—1867年》（*The Works and Doctrines of Jacques Ignace Hittorff*，1792—1867：*Structural Innovation and Formal Expression in French Architecture*，1810—1867）［2卷本，纽约和伦敦：Garland出版社，1977年；罗宾·米德尔顿，《希托夫的彩绘之战》（Hittorff's Polychrome Campaign）］，载于：《美术与19世纪法国建筑》，第174—195页。
12. 艺术史学者路德维希·冯·肖恩，博伊塞雷的门徒，也与卡尔·哈勒·冯·哈勒施泰因和K·O·穆勒相熟。在《艺术报》（*Kunstblatt*）发表后，肖恩在19世纪20年代产生了广泛的影响，这份报纸经常刊登一些最新的考古研究成果。
13. 对开本的《努比亚的古代建筑（1822—1827年）》［*Antiquités de la Nubie*（1822－7）］中有许多关于埃及作品中彩绘的描写。高乌对彩绘研究的第二个贡献是他补充完成了弗朗索瓦·马祖瓦的《庞贝古迹》（*Ruines de Pompeii*），3卷本（1829年）及第4卷（1838年）。
14. 关于希托夫旅行的相关记载参见施奈德，上文引用书目，第1卷，第94—98页。
15. 希托夫在1823年12月14日给杰拉尔的信中讲述了他在阿格里真托的发现；12月30日，

希托夫将同样的内容寄给了《艺术报》的编辑路德维希·冯·肖恩，后者于1824年4月将此发现公之于众。希托夫显然很担心当时同在塞利农特的莱奥·冯·克伦策也要求分一杯羹。

16. J·J·温克尔曼，《古代艺术史》，G·亨利·洛奇（G. Henry Lodge）（波士顿，1880年），308页。另见《温克尔曼：艺术论》（*Winckelmann*：*Writings on Art*），大卫·欧文（David Irwin）编，（伦敦：Phaidon出版社，1972年）。
17. I·康德，《判断力批判》（*The Critique of Judgment*）（牛津：牛津大学出版社，1978年），第1书，第14段，第67页。
18. C·L·斯蒂格利茨，《希腊与罗马建筑艺术考古》（*Archäologie der Baukunst der Griechen und Römer*），第1卷（魏玛，1801年），第258—259页。
19. 维特鲁威，《建筑十书》（*De Architectura*），第4书，第2章。
20. 帕萨尼亚斯，《希腊指南》（*Guide to Greece*），Ⅰ，第28页。
21. 老普林尼《博物志》（第35书，Ⅰ，第3页，以及第35书，XXXVII，第118页）中的两段文字中反映了如下含义：希腊时期并没有出现在墙上直接绘制彩画的手法，这些手法是同时代罗马人的遗产。温克尔曼（在《古代艺术史》，德累斯顿，1764年，第264页）以一份冗长的希腊画家的名单作为回应，这些画家都在墙壁上留下了作品。温克尔曼甚至还将墙壁上的彩绘手法追溯到了加勒底时代。
22. 建筑师及历史学家阿洛伊斯·希尔特赞同温克尔曼的观点，他认为希腊艺术家使用的是与庞贝城中相同的壁画创作技法。参见《古代建筑艺术》（*Die Baukunst nach den*
288 *Grundsätze der Alten*）（柏林，1809年），第234—235页。C·A·伯蒂格在《绘画考古思想》（*Ideen zur Archäologie der Malerei*）（德累斯顿，1811年），第280页中做出如下回应："事实并非如此。这些图案是绘制在落叶木或阔叶木制成的面板上的，因此，他们实际是一种装饰板（*tabulae*）。"森佩尔在《技术与建构艺术中的风格》（*Style in the Technical and Tectonic Arts*）第59段中记载了这次争论（本书有收录）。
23. 斯图亚特和雷夫特对装饰带的描述如下："这些与建筑本身同样古老的彩绘为建筑增色不少。"（第1卷，第2章，图版VIII说明）
24. 卡特梅尔·德·坎西的著作于1815年出版，但其中大部分内容仍是以他10年前的演讲为基础的。
25. 菲迪亚斯提及的黄金和象牙雕塑包括：科林斯波塞冬神庙（Temple of Poseidon）中的马匹和海螺雕塑、西锡安（Sikyon）的潘（Pan）和阿佛洛狄忒（Aphrodite）雕像、埃匹达夫罗斯（Epidauros）的阿斯克勒庇俄斯（Asklepios）雕像、波利克里托斯（Polykleitos）在迈锡尼阿里安（Hearion at Mycenae）的作品、伊里斯（Elean）赫拉神庙中的大量作品、帕特雷神庙（Temple of Patrai）中的雕塑，以及派利恩（Pellene）的雅典娜雕像。
26. 卡特梅尔·德·坎西，《奥林匹亚·朱庇特》，第17—18页，"只要看看在希腊雕塑中，木材是最古老且最持久的材料之一，而对这种材料的应用，在与肖像雕塑艺术初期的审美风格取得协调之后，大大地促进了彩色雕塑艺术的发展……就足够了（*Il suffit d'avoir vu que le bois fut une des matières que la sculpture grecque exploita le plus anciennement et le plus constamment*; *que l'emploi de cette matière*, *aprèsêtre trouvé d'accord avec le goût que fut celui de l'enfance de l'art dans les* statues-mannequins, *seconda puissamment le developpement de la sculpture polychrome*, *et fut l'apprentissage de la statuaire en ivoire.*）"
27. 同上，36页。
28. C·R·科尔雷尔，《论爱琴岛大理石》（On the Aegina Marbles），《科学与艺术学报》（*Journal of Science and the Arts*）第6卷，第12期（伦敦，1819年），第340页。关于科尔

雷尔对其发现的说明，参见他的《南欧与累范特旅行》(*Travels in Southern Europe and the Levant*)(伦敦，1903 年)。建筑师及考古学者卡尔·哈勒·冯·哈勒施泰因时至今日才为人所知。18 世纪末 19 世纪初，哈勒曾在柏林的海因里希·根茨 (Heinrich Gentz) 和阿洛伊斯·希尔特手下学习建筑，并以建筑监督员的身份在纽伦堡工作了三年。之后，他来到罗马，加入了卡诺瓦的事务所。卡罗琳·冯·洪堡对这群德国建筑师关怀备至。1810 年，哈勒来到希腊，加入了布伦斯泰兹和施塔克尔贝格的公司，他的职务是在一个探险队中做布伦斯泰兹的秘书，这个探险队的部分资金由达尼什·克朗 (Danish Crown) 资助。在希腊考察期间，哈勒与科尔雷尔同在一个小组，并先后对雅典文物遗迹、爱琴岛和阿卡迪亚地区的神庙进行发掘。科尔雷尔与哈勒将出售发掘物所得的版税用来支付他们在希腊继续工作的生活费，以及其他挖掘项目的启动资金。1817 年秋，哈勒在希腊去世。近期出版的关于哈勒的著作是《卡尔·哈勒·冯·哈勒施泰因在希腊：1810—1817 年》(*Carl Haller von Hallerstein in Griechenland*：1810—1817)，汉斯格奥特·班克尔 (Hansgeorg Bankel) 编 (柏林：Dietrich Reimer 出版社，1985 年)。

29. 莱奥·冯·克伦策，《复原一座托斯卡那神庙的尝试，根据对它历史与技术的类推而做》(*Versuch einer Wiederstellung des toskanischer Tempels nach seinen historischen und technischen Analogien*)(慕尼黑，1822 年)，第 77 页。
30. 1811 年，约翰·福斯特 (John Foster) 和雅各布·林克 (Jacob Linckh) 参与了科尔雷尔与哈勒第一次在巴赛的挖掘工作。布伦斯泰兹和施塔克尔贝格于次年率领一个小组回到此地，进行进一步挖掘。
31. O·M·巴龙·冯·施塔克尔贝格，《阿卡迪内巴赛附近的阿波罗神庙与当时之发掘工程》(*Der Apollotempel zu Bassae in Arcadien und die Daselbst ausgegrabenen Bildwerke*) (罗马，1826 年)。
32. 埃尔金勋爵 (1766—1841 年) 是 1799—1803 年期间英国驻君士坦丁堡大使。威廉·利克 (1777—1860 年) 是英国古文物研究者和地理学者，海军炮兵上尉，他一生中的大部分时间都是在中东度过的。1800—1803 年期间他恰在雅典。威廉·威尔金斯 (1778—1839 年) 是这个团队中唯一的建筑师，他在 1801—1804 年间先后到过西西里、希腊和小亚细亚。他完成了两本关于希腊的著作——《大埃及》(*Magna Graecia*) (1807 年) 和《雅典》(*Atheniensia*)(1816 年)。考古学家爱德华·多德威尔 (1767—1832 年) 1801—1806 年间正在希腊旅行，之后在罗马定居下来。
33. 威廉·威尔金斯，《雅典，或雅典地形与建筑评注》(*Atheniensia*; *or Remarks on the Topography and Buildings of Athens*)(伦敦，1816 年)，第 86—88 页。 289
34. 威廉·马丁·利克，《雅典地形，及其古迹之评注》(*The Topography of Athens*, *with some Remarks on its Antiquities*)，第二版 (伦敦，1841 年)，第 335 页。
35. 爱德华·多德威尔，《希腊古典与地形之旅，在 1801 年、1805 年与 1806 年期间》(*A Classical and Topographical Tour Through Greece*, *During the Years* 1801, 1805, *and* 1806)，2 卷本 (伦敦，1819 年)，第 342—343 页。另见 320—342 页，365—367 页。
36. 威廉·金纳德 (1788—1839 年) 因 1812 年在林肯旅馆场地 (Lincoln's Inn Fields) 约翰·索恩 (John Soane) 府邸对面的规划设计第一次引起建筑界的关注。他在 1817—1819 年期间与 C·帕利和 C·伊斯特莱克共同到希腊考察，编辑出版了《雅典古迹》(*Antiquities of Athens*) 前 3 卷，并参与出版了第 2 版第 4 卷 (1825—1830 年)，之后他进行了一些小型的建筑实践。约瑟夫·伍兹 (Joseph Woods, 1776—1864 年) 在编辑出版了《雅典古迹》第 1 卷 1816 年增补卷后，于 1816 年至 1819 年期间先后考察了法国、意大利和希腊等地。托马斯·莱弗顿·唐纳森 (1795—1885 年) 于 1819 年秋抵达希腊，之后他考察了小亚细亚地区，并于1822年回到罗马。他对《雅典古迹》1830年增补卷的贡献包括对巴赛阿波罗·伊壁鸠鲁神庙的复原、迈锡尼的地下房间以及雅典、德尔斐和小亚细亚等地的碎片。查尔斯·帕利（1795—1860年）在旅行考察期间并没有什么学术研究成果，但之后他的建筑实践取得了成功。伊斯特莱克成为一名著名的画家，并担任了英国皇家艺术院院长和英国国家艺廊馆长。威廉·詹金斯（1864年去世）于1820年到雅典考察，并为1830年增补卷提供了《关于斯图亚特与雷夫特之〈雅典古迹〉的进一步阐述》(Further Elucidations of Stuart & Revett's Antiquities of Athens)一文。

37. 第1、2卷于1825年出版，第3卷于1827年出版，第4卷于1830年出版。金纳德独立编辑了前3卷。

38. 布伦斯泰兹的2卷著作于1825—1830年期间在巴黎出版。

39. 对于稍后涉及森佩尔的疑问——雅典古代遗迹上的玫瑰色涂料是否是因风化或涂料残留等因素形成的自然结果，布伦斯泰兹并未斗胆给予评判（第145页，注解4）。

40. 希托夫曾于1823年将《雅典古迹》1825—1830年版第4卷中的部分文字翻译为法文。第1版的4卷也于1808年开始翻译，金纳德对帕提农神庙彩绘进行注释的最为重要的第2版第2卷却没有翻译。

41. 关于希托夫与唐纳森的会面见于罗宾·米德尔顿的《希托夫的彩绘之战》(Hittorff's polychrome campaign)，《美术与19世纪法国建筑》，第176页。唐纳森的《考察报告》(observations) 未能出版，但W·R·汉密尔顿在翻译弗朗兹·库格勒文章的脚注中引用了唐纳森对忒修斯神庙色彩的评论文章，弗朗兹·库格勒的这篇文章载于《英国建筑师学会学报》(*Transactions of the Institute of British Architects*)（伦敦，1836年），第85—86页脚注。森佩尔在《建筑四要素》中再次引用了这篇文章。

42. 他们将这种红色的碎片作为插图插入了哈里斯和安吉尔合作的文章——《发现于西西里塞利农特遗迹的线刻柱间壁》(*Sculptured Metopes discovered amongst the Ruins of the Temples of the Ancient City of Selinus in Sicily*)（伦敦，1826年），图版6、7、8。

43.《西西里古代建筑》图集包括49幅版画，其中部分内容于1827—1830年期间陆续出版。这部著作的完整版（扩充到89幅版画和655页文字）直到1870年才得以问世。

44. 本文也曾发表于《考古通讯协会年鉴》(*Annales de l'institut de correspondence archéologique*)（第2卷，巴黎，1830年），标题为“希腊的多彩建筑，或塞利农特卫城的恩培多克勒神庙的整体修复（De l'architecture polychrôme chez les Grecs, ou restitution complète du temple d'Empédocles, dans l'acropolis de Sélinunte）”，第263—284页。希托夫文章的节选版于1824年7月24日在巴黎发表，并在最近的展会目录《希托夫》中再版发表，这次展会在巴黎历史博物馆举行（巴黎，1986年），第336—340页。

290 45. 希托夫，《希腊建筑彩绘》(De l'architecture polychrôme chez les Grecs)，第273页。“装饰中的绘画异乎寻常地瑰丽多彩，这或多或少地令神殿更加壮丽宏伟，以便如同人们所希望的那般让神像们被万丈光芒所环绕（*C'était le degré de richesse dans les ornements dont la peinture était plus spécialement chargée, qui servait à donner plus ou moins de magnificance apparente aux édifices sacrés, selon l'éclat dont on voulait entourer les dieux.*）”

46. 大卫·范赞滕也持有同样的观点，《建筑彩绘：建筑中的生活》(Architectural polychromy: life in architecture)，《美术与19世纪法国建筑》，第205—207页。

47. 劳尔·罗谢特在《西西里古代建筑》的评论中首先对希托夫做出了评价，这篇文章载于《学者杂志》(*Journal des Savants*)，1829年7月。关于希托夫的第二篇评价文章是《古代壁画》(De la Peinture sur Mur chez les Anciens)，载于《学者杂志》，1833年6月-8月。但是，劳尔·罗谢特早在1830年夏就改变了他对希托夫的态度。《学者杂志》是这场争论的主战场，而这场争论在1833—1836年期间达到顶峰。希托夫最主要的辩护人是法兰西学院传统考古学家、古文物研究学者J·A·勒特罗纳教授。

48. 这些草图中的一部分曾被翻印在马丁·弗勒利希（Martin Fröhlich）《戈特弗里德·森佩尔：留给瑞士联邦理工学院的绘图学的遗产》（*Gottfried Semper*：*Zeichnerischer Nachlass an der ETH Zürich*）（巴塞尔和斯图加特：Birkhäuser Verlag出版社，1974年），第28—31页，第207—215页。

49. G·森佩尔，《希腊旅行回忆录》（Reiseerinnerungen aus Griechenland），第1封信，《短篇文集》（*Kleine Schrifien*）（柏林和斯图加特，1884年；Mittenwald，1979年）；第431页。

50. 1832年，朱尔·戈瑞告别了森佩尔和希腊，与欧文·琼斯继续到君士坦丁堡、巴勒斯坦、埃及和格拉纳达等地考察，1834年因霍乱去世。巴泰勒米（Barthélemy）的著作很可能是《青年阿纳卡西斯的希腊之旅》（*Voyage du Jeune Anacharsis en Grèce*）的删节版。

51. 利奥波德·埃特林格，《戈特弗里德·森佩尔与古典时代》（*Gottfired Semper und die Antike*）（Halle，1937年），第47页。

52. 森佩尔与另外九位感兴趣的同行共同搭起了与此柱同高的脚手架，以便于研究。他的这份关于色彩涂料遗迹的《发掘报告》发表于《考古通讯协会学刊》（*Bulletino dell'Istituto di corrispondenza archeologica*）（1833年），第92页。随后这篇文章被译为德文，并再版于《戈特弗里德·森佩尔短篇文集》（*Gottfried Semper*：*Kleine Schriften*），第107—108页。

53. 森佩尔将他的复原图介绍给一批柏林的建筑学听众，这其中就包括卡尔·弗里德里希·申克尔和弗朗兹·库格勒。在森佩尔收到的一封日期为1834年6月19日的来信中，申克尔对森佩尔敢于向反对者当面表述其彩绘观点的勇气大加赞扬，并鼓励他在探索希腊建筑"精神实质"的道路上继续前进。森佩尔将这封申克尔的来信发表于他对《技术与建构艺术（或实用美学）中的风格》（美因河畔的法兰克福，1860—1863年，第1卷，523—524页）的《短评》（Schlussbemerkungen）中。

54. 在维多利亚与艾伯特博物馆出版的复本中，题目改为《建筑艺术中的色彩应用》（*Ueber Anwendung der Farben in der Baukunst*）。6张插图分别以法文命名：1.《雅典忒修斯神庙的外部细节》（Temple de Thésée Athènes，détails de l'ordre extérieur）；2.《雅典忒修斯神庙的柱廊内部细节》（Détails de l'intérieur du peristil du Temple de Thésée à Athens）；3.《忒修斯神庙》（Du Temple de Thésée），《伊特鲁里亚陵墓》（D'un Tombeau Etrusque），《几个残片》（Fragmens Divers）；4.《忒修斯神庙顶棚细部》（Détails du Plafonds du Temple de Thésée）；5.《帕提农神庙柱顶檐部复原》[Entablement（英文版为Entablement）Restauré du Parthénon d'Athènes]；6.《吉珍蒂出土的石棺》（Sarcophage trouvéà Girgenti），《萨拉米斯的柱底座原状》（Piedestal trouvéà Salamis），《吉珍蒂出土的石棺》（Sarcophage trouvéà Girgenti）。部分赫菲斯托姆（Hephaesteum）细部图纸曾以彩色插图的方式再版，载于《技术与建构艺术中的风格》（*Der Stil*）。

55. 这一观点在森佩尔的后期理论中占据了相当重要的位置，但此时只是在《初评》结尾部分的一个脚注里随意出现的一段文字。在这段文字中，通过与希托夫的西西里复原图的对比，森佩尔强调了他的雅典色彩体系中出现的色调变化。森佩尔将希腊建筑分为多立克和爱奥尼两种类型的观点有些种族特征，此观点源于K·O·穆勒的编年体史书中将这 291
两个"种族"移植不同时期的到希腊中心地区的做法，这两种性格不同的艺术风格分别以其柱式为代表。穆勒将装饰繁复的阿特柔斯宝库看做是在多立克和爱奥尼风格入侵之前出现的"半开化建筑风格"的遗迹。参见K·O·穆勒，《多利安种族的历史与古迹》（*The History and Antiquities of the Doric Race*）（Die Dorier，1824），2卷本，亨利·塔夫内尔（Henry Tufnell）与乔治·康沃尔·刘易斯（George Cornewall Lewis）翻译（牛津，

1830年），Ⅱ，第273—277页。

56. 在《考古艺术手册》中，穆勒认为传统艺术是从多立克时代到中世纪不断发展的连续过程。他认为伊特鲁里亚艺术是意大利文化中一段希腊艺术的插曲，而中国、犹太和埃及遗迹“对精神文化或艺术文化的作用微乎其微”。我曾经引用过这本书英译本的附录部分，《古代艺术及其遗迹；或考古艺术手册》（*Ancient Art and Its Remains; or a Manual of the Archeology of Art*），约翰·莱切（John Leitsch）翻译（伦敦，1850年）。文中特别强调了鲁谟对艺术发展连续性的重视，特别是在中世纪艺术对希腊罗马传统的继承方面。参见其所著《意大利研究》第3卷。在此，我们不应过分强调森佩尔《初评》（*Preliminary Remarks*）一书的历史基础正是来源于穆勒与鲁谟。关于鲁谟的艺术史观点及其对森佩尔的影响，参见拙作《风格的观念：戈特弗里德·森佩尔在伦敦》（The Idea of Style: Gottfried Semper in London）（博士论文，宾夕法尼亚大学，1983年），第120—141页。

57. 除了文中提到的伊里索斯（Ilussus）的神庙顶层装饰带上的彩绘以外，《雅典古迹》第1版中出现的与彩绘相关的唯一暗示是第3卷中忒修斯（赫菲斯托姆）神庙图版7和图版8，这两张图中描绘了神庙门廊壁角柱之间的彩色装饰物，但并未对此做出任何说明。《初评》中的一个脚注告诉我们森佩尔对《雅典古迹》1830年增补卷相当熟习，但他似乎并不知道金纳德在第2版第2、3卷中对帕提农神庙和忒修斯神庙所做的扩展性评论。

58. 赛拉迪法尔科扩大了希托夫复原平面的尺寸，并将神庙的类型由爱奥尼的四柱式改为与之相反的多立克式。在劳尔·罗谢特对该书的评论中，他对希托夫复原图的质疑愈加明显，他对赛拉迪法尔科的评价是“工作精确、严谨（*travail exact et sévère*）”，而他对希托夫的评价是“想象（甚至幻想）的成分多过考证（*oeuvre d'imagination et de fantaisie, plutôt que critique et de vérité*）”，（《学者杂志》，1835年1月，第14—18页）。希托夫在同一期杂志中对劳尔·罗谢特的文章做出了回应；劳尔·罗谢特则通过引用森佩尔在《初评》结尾部分对希托夫所谓的“自由”（liberties）的评价——愉快地——对其做出了回应。

59. 参见穆勒在1835年6月20日给鲁谟的信，载于：《普鲁士艺术收藏年鉴》（*Jahrbuch der Preuszischen Kunstsammlungen*），第54卷（柏林，1933年），第6页。同时，穆勒也认为布伦斯泰兹在其提出的色彩理论中走得过远。

60. 穆勒的评论发表于《哥廷根学者通告》（*Göttingische gelehrte Anzeigen*），Ⅰ，（1834年），第1389—1390页。

61. 劳尔·罗谢特对《初评》的评论发表于《学者杂志》，1836年11月1日，第668—684页。

62. 库格勒的文章于1835年3月26日首次发表；之后再刊于《艺术史短篇与研究文集》（*Kleine Schrifien und Studien zur Kunstgeschichte*），第1卷，（斯图加特，1853年），第265—327页。W·R·汉密尔顿将部分内容译为英文。参见《古希腊建筑的彩绘》，《伦敦英国建筑师学会学报》1835—1836年，第1卷（伦敦，1836年），第73—99页。

63. 卡尔·施纳赛，《古代艺术发展史》（*Geschichte der bildenden Künste bei den Alten*），第2卷（杜塞尔多夫，1843年），第144页。

64. 参见曼弗雷德·科布（Manfred Kobuch）《戈特弗里德·森佩尔离开德累斯顿之后的聘任》（Gottfried Sempers Berufung nach Dresden），载于：《戈特弗里德·森佩尔：1803—1879年》（*Gottfried Semper* 1803—1879）（德累斯顿：德累斯顿大学建筑技术系系列，1979年），以及库尔特·米尔德（Kurt Milde）的《戈特弗里德·森佩尔》（Gottfried Sem-
292 per），载于：《戈特弗里德·森佩尔逝世百年纪念》（*Gotttfied Semper zum* 100. *Todestag*）（德累斯顿，1979年），第viii—xiii页。德累斯顿为申克尔和高乌提供了工作职位，但都被他们拒绝了。申克尔推荐他以前的学生奥古斯特·索莱尔（August Soller）去担任这个职位。米尔德也曾提到当时流行的自由化政治趋势对接受法国式训练的森佩尔产生了相当大的影响。森佩尔寄给德累斯顿学院委员会的《初评》中就带有一些自由化趋向，这可能也影响了他们的判断。

65. 引文选自瓦格纳对相关事件的说明，《自传》（*My Life*），第 478—479 页。

66. 参见《戈特弗里德·森佩尔：建筑求索》（*Gotttfied Semper: In Search of Architecture*）（马萨诸塞州坎布里奇和伦敦：麻省理工学院出版社，1984 年），第 9—83 页。

67. 森佩尔所授金属课程是他第一年的任务；在第二年中，他被分配教授“实用结构、建筑和可塑性装饰”（Practical Construction，Architecture and Plastic Decoration）课程。由于在组织万国博览会方面出色的工作，亨利·科尔于 1852 年初被任命为设计学院行政主管。他将学院改建为实用艺术系（Department of Practical Art），并将主要的伦敦分院搬入马尔伯勒庄园。后来，科尔在科学与艺术学系下构建起其理想的教育帝国，该系位于南肯辛顿（South Kensington）地区的维多利亚与艾伯特博物馆（Victoria and Albert Museum）内。

68. 1850 年 11 月底，雷切尔·查德威克（Rachel Chadwick）开始着手翻译《建筑四要素》。该书部分内容也有法文译本；参见 79、82 和 84 号手稿（瑞士联邦理工学院 Hönggerberg 校区）。

69. 希托夫的巨著于 1846—1851 年期间出版，题为《塞利农特恩培多克勒神庙复原；或希腊建筑彩绘》（*Restitution du temple d'Empédocle à Sélinonte; ou l'architeaure polychrome chez les Grecs*）。

70. 这两次会议分别于 1836 年 12 月 13 日和 1837 年 6 月 1 日举行。第二次会议的焦点集中在建筑的彩绘问题，J·-I·希托夫、W·R·汉密尔顿、威廉·韦斯特马科特、萨缪尔·安吉尔和 T·L·唐纳森出席了这次会议。参见《伦敦英国皇家建筑师学会学报》，第 1 卷，第 2 部分（伦敦，1842 年），第 102—108 页。森佩尔在《建筑四要素》第 3 章引用了汉密尔顿的报告。

71. 欧文·琼斯，《阿尔罕布拉的平面、立面与细部》（*Plans, Elevation, Seaions and Details of the Alhambra*）（伦敦，1842 年）；M·D·怀亚特，《中世纪几何马赛克的标本》（*Specimens of Geometric Mosaics of the Middle Ages*）（伦敦，1848 年）。

72. 怀亚特与琼斯 12 月的演讲分别发表于《土木工程与建筑师杂志》，1851 年，第 31—34 页与第 37—40 页。

73. 关于这两次会议讨论的大量报道，参见《土木工程与建筑师杂志》，1852 年，第 5—7 页与第 42—50 页。

74. 参见卡特梅尔·德·坎西，《埃及建筑，在其原址的考察，其格调原理，以及与希腊类似建筑之对比》（*De l'Architecture Égyptienne, considérée dans son origine, ses principes et son goût, et comparée sous les mêmes rapports à l'Architecture Grecque*）（巴黎，1785 年），15—19 页。其标题为《建筑》（Architecture）的论文发表于《方法论百科全书》（*Encyclopédie Méthodique*）（巴黎，1788 年）。

75. R·罗谢特对《初评》的评论发表于《学者杂志》，1836 年 11 月 1 日，第 671 页。

76. 森佩尔在《风格》（*Der Stil*）（1860—1863 年）中引用了克莱姆的描述；在森佩尔离开德累斯顿之前，克莱姆著作的第 4 卷（1847 年）业已出版。关于克莱姆及其对森佩尔影响的更详细的论述，参见拙作《古斯塔夫·克莱姆与戈特弗里德·森佩尔：人种学与建筑理论的碰撞》（Gustav Klemm and Gottfried Semper: the meeting of ethnological and architectural theory），载于：《人类学与美学学报》，第 9 卷，（1985 年春），第 68—79 页。

77. 起初，博塔和莱亚德发现亚述城市的过程相当曲折混乱。保罗·埃米尔·博塔（1802—

1870 年）是法国驻摩苏尔领事，1842 年他在尼尼微遗迹附近的发掘并不成功，之后他将
293 发掘地点向北移动了 14 公里，并于次年发现了科萨巴德遗址。博塔认为这便是尼尼微古城，并发表了 5 卷本巨著——《尼尼微的纪念物》（*Monument de Ninive*，1846—1850 年）。奥斯汀·亨利·莱亚德（1817—1894 年）于 1845 年离开君士坦丁堡到美索不达米亚地区进行发掘。他在 Kuyunik、阿舒尔（Ashur）、尼姆鲁德等地发现了宫殿遗址，并认为尼姆鲁德的宫殿就是尼尼微古城。在返回该地发现真正的尼尼微古城——这里正是博塔最初发掘的地点——之前，他已经于 1849 年发表了 4 卷本《尼尼微的纪念物》。

78. P·E·博塔，前文引用书目，第 5 卷，第 174—176 页。博塔关于亚述艺术是介于埃及艺术与希腊艺术间的中间过程的观点在当时相当流行。另见森佩尔关于希腊、埃及和亚述制陶业的比较，《风格》，第 2 卷，第 86 段与 94 段。

79. G·森佩尔，于 1850 年 2 月 24 日给爱德华·菲韦格的信，载于《戈特弗里德·森佩尔与 19 世纪中叶》（*Gottfiied Semper und die Mitte des* 19. *Jahrhunderts*）（巴塞尔和斯图加特：Birkhäuser Verlag 出版社，1976 年），223 页。

80. 森佩尔签订的合同是《建筑比较理论》，这本书中刊载了对这本理论著作的简介。

81. 31 号手稿（瑞士联邦理工学院 Hönggerberg 校区）。手稿第 1 页有如下标记（后增）："也许在 1846 年之前。"手稿 19 页标注有稍晚些的日期。参见赫尔曼（Herrmann）《戈特弗里德·森佩尔在苏黎世瑞士联邦理工学院的理论遗产：目录与评注》（*Gottfried Semper theoretischer Nachlass an der ETH Zurich*：*Katalog und Kommentare*）（巴塞尔、波士顿、斯图加特：Birkhäuser Verlag 出版社，1981 年），第 81 页。

82. 赫尔曼曾翻译过这部著作中的 3 章，《戈特弗里德·森佩尔：建筑求索》。另见该书中的编年性章节，"风格之起源，1840—1847 年"（The Genesis of *Der Stil*，1840—1877）。

83. 不只森佩尔担心他的英国同事会窃取其理论成果，当时这种焦虑是普遍存在的：森佩尔和他在伦敦流亡的朋友都担心"普鲁士间谍"正企图暗杀他们。这种担心并非完全空穴来风。1851 年 8 月，森佩尔和他的朋友洛塔·布赫（Lothar Bucher）被推选加入一个"联合民主党（United Democrats）"德国流亡委员会，这是一个包括卡尔·马克思在内的政治组织。但是，马克思在提到这些"可敬的政治家"（respectable *hommes d'état*）时显得极其轻蔑（见他于 1851 年 8 月 31 日给恩格斯的信）。关于森佩尔的"自由主义"政治观点，参见黑茨·奎特奇（Heniz Quitzsch），《戈特弗里德·森佩尔的政治观点》（Die politischen Anschauungen Gottfried Sempers），载于：《戈特弗里德·森佩尔的审美观点》（*Die ästhetischen Anschauungen Gottfried Sempers*）（柏林，1962 年），与《森佩尔的艺术理论》（Sempers Kunsttheorie'）载于：《戈特弗里德·森佩尔逝世百年纪念》（德累斯顿，1979 年），第 xxv—xxix 页。

84. 尽管将德语单词 *Bekleidung* 译为"穿衣服（dressing）"并不完全贴切，但我认为如果采用另一种译法"覆层（cladding）"显然是错误的。德语中动词 *kleiden* 的字面含义是"覆盖、穿衣（to clothe，to dress）"。森佩尔在《技术与建构艺术中的风格》一书中的纺织部分介绍了这种观点；在论述衣服和建筑的关系时，森佩尔将介绍性内容列为单独的一个段落。而且，由于装饰是早期墙壁挂毯残留下来的暗示，森佩尔一直坚持使用这种概括性、隐喻性的用法。例如，他在《初评》中第一次使用了这个词 *Farbenbekleidung*：意为"色彩衣服（color dressing）"或"色彩衣料（color coating）"，而不是"色彩覆层（color cladding）"。我认为，将这个单词机械地译为"覆层（cladding）"（在英语中，cladding 一词很容易让人联想到那些令人不快的廉价的遮蔽物）会从根本上扭曲森佩尔理论中的这一重要观念，也会人为地破坏"穿衣服"概念及其相关的"掩饰（masking）"概念之间的联系。

85. 梅里菲尔德夫人（Mrs. Merrifield），《色彩和谐：以博览会为例》（The Harmony of Colours as exemplified in the Exhibition），载于：《水晶宫博览会：插图目录》（*The Crystal Palace Exhibition：Illustrated Catalogue*）（伦敦，1851 年；纽约再版，1970 年），附录。

86. 有观点认为是艾伯特亲王策划了这一邀请。沃尔夫冈·赫尔曼并不太重视这个邀请，他认为该邀请可能是一位活跃在英国政坛的改革者埃德温·查德威克发出的，他是森佩尔的朋友。参见 W·赫尔曼，《戈特弗里德·森佩尔：建筑求索》，第 294 页，注释第 198。

87. 设计学院实际上经历了一次彻底的改革。1851 年 10 月，万国博览会的主要策划者亨利·科尔（Henry Cole）私下接受了该学院行政主管的委任。官方于 1852 年 1 月公布了这项任命。在森佩尔的档案中有一本《科学、工业和艺术》的简略译本；参见 88、89、93 号手稿（瑞士联邦理工学院 Hönggerberg 校区）。 *294*

88. 雷德格雷夫的《关于设计的补充报告》发表于《陪审团的报告》（*Reports by the Juries*）（伦敦，1852 年），第 708—749 页。沃纳姆的文章标题为《作为品味的一堂课的展览》（The Exhibition as a Lesson in Taste），载于：《水晶宫博览会：插图目录》（伦敦，1851 年；再版：纽约，1970 年），第 I—XXII 页。

89. 雷德格雷夫对折中主义的反对态度也代表了《设计与制造学报》编辑的主要立场，这是一本在当时相当进步的杂志。例如，约翰·拉斯金《建筑的七盏灯》（*The Seven Lamps of Architecture*）在当时的保守态度就遭到了该杂志的公开指责［第 2 卷，第 8 期（1849 年 10 月），第 72 页］。

90. 除理查德·雷德格雷夫外，其他艺术家还包括欧文·琼斯、马修·迪格比·怀亚特和威廉·戴斯。科尔和雷德格雷夫于 1852 年在实用艺术学院中聘用的教员除森佩尔之外，还包括屋大维·赫德森（Octavius Hudson，纺织学）、J·辛普森（J. Simpson，绘画与陶瓷）、J·J·汤森（J. J. Townsend，解剖学）和 C·J·理查森（C. J. Richardson，建筑构造与实用结构）。1852 年的讲师包括林德利博士（Dr. Lindley）、L·普莱费尔博士（Dr. L. Playfair）、欧文·琼斯、拉尔夫·沃纳姆和约翰·汤普森（John Thompson）。

91. 在开篇的社论中，《设计与制造学报》将其刊物宗旨描述为“所有装饰产品的范本（*pattern*）库”，其目标是“为设计类专著提供不断更新的装饰艺术原理，让设计师全面接触对其职业有益及有帮助的信息”。

92. 欧文·琼斯，“1851 年万国博览会拾遗”，《设计与制造学报》，第 5—6 卷（1851 年 3 - 8 月），第 89—93 页。1852 年展览会演讲的题目为《尝试定义一个应当控制装饰艺术中色彩使用的原则》（An Attempt to Define the Principles which should Regulate the Employment of Colour in the Decorative Arts）。

93. 1852 年 6 月，在马尔伯勒府的演讲的题目是《论装饰艺术的真实与谬误》（On the True and the False in the Decorative Arts）（伦敦，1853 年）。此次活动是为科尔和雷德格雷夫就任新职位举行的庆祝典礼。

94. 怀亚特的两篇演讲分别是《论应用于纺织艺术的设计原则》（On the Principles of Design applicable to Textile Art），载于：《英国艺术宝藏》（*The Art Treasures of the United Kingdom*）（伦敦，1858 年），第 71—78 页；《尝试定义确定装饰艺术中之形式的原则》（An Attempt to Define the Principles which determine Form in the Decorative Arts），载于：《关于万国博览会之影响的讲座》（*Lectures on the Results of the Great Exhibition*），第 2 系列（伦敦，1853 年），第 215—251 页。

95. M·D·怀亚特，《19 世纪工艺美术：万国工业博览会上各国精选展品的系列插图》（*The Industrial Arts of the Nineteenth Century. A series of illustrations of the choicest specimens produced by every nation at the Great Exhibition of Works of Industry*），1851 年，2 卷本（伦敦，1851

年)，第 v—vii 页。此外，需要注意的是，类似“劳动分工（division of labor)”这样的短语现在与马克思主义的理论密切相关，但在那时却是非政治性的。

96. 97 号手稿，第25—32 页（瑞士联邦理工学院 Hönggerberg 校区)。该手稿由 W·赫尔曼出版，载于:《戈特弗里德·森佩尔在苏黎世瑞士联邦理工学院的理论遗产：目录与评注》(*Gottfried Semper theoretischer Nachlass an der ETH Zürich*：*Katalog und Kommentare*)，第205—216 页。

97. 原始信件的日期是1843 年9 月26 日，由赫尔曼出版，载于:《戈特弗里德·森佩尔与19 世纪中叶》(*Gottfried Semper und die Mitte des* 19. *Jahrhunderts*)，第 215—218 页。关于本书因何种原因被耽搁以及其后来如何变为《技术与建构艺术中的风格》的历史细节，参见赫尔曼，《风格之起源》(The Genesis of *Der Stil*) 载于:《戈特弗里德·森佩尔：建筑求索》，第 88—117 页。

98. 森佩尔于 1853 年 11 月 23 日在伦敦的英文演讲（122 号手稿，瑞士联邦理工学院 Hönggerberg 校区）发表于《研究》(*Res*) 第6 卷（1983 年秋季)，第 5—22 页。这篇演
295 讲由汉斯·森佩尔译为德文，题为《比较风格理论体系概述》(Entwurf eines Systems der vergleichenden Stillehre，对译英文为 Outline for a System of Comparative Style-Theory)，载于:《戈特弗里德·森佩尔短篇文集》。这篇演讲的英文稿于 1884 年译为德文时产生了一些理解上的偏差，由于译者（汉斯·森佩尔）带进了一些决定性和功能性的偏见。参见英文稿及注释，载于《研究》第6 卷（1983 年秋季)，第 23—31 页。

99. 关于汉斯·森佩尔对这种联系的论述，参见《戈特弗里德·森佩尔：描绘其生活与工作》(柏林，1880 年)，第 4 页。

100. 约瑟夫·里克沃特（Joseph Rykwert）首先强调了森佩尔成熟的理论体系中的“反进化论”特征，参见其评论《森佩尔与风格概念》(Semper and the Conception of Style)，载于:《戈特弗里德·森佩尔与 19 世纪中叶》，第 75 页。罗泽玛丽·哈格·布莱特（Rosemarie Haag Bletter）更详细地论述了森佩尔理论中的进化论观点，参见《论马丁·弗罗利希眼中的戈特弗里德·森佩尔》(On Martin Fröhlich’s Gottfried Semper)，载于:《反对》(*Oppositions*) 第4 期（1974 年10 月)，第 146—153 页；以及戈特弗里德·森佩尔的传记，载于:《迈克米兰建筑师百科辞典》(*Macmillan Encyclopedia of Architects*)。

101. 参见 K·布鲁恩斯（K. Bruhns）编，《亚历山大·冯·洪堡传记》(*Life of Alexander von Humboldt*) 第 2 卷（伦敦，1873 年)，第 178 页。

102. 森佩尔使用的“类型”(*type*) 一词似乎直接源于洪堡（Humboldt）对《宇宙：关于万物之物理描述的概述》(*Cosmos*：*A Sketch of a Physical Description of the Universe*) 的介绍：“（我们）一直都可以看到一切有机体在发展过程中显示出的原始神秘性，歌德曾提及的超越普通智慧的蜕变问题，以及人类试图将重要形式尽量简化为最少数量的基本类型的解决方法。”(伦敦：1848 年，第 1 卷，第 2—3 页)。

103. 居维叶的大灾难理论公开发表于《地球表层进化的演讲》(*Discours sur les révolutions de la surface du globe*)（巴黎，1825 年)。关于进化论的冲突将这些思考者分为两个阵营，并最终导致了 1830 年 2 月 22 日在巴黎科学院（Academy of Science）的那场著名的争论，争论的双方是居维叶和若弗鲁瓦·圣 - 伊莱尔（Geoffroy Saint-Hilaire)。森佩尔当时正在巴黎居住，对于这场大肆宣传的争论相当了解。

104. 参见居维叶对《按其组织分布的动物界》(*Règne Animal*)（巴黎，1861 年）的介绍；英文译本，《动物王国》(*The Animal Kingdom*)（伦敦，1863 年；Kraus 再版，1969 年)。

105. 居维叶作为分类标准的四种功能是呼吸功能、消化功能、循环功能和运动功能。关于其分类学方法，参见 M·福柯（M. Foucault)《词与物：知识考古学》(*The Order of Things*：*An Archeology of the Human Studies*)（纽约：兰登书屋，1970 年，第 263—279 页)。另一篇专

门针对居维叶和森佩尔的研究是安德烈亚斯·豪泽（Andreas Hauser）的《居维叶的艺术科学》（Der ‘Cuvier der Kunstwissenschaft’），载于：《建筑的边缘》（*Grenzbereiche der Architektur*）（巴塞尔、波士顿、斯图加特：Birkhäuser Verlag，1985 年）。

106. 引文参见森佩尔《建筑比较理论》的内容简介。

107. 参见 C·C·吉利斯皮（C. C. Gillispie），《客观性的边缘》（*The Edge of Objectivity*）（普林斯顿：普林斯顿大学出版社，1960 年），第 283 页。

108. 123 号手稿，3—4 页，（瑞士联邦理工学院 Hönggerberg 校区）。感谢沃尔夫冈·赫尔曼向我提供这份重要稿件。

109. 约瑟夫·里克沃特曾使用这种表达方式——《森佩尔与风格概念》（Semper and the Conception of Style），载于：《戈特弗里德·森佩尔与 19 世纪中叶》，第 74 页。

110. 里克沃特也曾指出森佩尔的结构模型与威廉·洪堡的语言学 *energia*（行为）观念的相似性：语言形态是思想的创造性表达或格式化工具。参见《森佩尔与风格概念》，第 76 页。

111. 引文摘自 1853 年 11 月 23 日伦敦演讲，发表于《研究》第 6 卷，（1983 年秋），第 14 页。《论建筑的符号》，发表于：《研究》第 9 卷（1985 年春），第 61—67 页。

112. 在德累斯顿，赫尔曼发现了森佩尔于 1852 年 12 月 13 日向大英博物馆阅览室索取伯蒂歇尔著作的请求。参见其评论《森佩尔与考古学家伯蒂歇尔》（Semper and the Archeologist Bötticher），载于：《戈特弗里德·森佩尔：建筑求索》，第 139—152 页。 *296*

113. 赫尔曼曾引用该信，见于《放逐中的戈特弗里德·森佩尔》（*Gottfried Semper im Exil*）（巴塞尔和斯图加特：Birkhäuser Verlag，1978 年），第 97 页。

114. 该演讲于 1856 年在苏黎世公开发表，再版载于《短篇文集》（*Kleine Schrifien*），第 304—343 页。

115. 对《形式美的原理》（Theory of Formal Beauty）的介绍已有英文译本，见于《戈特弗里德·森佩尔：建筑求索》，第 219—244 页。

116. 贝内代托·克罗切（Benedetto Croce）的《美学》（*Aesthetic*）（波士顿，1978 年）中对蔡辛的理论做过一些比较详细的介绍，但该书认为蔡辛是“那些指南和系统的操纵者”中的一位。

117. 蔡辛对艺术分类的冗长乏味的论述占用了近 36 页的篇幅。其中唯一的图表出现在第 503 段，他在这张图表中将建筑与器乐和舞蹈归为一类。

118. 沃尔夫冈·赫尔曼曾私下暗示森佩尔的理论与卡尔·恩斯特·冯·贝尔（Karl Ernst von Baer，1792—1876 年）和卡尔·古斯塔夫·卡姆斯（Karl Gustav Cams，1789—1869 年）的生物理论有某些相似点。贝尔出生于爱沙尼亚，他是比较胚胎学的创始人，同时还是几本进化论著作的作者，这几本著作引起了 T·H·赫胥黎和赫伯特·斯彭斯（Herbert Spencer）的注意。贝尔最出名的著作是《动物胚胎学》（*Ueber die Entwickelungsgeschichte der Thiere*）（1828—1837 年）。身为生理学家、艺术评论家及景观设计师的卡姆斯出生于莱比锡，1814 年被任命为德累斯顿医学院的教员，他在萨克森（Saxon）首府期间森佩尔也在此居住。他也完成了不少著作，其中包括《解剖学与生理学的主要特点比较》（*Grundzüge der vergleichenden Anatomie und Physiologie*）（德累斯顿，1828 年）。

119. 在序论的第一部分，森佩尔提到了鲁谟对《艺术之家》（Haushalt der Kunst，对译英文：Household of Art）的批判性介绍。森佩尔对唯心主义美学的批评也反映了鲁谟对其的影响。穆勒将其古典考古学视为“科学”，他认为有必要在《考古艺术手册》的序言中阐明其美学规则的框架源于康德、奥古斯特·施莱格尔（August Schlegel）和其他一些人。

120. 由于一些合同方面的问题，森佩尔关于制陶业的手稿被之前的出版商扣留，致使他无法开始这部分的写作。关于合同方面的冲突以及森佩尔在第 3 卷内容上的问题，参见 W · 赫尔曼《风格之起源，1840—1847 年》（The Genesis of *Der Stil*，1840—1877），载于《戈特弗里德 · 森佩尔：建筑求索》，第 89—117 页。

121. 在 1860—1863 年的第 1 版中，有两个段落中的编号相互重复；这些错误在 1878 年版中已得到纠正；因此，本书翻译的内容是第 2 版中的第 48 段至 63 段。

122. 卡尔 · 伯蒂歇尔，《希腊建构》（*Die Tektonik der Hellenen*）（柏林：Ernst & Korn Verlag，1869 年），第 20—25 页。

123. 森佩尔，《技术与建构艺术中的风格》，第 1 卷，第 445 页。

124. 自从康德 · G · W · F · 黑格尔将艺术视为一种精神产物之后，建筑需为纯艺术而否认材料基本特性的做法就成了德国唯心主义哲学的一项原则，建筑要超越材料的局限性，通过对哲学意义上的绝对（Absolute）的反映而成为一件给人美感的事物（参见《艺术哲学》，F. P. B. Osmaston 译，第 3 卷，第 3—31 页）。A · W · 施莱格尔认为，建筑通过模仿自然的"普遍原则"或精确关系，而超越自身材料和机制的局限（参见 *Vorlesungen über schöne Litteratur und Kunst*，载于：*Deutsche Litteraturdenkmale des* 18. *und* 19. *Jahrhunderts*，第 160—182 页）。F · W · J · 谢林（F. W. J. Schelling）在其关于艺术的演讲（载于：*Sämmtliche Werke*，第 V 卷，572—599 页）中详细讨论了建筑超越真实和明确理想的方法。他将建筑称作"空间中的音乐"，并将其无机性看做是"关于有机的寓言"。

297 125. 特别参见卡特梅尔 · 德 · 坎西，*De l'Architecture Egyptienne, considérée dans son origine, ses principes et son goût, et comparée sous les mêmes rapports à l'Architecture Grecque*（巴黎，1785 年），242 页。文章完整的标题为，'*En effet, ce seroit bien peu connoître l'essence de l'Architecture, et la plus grande partie des moyens qu'elle a de nous plaire, que de lui enlever cette agréable fiction, ce masque ingénieux, qui, l'associant aux autres arts, lui permet de paroître sur leur théâtre, et lui fournit une occasion de plus de rivaliser avec eux*'。

126. 实际上，从 1870 年开始，森佩尔已通过修订和扩充《论建筑风格》的部分内容进行第 3 卷的创作。这 39 页手稿（283 号手稿，瑞士联邦理工学院 Hönggerberg 校区）发表于赫尔曼，*Gottfried Semper theoretischer Nachlass an der ETH Zürich*：*Katalog und Kommentare*，（巴塞尔、波士顿和斯图加特：Birkhäuser Verlag，1981 年），250—260 页。

127. 伊波利特 · 泰纳（Hippolyte Taine）关于艺术史中的决定因素的理论和赫伯特 · 斯彭斯关于艺术的进化理论，可以看作是这种流行趋势的不同表现方式。在德国，为艺术及其理论在科学中争取一席之地的做法，在艺术科学（*Kunstwissenschaft*，对译英文：science of art）运动和移情（*Einfühlung*，对译英文：empathy）运动中有所反映，在古斯塔夫 · 费克纳（Gustav Fechner）、罗伯特 · 菲舍尔（Robert Vischer）和其他人不同的理论中也有所反映。参见托马斯 · 蒙罗（Thomas Munro），*Toward Science in Aesthetics*（纽约，1956 年），*Evolution in the Arts*（克利夫兰，1963 年）。

128. 1869 年 3 月 4 日，森佩尔在苏黎世发表演讲。3 月 31 日，森佩尔收到皇室的邀请，请他参观维也纳并讨论关于艺术和自然历史博物馆项目的委托事宜。数月前，卡尔 · 冯 · 豪森奥尔（Carl von Hausenauer）曾对森佩尔接受该委托项目提出质疑［参见《哈森瑙尔与森佩尔》（Hasenauer and Semper）］，载于《建筑概论》（*Allgemeine Bauzeitung*）1894 年，第 57—63 页，第 73—82 页，第 85—96 页。1869 年 9 月，第一家德累斯顿剧院在火灾中夷为平地。森佩尔很快便与德累斯顿官方取得联系，并在次年 2 月被委托设计一座规模更大的新剧院。

129. 尽管柏林竞赛于 1867 年 8 月 12 日开始，但评审活动却推迟到 1869 年 3 月，评审团的结论已无法被采纳。关于这次竞赛及其相关方面更详细的记载，参见《德国建筑》（*Deut-*

sche Bauzeitung)，第 6 期，1869 年 2 月 4 日，至第 15 期，1869 年 4 月 8 日。

130. 1902 年，赫尔曼·穆特修斯（Herrmann Muthesius）反对森佩尔以古代遗迹为基础提出的“世界主义（cosmopolitan）”建筑思想，他厌恶哥特建筑，也不承认“日耳曼艺术”（*Stilarchitektur und Baukunst*，34—35 页）。亨利·范德费尔德（Henry Van de Velde）指责森佩尔没有给出其建筑理论的理性和逻辑的表现形式［《从新风格开始》（*Vom neuen Stil*），第 67 页］。H·P·贝尔拉戈对森佩尔的矛盾态度在 1908 年表现得愈加明显。在肯定勒卡尔·舍夫勒（Karl Scheffler）对森佩尔的评价——“艺术战场上最伟大的将军”——之后，贝尔拉戈惋惜地指出：“只有森佩尔在《技术与建构艺术中的风格》中提出的永恒价值，才为建筑带来了逻辑的一致性！这位艺术巨匠提出的重要观念及其对细节的关注，将对德国建筑产生巨大的影响！”（《建筑发展原理》，第 88—89 页）。森佩尔在《论建筑风格》结尾部分的评论，再次重申了那个提及 1851 年出版《建筑四要素》的脚注的内容。

131. 参见 K·费德勒，《关于重要历史建筑的评论》（Bemerkungen über Wesen und Geschichte der Baukunst），载于：《艺术文集》（*Schriften zur Kunst*）（慕尼黑，1913/1914 年；Halbband 再版，1971 年）。费德勒的文章实际上是关于森佩尔理论的评述，由小埃德加·考夫曼（Edgar Kaufmann，Jr.）、阿尔维纳·布朗内（Alvina Browner）与维克托·哈默（Victor Hammer）合译为英文《康拉德·费德勒论建筑》（*Conrad Fiedler's Essay on Architecture*）（肯塔基州，列克星敦，1954 年）。

132. 参见 A·斯马苏，《建筑创作的本质》（*Das Wesen der architektonischen Schöpfung*）（莱比锡： 298
Karl W. Hiersemann，1894 年）。斯马苏又对其观点进行了更详细的论述，见《艺术科学的基本概念》（*Grundbegriffe der Kunstwissenschaft*）（莱比锡和柏林：B. G. Teubner，1905 年）。早在斯马苏 1893 年的演讲之前，建筑是创造空间的艺术这一观念就已经成为建筑师讨论的话题。参见汉斯·奥尔（Hans Auer）《建筑空间的演变》（Die Entwicklung des Raumes in der Baukunst），载于：《建筑概论》（1883 年），第 65—66 页，第 73—74 页。

133. 贝尔拉戈的演讲持续了两个晚上，公开发表于《关于建筑风格的思想》（*Gedanken über Stil in der Baukunst*）（莱比锡：Julius Zeitler Verlag，1905 年）。关于森佩尔对贝尔拉戈的巨大影响，参见彼得·辛格伦贝里（Pieter Singelenberg）《H·P·贝尔拉戈：探索现代建筑的思想与风格》（*H. P. Bertage：Idea and Style，the Quest for Modern Architecture*）（乌得勒支：Haentjens Dekker & Gumbert，1972 年）。

134. 该文也发表于《向空洞诉说》（*Ins Leere Gesprochen*）（1921 年），第 139—145 页；并于最近被译为英文《覆层的原理》（The Principle of Cladding），载于《向空洞诉说》（*Spoken into the Void*）（马萨诸塞州坎布里奇和伦敦：麻省理工学院出版社，1982 年），第 66—69 页。

135. A·路斯，《穿衣服的原理》（Das Prinzip der Bekleidung），载于：《向空洞诉说》（维也纳，1921 年；Georg Prachner 再版，1987 年），第 140 页。

136. A·路斯，《建筑》（Architektur），载于：《然而》（*Trotzdem*）（维也纳，1931 年；Georg Prachner 再版，1987 年），第 102—103 页。

137. 彼得·贝伦斯，《艺术与技术》（Kunst und Technik）（1910 年）。贝伦斯引用阿洛伊斯·里格尔（Alois Riegl）的论述作为其评价森佩尔的原始资料。参见英译本《艺术与技术》，载于：蒂尔曼·布登西格（Tilmann Buddensieg），《彼得·贝伦斯与 AEG 公司，1907—1914 年》（*Industriekultur：Peter Behrens and the AEG*，1907—1914），伊恩·博伊德·怀特（Iain Boyd Whyte）译（马萨诸塞州坎布里奇和伦敦：麻省理工学院出版社，1984 年），第 212—219 页。

古代建筑与雕塑的彩绘之初评

1. 森佩尔在这里使用了双关语，在英文中并没有对应的译法。在前一句中，他所指的是流通中的货币（*bringt……im Umlauf*）。在这一句中，他创造了短语“*in Cours setzt*”，其中法文单词“*cours*”既可以理解为“流通”也可以理解为“演讲过程”。指券是 18 世纪 90 年代法国大革命期间，由政府发行的纸货币。
2. 森佩尔对莱奥·冯·克伦策设计的两座建筑的轻视引发了慕尼黑建筑师的辩护行动。关于他们之间的通信联系以及森佩尔对当时建筑潮流的态度，参见沃尔夫冈·赫尔曼《森佩尔在当代建筑的地位》（Semper's Position on Contemporary Architecture），载于：《戈特弗里德·森佩尔：建筑求索》（马萨诸塞州坎布里奇和伦敦：麻省理工学院出版社，1984 年），第 153—164 页。
3. 该实例源于森佩尔手稿原件（3 号手稿，瑞士联邦理工学院 Hönggerberg 校区），题为‘*alle willkür*’，而非印刷版‘*alte willkür*’。
4. 3 号手稿，题为《洛可可与路易十五》（*Rococo und Louis XV*）。
5. 忒修斯神庙（始建于公元前 449 年）今天更为人所知的名称是忒修姆或赫菲斯托姆。在后文提及此神庙时，我们仍使用其原始名称。帕提农神庙建于公元前 447—前 438 年；雅典卫城山门建于公元前 437—432 年。
6. 森佩尔指的是 1816—1822 年期间罗马人民广场的改造，由朱塞佩·瓦尔迪耶（Giuseppe Valdier）与其他几位建筑师联合设计。
7. 对森佩尔论点的攻击在大方向上是颇为正确的。《雅典古迹》（1762—1794 年）前三卷中墙壁绘画的唯一参考来源，是伊里索斯地区爱奥尼神庙（Ionic Temple on the Illisus）建筑上部的装饰带，它们“满布彩绘”（第 1 卷，第 2 章，图版Ⅷ）；赫菲斯托姆壁角柱之间檐部的丰富装饰（第 3 卷，图版Ⅶ、Ⅷ）在引用时并没有过多的评论。在威廉·金纳德编辑出版的第二版《雅典古迹》（1825—1830 年）中，金纳德、科尔雷尔和唐纳森为其增加了关于彩绘的评论和复原。此后，彩绘问题逐渐成为争论的焦点。

299 8. 森佩尔所指也许是托马斯·肖的论述，见《昔兰尼之旅：或关于巴巴里和累范特地区内几个地方的考察报告》（*Cyrene in Travels; or observations relating to several parts of Barbary and the Levant*）（牛津，1738 年）。

9. 雅克－伊格纳茨·希托夫与 K·L·W·灿特（K. L. W. Zanth），《西西里古代建筑》（1827—1830 年，1870 年再版）。希托夫对塞利农特遗迹中彩绘的研究始于 1824 年，当时他在罗马法兰西学院。尽管希托夫准备了许多他的研究成果，但此书仅收录了三张塞利农特神庙的彩色复原图。1830 年，希托夫在美术学院展览了其余的作品，并在 1831 年出版。
10. 彼得·奥卢夫·布伦斯泰兹，《希腊旅行与考察》（2 卷本，巴黎，1826—1830 年）。尤其是第 144—164 页。
11. 多梅尼科·赛拉迪法尔科的《古代西西里图片展》（*Le antichità Siciliane esposte e illustrate*）（1835—1842 年），实际上对希托夫的复原提出了反对意见。
12. 森佩尔可能暗指关于帕提农神庙中雅典娜的象牙和黄金雕塑的传说，这是普卢塔克在伯里克利时期的创作。
13. 雅典娜·普里奥斯神庙及其女像柱而今被称为伊瑞克提翁神庙。
14. “*Graecostasis*”是为外交使节提供的演讲平台，位于罗马广场。

15. 森佩尔结束了在希腊旅行返回罗马后，他与另外9位建筑师组成了一个考察队，准备搭建与图拉真柱同高的脚手架，对其进行详细考察。在给罗马考古协会（Archeological Institute in Rome）秘书克勒曼博士（Dr. Kellermann）的一封信中，森佩尔提到了他们发现的几处涂料痕迹。这封信收录于《考古通讯协会学报》（*Bullettino dell'Institutio de corrispondenz areheologica*）（罗马，1833 年）；随后再版于《戈特弗里德·森佩尔短篇文集》（*Gottfried Semper*：*Kleine Schriften*）（柏林和斯图加特，1884 年），第 107—108 页。再版，Mittenwald Mäander Kunstverlag，1979 年。
16. 尤斯图斯·波普与西奥多·布劳，《雷根斯堡的中世纪建筑》（*Die Architeaur des Mittelalters in Regensburg*）（雷根斯堡，1834—1839 年）。自从森佩尔 1825 年在雷根斯堡生活过之后，他与比劳的关系就相当亲密；比劳在 1835—1852 年期间的一些信件保存在瑞士联邦理工学院 Hönggerberg 校区的森佩尔档案中。
17. 卡尔·亚历山大·冯·海德洛夫是一位著名的中世纪学者和哥特建筑复原设计师，他提倡回复中世纪手工艺实践的传统。他对班贝克大教堂（Bamberg Cathedral）的复原完成于 1831—1834 年期间。
18. 普林尼关于墙壁绘画的两段文字在 18 和 19 世纪得到了广泛的关注。参见本书导言部分第 21 条和第 22 条注释，及《技术与建构艺术中的风格》第 59 段。
19. 老普林尼，《博物志》，第 35 书，XXXVII，第 118 页。
20. 同上，第 35 书，V，第 16 页。
21. 1830 年，森佩尔在佛罗伦萨认识了卡尔·弗里德里希·冯·鲁谟，并对其观点大加赞赏。森佩尔曾多次引用鲁谟的《意大利研究》（3 卷本，柏林和斯德丁，1827—1832 年）。关于鲁谟在艺术史方面的观点，参见威廉·韦措尔特（Wilhelm Waetzoldt）的《卡尔·弗里德里希·冯·鲁谟》（Carl Friedrich v. Rumohr），载于：《德国艺术史学家》（*Deutsche Kunsthistoriker*，第 1 卷（柏林，1921 年）。

建筑四要素

1. 安托万－克里索斯托姆·卡特梅尔·德·坎西，《奥林匹亚·朱庇特——对古代雕塑艺术的全新阐释》（巴黎，1815 年）。
2. 自 1821 年起，希腊人开始反抗土耳其人的统治，并在 1827 年推翻了英、俄三国的联合统治。欧洲出版界敏锐地捕捉到了这一事件，普遍将其看做是近代的十字军东征：西方文明精神起点的解放运动。
3. 1834 年夏，戈瑞在考察阿尔罕布拉宫时在格拉纳达去世，而非叙利亚。离开希腊后，他与 300
欧文·琼斯一起到中东、埃及和西班牙等地考察。他曾在巴黎阿希尔·勒克莱尔（Achille Leclère）手下学习。
4. 这本关于彩绘的著作名为《色彩在建筑和雕塑中的应用》（对译英文：The Use of Color in Architecture and Sculpture）。森佩尔当时无法将此书出版，这件事一直拖延到他完成了第 6 版校样之后。参见本书导言部分对此书的评论。
5. 对班贝克大教堂的全面修复于 1826 年由路德维希一世发起，首任建筑师兼画家弗里德里希·卡尔·鲁普雷希特（Friedrich Karl Rupprecht），他首先清除了内部的白色涂料。1831 年鲁普雷希特去世后，建筑师卡尔·亚历山大·冯·海德洛夫（Karl Alexander von Heidelhoff）接手此项工作，1834 年，弗雷德里希·加特纳成了下一个继任者。大部分内部修复工程于1837年底完成，外部工程于1841年完工。

6. 巴黎圣礼拜堂的修复工程于1837年开工，首任指挥者是费利克斯－雅克·杜邦，但几年后由让－巴蒂斯特－安托万·拉叙斯（Jean-Baptiste-Antoine Lassus）接任，维奥莱－勒－迪克（Viollet-le-Duc）担任其助手。
7. 在森佩尔断断续续的早期草稿（83号手稿，瑞士联邦理工学院 Hönggerberg 校区）中，这句话紧跟在开篇第一句之后。但在后来的版本中，森佩尔显然在此插入了一些之间写就的内容，解释他放弃彩绘研究的具体原因，遗憾的是，译本中并没有包括这部分内容。我们用“在卡特梅尔著作出版的时候”这一短语来取代无法直译的“*damals*”一词。
8. 这两部著作是保罗·埃米尔·博塔的《尼尼微的纪念物》5卷本（巴黎，1849—1850年）和亨利·莱亚德的《尼尼微的纪念物》（伦敦，1849年）。但是，这两部著作的书名却出现了错误。博塔记载的实际是科萨巴德遗址；莱亚德发掘的是尼姆鲁德古城。真正的尼尼微古城是莱亚德在1849—1850年期间第二次到美索不达米亚地区探险时发现的。博塔和莱亚德努力获取的战利品分别保存在罗浮宫和大英博物馆。
9. M·E·弗朗丹和帕斯卡尔·科斯特，《1840—1841年间对波斯的游历》（*Voyage en Perse pendant les anées* 1840 *et* 1841）6卷本，第4卷（巴黎，1851年）。在夏尔—费利克斯—马里·特谢尔（Charles-Félix-Marie Texier）的众多旅行报告中，最著名的是《小亚细亚记述》（*Description de l'Asie Mineure*）3卷本（1838—1848年）。
10. P·C·彭罗斯，《雅典建筑原理研究：雅典古代建筑物在建造时的视觉精致性》（*Investigation of the principles of Athenian architecture*：*optical refinements in the construction of ancient buildings at Athens*）（伦敦，1851年）。
11. J·I·希托夫，《塞利农特恩培多克勒神庙复原；或希腊建筑彩绘》（巴黎，1846—1851年）。希托夫这本异常精美的著作是对他19世纪20年代的研究的总结陈述，部分细节有所调整。1849—1850年森佩尔在巴黎居住期间，他有幸看到了这部著作中最后几张插图。
12. 弗朗兹·库格勒于1835年发表了第一篇论文，该文再版于《艺术史短篇与研究文集》（*Kleine Schrifien und Studien zur Kunstgeschichte*）第1卷（斯图加特，1853年），第265—327页。W·R·汉密尔顿曾将部分内容译为英文。参见《论希腊建筑彩绘》（On the Polychromy of Greek Architecture），载于：《伦敦英国建筑师学会学报》（1835—1836年刊，第1卷，伦敦，1836年）。
13. F·库格勒，《短篇文集》（*Kleine Schrifien*），第267页。
14. 同上，第271页。
15. 同上，第269页。
16. 同上。
17. 同上，第270页。
18. 同上。

301 19. 同上，第271页。

20. 由弗里德里希·朗格翻译的希罗多德著作德文版第一部分于1811年发表，但在1824年的两卷本中做了修订，这个两卷本后来曾出现多种版本。
21. 希罗多德，Ⅲ，第57—58页。洛布（Loeb）版，A·D·戈德利译。
22. 同上，57页。“此时，锡弗诺斯的市场和市政厅都由帕罗斯岛大理石装饰。”（洛布版译本）。
23. F·库格勒，《短篇文集》，第271页。
24. 《古代建筑与雕塑的彩绘之初评》，第72—73页。其中斜体字由森佩尔修改。

25. 森佩尔从汉密尔顿译库格勒文章的一个脚注中，援引了唐纳森的评价，此文载于英国皇家建筑师学会的《学报》（伦敦，1836 年），注释 85—86。斜体字由森佩尔修改；此处保留其原始拼写。
26. 森佩尔在赫菲斯托姆神庙壁角柱的柱颈部以下发现的蓝色涂料，与爱德华·绍贝特宣称在此处发现黄色涂料的报告看上去毫无关联，而库格勒却在两者间建立起联系，森佩尔也对此做出了回应。绍贝特出生于布雷斯劳（Breslau），在柏林接受建筑教育。1831—1844 年期间，他居住于雅典，作为一名总建筑师，并担任土木工程部（civil engineering department）负责人。绍贝特的报告由亚历山大·费迪南德·冯·夸斯特（Alexander Ferdinand von Quast）收录于《博物馆，建筑艺术报》（*Museum. Blatter für bildende Kunst*），32，1833 年，题为"走出希腊的新闻，绍贝特先生的口头新闻之后"（Nachrichten aus Griechenland, nach mündlichen Nachrichten des Hrn. Schaubert）。1831 年 10 月，森佩尔乘船前往伯罗奔尼撒半岛。
27. 森佩尔所指的也许是亚历山大·费迪南德·冯·夸斯特的《古代与当代雅典通告》（*Mittheilungen über Alt und Neu Athen*）（柏林，1834 年），或者《雅典伊瑞克提翁神庙》（*Das Erectheion zu Athen*）（1843 年）—— 这两本著作我都未曾深入研究。
28. 科尔奈托即今日塔尔奎尼亚。森佩尔所指是他曾在一篇文章中提到的科尔奈托彩绘坟墓——《希腊旅行回忆录》（Reiseerinnerungen aus Griechenland，对译英文：Travel Recollections from Greece），首次发表于《法兰克福博物馆》（*Frankfurter Museum*），其后发表于《短篇文集》，第 429—442 页。
29. 穆勒对"抛光"大理石的讨论出现在他对森佩尔《初评》（载于《哥廷根学者通告》第一卷，1834 年）的评论中。穆勒对昔日的校友还是相当尊敬的，但他同时也指出，如果希腊人之后要在墙体表面涂绘彩色装饰，为何他们还要将大理石抛光（根据一份伊瑞克提翁神庙的铭文记载）。当时，穆勒在这场色彩争论中的位置是摇摆不定的，但后来他成为彩绘的支持者。参见《论雕塑彩绘：关于该主题之评论的回忆》（On the Polychromy of Sculpture：Being Recollections of Remarks on This Subject），作者C·O·穆勒，于雅典，1840 年，载于《古典遗迹博物馆》（*The Museum of Classical Antiquities*）第 1 卷（伦敦，1851 年），第 247—255 页。
30. 库格勒，《短篇文集》，第 279 页。
31. 据英国皇家建筑师学会《学报》（伦敦，1842 年）所载，该委员会为调查埃尔金大理石召开了两次会议。第一次会议于 1836 年 12 月 13 日召开，专门讨论埃尔金大理石；第二次会议于 1837 年 6 月 1 日召开，会上还讨论了希腊建筑上的色彩遗迹等问题。第一次会议报告并未给出任何确定性结论；委员会注意到，这些大理石至少被博物馆用肥皂液和其他酸性物质清洗过两次，而这些清洗剂足以破坏所有涂料痕迹。
32. 森佩尔的德文版中并未出现这段文字，这是布雷斯布里奇于 1837 年 4 月 17 日给埃尔金大理石委员会的一封信的直译译文，此信刊于英国皇家建筑师学会《学报》（1842 年），第 104—105 页。斜体字部分是森佩尔修改的，他还删去了一些短语。
33. 森佩尔在《初评》中增加了一些内容，第 60 页。 *302*
34. F·库格勒，《短篇文集》，第 305 页。
35. 森佩尔在第 5 章结尾部分的一个脚注中再次提到了这段文字。
36. 这两处遗址分别位于帕萨尔加德和珀塞波利斯。
37. 西塞罗，《斥卫理斯演说词》（*Verrine Orations*），Ⅱ.Ⅳ，第 122 页。
38. 据 78 号手稿 27 页，题为"整个石头神庙"（*allen Steintempeln*），而非出版物中所刊"古代石头神庙"（*alten Steintempeln*）。

39. 据说蒂勒尼安人（Tyrrhenian）来自吕底亚古国（Lydia），他们移居意大利后成了伊特鲁里亚人的祖先。

40. 克里特斯是神话中宙斯的仆人——宙斯婴儿时期仪式典礼中的舞者；可丽本是弗里吉亚众神之母（Great Mother in Phrygia）的祭司，人们以狂欢的舞蹈赞美众神之母的伟大神性。希腊人认为佩拉斯吉人或贝拉斯基人（Pelasgi）是这里的原著居民，他们的后裔在《伊利亚特》（*Iliad*）中是特洛伊人的盟友。

41. 在早期手稿（81b号手稿）中，这句话是这样写的："从简陋的棚屋开始，随着外族要素的不断加入——不包括中国用柱子支撑的屋顶，最终形成了希腊神庙的建筑形式。"

科学、工业与艺术

1. 尽管森佩尔在政治流放的前两年中与北美的德国移民保持通信联系，但我们仍然不清楚这段评论的作者是谁。至少有两位建筑师——威廉·海涅（Wilhelm Heine）和C·吉尔德迈斯特（Charles Gildemeister），对他们在美国的工作前景持相当乐观的态度。参见W·赫尔曼的《戈特弗里德·森佩尔》，第26—27页。

2. 1841年，儒勒·迭特勒参与了森佩尔设计的德累斯顿剧院的室内装修工程后，他们就成为亲密无间的朋友。1849年，森佩尔到达巴黎后，他恢复了与迭特勒的联系，并在一定程度上得到了迭特勒在资金和精神上的双重支援。森佩尔所说的"上次改革"是指1848年的二月革命。

3. 森佩尔这段文字的英文版（89号手稿，47页，瑞士联邦理工学院Hönggerberg校区）说明了他的参考资料："连目录都不用看，我们就能从那可爱的懒散身姿里认出她是希腊的解放妇女，歌德曾形容她为'不能选择高低，却能识别好歹'（Wählerinnen sind sie nicht aber Kennerinnen）①。"

4. 安托万·维克特是1848—1849年政治动乱的又一位受害者。他在巴黎接受训练，成为一名铜铸工，并因模仿文艺复兴时期的作品而出名。维克特在博览会上的金属作品由亨特&罗斯克尔公司（firm of Hunt & Roskell）展出，其中就包括"巨人花瓶"（Titan Vase）。

5. 艾尔金顿商号的名称是Elkington & Mason。"电烙造型"过程也被称为"电铸"或"电镀"，主要用于制作仿制浮雕。原始模子由细泥、塑料、蜡或明胶等材料制成，成型后被放置在由金属溶液的通电槽内。

6. 埃米尔·布劳恩博士是罗马考古协会的秘书，也是森佩尔的另一位密友，森佩尔来到伦敦主要归功于他的努力。参见W·赫尔曼的《戈特弗里德·森佩尔》（*Gottfried Semper*），第27—32页。

7. 商号名称是Morel & Co。

8. 德文版名称为'Mediocral-room'。在英文版中，森佩尔漏掉了这段内容（89号手稿，瑞士联邦理工学院Hönggerberg校区）。

9. 博览会目录中将这些作品称为"两件造型源自'弗拉克斯曼的《伊利亚特》'的伊特鲁里亚花瓶"。

303 10. 法国-皮埃蒙特人马洛切蒂男爵也是路易·菲利普（Louis Philippe）倒台后的流亡者。1838年，马洛切蒂的萨伏依公爵（Duke of Savoy）伊曼纽尔·菲利贝托（Emmanuel Phil-

---

① 出自《浮士德》第二部，第三幕。——译者注

ibert）骑马雕塑矗立在都灵的圣卡洛广场（Piazza di San Carlo）。

11. 目录中开列的这些艺术家的作品是：
   理查德·J·怀亚特，《格丽塞拉》（*Glycera*）大理石雕塑
   J·H·福雷，《河边少年》（*Youth at a Stream*）石膏雕塑
   《伊诺与巴科斯》（*Ino and Bacchus*）石膏雕塑群
   约翰·吉布森，《猎人和他的狗》（*A Hunter and His Dog*）大理石雕塑群
   詹姆斯·舍伍德·韦斯特马科特，《坎西的军刀》（*Saber de Quincy*）模型
   T·坎贝尔，《像缪斯女神的女士》（*Lady as a Muse*）肖像
   托马斯·夏普，《被蜥蜴吓坏的男孩》（*Boy Frightened by a Lizard*）大理石雕塑
12. 塞夫勒陶瓷博物馆（Musée céramique at Sèvres）的藏品是亚历山大·布龙尼亚（Alexandre Brongniart）于19世纪初发现的，他在1800—1847年期间是塞夫勒地区的执政官。同时，他还是乔治·居维叶的好朋友，是著名建筑师亚历山大-西奥多·布龙尼亚（Alexandre-Theodore Brongniart）的儿子。其中大部分藏品是1805—1815年期间发现的。除了根据地理位置和年代顺序对这些藏品进行分类外，他还根据技术发展过程、材料和生产工具的年代顺序，对不同时期的制作工艺进行了系列研究。19世纪40年代，M·里奥克勒成为陶瓷博物馆馆长，他与布龙尼亚合作完成了《论陶瓷艺术》（*Traité des arts céramiques*）（1844年），以及《塞夫勒陶瓷博物馆系统说明》（*Description methodique du Musée céramique des Sèvres*）（1845年）。

   森佩尔在德累斯顿居住期间直接接触到的德累斯顿瓷器是在茨温格宫内，此时的馆长为古斯塔夫·克莱姆。克莱姆同时担任皇家图书馆馆长，他是一位民族艺术材料的收藏爱好者，其著名的作品有《人类文化通史》，1843—1851年分10卷出版。1843年，克莱姆发表《关于人类文化史博物馆的设想》（Fantasie über ein Museum für die Culturgeschichte der Menschheit，对译英文：Fantasy on a Museum for the Cultural History of Mankind），森佩尔肯定对此文相当熟悉，之后，他提出了扩展茨温格宫博物馆的建议。克莱姆关于民族艺术史前古器物的私人藏品大部分收藏于他的私人宅邸。关于克莱姆，参见H·F·马尔格拉弗的《古斯塔夫·克莱姆与戈特弗里德·森佩尔：人种学与建筑理论的碰撞》（Gustav Klemm and Gottfried Semper：The Meeting of Ethnological and Architectural Theory），载于《研究》第9卷（1985年春），第68—79页。
13. 美国人希伦·鲍尔斯（Hiram Powers）的大理石作品叫做“希腊奴隶”（*Greek Slave*）。
14. 蛋白玻璃幻灯片技术是在塔尔博特摄影法（talbotype）的基础上发展出来的，在这项技术中，图像在一张准备好的玻璃板上生成，而不是依靠暗箱在纸上生成。这是照片的前身。

简介《比较建筑理论》

1. 1847年的说法并不十分准确，这封信的一部分内容是1843年完成的。如果能在《科学、工业和艺术》一书中刊发《建筑比较原理》的内容介绍，爱德华·菲韦格就同意出版该书——他希望这一举动能够督促森佩尔完成他长期拖欠的著作。森佩尔建议菲韦格将这封信作为内容介绍发表，之后他对这封信的内容做了一些修改，以期能将他已经完成的该书的两部分序言（52号和55号手稿，瑞士联邦理工学院Hönggerberg校区）合二为一。关于两人的关系与通信联系，参见W·赫尔曼的《森佩尔与菲韦格》（Semper und Vieweg），

载于：《戈特弗里德·森佩尔与19世纪中叶》（巴塞尔和斯图加特：Birkhäuser Verlag，1976年），第28—31页，第199—237页。

304 2. 让－尼古拉斯－路易·杜朗，《古今神殿形制汇编与对照》（*Recueil et parallèle des édifices de tout genre anciens et modernes*）（1800年），与《给皇家综合工科学院的建筑课程摘要》（*Précis des lecons d'architecture données à l'école royale polytechnique*）（1802—1805年）。

3. 让－巴蒂斯特·龙德莱，《论建筑艺术理论与实践》（*Traité theorique et pratique de l'art de batir*）（1802—1803年）。

4. 卡尔·弗里德里希·维贝金，《财富与文明对建筑的影响》（*Vom dem Einfluss der Baukunst auf das allgemeine Wohl und die Civilisation*）（1816年）。

5. 这一时期，詹姆斯·弗格森出版了《图解印度凿岩神庙》（*Illustrations of the Rock-cut Temples of India*）（1845年）、《图像印度古代建筑》（*Picturesque Illustrations of ancient Architecture in Hindostan*）（1847年），及《对艺术美原理的历史考察，尤其以建筑为参考》（*An Historical Enquiry into the True Principles of Beauty in Art, more especially with reference to Architecture*）（1849年）。并不十分出名的威廉·霍斯金实际是一位工程师。1840年，霍斯金被选为国王学院建构艺术教授，他从1842年起开始就工程技术、建筑实践和建筑风格等方面的问题发表演讲。森佩尔也许仅仅知道他的名字而已，而且他还将名字拼错了（将Hosking错为Hoskins）。

简介《技术与建构艺术（或实用美学）中的风格》

1. 在这段文字上，196号手稿与205号手稿略有不同。在早期版本中，森佩尔使用的是‘*alten Baustile*’和‘*der Baukunst älterer Zeiten*’等短语；205号手稿中使用的是‘*alten Bauwesen*’和‘*den Wesen späterer Zeiten*’等短语。

2. 205号手稿将‘Schinkel’错拼为‘Schinckel’，早期手稿中的拼写是正确的。

技术与建构艺术（或实用美学）中的风格

1. ‘Haushalt der Kunst’（艺术家族）是鲁谟一篇导言中的小标题，见《意大利研究》第1卷（柏林和斯德丁，1827年），第1—136页。

2. 森佩尔利用蔡辛的这段文字来攻击那些推测性的艺术理论，但蔡辛认为艺术家和审美学者追求的目标是不同且互补的。蔡辛关于美学的著作延续了黑格尔哲学的传统。

3. 参见弗里德里希·魏因布伦纳（Friedrich Weinbrenner）在卡尔斯鲁厄（Karlsruhe）的著作。

4. W·赫尔曼已注意到翻译森佩尔使用的“*authority*”一词的困难性。参见其著作《戈特弗里德·森佩尔》第301页，注脚3。

5. “三分法的法则”指基础、主导和中间媒介三部分。在上文中，森佩尔的文字与其早期手稿——《形式美的属性》（Attributes of Formal Beauty）（179号手稿，瑞士联邦理工学院Hönggerberg校区）——的内容保持高度一致；但在此处，森佩尔删去了几段阐述三分法均衡理论的文字。在早期手稿中，森佩尔以三分法理论反对蔡辛的二分均衡理论。参见赫尔曼译文《形式美的属性》（The Attributes of Formal Beauty），载于《戈特弗里德·森佩尔》，第219—244页。

6. 本文选自第1卷第4节中的第二部分。在第1节中，森佩尔介绍了其研究论文；在第2节中，他依据材料制作工艺将艺术动因分为四种，分别是纺织技艺、制陶技艺、木构架技艺和石材技艺；在第3节中，他开始分析纺织艺术，包括“一般形式（general-formal）”和“技术历史（technical-historical）”两部分。在第4节中，森佩尔开始分析技术历史，第一 305
部分的标题是“关于风格受原材料之限制（On Style Conditioned by the Raw Material）”。之后就是第二部分。

7. 雷德格雷夫的报告载于《陪审团的报告》（*Reports by the Jurie*）（伦敦，1852年），第708—749页。

8. 纽伦堡画家与雕刻家约翰·希布马切（Johann Siebmacher）是16世纪后期著名的德国雕刻家。很多出版物中都收录了他的作品；森佩尔所指可能是 *Schön Neues Modelbuch von allerley lustigen Mödeln nachzunehen Zuwürcken vñ Zustickẽ*（1597年）。森佩尔在脚注中提到的希布马切的文章是 *Ornements des anciens maîtres des xve, xvie, xviie et xviiie siècles, recueillis par O. Reynard*（巴黎，1841—1846年）。

9. 在洛布译本中，这段文字是这样翻译的：“值得注意的是，煮皂锅中只有一种色彩，但却可以在纺织布上形成许多不同的色彩，根据化学制剂的不同品质呈现不同色调，染色后不易褪色。因此，如果将染过色的纺织布投入煮皂锅中，它肯定会将各种色彩混合在一起……”

10. 普林尼，《博物志》，第9书，第lxii—lxiv章，第133—141页。

11. 阿忒纳乌斯，《餐桌上的健谈者》（*Deipnosophists*），XII，第525页。

12. 森佩尔此处所指为“这篇论文的第二部分”，后同；他并没有修改这段文字以适应最后的三卷本结构，因此，所谓的“这篇论文的第二部分”或第3卷并不存在。

13. 赫尔曼·魏斯，《服装及造型文化——从远古到现代的服饰史、建筑史、工具史手册》（*Kostümkunde. Handbuch der Geschichte der Tracht, des Baues und Geräthes von den früesten Zeiten bis auf die Gegenwart*）（斯图加特，1855—1860年）。

14. “母亲”（Müttern）一词源自歌德《浮士德》（*Faust*），第2部分，第1幕，第5页。

15. 167位专家关于拿破仑远征的著作在1809—1830年期间汇编为24卷本著作——《埃及记述；或随法军赴埃及期间的研究调查文集》（*Description de l'Egypte; ou, Recueil des observations et des recherches qui ont été faites en Egypte pendant l'expédition de l'armée francaise*）（Edme-Francois Jamard编）。

16. 弗朗索瓦·马祖瓦，《夏尔-弗朗索瓦·马祖瓦于1809—1811年间对庞贝遗址的测绘》（*Les Ruins de Pompéi dessinées et mesurées par F. Mazois, pendant les années* 1809—1811）两卷本（巴黎，1812—1829年）。F·C·高乌出版了后两卷。

17. 劳尔·罗谢特的《通史》（*Histoire générale*）并未出版。他在笔记中曾提到其未来出版计划。

18. 墙壁（*Wand*）的含义是房间的“围墙”、“隔离物”或“遮蔽物”；衣服（*Gewand*）的基本含义是“服装、外衣、衣物”。

19. 每个短语都具有基本含义与建筑学含义。覆盖物（*Decke*）的意思是“遮蔽物”和“顶棚”；栏杆（*Schranke*）的意思是“界限”和“大门”；篱笆（*Zaun*）的意思是“树篱”和“栅栏”。衣服缝边（*Saum*）的基本含义是“摺边”或“接缝”，建筑学含义是“装饰带”。

20. 森佩尔使用的“现象（*bildlich*）”一词很难理解。现象（*bildlich*）一词的原义是“图示的、图解的”；衍生含义是“装饰丰富的、比喻性的”。但这段文字的主题为“材料转化（*Stoffwechsel*）”，或说在设计品质的形式和风格方面发生的材料转变。该段落标题为

'*Stoffe zu bildlicher Benützung bei monumentalen Zwecken*'，森佩尔在此处使用“bildlich”取其“格式化”或“形式转变”之意，英文中并没有与其专门对应的短语。

21. 普林尼，《博物志》，第35书，xliv，第153页。
22. 在新西兰和玻利尼西亚（Polynesia）、中国、印度、美索不达米亚地区、腓尼基和朱迪亚古国（Judea；古代巴勒斯坦南部地区，包括今以色列南部及约旦西南部——译者注）、印度、小亚细亚地区、希腊、罗马、基督教时期以及文艺复兴时期的标题下，森佩尔在此处继续对“穿衣服（dressing）”的基本含义做出建筑学评论。他的调查报告长达275页，是第1卷的后半部分内容。

论建筑风格

306 1. 库格勒与J.-I·希托夫共同对森佩尔的《建筑四要素》做出了评论，见《塞利农特恩培多克勒神庙复原》，载于《德国艺术报》（*Deutsches Kunstblatt*）第15期（1852年）。该评论再版于库格勒的《艺术史短篇与论文集》（*Kleine Schriften und Studien zur Kunst-geschichte*），第1卷，第352—361页。森佩尔在引用时做了些许修改。库格勒承认，在一个“聪明人”（*geistvollen Mannes*）——而不是森佩尔所说的一个“充满想象的艺术家”（*phantasienvollen Künstlers*）——的帮助下，他滑向了历史的深渊。

2. 森佩尔提到的论文是《色彩在建筑和雕塑中的应用》，它是继库格勒的《希腊建筑和雕塑的彩绘及其局限性》（Ueber die Polychromie der griechischen Architektur und Sculptür und ihre Grenzen，对译英文：On the Polychromy of Greek Architecture and Sculpture and Its Limits）发表不久后出版的。但是，类似缺少出版资金、德累斯顿学院的职位任命，以及繁忙的工作实践等，都是该论文最终未能完成的决定性因素。
3. 在这句中，森佩尔似乎将库格勒当做他没有完成《建筑比较原理》的替罪羊。
4. 此处所指为路易斯－约瑟夫·迪克设计的比利时司法宫（Palais de Justice，1857—1868年）和让－路易－夏尔·加尼耶（Jean-Louis-Charles Garnier）设计的巴黎歌剧院（1862—1875年），以及当时普遍流行的帝国风格（Empire style）。
5. 赫曼·格里姆，《米开朗琪罗传》（*Leben Michelangelo's*）第2卷（柏林，1898年），第322页。
6. 据山西省出土的公元前2000年的证据显示，尧帝是一位半真实的历史人物。在中国的上古历史中，尧帝是一位传说中的贤德明君。
7. 参见《起源》（*Genesis*），第10—11页。
8. 此段意译色诺芬《居鲁士劝学录》（*Cyropaedia*），Ⅷ，vi，第11页。
9. 同上，Ⅷ，v，第8—12页。
10. 秦始皇帝统治时间为公元前247—前210年（中国历代纪元：公元前246—前209——译者注）。
11. 森佩尔对埃及十二政体的解释源自希罗多德的第二本著作。
12. 柏林新教教堂国际竞赛于1867年8月12日开始，共收到52份参赛作品。竞赛于1869年3月唐突收场，并没有公布竞赛结果。森佩尔是评审委员会中的一员（因此导致其窘境），该委员会中仅有一位德国之外的建筑师，费利克斯·杜邦。此次竞赛存在的一个问题是没有详细明确的竞赛程序。此处，森佩尔似乎在描述奥尔登堡（Oldenburg）的E·克林贝格的参赛作品，但并没有证据表明这份参赛作品是最出色的。关于此次竞赛的讨论，参见《德国建筑》（*Deutsche Bauzeitung*），第 6 期，1869 年 2 月 4 日，至第 15 期，1869 年 4 月 8 日。另见 K·E·O·弗里奇（K. E. O. Fritsch）《新教的教堂建筑，从宗教改革到现代》（*Der Kirchenbau des Protestantismus von der Reformation bis zur Gegenwart*）（柏林，1893 年），第 243—260 页。森佩尔档案（Semper Archives）中由他关于此次竞赛的参赛作品的评论（193 号手稿，H1 -2）。

人名与地名索引

308

主题索引

译者说明

本书译自剑桥大学出版社 1989 年英文版森佩尔著作集——《戈特弗里德·森佩尔:〈建筑四要素〉及其他著述》。该书的副编辑约瑟夫·里克沃特撰写了评介森佩尔生平的《戈特弗里德·森佩尔——建筑师和历史学家》一文，作为书之序言。里克沃特文章的中译者为包志禹，校对者为王贵祥。

本书其他部分的翻译者为罗德胤和赵雯雯。具体分工如下：

英文版的“致谢”和第 1—129 页的 3 篇文章，由赵雯雯翻译，罗德胤校对；

英文版第 130—284 页的 5 篇文章，由罗德胤翻译和校对；

英文版第 285—314 页（含尾注和索引），由赵雯雯和罗德胤合作翻译，罗德胤校对；

全书最后的统稿工作由罗德胤完成。

书中涉及不少德语和法语（还有少量的意大利语、拉丁语和希腊语），译者为此借助了德汉词典和法汉词典，同时也请教了一些在德国和法国留学的朋友（尤其是孙菁芬和张晶），在此特表谢意。

在翻译的同时，译者也对书中涉及的一些人名、地名以及历史事件加入了注解。文中标以“译者注”的脚注，都是中译者所加。

罗德胤

于清华园